Leistungsphysiologie

Physiologische Grundlagen der Arbeit und des Sports

von Jürgen Stegemann

4., überarbeitete Auflage
190 Abbildungen, 12 Tabellen

1991
Georg Thieme Verlag Stuttgart · New York

Prof. Dr. Jürgen Stegemann
Leiter des Physiologischen Instituts
der Deutschen Sporthochschule
Carl-Diem-Weg 6, D-5000 Köln 41

1. Auflage 1971   1. portugiesische Auflage 1979
2. Auflage 1977   1. englische Auflage 1981
3. Auflage 1984   1. italienische Auflage 1988

CIP-Titelaufnahme der Deutschen Bibliothek
Stegemann, Jürgen:
Leistungsphysiologie : physiologische Grundlagen der Arbeit
und des Sports / Jürgen Stegemann. − 4., überarb. Aufl. −
Stuttgart ; New York : Thieme, 1991

Wichtiger Hinweis:
Wie jede Wissenschaft ist die Medizin ständigen Entwicklungen unterworfen. Forschung und klinische Erfahrung erweitern unsere Erkenntnisse, insbesondere was Behandlung und medikamentöse Therapie anbelangt. Soweit in diesem Werk eine Dosierung oder eine Applikation erwähnt wird, darf der Leser zwar darauf vertrauen, daß Autoren, Herausgeber und Verlag große Sorgfalt darauf verwandt haben, daß diese Angabe dem Wissensstand bei Fertigstellung des Werkes entspricht.
Für Angaben über Dosierungsanweisungen und Applikationsformen kann vom Verlag jedoch keine Gewähr übernommen werden. Jeder Benutzer ist angehalten, durch sorgfältige Prüfung der Beipackzettel der verwendeten Präparate und gegebenenfalls nach Konsultation eines Spezialisten festzustellen, ob die dort gegebene Empfehlung für Dosierungen oder die Beachtung von Kontraindikationen gegenüber der Angabe in diesem Buch abweicht. Eine solche Prüfung ist besonders wichtig bei selten verwendeten Präparaten oder solchen, die neu auf den Markt gebracht worden sind. Jede Dosierung oder Applikation erfolgt auf eigene Gefahr des Benutzers. Autoren und Verlag appellieren an jeden Benutzer, ihm etwa auffallende Ungenauigkeiten dem Verlag mitzuteilen.

© 1971, 1991 Georg Thieme Verlag,
Rüdigerstraße 14, D-7000 Stuttgart 30
Printed in Germany
Satz (Autorendiskette): Setzerei Hurler GmbH, 7311 Notzingen
Druck: Appl, 8853 Wemding

ISBN 3-13-462404-4   1 2 3 4 5 6

Meinen Lehrern

Otto F. Ranke
Erich A. Müller
Max Schneider

in Dankbarkeit

Vorwort zur 4. Auflage

Dieses Buch soll weiterhin dem Arzt, dem Sportlehrer, dem Studenten, aber auch dem interessierten Laien einen Einblick in die physiologischen Abläufe geben, die durch körperliche Aktivität ausgelöst werden bzw. durch Inaktivität verkümmern.

In den Industriestaaten − selbst in der arbeitsintensiven Landwirtschaft − hat in den letzten Jahren die Muskelarbeit immer mehr abgenommen. Da durch die Fortschritte in der Computertechnik die Steuerung und Regelung von Maschinen immer mehr perfektioniert wird, wird auch der Mensch schrittweise bei der komplizierten körperlichen Arbeit durch Roboter ersetzt. Weniger Muskelarbeit, dafür aber mehr Streß, größere Anforderungen an die Fortbildung, um auch hinsichtlich der neuen Entwicklung in der Arbeitswelt auf dem laufenden zu sein, können der Gesundheit des Menschen zusetzen. Diese Entwicklung hat sicher nicht nur Nachteile, sondern auch den großen Vorteil, daß heute mehr Freizeit zur Verfügung steht, die man sinnvoll nutzen sollte, um seinen Körper so fit zu halten, daß er diese geschilderte Entwicklung übersteht. Hier gewinnt der Sport immer mehr an Bedeutung. Er ist nicht nur ein sinnvolles Freizeitvergnügen, sondern auch ein Prophylaktikum gegen den umweltbedingten Verlust der Leistungsfähigkeit.

International interessieren sich neuerdings auch die für die langfristige bemannte Raumfahrt Verantwortlichen für die Erfahrungen der Leistungsphysiologie, gilt es doch, Menschen, deren Muskeln und Knochen nicht einmal mehr durch die Schwerkraft belastet sind, die aber besonderem Streß ausgesetzt sind, gesund und leistungsfähig zu erhalten. Deshalb wurde der Abschnitt über die Schwerelosigkeit an diese Entwicklung angepaßt.

Die 4. Auflage wurde intensiv modernisiert. Die Darstellung überholter Methoden wurde durch neue ersetzt und ihre physiologischen Grundlagen diskutiert. Ein großer Teil der Abbildungen wurde erneuert und − so hoffe ich − didaktisch verbessert.

Zu Dank bin ich meinen Mitarbeitern Dr. Dr. D. Eßfeld, Dr. K. Baum und Dr. U. Hoffmann für die zahlreichen Diskussionen und Vorschläge zu Verbesserungen verpflichtet, ebenso Frau B. Lummerich für das Schreiben des Manuskriptes, den Herren H.-G. Wunderlich und J.M. Francisco de Sá für einige graphische Darstellungen und besonders Herrn K. Selle für die kritische Durchsicht des Manuskriptes.

Herrn Dr. h.c. G. Hauff und den Mitarbeitern des Georg Thieme Verlags danke ich für das stets freundschaftliche Entgegenkommen und die hervorragende Zusammenarbeit.

Köln, im Frühjahr 1991 Jürgen Stegemann

Inhaltsverzeichnis

1.	**Einführung**	1
1.1.	Gebiete der angewandten Physiologie	1
1.2.	Arbeitsphysiologie	2
1.2.1.	Definition, Probleme und Aufgaben der Arbeitsphysiologie	2
1.2.2.	Arbeitsphysiologie und Technik	4
1.2.3.	Arbeitsphysiologie und Wirtschaft	5
1.3.	Sportphysiologie	5
1.4.	Raumfahrtphysiologie	7
2.	**Muskeltätigkeit**	8
2.1.	Mechanische Eigenschaften des Muskels	8
2.1.1.	Verhalten bei passiver Dehnung	8
2.1.2.	Kontraktionsformen der Muskulatur	9
2.2.	Allgemeine Grundlagen der Erregung	11
2.2.1.	Überblick über den Funktionsablauf	11
2.2.2.	Ruhepotential	12
2.2.3.	Lokale Erregung	14
2.2.4.	Fortgeleitete Erregung	14
2.3.	Struktur und Funktion des kontraktilen Apparates	17
2.3.1.	Aufbau der Muskelfaser	17
2.3.2.	Gleitfilamenttheorie	19
2.3.3.	Erregung der Muskelfaser	22
2.3.4.	Grundlagen der elektromechanischen Koppelung	24
2.3.5.	Kontraktur und Muskelkrampf	25
2.4.	Energieliefernde Prozesse für die Muskeltätigkeit	26
2.4.1.	Begriff der Energie und Hauptsätze der Thermodynamik	26
2.4.2.	Prinzipien der Energetik der chemischen Kraftmaschine „Muskel"	27
2.4.3.	Koppelung von Oxidation, Reduktion und chemischen Reaktionen	28
2.4.4.	Massenwirkungsgesetz	28
2.4.5.	Funktion von Enzymen	30
2.4.6.	Regulation des Stoffwechsels über Enzyme	31
2.4.7.	Rolle des ATP für den Stoffwechsel	32
2.4.8.	Energiebereitstellung durch ATP und Kreatinphosphat	34

2.4.9.	Abbau der Kohlenhydrate	35
2.4.9.1.	*Überblick*	35
2.4.9.2.	*Anaerobe Energiegewinnung durch Glykolyse im Zytoplasma*	36
2.4.9.3.	*Aerobe Energiebereitstellung in den Mitochondrien*	39
2.4.9.3.1.	*Aufbau und Funktion der Mitochondrien*	39
2.4.9.3.2.	*Energietransformation und Energiegewinnung in den Mitochondrien*	40
2.4.9.3.3.	*Zitratzyklus und Atmungskette: aerobe Oxidation der Kohlenhydrate*	40
2.4.10.	Energiebereitstellung durch Fette und Proteine	43
2.4.10.1.	*Oxidation der Fette*	43
2.4.10.2.	*Oxidation der Proteine*	45
2.4.11.	Stoffwechselregulation	45
2.4.11.1.	*Regelung und Steuerung der Reaktionswege und ihre Begrenzung*	45
2.4.11.2.	*Intra- und extrazelluläre Regelung des Stoffwechsels in Ruhe und bei Leistung*	47
2.4.12.	Kinetik der Sauerstoffaufnahme	50
2.4.12.1.	*Isolierte Muskulatur*	50
2.4.12.2.	*Gesamtorganismus*	53
2.4.13.	Muskelermüdung als Störung des biochemischen Gleichgewichts	55
2.5.	Grundlagen der Energieumsatzmessung	56
2.5.1.	Überblick über die Verfahren	56
2.5.2.	Direkte Kalorimetrie	56
2.5.3.	Indirekte Kalorimetrie	57
2.5.4.	Wichtige Fehlerquellen der indirekten Kalorimetrie	59
2.6.	Energieumsatz bei körperlicher Arbeit und sportlicher Leistung	60
2.6.1.	Ruheumsatz und Arbeitsumsatz	60
2.6.2.	Wirkungsgrad	62
2.6.3.	Tagesumsatz bei beruflicher Arbeit	68
2.6.4.	Energieumsatz beim Sport	68
2.6.5.	Arbeitsumsatz und seine Grenzen	69
2.7.	Grundlagen der Ernährung	70
2.7.1.	Energiebedarf, Energiegehalt und Ausnutzbarkeit von Nahrungsmitteln und wünschenswerte Zusammensetzung der Ernährung	70
2.7.2.	Brennwert der Nährstoffe	72
2.7.3.	Kohlenhydrat- und Fettbedarf	73
2.7.4.	Eiweißbedarf	74
2.7.5.	Bedarf an Vitaminen und Spurenelementen	77
2.7.6.	Ernährung unter besonderem Blickwinkel sportlicher Ausdauerleistung	78

2.7.7.	Sportgetränke	82
2.8.	Grundlagen der Motorik	82
2.8.1.	Überblick über die Bauelemente der Informationsübertragung	82
2.8.2.	Aufbau und Funktion von Neuronen	82
2.8.3.	Motorische Einheit	84
2.8.4.	Aufbau und Funktion von Synapsen	84
2.8.5.	Spinalmotorische Systeme	87
2.8.5.1.	*Aufbau und Funktion des Muskelspindelsystems (monosynaptische Reflexe)*	87
2.8.5.2.	*Polysynaptische motorische Reflexe*	92
2.8.6.	Supraspinalmotorische Systeme	95
2.8.6.1.	*Überblick über die Strukturen des Gehirns*	95
2.8.6.2.	*Tractus corticospinalis (Pyramidenbahn)*	95
2.8.6.3.	*Nichtpyramidale Bahnen*	96
2.8.6.4.	*Kleinhirn (Zerebellum)*	98
2.8.7.	Einfluß des Vestibularorgans auf die Motorik	98
2.8.7.1.	*Überblick über Anatomie und Reizformen*	98
2.8.7.2.	*Makulaorgane*	99
2.8.7.3.	*Bogengangsystem*	100
2.8.8.	Motorisches Lernen	102
2.9.	Vegetatives System aus leistungsphysiologischer Sicht	104
3.	**Blutkreislauf und Arbeit**	108
3.1.	Herz-Kreislauf-System	108
3.2.	Physiologie des Herzens	110
3.2.1.	Grundeigenschaften des Herzmuskels	110
3.2.2.	Wirkung der Herznerven	111
3.2.3.	Elektrokardiogramm	111
3.2.4.	Das Herz als Pumpe	113
3.2.5.	Wirkung körperlicher Anstrengung auf die Förderleistung des Herzens	116
3.2.6.	Arbeit und Umsatz des Herzens	117
3.2.7.	Versorgung des Herzmuskels	118
3.3.	Gefäßsystem	119
3.3.1.	Überblick über Anatomie und Physiologie	119
3.3.2.	Arterielles System	120
3.3.3.	Blutdruckregelung im arteriellen System	122
3.3.3.1.	*Prinzip der Regelung und Art der zu regelnden Störungen*	122
3.3.3.2.	*Lage der Barorezeptoren*	124
3.3.3.3.	*Eigenschaften der Fühler*	124
3.3.3.4.	*Eigenschaften des Blutdruckregelkreises*	125
3.3.3.5.	*Wirkung des Blutdruckes auf die Gefäße*	128
3.3.4.	Ruheblutdruck als Funktion des Lebensalters	128
3.3.5.	Endstrombahn (Mikrozirkulation)	129

3.3.6.   Durchspülung des interstitiellen Raumes   132
3.3.7.   Lymphsystem   132
3.3.8.   Venöses System   132
3.4.   Regelung des Blutvolumens und des osmotischen Druckes .   134
3.5.   Arbeitseinstellung des Kreislaufes   137
3.5.1.   Verstellung der lokalen Muskeldurchblutung   137
3.5.2.   Problem des adäquaten Reizes für den Durchblutungsregler
        und Durchströmungsverteilung bei Arbeit   138
3.5.3.   Herzminutenvolumen und Arbeit   140
3.5.4.   Blutdruck bei körperlicher Belastung   142
3.5.5.   Geschlechtsbedingte Unterschiede der einzelnen
        Kreislaufgrößen   142
3.5.6.   Herzfrequenz als Indikator für den Sympathikotonus
        bei körperlicher Anstrengung   143
3.5.7.   Verhalten der Herzfrequenz während der Arbeit   144
3.5.8.   Verhalten der Herzfrequenz nach der Arbeit   146
3.5.9.   Kontrolle des vegetativen Systems bei körperlicher Arbeit .   147
3.6.   Blut als Transportmedium   151
3.6.1.   Blutplasma   152
3.6.2.   Blutzellen   152
3.6.3.   Transport des Sauerstoffs   153
3.6.3.1.   *Prinzip*   153
3.6.3.2.   *Prinzip der O_2-Bindungskurve*   154
3.6.3.3.   *Einflüsse auf die O_2-Bindungskurve*   155
3.6.4.   Transport des Kohlendioxids   158
3.6.4.1.   *Übersicht über den CO_2-Transport*   158
3.6.4.2.   *Prinzip der CO_2-Bindungskurve*   161
3.6.4.3.   *Einflüsse auf die CO_2-Bindungskurve*   161
3.6.5.   Regulation des pH-Wertes   162
3.6.6.   Transport von Wärme, Nährstoffen und fixen
        Stoffwechselendprodukten   166
3.7.   Arteriovenöse Differenz und Durchblutung
        (Fick-Prinzip)   166

4.   **Atmung und Arbeit**   168
4.1.   Atemmechanik, Atemarbeit und der dazu notwendige
        Energieumsatz   168
4.2.   Gasaustausch   170
4.3.   Respiratorischer Totraum und Begriff der alveolären
        Ventilation   173
4.4.   Regelung der Atmung   177
4.4.1.   Wahl der Regelgröße   177
4.4.2.   Regelung des pCO_2   179
4.4.3.   Wirkung von O_2-Mangel und pH-Senkung auf die
        CO_2-Antwortskurve   181

4.5.   Atmung und körperliche Leistung 183
4.5.1.   Mechanismus des Atemantriebs 183
4.5.2.   Einstellung der Atemform 184

**5.   Wirkung von Umweltfaktoren auf die Physiologie
             der Arbeitsleistung** 185
5.1.   Einfluß von akutem und chronischem Sauerstoffmangel
             auf den Menschen 185
5.1.1.   Auswirkungen und Arten des Sauerstoffmangels 185
5.1.2.   Perakuter Sauerstoffmangel 185
5.1.3.   Zusammenhänge zwischen Höhe und Sauerstoffdruck 189
5.1.4.   Akuter Sauerstoffmangel 191
5.1.5.   Chronischer Sauerstoffmangel und Höhenakklimatisation . 191
5.1.6.   Leistungsfähigkeit unter Sauerstoffmangel 196
5.2.   Einfluß des Klimas auf den Menschen 198
5.2.1.   Suche nach Methoden der Messung des Klimaeinflusses ... 198
5.2.2.   Wärmeaustausch zwischen Körperoberflächen
             und Umgebung 201
5.2.2.1.   *Wärmeaustausch durch Leitung und Konvektion* 201
5.2.2.2.   *Wärmeaustausch durch Strahlung* 202
5.2.2.3.   *Wärmeaustausch durch Verdunstung und Kondensation* ... 204
5.2.3.   Körpertemperatur und Wärmebilanz 205
5.2.4.   Wärmeproduktion 206
5.2.5.   Wärmeabgabe 207
5.2.6.   Thermoregulation 211
5.2.7.   Akklimatisation 212
5.3.   Salz- und Wasserhaushalt 213
5.3.1.   Verteilung des Wassers im Organismus 213
5.3.2.   Bewegung des Wassers im Körper 215
5.3.3.   Störungen des Wasserhaushaltes 216
5.3.4.   Wasserbilanz und ihre Regelung 217
5.4.   Physiologie der Schwerelosigkeit 218
5.4.1.   Physikalische und physiologische Vorbemerkungen 218
5.4.2.   Die Auswirkungen der Schwerelosigkeit auf den Menschen 220
5.4.2.1.   *Raumkrankheit (Raumadaptationssyndrom)* 221
5.4.2.2.   *Körpergewichtsentlastung* 222
5.4.2.3.   *Flüssigkeitsverschiebung* 223
5.4.3.   Techniken der Schwerelosigkeitssimulation auf der Erde .. 225
5.4.4.   Physiologische Auswirkungen der simulierten
             Schwerelosigkeit 226
5.4.4.1.   *Überblick* 226
5.4.4.2.   *Harnausscheidung* 226
5.4.4.3.   *Aldosteron- und Elektrolytkonzentration
             und Ausscheidung bei Immersion* 227

5.4.4.4.   *Mechanismus der Aldosteronwirkung auf den*
            Zellstoffwechsel 229
5.4.5.   Orthostatische Toleranz und Schwerelosigkeit 231
5.5.   Physiologie des Tauchens und Schwimmens 233
5.5.1.   Physikalische und physiologische Vorbemerkungen
            zum Tauchen 233
5.5.1.1.   *Gefahren des Tauchens und Definition des Drucks* 233
5.5.1.2.   *Boyle-Mariotte-Gesetz* 234
5.5.1.3.   *Partialdruck von Gasen* 234
5.5.1.4.   *Löslichkeit von Gasen in Flüssigkeiten* 235
5.5.2.   Apnoisches Tauchen 235
5.5.2.1.   *Druckverhältnisse beim Tieftauchen* 235
5.5.2.2.   *Kreislaufreflexe beim apnoischen Tauchen* 239
5.5.2.3.   *Blutgasdrücke beim Tauchen* 242
5.5.3.   Tauchen mit Hilfsmitteln 243
5.5.3.1.   *Tauchen mit Schnorchel* 243
5.5.3.2.   *Tauchen mit Lungenautomat* 243
5.5.3.3.   *Besondere Gefahren beim Gerätetauchen* 244
5.5.4.   Thermoregulation im Wasser 246
5.5.4.1.   *Körpertemperatur beim Aufenthalt im Wasser* 246
5.5.4.2.   *Wirkung des Schwimmens auf die Körperkerntemperatur*
            im kalten Wasser 248
5.5.5.   Mechanische Arbeit, Energieumsatz und Wirkungsgrad
            beim Schwimmen 249

6.   **Körperliche Leistungsfähigkeit** 251
6.1.   Allgemeine Grundlagen 251
6.2.   Bestimmung der Leistungsfähigkeit 257
6.2.1.   Überblick über die verschiedenen Methoden 257
6.2.2.   Aerobe Kapazität (maximale O_2-Aufnahme) 259
6.2.2.1.   *Die maximale O_2-Aufnahme beeinflussenden Faktoren* 259
6.2.2.2.   *Bestimmung der maximalen O_2-Aufnahme* 260
6.2.2.3.   *Kriterien für die Auslastung des Probanden* 262
6.2.2.4.   *Bereiche der maximalen O_2-Aufnahme*
            bei beiden Geschlechtern 263
6.2.3.   Bestimmung der Ausdauerleistungsfähigkeit
            mit Hilfe der Sauerstoffaufnahmekinetik 264
6.2.4.   Bestimmung der Leistungsfähigkeit
            mit Hilfe der aerob-anaeroben Schwelle 268
6.2.5.   Bestimmung der Leistungsfähigkeit
            mit Hilfe des Herzfrequenzverhaltens 270
6.2.5.1.   *Bestimmung der Pulsfrequenz während und nach Arbeit* ... 270
6.2.5.2.   *Bestimmung der Leistungsfähigkeit*
            mit Hilfe der Erholungspulssumme 272

6.3.   Schätzung der Leistungsfähigkeit aufgrund
            des Verhaltens des „Sauerstoffpulses" 273
6.4.   Muskelermüdung 274
6.4.1.   Entstehung 274
6.4.2.   Muskelermüdung und Pausengestaltung 275
6.4.3.   Erholung beim Wechsel von Muskelgruppen
            bei dynamischer Arbeit 277
6.4.4.   Leistungsfähigkeit und Ermüdung bei statischer
            Haltearbeit 279
6.4.5.   Verminderung der Leistungsfähigkeit durch zentrale
            Ermüdung 281
6.5.   Grenzen der menschlichen Leistungsfähigkeit 285
6.5.1.   Unterschiede bezüglich Disziplin und Geschlecht 285
6.5.2.   Sprintleistungen 286
6.5.3.   Mittellang dauernde Leistungen 286
6.5.4.   Langleistungen 286
6.5.5.   Kraftleistungen 286

7.   **Leistungssteigerung durch Arbeitsgestaltung,**
            Übung und Training 287
7.1.   Leistungssteigerung durch rationelle Arbeits- und
            Bewegungsgestaltung 287
7.2.   Verbesserung der Leistungsfähigkeit durch Übung 291
7.3.   Steigerung der Leistungsfähigkeit durch Training 292
7.4.   Prinzipien der langfristigen Anpassung
            der Leistungsfähigkeit 293
7.5.   Grundlagen des isometrischen Krafttrainings 295
7.5.1.   Techniken der Kraftsteigerung 295
7.5.2.   Physiologische und pharmakologische Einflüsse
            auf das Krafttraining 299
7.5.3.   Grundlagen des Trainings der Schnelligkeit 303
7.6.   Grundlagen des Trainings der Ausdauer 303
7.6.1.   Überblick über Muskelbelastungsarten und Wirkungen ... 303
7.6.2.   Wirkung eines Ausdauertrainings auf die zelluläre
            Funktion und Struktur des Muskels 303
7.6.3.   Ausdauertraining und Kapillarisierung 308
7.6.4.   Wirkung eines Ausdauertrainings auf die
            Förderkapazität des Herzens 312
7.6.5.   Wirkung eines Ausdauertrainings auf die Vermehrung
            des Blutvolumens 316
7.6.6.   Wirkung eines Ausdauertrainings auf vegetative
            Funktionen 317
7.6.7.   Einfluß des Ausdauertrainings auf das Säure-Basen-
            Gleichgewicht und den Mineralhaushalt 320

8.	**Anhang**	322
8.1.	Grundbegriffe biologischer Regelung (biologische Kybernetik)	322
8.2.	Aufbau eines Regelkreises	322
8.3.	Eigenschaften technischer Regler	324
8.3.1.	P-Regler	325
8.3.2.	PD-Regler	325
8.3.3.	I-Regler	325
8.3.4.	Übergangsfunktion des aufgeschnittenen Regelkreises	325
8.3.5.	Ortskurve des aufgeschnittenen Regelkreises	327
8.3.6.	Biologische Regelkreise	327
8.4.	Methoden der Energieumsatzmessung	327
8.4.1.	Offene Systeme	328
8.4.2.	Umsatzmessungen mit dem geschlossenen System	332
8.4.3.	Rechnergesteuerte Spiroergometrie nach der Methode der Einzelatemzuganalyse	332
8.4.4.	Praktische Ausführung der Messung mit Hilfe eines Prozeßrechners, eines Massenspektrometers und eines Pneumotachographen	335
8.4.4.1.	*Erforderliche Geräte*	335
8.4.4.2.	*Eichung der einzelnen Meßwerte*	336
8.4.4.3.	*Bestimmung der apparativen Verzögerungszeit*	337
8.4.4.4.	*Messung und Berechnung der spiroergometrischen Größen*	337
8.4.4.5.	*Bestimmung der in- und endexspiratorischen Gasdrücke*	339
8.4.4.6.	*Programmierbare Leistungseinstellung*	340
8.4.4.7.	*Off-line-Darstellung von Ergebnissen*	340
Glossar		343
Literaturauswahl		353
Sachverzeichnis		364

1. Einführung

1.1. Gebiete der angewandten Physiologie

Die Leistungsphysiologie umfaßt mehrere große Gebiete der angewandten Physiologie: die Physiologie der beruflichen Arbeit, auch kurz Arbeitsphysiologie genannt, die Physiologie des Sports, d. h. vor allem die Physiologie extremer, über die Norm hinausgehender Leistungen, und neuerdings einen Teil der Raumfahrtphysiologie. Die Gebiete haben Gemeinsames und Trennendes, wie wir im Verlauf der Darstellung noch eingehend erörtern werden.

Nur in wenigen Ländern der Erde gibt es bisher ein eigenes Studium der Physiologie, die es als Naturwissenschaft von der Funktion der Lebensabläufe verdiente, unter einem Gesamtaspekt betrachtet und studiert zu werden. Heute wird die Physiologie in ihren Teilaspekten von einer Reihe von Wissenschaftlern betrieben, die aus ganz verschiedenen Fachgebieten kommen und deren gemeinsames Anliegen sich im Gebiet der Physiologie überschneidet. Diese Fachgebiete sind besonders die Medizin, die Erkenntnisse der Physiologie auf das Problem der pathologischen Erscheinungsform anwendet und versucht, sie in dieser Richtung zu vermehren, die Biologie, die sich in der Regel für vergleichende Betrachtung physiologischer Funktionen interessiert, und seit etwa 75 Jahren der Bereich der körperlichen Arbeit und des Sportes, der sich die Erkenntnisse der Physiologie und ihre Methoden zunutze macht. Bei der Arbeitsphysiologie standen vor allem der Schutz des Arbeiters vor Überlastungsschäden, die physiologische Rationalisierung und auch der Einfluß von Umweltbedingungen auf den Arbeiter im Vordergrund des Interesses.

Es liegt nahe, daß sich die Welt des Sportes für die physiologischen Erkenntnisse interessiert, ist doch beim Sport die Belastung des Körpers besonders groß. Im Wettkampfsport liegt es nahe, daß sich der Sportler Erkenntnisse der Physiologie zunutze zu machen trachtet, um seine Leistung zu steigern. Solange die Erkenntnisse dazu dienen, eine auf physiologischen Grundlagen basierende sinnvolle Trainingslehre zu begründen und nach ihr zu trainieren, sind sie sicher positiv zu werten. Gehen sie darüber hinaus und benutzen das Wissen, um den Körper, z. B. durch Pharmaka (Doping), über seine physiologischen Leistungsgrenzen hinaus zu belasten, wird die Entwicklung gefährlich. Auf der anderen Seite bedeutet der Höchstleistungssport für den Physiologen eine Quelle der Erkenntnis für die Grundlagen der Physiologie, da die sportliche Höchstleistung gleichzeitig ein Experiment ist. Die Impulse, die von den Olympischen Spielen und anderen Wettkämpfen des Spitzensports für die Forschung ausgehen, sind gar nicht hoch genug einzuschätzen. Die Physiologie des Sportes besteht also für den Physiologen im Geben und im Nehmen.

1.2. Arbeitsphysiologie

1.2.1. Definition, Probleme und Aufgaben der Arbeitsphysiologie

Arbeitsphysiologie ist Teil der physiologischen Wissenschaften. Aus diesem Grunde setzt ihr Verständnis bereits Grundkenntnisse auf dem Gebiet der Physiologie des Menschen voraus. Die Arbeitsphysiologie kann man als eine auf einen speziellen Zweck gerichtete Betrachtung der Physiologie ansehen: Es gilt, die physiologischen Wirkungsabläufe unter einem ganz bestimmten Blickwinkel zu sehen, nämlich den Bedingungen der beruflichen Arbeit. Dieses hat wieder zur Folge, daß bei der Darstellung die Schwerpunkte der Verteilung zwischen den einzelnen Gebieten der Physiologie zu den Organen und Organsystemen verschoben werden müssen, die unter Bedingungen körperlicher Arbeit beansprucht werden oder die Arbeit limitieren. Systeme, deren Leistungen bei Arbeit kaum zusätzlich tätig werden, entfallen bei dieser Betrachtung. Die Arbeitsphysiologie wird also von Physiologen betrieben, deren Interesse diesem besonderen Blickwinkel der Physiologie gilt. Es wäre deshalb falsch, primär die Arbeitsphysiologie als eine ausschließlich angewandte Forschung zu bezeichnen, deren Aufgabe rein praktischer Natur ist. Vielmehr ist die Arbeitsphysiologie genau wie viele andere Zweige der Physiologie auch eine Grundlagenwissenschaft. Menschliche Arbeit ist für den Physiologen auch Objekt naturwissenschaftlicher Forschung.

Wissenschaft und Forschung leben allerdings auch nicht im bezugsfreien Raum. Gerade die Arbeitsphysiologie hat eine besonders wichtige soziale Aufgabe: Sie hat als Teilgebiet der Ergonomie den menschlichen Arbeitsplatz zu humanisieren. Die Arbeitsphysiologie ist also eine Grundlagenforschung und eine angewandte Forschung zugleich: Grundlagenforschung, weil es gilt, das Zusammenspiel der Organe und Organsysteme unter Arbeit systematisch zu erforschen, angewandte Wissenschaft, weil sie die Erkenntnisse über dieses Zusammenspiel anwendet, um die Arbeitswelt an die Funktion des Menschen anzupassen, d.h., sie zweckmäßiger zu gestalten.

Wenn wir fragen, was nun Arbeit im Sinne der Arbeitsphysiologie ist, so könnten wir antworten, der Begriff der Arbeit sei durch die Physik als das

Produkt von Kraft und Weg definiert. Es ist einleuchtend, daß diese Definition nur einen ganz kleinen Teil der Arbeit beschreibt, die wir gemeinhin in der Umgangssprache als Arbeit bezeichnen. Auch die Umgangssprache unterscheidet nicht zwischen der Arbeit als Erfolg einer Tätigkeit und der Tätigkeit selbst. Arbeit im Sinne der Arbeitsphysiologie ist relativ weit gefaßt. Sie ist in erster Linie die Tätigkeit, die der Mensch als Produktionsfaktor ausübt: eine berufliche Tätigkeit im weitesten Sinne. Die physiologische Betrachtung dieser Tätigkeit bedeutet, daß es sich dabei in erster Linie um eine überwiegend körperliche Tätigkeit handelt. Die Trennung zwischen körperlicher und geistiger Arbeit ist weitgehend willkürlich, da geistige Arbeit an den Körper gebunden ist. Geistige Arbeit können Physiologen mit ihren Methoden bisher kaum erfassen; deshalb ist sie in erster Linie Aufgabe der Arbeitspsychologie.

Die Arbeitsphysiologie hat also die besonders wichtige soziale Aufgabe, Arbeitsplätze zu humanisieren. In der ersten Hälfte dieses Jahrhunderts stand dabei das Problem der schweren körperlichen Arbeit im Vordergrund. Hier galt es, die Beanspruchung durch eine bessere Anpassung der Maschine an den Menschen ohne Leistungsverluste zu mindern und damit Verschleißkrankheiten zu vermeiden. Heute stehen psychophysische Probleme im Vordergrund.

Nachdem zumindest in den Industriestaaten die schwere körperliche Arbeit nur noch eine untergeordnete Rolle spielt, hat sich auch ein Teil der Probleme der Arbeitsphysiologie auf den psychophysischen Bereich verlagert. Besonders zu nennen sind hier die Monotonieprobleme der Fließbandarbeit, der psychische Belastungsstreß, die Arbeit unter Zeitdruck usw. In vielen Bereichen der modernen Arbeitswelt besteht eine psychische Überforderung bei physischer Unterforderung, eine Kombination, die Herz- und Kreislauferkrankungen begünstigt. Hier bietet sich ein größeres Aufgabengebiet in Kooperation mit Psychologen und Ingenieuren im Rahmen der Arbeitswissenschaft an. Wegen der physischen Unterforderung oder einseitigen Anforderung ergänzen sich heute Arbeits- und Sportphysiologie besonders gut.

Der Übergang zu dem Gebiet der Arbeitshygiene ist fließend. In einigen Ländern, z. B. in Japan, werden die Aufgaben der angewandten Arbeitsphysiologie von der Arbeitshygiene abgedeckt. Die Arbeitshygiene beschäftigt sich vor allem mit Umwelteinflüssen auf den arbeitenden Menschen, die Wirkung von Staub und Gasen, Ernährung und Unterkunft, Tagesablauf und Zusammenleben; dies sind größtenteils Fragen, die sowohl die Arbeitsphysiologie als auch die Arbeitshygiene betreffen.

Die Arbeitsphysiologie beschäftigt sich mit dem gesunden arbeitenden Menschen. Die Probleme, die mit den Wechselwirkungen zwischen Krankheit und Berufsarbeit zusammenhängen, werden vom Gebiete der Arbeitsmedizin behandelt.

In diesem Zusammenhang sei auch die Rehabilitationsforschung erwähnt, die die Aufgabe hat, teilweise geschädigte Menschen wieder organisch in das Berufsleben einzufügen.

1.2.2. Arbeitsphysiologie und Technik

Arbeitsplatz und Arbeiter stellen eine funktionelle Einheit dar. Diese Einheit funktioniert nur optimal, wenn der Arbeiter an seine Aufgabe und die Aufgabe an den Arbeiter angepaßt ist. Hier ist eine große Zahl von physiologischen Grundtatsachen zu beachten, wenn die Anpassung wirklich optimal sein soll. Einerseits muß der Arbeiter für seine Aufgabe eingeübt und trainiert werden. Aus Erfahrung wissen wir jedoch, daß Übung und Training recht enge Grenzen haben. Der Konstrukteur einer Maschine kann diese dagegen weitgehend an die Physiologie des Menschen anpassen, wenn er erfährt, worauf es ankommt. Die große Variabilität von beruflichen Aufgaben fordert in jedem einzelnen Fall eine größere Überlegung. Oft genug stehen überkommene Konstruktionsmerkmale und physiologische Erfordernisse in krassem Widerspruch. Als Beispiel aus dem Gebiet der Verkehrsberufe soll hier nur die Pedalanordnung in einem Kraftfahrzeug mit automatischer Kupplung erwähnt werden. Der linke Fuß hat hier überhaupt keine Funktion mehr. Es wäre also viel zweckmäßiger, den rechten Fuß dem Gaspedal und den linken Fuß der Bremse zuzuordnen. Dadurch würde die Dauer der Umsetzung vom Gaspedal auf das Bremspedal im Augenblick der Gefahr wegfallen. Einer Änderung der „historischen" Anordnung der Pedale steht entgegen, daß jeder Fahrer seit seiner Fahrschule eine bedingte Reaktion für die Anordnung ausgebildet hat. Um zu bremsen, müßte er bei einer Neuanordnung einen neuen bedingten Reflex zum linken Bein erlernen, so daß er sich instinktiv gegen eine Verbesserung wehrt, die in der Zeit der Umstellung erhöhte Gefahr bewirkt, sie dann aber mindern würde. Außerdem schlägt die früher eingelernte Reaktion im Gefahrenmoment wieder durch.

Dieses kleine Beispiel mag die Schwierigkeit verdeutlichen, die oft einer Anpassung der Maschine an den Menschen gegenübersteht. Kompliziert werden die Verhältnisse aber auch dadurch, daß sich die Faktoren gegenseitig beeinflussen. Bei gleicher Stoßkraft hängt z. B. der Rückstoß eines Abbauhammers von seinem Gewicht ab. Will man nun Schädigungen durch den Rückstoß verkleinern, so müßte man das Gewicht des Abbauhammers vergrößern. Hier sind die Grenzen aber dadurch gesetzt, daß der Abbauhammer auch gehalten werden muß. Bei Vergrößerung des Gewichtes ermüden also die Haltemuskeln mehr, die dadurch den Stoß nicht mehr so gut abfangen können. Dieses Beispiel zeigt, daß nicht nur die Maschine an den Menschen angepaßt werden muß, sondern daß zusätzlich unter mehreren negativen Einflüssen das relative Optimum gefunden werden muß.

1.2.3. Arbeitsphysiologie und Wirtschaft

In den letzten Jahren ist in den Industriestaaten der Anteil der Bevölkerung zurückgegangen, der schwere körperliche Arbeit leisten muß. Man setzt hier weitgehend Maschinen ein. In den Entwicklungsländern jedoch muß auch noch weiterhin schwere körperliche Arbeit geleistet werden, weil die Anschaffung von Maschinen Kapitalinvestitionen erforderlich machen würde, die nicht möglich sind. Energie, die durch gemischte Nahrungsmittel dem Körper zugeführt wird, kostet, grob geschätzt, 100mal mehr als Energie aus Öl oder Kohle. Ein Staat der Größe Indiens (ca. 700 Mill. Einwohner) hat vielleicht 100 Mill. Einwohner, die täglich schwere Muskelarbeit verrichten. Gelänge es, bei jedem dieser 100 Mill. Einwohner auch nur 5000 kJ/Tag Umsatz durch Umstellung auf Maschinen einzusparen, so würden pro Arbeitstag 100 Mill. DM gespart, wenn man für 5000 kJ Nahrungsmittel einen Preis von 1 DM ansetzt. Bei 300 Arbeitstagen würde sich eine Ersparnis des Volksvermögens von ungefähr 30 Mrd. DM errechnen lassen. Eine solche grobe Überschlagsrechnung soll anschaulich machen, daß die Arbeitsphysiologie und die Ökonomie eng miteinander verknüpft sind. Da der Mensch, zumindest über die ganze Erde betrachtet, immer noch der wichtigste Produktionsfaktor ist, gilt es für die Arbeitsphysiologie, dem Menschen optimale Arbeitsbedingungen zu schaffen und die Maschine vor allem da einzusetzen, wo noch schwere körperliche Arbeit geleistet werden muß. Die Stärke des Menschen als Produktionsfaktor liegt eben nicht in erster Linie in den Muskeln, sondern in seiner Intelligenz, sich Werkzeuge im weitesten Sinne nutzbar zu machen.

1.3. Sportphysiologie

Sport und körperliche Arbeit haben gemeinsam, daß man unter beiden Bedingungen seine Muskeln gebraucht und damit die ganze Reaktionsfolge im Körper in Tätigkeit setzt, die nun einmal mit der Muskeltätigkeit verbunden ist. Für die Physiologie beider Tätigkeitsformen besteht deshalb in der Regel nur ein quantitativer, sich immer überlappender Unterschied, der vornehmlich den Intensitätsbereich betrifft. Die Welt des Sports ist so mannigfaltig wie die Welt der Arbeit, so daß in einer zusammenfassenden Betrachtung der Sportphysiologie auch nur Grundprinzipien herausgearbeitet werden können. Die Beanspruchung der Organe, der Informationskanäle und der zerebralen Datenverarbeitung ist beispielsweise beim Motorsport in einem modernen Rennwagen diametral entgegengesetzt der des Marathonläufers. Deshalb können wir hier auch nur die allgemeinen physiologischen Wirkungsabläufe unter dem Gesichtspunkt erhöhter oder an die Grenze der Leistungsfähigkeit reichender Belastung betrachten. Hier liegt der eigentliche Unterschied zur Arbeitsphysiologie, bei der die Grenze möglichst nie erreicht werden soll.

Wenn auch für alle professionellen Sportler der Sport berufliche Arbeit ist und damit dem Erwerbsleben dient, bestehen weitere Unterschiede zwischen beruflicher Arbeit und sportlicher Aktivität. Naive Gemüter könnten glauben, daß es wohl widersinnig sei, zunächst mit ungeheurem finanziellem Aufwand die schwere körperliche Arbeit abzuschaffen oder energetisch zu erleichtern, dann festzustellen, daß der Mensch durch Bewegungsmangel Schaden leide, um dann mit dem gleichen finanziellen Aufwand Sportanlagen einzurichten und Sport aus gesundheitspolitischen Erwägungen zu propagieren. Offensichtlich liegt der Unterschied zwischen beiden Formen körperlicher Aktivität weniger im physiologischen als im psychologischen Bereich. Es ist eben nicht gleichgültig, ob eine Leistung lustbetont oder widerwillig durchgeführt wird, wobei natürlich in dieser Aussage auch eine Schwarzweißzeichnung enthalten ist. Weiterhin muß man noch umwelthygienische und sozialpsychologische Unterschiede berücksichtigen. Es würde das Maß dieses Buches überschreiten, hier über Einzelheiten zu diskutieren.

Die Aufgaben der Sportphysiologie richten sich neben der notwendigen Grundlagenforschung weitgehend nach dem Sportbereich. Im Breitensport, als dem Bereich des Sports für jedermann, wird sie sicher den gesundheitlichen Aspekt für alle Altersklassen berücksichtigen müssen. Hier gilt es den Bewegungsmangel mit seinen nachteiligen Folgen für das Herz-Kreislauf-System zu bekämpfen durch frühzeitige Motivation für eine Sportart, die man lebenslang betreiben kann (Life-time-Sportart), wie Schwimmen, Skifahren, Tennis usw., also Sportarten, die energetisch anspruchsvoll, aber nicht zu anstrengend sind. Hier ist es durchaus wichtig, das richtige Maß zu finden und der Sportlehre mitzuteilen. Dabei gilt die Roux-Regel: Geringe Reize sind zwecklos, mittlere nützen, große schaden. Natürlich sind solche Bestrebungen nur im Verbund mit den übrigen Sportwissenschaften und der Praxis möglich.

Leistungs- und Hochleistungssport werfen dagegen ganz andere Probleme auf. Hier sind aktive Sportler und ihre Trainer besonders an einer Erfolgskontrolle ihrer Trainingsmethoden aus physiologischer Sicht interessiert. Der Physiologe kann hier eine Reihe von Meßgrößen gewinnen, die schon ein ganz zuverlässiges Bild von der Kondition des Sportlers widerspiegelt. Allerdings sollte man auch den Einfluß sportmedizinischer Aktivitäten auf die effektive sportliche Leistung nicht überbewerten. Sie können nur ein Faktor in einer Reihe sportwissenschaftlicher und praktischer Maßnahmen sein, wie Vorbild der Eltern, vorschulische und schulische Sporterziehung, gute Trainer usw.

Der Sportphysiologe sollte allerdings auch den Mut haben, dort zu warnen, wo Hochleistung entartet. Das ist immer dann der Fall, wenn Schäden durch übertriebenes Training evoziert werden, und vor allem, wenn dieses bei Kindern erfolgt, die noch nicht die notwendige Übersicht haben. Für einen erwachsenen Hochleistungssportler mag der sportliche Erfolg auch an der für ihn erkennbaren Grenze der Schädigung Kompensation, Befriedigung und sozialen Aufstieg bringen und damit von ihm selbst kalkuliert sein. Ich finde es unerträglich, wenn Kinder täglich mehrere Stunden durch das Wasser gejagt werden, um einen Schwimmwettkampf für den Verein, für das „Vaterland", für das „bessere System" zu gewinnen.

Überwiegend hat sich die Trainingsforschung bisher auf die Systeme beschränkt, deren Leistung verbessert wird. Wir werden in Zukunft mehr Arbeit darauf verwenden müssen, die Grenzen zu erforschen, an denen Nachteile oder gar Schäden durch übermäßiges Training zu erwarten sind. So zeigt sich bereits heute, daß die Regelqualität der Blutdruckregler in Ruhe durch Ausdauertraining verschlechtert wird. Ähnliches gilt auch für die Empfindlichkeit des Atemzentrums für verschiedene Reize (S. 183).

Im Rahmen unserer Darstellung können wir aus begreiflichen Gründen die Physiologie spezieller Sportarten nicht im einzelnen darstellen, sondern nur die gemeinsamen Grundprinzipien so erweitern, daß die Leistungsgrenzen der beanspruchten Organe und Organsysteme herausgearbeitet werden, damit auch der Sportler selbst, der Lehrer oder der Trainer aus diesen Daten die für seine Sportart geltenden Zusammenhänge und Grenzen ersehen kann.

1.4. Raumfahrtphysiologie

In den letzten Jahren ist eine besondere „Leistung" zu dem von uns betrachteten Gebiet hinzugekommen: die bemannte Raumfahrt. In unserem Zusammenhang ist dabei besonders der langfristige Aufenthalt von Menschen im Raum interessant, weil er genau das Gegenteil und damit eine Ergänzung und Anwendung der Sportphysiologie zugleich darstellt. Hier wird der Mensch im Weltraum muskulär beinahe vollständig entlastet, weil er nicht mehr stehen oder gehen muß und damit weder Knochen noch Muskeln belastet. Die Lokomotion von einem Ort zum anderen benötigt nur minimale Kräfte. Die Erforschung der Folgen solch extremer Immobilisation und die Gegenmaßnahmen durch Training, die nötig sind, um Leistungsfähigkeit und Gesundheit von Raumfahrern zu erhalten, ist für den Leistungsphysiologen eine interessante Herausforderung.

2. Muskeltätigkeit

Um zu reagieren, benötigt der Körper die Muskulatur, denn sie allein gibt die Möglichkeit zu handeln, sei es eine Arbeit durchzuführen oder eine Information in Form des Sprechens oder einer Gebärde weiterzugeben. Die willkürliche Muskeltätigkeit, die hier zunächst interessiert, erfolgt durch die Skelettmuskulatur (quergestreifte Muskulatur), die im Gegensatz zur glatten Muskulatur (autonome Muskulatur) und zur Herzmuskulatur die Eigenschaft hat, sich rasch kontrahieren und erschlaffen zu können. Die Skelettmuskelfasern unterteilt man wieder in rote (tonische) und weiße (phasische). Die roten Fasern sind auf Ausdauer, die weißen auf Schnellkraft spezialisiert.

2.1. Mechanische Eigenschaften des Muskels

2.1.1. Verhalten bei passiver Dehnung

Wenn man in der Versuchsanordnung der Abb. 1 die Spiralfeder mit der Federkonstanten E um den Betrag ΔL dehnt, so gilt, daß man folgende Kraft F aufwenden muß:

$$F = E \cdot \Delta L \text{ (Hooke-Gesetz) (1)}$$

Dieser Zusammenhang ist in Abb. 2 für Federn mit unterschiedlichen Federkonstanten E dargestellt. Wird die Feder wieder entdehnt, so bleibt in jedem Punkt dieser Linie die Beziehung zwischen Kraft und Dehnung erhalten. Die Feder verhält sich also ideal elastisch und gehorcht dem Hooke-Gesetz. Elastizität bezeichnet man als die Fähigkeit eines Materials, Formänderungsarbeit in umkehrbarer Weise zu speichern.

Auch der Skelettmuskel weist ein elastisches Verhalten auf, nur weicht seine Dehnbarkeit von der des Hooke-Gesetzes ab. Die Kraft, die notwendig ist, um den Muskel zu dehnen, nimmt überproportional zur Dehnung zu, wie es in Abb. 3 schematisch angedeutet ist. Zudem gehorcht der Muskel bei der Entdehnung nicht der gleichen Beziehung zwischen Kraft und Länge wie bei der Dehnung. Wird der Muskel passiv gedehnt, so ist die durch beide markierte Flächen bezeichnete Arbeit aufzuwenden. Wird er entdehnt, so bekommt man nur die durch das quadratische Muster symbolisierte Arbeit zurück. Im Gegensatz zur Spiralfeder geht ein Teil der Deh-

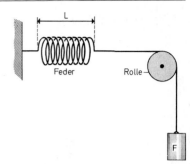

Abb. 1   Versuchsanordnung zur Bestimmung der Beziehung zwischen Kraft und Länge einer Feder (Hooke-Gesetz).

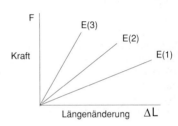

Abb. 2   Die Längenänderung (ΔL) ist der angreifenden Kraft (F) proportional. Ihr Ausmaß hängt von der Federkonstanten E ab. $E(3) > E(2) > E(1)$.

nungsarbeit verloren. Die verlorengegangene Arbeit ist im Diagramm durch die markierte Fläche zwischen den Kurven dargestellt. Der Muskel hat also kein rein elastisches, sondern zusätzlich ein plastisches Verhalten.

Unsere Skelettmuskelfasern befinden sich in ihrer Normallage schon in einem gewissen Zustand der Vordehnung entgegen ihrer elastischen Rückstellkraft. Wird durch einen Unfall die Sehne abgerissen, so schnurrt der Muskel in den meisten Fällen auf die halbe Länge zusammen. Die Bedeutung der elastischen Rückstellkräfte für die Körperhaltung ist also evident. Um die Kontraktionsformen zu verstehen, kann man sich als Modell den Muskel aus einem kontraktilen Abschnitt und einem in Serie geschalteten elastischen Element bestehend vorstellen.

2.1.2. Kontraktionsformen der Muskulatur

Die aktive Muskulatur zeichnet sich dadurch aus, daß sie sowohl Kraft entwickeln als sich auch verkürzen kann. Bleibt die Kraft über die gesamte Längenänderung des Muskels konstant, so liegt die isotonische Kontraktionsform vor. Entwickelt die Muskulatur bei konstanter Länge nur Kraft, so sprechen wir von einer isometrischen Kontraktion. Dazwischen gibt es Formen, bei denen Kraft und Länge gleichzeitig geändert werden (auxotonische Kontraktionsform).

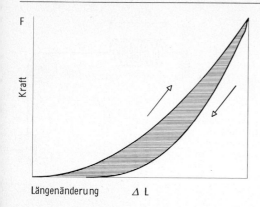

F

Kraft

Längenänderung   Δ L

Abb. 3 Beziehung zwischen Länge und Kraft eines Muskels bei passiver Dehnung und Entdehnung. Der Muskel gehorcht nicht dem Hooke-Gesetz. Ein Teil der elastischen Arbeit ΔL×F geht durch plastische Verformung in Wärme über (dunkle Fläche).

Zusammengefaßt sind die Formen in Abb. 4 dargestellt. Die erste Spalte zeigt die isotonische Kontraktion, die z.B. dadurch vorgegeben wird, daß der Muskel ein konstantes Gewicht hebt. Das durch die Feder symbolisierte elastische Element bleibt dabei gleich stark gedehnt, während das kontraktile Element (gerasterte Säule) verkürzt wird. Das zugehörige Diagramm zeigt, daß die Kraft konstant bleibt, während die Länge vermindert wird. Der Muskel leistet unter isotonischen Bedingungen physikalische Arbeit, da bekanntlich die Arbeit als Produkt aus Kraft und Weg definiert ist. Die zweite Spalte zeigt das gleiche Schema für die isometrische Kontraktion. Im kontrahierten Zustand wird das elastische Element gedehnt und das kontraktile um den gleichen Betrag verkürzt, so daß die Gesamtlänge konstant bleibt. Da der „äußere" Weg gleich Null ist, wird keine physikalische Arbeit nach außen abgegeben. Die dritte Form ist die auxotonische Kontraktion, wie sie beispielsweise beim Expanderziehen auftritt. Hier nimmt die Kraft zu und die Länge dabei ab. Die vierte Form stellt die Unterstützungskontraktion dar, die zuerst isometrisch, dann isotonisch erfolgt. Man kann sie sich klarmachen, wenn man sich einen Gewichtheber vorstellt. Er spannt zunächst seine Muskulatur so stark an, bis die entwickelte Kraft der Gewichtskraft die Waage hält. Sobald die Muskelkraft größer wird, hebt er das Gewicht isotonisch ab. Die Kontraktionsformen hängen also von den äußeren Bedingungen ab.

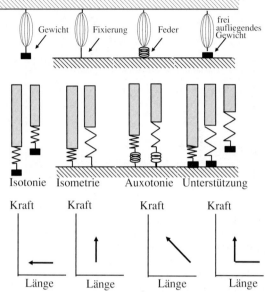

Abb. 4   Kontraktionsformen des Muskels als Funktion äußerer Bedingungen. Die obere Reihe zeigt die mechanische Befestigung. Die mittlere Reihe zeigt die Relation von kontraktilem (markierte Säule) und elastischem (stilisierte Feder) Element bei den verschiedenen Kontraktionsformen. Die Diagramme geben die Beziehung zwischen Kraft und Länge des Muskels wieder.

2.2. Allgemeine Grundlagen der Erregung

2.2.1. Überblick über den Funktionsablauf

Um den Muskel zur Kontraktion zu veranlassen, bedarf es eines schnellen Informationssystems. Das für den Organismus spezifische Nachrichtensystem stellt die Erregung dar, die durch Ionenverschiebung vornehmlich der Elektrolyte Natrium und Kalium an der Zellmembran zustande kommt. Erregung kann dadurch zustande kommen, daß der Organismus äußere Reize, die meist physikalischer oder chemischer Natur sind, mit Hilfe von Rezeptorzellen in Erregung umwandelt. Sie kann aber auch spontan innerhalb des Organismus entstehen. Fähig zur Erregung sind vornehmlich die Muskelzellen, die Nervenzellen und die Rezeptorzellen. In der Muskulatur dient die Erregung vor allem der Kontraktionsauslösung. Voraussetzung für die Erregung ist, daß die Zelle geladen ist.

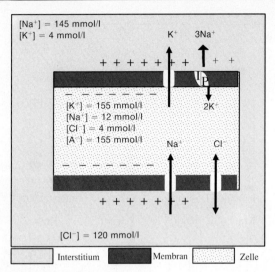

Abb. 5   Konzentration von Na^+, K^+, Cl^- und Proteinanionen (A^-) innerhalb und außerhalb der Zelle. Unter Ruhebedingungen sind funktionell nur die Kalium-Kanäle geöffnet. Die Gegenionen zum K^+ sind nichtpermeable Proteinanionen (A^-), die nicht diffundieren können. IP symbolisiert die Ionenpumpe zur Aufrechterhaltung der Konzentrationsdifferenzen.

2.2.2. Ruhepotential

Jede Zelle im menschlichen Körper ist durch eine funktionelle Membran umschlossen, die selektiv permeabel, d. h. nicht für alle Ionen gleichermaßen durchlässig ist. Analysieren wir, welche Ionenkonzentrationen sich innerhalb oder außerhalb der Zelle befinden, so können wir feststellen, daß in der Zelle vor allem K^+-Ionen und große negative Anionen gefunden werden. Die großen Anionen sind besonders Proteinanionen. Außerhalb der Zelle im Interstitium finden wir dagegen vor allem Na^+- und Cl^--Ionen. Die Ionenverteilung ist schematisch in Abb.5 dargestellt.

Geringe Mengen von Ionen diffundieren ständig entsprechend ihrem Konzentrationsgefälle durch die Membran, so daß sich in einer gewissen Zeit, die von der Membranpermeabilität abhängt, die Konzentrationsdifferenz völlig ausgleichen würde. Wir müssen also schließen, daß ihre Aufrechterhaltung eine aktive Leistung des Organismus ist. Wenn man die Sauerstoffversorgung des Gewebes für längere Zeit unterbricht, wird tatsächlich die Ionenkonzentrationsdifferenz mit der Zeit Null. Sie wird also durch aktive, energieverbrauchende Stoffwechselprozesse aufrechterhalten. Man spricht deshalb von einer „Ionenpumpenfunktion", wobei die Natriumpumpe die

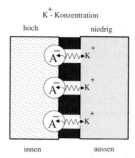

Abb. 6   Schema zur Entstehung des Ruhepotentials. Die K^+-Ionen versuchen aufgrund ihrer Konzentrationsdifferenz nach außen zu diffundieren. Sie werden jedoch von ihren Gegenionen zurückgehalten.dadurch gelangen sie bis zur äußeren Oberfläche, die dadurch positiv wird.

Na^+-Ionen aus der Zelle heraus-, die Kaliumpumpe die K^+-Ionen in die Zelle hineinpumpt. In Abb. 5 ist diese Funktion durch IP angedeutet. In allen unerregten Zellen ist die Permeabilität für K^+-Ionen und Cl^--Ionen am größten. Für die Na^+-Ionen ist die Permeabilität unter Ruhebedingungen etwa 10 bis 25mal kleiner als für die K^+-Ionen. Eintretende Na^+-Ionen werden sofort zurückgepumpt, so daß man die Membran in Ruhe für sie als funktionell undurchlässig ansehen kann. Eiweißanionen können wegen ihrer Größe nicht diffundieren.

Parallel mit diesem Verhalten der Ionen ergibt sich ein elektrischer Spannungsunterschied (Potential) zwischen dem Zellinneren und der Zelloberfläche. Dieses Potential nennt man das Ruhepotential. Es ist im wesentlichen ein Kaliumdiffusionspotential, und zwar aus folgenden Gründen: Die Gegenionen zu den Kaliumionen sind die großen unpermeablen Eiweißanionen (A^-), die negativ geladen sind. Die Kaliumionen tendieren infolge ihrer Permeabilität nach außen, da sie, wie bereits erwähnt, im Inneren der Zelle in wesentlich höherer Konzentration als außen vorhanden sind. Sie werden jedoch von ihren Gegenionen aufgrund elektrostatischer Kräfte zurückgehalten. Unter sonst gleichen Bedingungen wird das Membranpotential um so höher, je größer die Konzentrationsdifferenz für K^+ wird. Man kann das Membranpotential auch künstlich vermindern, indem man $[K^+]$ in der extrazellulären Flüssigkeit erhöht. Abb. 6 versucht die Bedingungen zu verdeutlichen.

Eine zweite Spannung, die jedoch vergleichsweise klein ist, wird durch die Chloridionen erzeugt, deren Gegenionen die sich außen befindenden Natriumionen sind. Das Membranpotential beträgt insgesamt etwa -50 bis -100mV je nach Zellart und Ionenverteilung. Man kann es messen, indem man eine Mikroelektrode in die Zelle hinein − und eine andere Elektrode an die Oberfläche der Zelle bringt.

2.2.3. Lokale Erregung

Erregt werden können die Zellen, die auf Erregbarkeit spezialisiert sind. Die Erregung besteht darin, daß unter dem Einfluß eines physikalischen oder chemischen Reizes die Zellmembran ihre Permeabilität selektiv ändert.

Unter dem Einfluß eines Reizes wird die Membran für die Na^+-Ionen permeabel, die infolge ihres Konzentrationsgradienten in das Zellinnere dringen. Weil nun eine große Menge von positiven Ladungsträgern in die Zelle hineingelangt, wird das Ruhepotential kleiner. Die Zelle wird „depolarisiert". Trifft der Reiz die Zelle nur eine sehr kurze Zeit, so bildet sich die Erregung zurück. Man nennt diese Anfangsdepolarisation auch „lokale Erregung". Die Erregung bleibt als solche unterschwellig.

2.2.4. Fortgeleitete Erregung

Überschreitet die Depolarisation einen bestimmten Wert, den man als Schwellenpotential bezeichnet, so kommt es zu einer fortgeleiteten Erregung. Durch den Einstrom von noch mehr Na^+-Ionen wird das Zellinnere für einen kurzen Moment positiv gegenüber dem Äußeren. Durch die Ladungsverschiebung kommt es nun zu einem massiven Austritt von K^+-

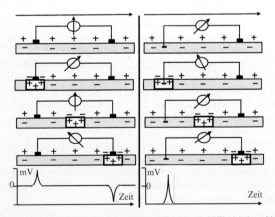

Abb. 7   Schema zur Entstehung des Aktionspotentials (AP). Links: Ableitung eines diphasischen AP. Die Ableitelektroden sitzen an der Oberfläche. Die lokale Depolarisation bewirkt einen Aktionsstrom, der jeweils von − nach + fließt. Rechts: Eine Elektrode ist im Innern der Zelle, eine an der Oberfläche. Das Instrument zeigt beim Einstrom der Na^+- Ionen einen positiven Ausschlag. So erhält man ein monophasisches AP.

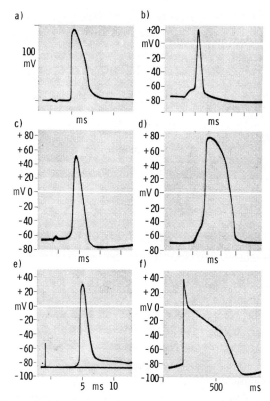

Abb. 8   Ruhe- und Aktionspotentiale von verschiedenen Einzelfasern und Zellen. a) Ranvier-Knoten der motorischen Nervenfaser des Frosches. b) Motorische Vorderhornzelle des Rückenmarkes der Katze. c) Riesenaxon des Tintenfisches. d) Elektroplatte des elektrischen Organs des Zitteraals. e) Faser des M. sartorius des Frosches. f) Purkinje-Faser aus dem Herzen des Schafes. Die Kurven, die von verschiedenen Untersuchern stammen, sind alle auf den gleichen Ordinatenmaßstab gebracht. Die Potentialdifferenzen sind bis auf a) mit eingestochenen Mikroelektroden abgeleitet. Alle Objekte zeigen ein Ruhepotential der gleichen Größe von etwa −80 mV und ein ähnliches Verhalten des Aktionspotentialanstiegs. Größere Unterschiede bestehen dagegen im Ablauf des Rückganges des Aktionspotentials. Beachte den größeren Zeitmaßstab bei e) und f) und den mehrphasischen Ablauf der Repolarisation in der Purkinje-Faser, der auch am Ranvier-Knoten angedeutet ist (aus: H. Lullies: Peripherer Nerv. In: W. D. Keidel: Kurzgefaßtes Lehrbuch der Physiologie, 2. Aufl. Thieme, Stuttgart 1970).

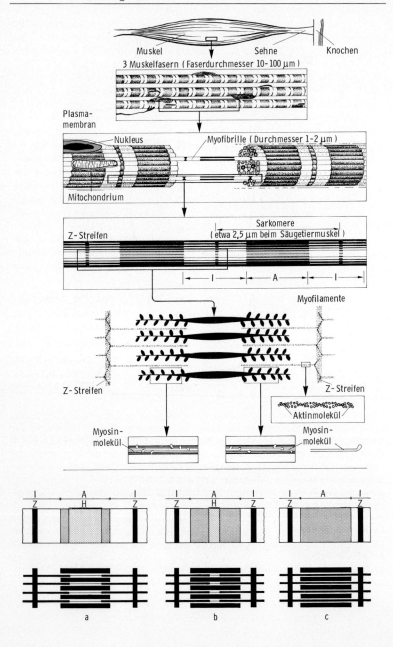

Ionen. Das prinzipielle Verhalten eines solchen Aktionspotentials ist in Abb. 7 dargestellt: Die basale Fortleitung der Erregung erfolgt dadurch, daß jeweils der Nachbarabschnitt der erregten Membran ebenfalls erregt wird (Strömchentheorie). Vom Punkt der Reizwirkung aus breitet sich eine Erregungswelle aus, die registriert werden kann. Die linke Darstellung der Abb. 7 zeigt die Ableitung eines diphasischen Aktionspotentials (AP) von der Oberfläche der Zelle. Das Potential entsteht hier immer dann, wenn die Erregungswelle unter einer Elektrode eine Depolarisation auslöst. Die rechte Seite zeigt die Ableitung eines monophasischen AP, die man erhält, wenn eine Elektrode auf, die andere in der Zelle liegt. Beide Ableitungsarten werden verwendet. Im realen Experiment kann man bei monophasischer Ableitung während des Erregungsvorganges einen charakteristischen Verlauf der Potentialänderung beobachten. Ausgehend von einem Ruhepotential von ca. -80 mV, beginnt mit dem Natriumeinstrom die Depolarisation, d. h., schlagartig ändert sich die Spannung auf positive Werte, die bei $+20$ bis $+30$ mV liegen können. Unmittelbar danach kommt es zur Repolarisation, die ihre Ursache in 2 Reaktionen hat: Zunächst wird der Natriumeinstrom gestoppt, und zwar dadurch, daß die Membran wieder undurchlässig für Na^+ wird. Ferner bewirkt der K^+-Ausstrom den Rückgang in Richtung Ruhepotential.

Abb. 8 zeigt den Verlauf von monophasischen APs bei verschiedenen Zellarten. Von Zelltyp zu Zelltyp ist der Ablauf etwas unterschiedlich. Er besteht jedoch immer aus einer schnellen Depolarisationsphase und einer mehr oder weniger langsamen Repolarisationsphase.

Nach der Erregung ist die Membran für eine kurze Zeit refraktär, d. h., es kann keine neue Erregung ausgelöst werden. Nachdem die Erregungswelle abgelaufen ist, sorgen die Ionenpumpen wieder für eine völlige Restitution des Ionengleichgewichts.

2.3. Struktur und Funktion des kontraktilen Apparates

2.3.1. Aufbau der Muskelfaser

Die Bauelemente unserer Skelettmuskeln sind die Muskelfasern mit einem mittleren Durchmesser von 50−100 µm und einer Länge bis zu 10 cm (= 10000 µm) und mehr (Abb. 9). Die Muskelfasern stellen die funktionelle Einheit „Zelle" dar. Außen werden sie von einer typischen Zellmembran, dem Sarkolemm, umhüllt und enthalten im Inneren außer ihrem Zytoplasma (= Sarkoplasma) und zahlreichen Kernen (bis zu einigen hundert)

◁ Abb. 9   Grob- und Feinstruktur des Muskels (schematisch) a Gedehntes, b normales und c kontrahiertes Sarkomer (nach Novikoff u. Holtzman).

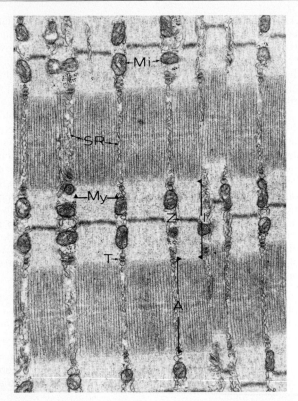

Abb. 10   Elektronenmikroskopische Aufnahme der quergestreiften Skelettmuskulatur (Ausschnittsvergrößerung aus einer Muskelfaser); die in A-Bande (A) und I-
Bande (I) unterteilten Sarkomere werden durch Z-Streifen (Z) begrenzt; zwischen
den Myofibrillen (My) sind Mitochondrien (Mi) und Profile des sarkoplasmatischen
Retikulums (SR) sowie T-Tubuli (T) zu erkennen; elektronenoptische Vergrößerung
12.500fach (freundlicherweise zur Verfügung gestellt von Herrn Prof. Dr. H.-J. Appell, Institut für Experimentelle Morphologie der Deutschen Sporthochschule
Köln).

noch feinere, längs verlaufende, fädige Strukturen, die Myofibrillen (mittle-
rer Durchmesser: 1μm). Diese zeigen im Lichtmikroskop eine regelmäßige
Folge wechselnd dunkler und heller Zonen. Diese Zonen bewirken die
„Querstreifung" des Muskels. Sie werden dadurch erzeugt, daß das Licht in
der sogenannten I-Bande (isotrop) einfach gebrochen wird, während in der
A-Bande (anisotrop) eine stärkere Doppelbrechung stattfindet. Isotrop hei-

ßen Körper mit gleicher Brechkraft, während anisotrope Körper das Licht
doppelt brechen.

Jede dieser Banden wird nochmals von einer schmaleren Linie durchzogen:
die I-Bande von den dunkleren, strichförmigen Z-Streifen, die A-Bande
von einem helleren H-Streifen (Abb. 10). Die Baueinheit jeder Myofibrille
ist das „Sarkomer", worunter man die Strecken zwischen zwei Z-Streifen
versteht. Unser M. biceps enthält etwa 10 Billionen solcher Sarkomere.

Elektronenmikroskopisch zeigt sich, daß auch die Myofibrillen nochmals
aus feineren, fädigen Untereinheiten, den Myofilamenten, bestehen. Diese
lassen zwei in Dicke und chemischer Zusammensetzung differierende Arten
unterscheiden: Die eine ist mit einem Durchmesser von 5nm nur $\frac{1}{3}$ so stark
wie die andere und besteht aus Eiweißmolekülen, dem „Aktin", und wird
daher als Aktinfilament oder „dünnes" Filament bezeichnet. Das „dicke"
(Durchmesser 15nm), aus dem Eiweißkörper „Myosin" bestehende Filament erstreckt sich über die gesamte A-Bande, während die Aktinfilamente
von den Z-Streifen ihren Ausgang nehmen und von dort bis zum H-Streifen
reichen. Sie dringen ein beträchtliches Stück zwischen die Myosinfilamente
und damit in die A-Bande vor. Die lichtmikroskopisch erkennbaren Banden werden also hervorgerufen durch das regelmäßige Aufeinanderfolgen
unterschiedlich dicker, fädiger Eiweißmoleküle (= Filamente), die darüber
hinaus auch noch streng geometrisch zueinander geordnet sind. Da sich immer zwei dünne Filamente von jeder Seite zwischen zwei benachbarte Myosinfilamente einschieben, umkreisen im Querschnitt je sechs Aktinfilamente ein zentral gelegenes Myosinfilament. Jedes dicke Filament liegt damit im Mittelpunkt eines gleichseitigen Sechseckes, dessen Enden von dünnen Filamenten gebildet werden. Jedes dünne Filament besitzt demnach
drei dicke Nachbarn. Bei der Kontraktion entstehen unter Bildung eines
Aktomyosinkomplexes reversible Querbrücken zwischen den beiden Fila-
mentsorten, die sich gleichzeitig aufeinander zu bewegen. Dabei gleiten die
dünnen Aktinfilamente zunehmend zwischen die dicken Myosinfilamente,
so daß schließlich die I- und H-Bande nahezu vollkommen verschwinden
können.

2.3.2. Gleitfilamenttheorie

Die Kontraktion kommt dadurch zustande, daß sich Aktin- und Myosinfilamente teleskopartig zusammenschieben, ohne dabei selbst in ihrer Länge
verändert zu werden. Das gesamte Sarkomer, die Struktur zwischen den Z-
Streifen, wird dadurch verkürzt. Die Längenänderung eines einzigen Sarkomers ist gering. Da jedoch in einer Myofibrille eine große Anzahl von Sar-
komeren hintereinandergeschaltet ist, addieren sich die Längenveränderun-
gen der einzelnen Sarkomere. Auch bei äußerer Dehnung des Muskels ändert sich die Länge der einzelnen Filamente nicht. Sie werden gegensinnig
zu ihrem Kontraktionsverhalten passiv auseinandergezogen.

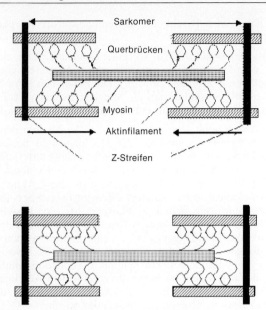

Abb. 11 Modellvorstellungen zur Funktion der Querbrücken. Die Verkürzung des Muskels entsteht durch Kippen der Myosinköpfchen.

Der Mechanismus, wie das Ineinanderschieben der Filamente funktioniert, ist heute weitgehend aufgeklärt (Abb. 11). Ein Myosinfilament besteht aus etwa 150 Molekülen. Jedes Myosinmolekül ist ein etwa 140nm langes und 2nm dickes stabförmiges Gebilde, an dessen Ende jeweils zwei etwa 10–20nm lange Köpfchen sitzen. Die Köpfchen sind bipolar angeordnet. Wenn sich das Sarkomer kontrahiert, lagern sich die Köpfe der Myosinfilamente an das benachbarte Aktinfilament an und bilden Querbrücken. Dabei reagiert das Aktin chemisch mit dem Myosin und bildet den Aktomyosinkomplex. Die Köpfe kippen dabei und ziehen gemeinsam die Aktinfilamente zur Mitte des Sarkomers (Abb.12, Pfeilrichtung).

Mit einer einmaligen Kippbewegung der Köpfe wird das Sarkomer etwa um 1% verkürzt. Es kann sich jedoch bis zu 50% seiner Ausgangslänge zusammenziehen, so daß man davon ausgehen muß, daß die Köpfe einen Greif-Loslaß-Zyklus durchführen, ähnlich wie eine Seilmannschaft, die beim Tauziehen nachgreift. Die Frequenz des Greif-Loslaß-Zyklus beträgt zwischen 5 und 50Hz. Bei der Muskelerschlaffung lösen sich die Myosinköpfchen vom Aktinfilament ab, so daß die beiden Filamente vom Antagonisten mit geringer Kraft auseinandergezogen werden können. Es ist die Bildung von

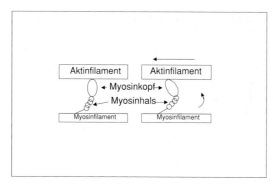

Abb. 12   Mechanismus der Muskelverkürzung: Sobald der Myosinkopf das Aktinfilament berührt, wird eine Drehung des Kopfes in Pfeilrichtung ausgelöst.

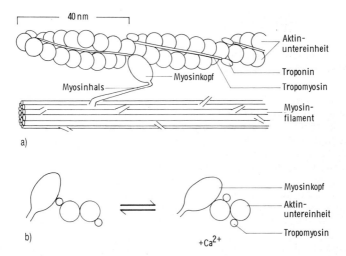

Abb. 13   Die Zeichnung gibt schematisch das Zusammenwirken von Aktin und
Myosin, Troponin und Tropomyosin sowie dem Ca^{2+} wieder. a) Aktin- und Myosinfilament im Längsschnitt; b) im Querschnitt. Das Aktinmolekül stellt eine Art verdrill-
ter Perlenkette dar. An der Rinne befindet sich das fadenförmige Tropomyosinmo-
lekül, das am Troponin aufgehängt ist. Wird Ca^{2+} an das Troponin gebunden, so
gleitet der Tropomyosinfaden in die Rinne und gibt damit den Kontakt zwischen
Aktin und Myosin frei (aus: J. C. Ruegg: Muskel. In: R. F. Schmidt, G. Thews: Physiologie des Menschen, 20. Aufl. Springer, Berlin 1980).

etwa 20 Milliarden Querbrücken notwendig, damit der Muskel die Kraft von 10mN entwickeln, d. h. ein Gewicht von 1g anheben kann.

Bei isometrischer Kontraktion werden vor allem die elastischen Querbrükken gedehnt. Die Spannung wird auch hier durch den Greif-Loslaß-Mechanismus unter Energieverbrauch erzeugt und aufrechterhalten.

Die Myosinköpfchen können sich an das Aktin nur anlegen, wenn das System durch Ca^{2+}-Ionen „eingeschaltet" wird: Die Aktinmoleküle muß man sich als doppelte Perlenkette vorstellen, die gegenseitig leicht verdrillt ist (Abb.13). Zwischen den Ketten laufen Fäden aus Tropomyosin, die jeweils an Troponinmolekülen aufgehängt sind. Unter Ruhebedingungen, d. h. ohne Ca^{2+}-Aktivierung, verhindern die Tropomyosinfäden den Kontakt der Myosinköpfchen mit dem Aktin. Ca^{2+}-Ionen verändern die Form des Troponinmoleküls so, daß der Tropomyosinfaden tiefer in die Längsrinne der Doppelkette gleitet und dabei den Aktin-Myosin-Kontakt freigibt, so daß sich jetzt Aktomyosin bilden kann.

2.3.3. Erregung der Muskelfaser

Der Erregungsmechanismus der Muskelfaser spielt sich an der Membran ab, dem Sarkolemm, die das Sarkoplasma von der Außenflüssigkeit abgrenzt. Es handelt sich auch hier um eine selektiv permeable Membran, die nicht für alle Ionen gleichmäßig durchlässig ist.

Normalerweise wird beim Skelettmuskel jede Kontraktion durch eine Erregung eingeleitet. Experimentell oder auch unter pathologischen Bedingungen können beide Vorgänge voneinander getrennt ablaufen. Die Erregung wird an der Skelettmuskelfaser durch den von der motorischen Endplatte sezernierten Überträgerstoff (Transmitter) Azetylcholin ausgelöst. Die motorische Endplatte gehört zu den cholinergen Synapsen (Abschn.2.9). Sie stellt die funktionelle Verbindung zwischen Neuron und Skelettmuskelfaser dar. Das Gewebshormon Azetylcholin steigert die Permeabilität für Na^+ an der Zellmembran. Die Muskelfaser selbst enthält ein Enzym, die Cholinesterase, das in kurzer Zeit das Azetylcholin in die beiden biologisch unwirksamen Produkte Cholin und Essigsäure spaltet. Die momentan wirksame Azetylcholinkonzentration ist damit von der gebildeten Menge/Zeit und von der abgebauten Menge/Zeit abhängig. In Ruhe beträgt das Membranpotential der Skelettmuskelfaser etwa -80 bis -90mV. Durch die Wir-

---

Abb. 14   Schema der elektromechanischen Kopplung. Oben: Erschlaffte Muskel- ▷ faser mit polarisierter Zellmembran. Die Ca^{2+}-Konzentration liegt intrazellulär unter 10^{-7} mol. Mitte: Während des Aktionspotentials ist die Zellmembran und die Membran der Transversaltubuli umpolarisiert. Ca^{2+} beginnt die L-Tubuli zu verlassen. Unten: Die intrazelluläre Ca^{2+}-Konzentration hat etwa 10^{-5} mol erreicht, die Sarkomere der Myofibrillen kontrahieren sich.

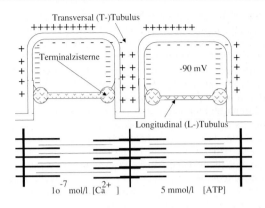

Transversal (T-)Tubulus

Terminalzisterne

-90 mV

Longitudinal (L-)Tubulus

10^{-7} mol/l [Ca^{2+}]   5 mmol/l [ATP]

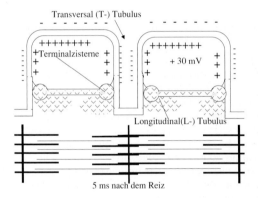

Transversal (T-) Tubulus

Terminalzisterne

+ 30 mV

Longitudinal(L-) Tubulus

5 ms nach dem Reiz

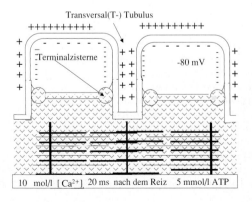

Transversal(T-) Tubulus

Terminalzisterne

-80 mV

10 mol/l [Ca^{2+}] 20 ms nach dem Reiz 5 mmol/l ATP

kung des Azetylcholins wird die Membran um so stärker depolarisiert, je größer die Azetylcholinkonzentration ist. Diesen Zustand bezeichnet man, wie bereits beschrieben, als lokale Antwort. Ist der Einstrom von Na^+-Ionen so groß, daß das Membranpotential auf mehr als -60 mV ansteigt, wird eine fortgeleitete Erregung ausgelöst. Die Erregungswelle breitet sich vom Punkte ihrer Entstehung, der Endplatte, in beiden Richtungen zu den Muskelenden hin aus. Ihre Geschwindigkeit beträgt dabei etwa 1m/s. Etwa 1/1000s nachdem die Depolarisation erfolgt ist, nimmt die Permeabilität ab; die Membran wird repolarisiert, so daß sie für einen neuen Reiz empfänglich wird. Da nur dann eine fortgeleitete und gleichzeitig maximale Erregung ausgelöst wird, wenn das Membranpotential einen Schwellenwert überschritten hat, gehört die Muskelfasermembran zu den Strukturen, die der Alles-oder-nichts-Regel folgen. Die Erregungswelle kann als Aktionspotential sichtbar gemacht werden. Eine Summenableitung über eine Oberflächen- oder Einstichelektrode bezeichnet man als Elektromyogramm.

2.3.4. Grundlagen der elektromechanischen Koppelung

Wie wird nun die elektrische Erregung in eine mechanische Kontraktion umgesetzt? Die beiden spezifischen Muskelproteine, das Aktin und das Myosin, bilden nur den Komplex Aktomyosin, wenn gleichzeitig freie Kalziumionen in einer bestimmten Konzentration (10^{-7} mol/l) im Sarkoplasma vorhanden sind, um das Troponinmolekül zu schalten. Im ruhenden Muskel findet sich Ca^{2+} aber nur in intrasarkoplasmatischen, membranbegrenzten Hohlräumen, die in Gestalt längs verlaufender Schläuche die Myofibrillen umgeben und in bestimmten Abständen quer miteinander verbunden sind. Diese Einrichtung heißt Longitudinal-(L-)System. Die erweiterten Querverbindungen bezeichnet man als terminale Zisternen. L-System und terminale Zisternen enthalten also in Ruhe die Ca^{2+}-Ionen, während das Sarkoplasma weitgehend davon frei ist.

Weiterhin findet man das Transversal-(T-)System. Die T-Tubuli stellen praktisch Einstülpungen der äußeren Zellmembran dar. Sie sind vom L-System durch eine Membran getrennt und dienen dazu, das Aktionspotential in die Tiefe fortzuleiten, so daß dieses an den Membranen des L-Systems wirksam werden kann. Vorwiegend im Bereich der terminalen Zisternen, die besonders im engen Kontakt mit dem T-System stehen, wird bei jedem Aktionspotential eine bestimmte Mikromenge an Ca^{2+}-Ionen in das Sarkoplasma abgegeben, um das Troponin zu schalten. Eine vom Stoffwechsel angetriebene Ca^{2+}-Pumpe sorgt für den Rücktransport in das L-System.

Unter physiologischen Bedingungen wird die Kontraktion der Muskelfaser beim Skelettmuskel durch die motorische Endplatte ausgelöst. Die Endplatte sitzt gewöhnlich in der Mitte der Muskelfaser. Erfolgt eine Erregung der Endplatte und wird dabei eine fortgeleitete Erregung ausgelöst, so breiten sich zwei Erregungswellen von der Muskelmitte zu den Muskelenden aus. Diese werden über das T-System in die Tiefe fortgeleitet. Der Erregungswelle folgt eine Kontraktion, die durch die dabei freigesetzte Mikromenge Ca^{2+} aus dem L-System ausgelöst wird. Der ganze Vorgang ist schematisch in Abb.14 dargestellt und in der Legende erläutert.

Die Kraftentwicklung oder die Verkürzung der Skelettmuskelfaser wird durch die Zahl der Aktionspotentiale pro Zeiteinheit, also ihre Frequenz, gesteuert. Man bezeichnet sie auch als Aktionsstromfrequenz. Die Konzentration an Ca^{2+} im Sarkoplasma und damit die Zahl der „eingeschalteten" Querbrücken hängt von der Differenz des Ca^{2+}-Einstroms aus den terminalen Zisternen und der Quantität des Rücktransportes der Ca^{2+}-Ionen durch die Ca^{2+}-Pumpe ab. Einzelne Aktionspotentiale lösen „Zuckungen" der Muskelfaser aus. Folgen die Aktionspotentiale so dicht hintereinander, daß die Zuckung, die durch das vorhergehende Aktionspotential ausgelöst wurde, noch nicht abgelaufen ist, so werden mehrere Kontraktionen aufeinandergesetzt (Superposition). Überschreitet die Aktionsstromfrequenz einen Wert von ca. 20 Impulsen pro Sekunde, so erfolgt eine fließende Kontraktion, die man als Muskeltetanus bezeichnet. Die Aktionsstromfrequenz kann bei schnellen (phasischen) Muskelfasern (S. 8) über 100/s ansteigen und damit die Kontraktionskraft oder -verkürzung einzelner Muskelfasern regulieren.

2.3.5. Kontraktur und Muskelkrampf

Als Kontraktur bezeichnet man eine Dauerkontraktion, die nicht, wie beim Muskeltetanus, durch Aktionspotentiale eingeleitet wird. Man nimmt an, daß die Kontraktur vor allem durch einen Mangel an Phosphorylase ausgelöst wird. Dieses führt dazu, daß zumindest lokal die ATP-Speicher nicht genügend aufgefüllt werden können. Als Folge davon wird die Ca^{2+}-Pumpe gestört, so daß der Muskel nicht erschlaffen kann. Dieser Prozeß spielt sich manchmal auch an einzelnen Muskelfasern ab.

Der Mechanismus von Muskelkrämpfen ist noch nicht in allen Einzelheiten geklärt. Wahrscheinlich werden die Krämpfe durch Überaktivität von zentralen Neuronen ausgelöst. Dies soll die Ursache vor allem in Störungen des Elektrolythaushaltes haben, besonders dann, wenn das Natrium-Kalium-Verhältnis durch starkes Schwitzen, körperliche Anstrengung etc. gestört ist. Die Aktivität des peripheren Nervs ist während der Krämpfe erhöht. Die Nerven werden allerdings nur sekundär vom Zentrum her stärker erregt. Pharmakologische Hemmung der Endplatten, z.B. durch Kurare, verhindert Krämpfe.

Einen Muskelkrampf kann man in der Regel durch Massage oder starke Dehnung der betreffenden Muskeln beheben. Man kann davon ausgehen, daß damit Golgi-Rezeptoren der Sehnen aktiviert werden, die dann das zugehörige α-Motoneuron hemmen (S. 90).

2.4. Energieliefernde Prozesse für die Muskeltätigkeit

2.4.1. Begriff der Energie und Hauptsätze der Thermodynamik

Energie kann man auch als „gespeicherte Arbeit" definieren. Es gibt viele Formen der Energie. Ein alpiner Skiläufer, der sich auf einem Berg zur Abfahrt bereitmacht, besitzt potentielle Energie (Energie der Lage), die er dadurch gewonnen hat, daß ihn ein Lift von einem tiefer gelegenen Ort unter Energieaufwand an einen höher gelegenen Ort transportiert hat. Wenn er abfährt, wandelt er seine potentielle Energie in kinetische Energie (Bewegungsenergie) um, die er, indem er einen Gegenhang hinauffährt, wieder teilweise in potentielle Energie umwandeln kann. Dabei treten jedoch Reibungsverluste ein. Physikalisch wird dabei ein Teil seiner potentiellen Energie in Wärmeenergie übergeführt. Nimmt ein Skifahrer an einem Abfahrtsrennen teil, wird er versuchen, die Reibung durch gutes Wachsen, glatte Kleidung und eiförmige Haltung möglichst klein zu halten, um möglichst viel potentielle Energie in kinetische Energie umzuwandeln, d. h. um möglichst schnell zu fahren. Ist unser Skifahrer dagegen ein vorsichtiger Fahrer, wird er durch Richtungsänderungen die potentielle Energie dosiert in kinetische Energie überführen und durch Bremsen zusätzlich den Wirkungsgrad der Umwandlung dadurch vermindern, daß er einen großen Teil der potentiellen Energie in Wärme verwandelt. Es könnte ihm sonst leicht passieren, daß er bei einem Sturz die kinetische Energie in Verformungsenergie überführt, die der Knochen nur bedingt toleriert.

Der 1. Hauptsatz der Thermodynamik besagt, daß in einem geschlossenen System die Summe der Energie konstant bleibt. Läßt man beispielsweise aus 1m Höhe einen Fußball auf die Erde fallen, so springt er vielleicht wieder auf 70 cm zurück. Die potentielle Energie des Anfangszustandes ist gleich der potentiellen Energie des Endzustandes, vermindert um die Wärmeenergie, die durch die Reibung entstanden ist. Energie geht also nicht verloren, sondern wird nur in eine andere Energieform überführt.

Verschiedene Energieformen – z. B. elektrische, chemische, mechanische – können durch Äquivalenzen ineinander überführt werden. Die SI-Einheiten (Système International d'Unités) sind so gestaltet, daß man keine gebrochenen Umrechnungskonstanten mehr benutzen muß, wie man sie früher z. B. bei der Umwandlung von Watt in kcal/min benötigte. Es gilt jetzt:

$$1 \text{ Nm} = 1 \text{ Ws} = 1 \text{ J} \quad (2)$$

Allerdings läßt die Äquivalenz zwischen den verschiedenen Energiearten erwarten, daß man sie auch ohne weiteres ineinander überführen könnte. Dies ist jedoch nicht immer der Fall. Wir können zwar mechanische und chemische Energie quantitativ in Wärmeenergie überführen, umgekehrt geht das jedoch nicht.

Der 2. Hauptsatz der Thermodynamik schränkt den 1. Hauptsatz ein. Er führt nämlich den Begriff der Entropie für Materie und Energie ein, den man als Maß für die Unordnung oder statistisch zufällige Verteilung beschreiben kann. Stellt man zwei Kupferblöcke, von denen einer heiß, der andere kalt ist, nebeneinander, so gleichen sich die Temperaturen einander an. Der heiße Block mit dem hohen Energieinhalt gibt Wärmeenergie so lange an den kalten Block mit niedrigem Energieinhalt ab, bis die Temperatur beider Blöcke gleich ist. Ohne Eingriff von außen wird die Temperatur beider Blöcke gleich bleiben. Das System strebt also einem Gleichgewichtszustand zu, bei dem seine Entropie zunimmt. Prozesse können nur dann spontan ablaufen, wenn sie mit einer Zunahme der Entropie des Systems einhergehen. Niemand wird erwarten, daß dadurch ein Block von selbst wieder heiß wird, daß er dem anderen Block Energie entzieht, obwohl das nach dem 1. Hauptsatz möglich wäre. Hierbei würde nämlich die Entropie des Systems abnehmen.

Wärme ist bekanntlich kinetische Energie der Moleküle. Eine Materie, die auf den absoluten Nullpunkt ($-273\,°C = 0$ K) gekühlt ist, hat ein Minimum an Entropie, da sich die Moleküle nicht bewegen und damit ein Maximum an Ordnung herrscht. Wenn man diese Materie sich selbst überläßt, wird sie der Umgebung Wärme entziehen, bis sie ein Entropiemaximum erreicht hat, d. h., bis sich ein Gleichgewicht zwischen der Bewegungsenergie innen und außen eingestellt hat. Die Energie hat also ein Maximum an zufälliger Verteilung erreicht, die sie von selbst nicht wieder verläßt.

Prozesse, bei denen die Entropie zunimmt, sind irreversibel. Der am meisten ungeordnete und chaotische Zustand der Materie ist Wärme, da hier die Moleküle ein Maximum an ungeordneter Bewegung ausführen. Praktisch bei jeder Transformation von Energie in eine andere Form nimmt die Entropie zu, d. h., ein Teil der Energie geht irreversibel in Wärmeenergie über. Man spricht deshalb davon, daß das Universum unausweichlich dem Wärmetod entgegengeht.

2.4.2. Prinzipien der Energetik der chemischen Kraftmaschine „Muskel"

Mit der Energie, mit der wir uns im folgenden befassen wollen, ist die in den Nährstoffen gespeicherte Energie und ihre Umsetzung in Muskelbewegung gemeint. Hierbei handelt es sich um eine chemische Form der Energie, die sich aus der Struktur des Moleküls ergibt. Die Tatsache, daß wir häufig lesen, der Körper beziehe seine Energie durch „Verbrennung" der Nährstoffe, könnte uns leicht dazu verführen, die Muskulatur für eine Art Wärmekraftmaschine zu halten. Daß dies nicht der Fall ist, kann man einfach aus der Tatsache ableiten, daß eine Wärmekraftmaschine nur dann Arbeit leisten kann, wenn ein erheblicher Temperaturunterschied erzeugt wird. Die Energetik des Muskels arbeitet dagegen bei weitgehend konstanter Temperatur. Die erzeugte Wärme bei Arbeit ist dabei nicht das Medium, das die Bewegung der Maschine auslöst, sondern lediglich Ausdruck der Tatsache, daß aufgrund des 2. Hauptsatzes chemische Energie eben nicht ohne Zunahme von Wärme in Bewegungsenergie umgesetzt werden kann. Höhere Organismen wie der Mensch oxidieren komplizierte organische Moleküle, die infolge der großen Zahl kovalent miteinander verbundener Atome einen sehr großen inneren Energiegehalt aufweisen. Bei einfachen Verbindungen wie H_2O oder CO_2 ist er sehr viel geringer. Für die Biologie hat sich die Einführung des Begriffes „freie Energie" sehr bewährt. Nach dem Entdecker Gibbs wird sie mit dem Buchstaben G bezeichnet und hat die Dimension J/mol. Sie gibt den Betrag der Gesamtenergie des Systems wieder, der unter konstanten thermischen Bedingungen Arbeit leisten kann. Bei biochemischen Reaktionen wird der Energiegehalt verändert. Man benutzt deshalb das Symbol ΔG. Abnahmen des Energiegehaltes haben immer ein negatives Vorzeichen. Reaktionen laufen nur dann spontan ab, wenn ΔG einen negativen Wert aufweist.

2.4.3. Koppelung von Oxidation, Reduktion und chemischen Reaktionen

In den Muskelzellen erfolgt die Energiegewinnung durch Oxidation organischer Verbindungen, deren freie Energie sich dabei verringert. Oxidationen sind alle diejenigen Reaktionen, die mit einer Abgabe von Elektronen einhergehen. Reduktion ist das Gegenteil: Sie geht mit einer Aufnahme an Elektronen einher. Da die bei der Oxidation abgegebenen Elektronen überwiegend durch gleichzeitig verlaufende Reduktionen aufgenommen werden, spricht man von einem Redoxsystem. Parallel dazu finden wir eine chemische Koppelung, die die Energie, welche beim Abbau einer Substanz gewonnen wird, zum großen Teil für den Aufbau einer anderen Substanz benutzt. Das Prinzip der biologischen Energieübertragung ist in Abb. 15 dargestellt. Ein energiereicher Metabolit A (Stoffwechselzwischenprodukt) wird in einen energieärmeren Metaboliten B überführt. Die Energie, die dabei frei wird, dient jetzt dazu, aus dem energiearmen Metaboliten C den energiereicheren Metaboliten D herzustellen. Wir haben also eine feste Koppelung zweier Reaktionen vor uns, ähnlich einer Bergbahn, bei der immer die talwärts fahrende Gondel die bergwärts fahrende hochzieht. Der Unterschied an freier Energie (ΔG) kann wegen des 2. Hauptsatzes teilweise genutzt werden, um D aus C aufzubauen.

Reaktionen, die Energie freisetzen (A→B), bezeichnet man als exergonisch, Reaktionen, die Energie benötigen (C→D), als endergonisch.

2.4.4. Massenwirkungsgesetz

Das Massenwirkungsgesetz ist für das Verständnis chemischer Reaktionen in der Physiologie von großer Bedeutung. Betrachten wir den Fall, daß die Metaboliten A und B miteinander reagieren und die Metaboliten C und D

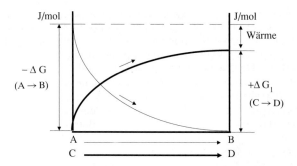

Abb. 15   Prinzip der biologischen Energietransformation. Die energiereiche Substanz A wird in die energieärmere Substanz B umgewandelt. Die dabei auftretende Energie − ΔG wird benutzt, um D aus C aufzubauen. D hat dabei die freie Energie ΔG_1 gewonnen, die aber kleiner als ΔG ist. Der Unterschiedsbetrag wird als Wärme frei.

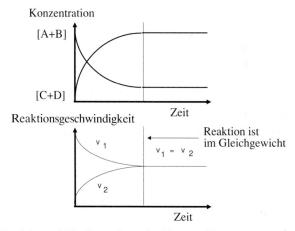

Abb. 16   Schematische Darstellung des Massenwirkungsgesetzes bei der Reaktion $A+B \rightleftharpoons C+D$. A..D symbolisieren chemische Verbindungen. Die Reaktionsgeschwindigkeit wird jeweils durch die Konzentrationsprodukte der Reaktionspartner bestimmt. Das Gleichgewicht wird erreicht, wenn $v_1 = v_2$ wird.

bilden. Die Reaktion $A+B \rightleftharpoons C+D$ soll in beiden Richtungen verlaufen können. Welcher Gleichgewichtszustand beider Partner wird sich einstellen, und wie kann man ihn berechnen?

Abb. 16 versucht die Bedingungen anschaulich zu machen. Die Reaktionsgeschwindigkeit (v) hängt zunächst einmal von der Konzentration der Reaktionspartner und einer Konstanten k ab, die ihrerseits eine Funktion der Änderung der freien Energie ist. Analoges gilt für die beiden anderen Reaktionspartner. Da das Produkt [A] · [B] im Verlauf der Zeit abnimmt, nimmt infolgedessen auch die Geschwindigkeit v_1 ab. Da [C] · [D] zunimmt, wird v_2 auch größer werden:

$$v_1 = k_1 \cdot [A] \cdot [B] \quad (3)$$
$$v_2 = k_2 \cdot [C] \cdot [D] \quad (4)$$

Im Gleichgewichtszustand wird $v_1 = v_2$, so daß gilt:

$$k_1 \cdot [A] \cdot [B] = k_2 \cdot [C] \cdot [D] \quad (5)$$

$$\text{oder} \quad \frac{k_1}{k_2} = K = \frac{[C] \cdot [D]}{[A] \cdot [B]} \quad (6)$$

Diese Beziehung nennt man das Massenwirkungsgesetz. Es besagt, daß bei einem chemischen Gleichgewichtszustand das Verhältnis zwischen dem Produkt der Konzentration der entstehenden und dem Produkt der Konzentrationen der Ausgangsstoffe konstant ist. K kann man für jede bekannte Reaktion aus der allgemeinen Gaskonstanten, der Temperatur und dem Unterschied der freien Energie berechnen.

2.4.5. Funktion von Enzymen

Bevor wir uns den eigentlichen energiebereitstellenden Reaktionen widmen können, müssen wir uns jedoch noch kurz mit den Enzymen beschäftigen, die die chemisch-biologischen Abläufe ermöglichen und steuern.

Enzyme sind von lebenden Zellen erzeugte, besondere Eiweißstoffe, die chemische Reaktionen, die ohne besonderen Einfluß langsam und träge verliefen, beschleunigen und lenken. Sie liegen entweder kolloidal gelöst oder fixiert an Membranen vor. Ihre Bedeutung liegt vor allem darin, daß sie biochemische Vorgänge ermöglichen, die im Laboratorium entweder gar nicht oder nur unter Anwendung von hohen Drücken oder hoher Temperatur ablaufen können.

Die Bezeichnung eines Enzyms wird im allgemeinen gebildet aus dem Namen des von ihm in spezifischer Weise angegriffenen Stoffes (seines Substrates) oder der Stoffgruppe und der Endsilbe „*ase*" (z. B. Maltose wird von Malt*ase* gespalten, Ester werden von Ester*asen* angegriffen). Enzyme sind häufig Derivate von Vitaminen. Enzyme, die aufbauende Reaktionen ermöglichen, haben meist an die Bezeichnung des Substrates die Endung „-synthet*ase*" angehängt (z. B. Zitratsynthet*ase* ermöglicht den Aufbau von Oxalazetat und Azetyl-CoA zu Zitrat). Genaueres kann man den Lehrbüchern der Biochemie entnehmen.

Die lebende Zelle erzeugt eine sehr große Anzahl verschiedenartiger Enzyme. Jedes Enzym beeinflußt nur einen ganz bestimmten, scharf umgrenzten Vorgang. Eine kleine Menge an Enzymen kann eine große Menge eines Substrates zur Umwandlung anregen, ohne letztlich selbst verändert zu werden. Es steuert nur eine bestimmte Aufbau- oder Abbaureaktion. Das Ineinandergreifen von verschiedenen Stoffen erfolgt durch Enzymketten.

Auch die durch Enzyme katalysierten Reaktionen gehorchen den thermodynamischen Gesetzen, selbst wenn die dabei auftretenden Fließgleichgewichte manchmal schwer zu erkennen sind. Den Wirkungsmechanismus stellt man sich so vor: In der 1. Phase erfolgt eine Additionsbindung zwischen dem Enzym und dem Substratmolekül, das dieses reaktionsfähig macht. In der 2. Phase wird dann das Enzym abgespalten, steht also für weitere Reaktionen wieder zur Verfügung. Dadurch kann ein Enzym aber auch trickreich entsprechend des Massenwirkungsgesetzes die Reaktionsgeschwindigkeit steuern, indem es als Reaktionspartner in die Reaktionskette eingeschaltet wird. Enzyme liegen häufig als inaktive Vorstufen vor, die durch übergeordnete Einflüsse, wie Hormone oder Zwischenprodukte des Stoffwechsels, aktiviert oder gehemmt werden können. Die Aktivität eines Enzyms hängt also ebenso vom Aktivierungszustand wie von seiner lokalen Konzentration ab.

2.4.6. Regulation des Stoffwechsels über Enzyme

Es würde die Aufgabe dieses Buches überschreiten, alle Regulationsmöglichkeiten aufzuführen. Wir wollen uns deshalb auf einige wichtige beschränken, die im Zusammenhang mit Leistung und Training interessieren müssen. Hier sei zunächst die Beeinflussung über Schlüssel- oder allosterische Enzyme genannt, die eine wichtige Rolle bei der Regelung des aeroben und anaeroben Stoffwechsels bei Leistung spielen. Es sei die Umwandlung eines Stoffes A über B in C und D ermöglicht durch die Enzyme 1, 2 und 3. Der allosterische Regelkreis, der in Abb. 17 dargestellt ist, funktioniert hier so, daß die Substanz D das Enzym 1 um so mehr hemmt, je größer die Konzentration von D ist. Im vorliegenden Falle besteht also eine negative Rückkoppelung (Feedback), da eine Zunahme von D eine Abnahme der Aktivität von Enzym 1 bedeutet. Damit wird also ein bestimmter Sollwert von D gehalten, wobei Enzym 1 als Stellglied wirkt. B und C werden dabei über das Massenwirkungsgesetz beeinflußt. Es gibt allerdings auch positive Rückkoppelung, d. h., die Aktivität eines bestimmten Zwischenproduktes fördert die Aktivität eines Enzyms. Ein Beispiel für positive und negative Rückkoppelung findet sich auf S. 47 (die Wirkung von ATP auf die Phosphofruktokinase).

Mit Hilfe von allosterischen Reglern lassen sich ineinander vermaschte Kreise schalten, die die Richtung von Stoffwechselprozessen bestimmen, die wiederum von übergeordneten Systemen, z. B. dem vegetativen Ner-

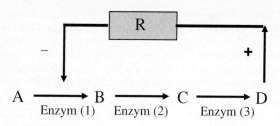

Abb. 17   Schema eines allosterischen Regelkreises. Eine Substanz A wird mit Hilfe der Enzyme 1, 2, 3 in B, C, D umgebaut. Die Aktivität des allosterischen Enzyms 1 nimmt ab, wenn die Konzentration der Substanz D zunimmt (oder umgekehrt).

vensystem (S. 104 ff.), gerichtet sein können. Während einer körperlichen Leistung sind die Enzymwege in den an der Arbeit beteiligten Organen in der Regel auf Katabolie (d. h. Abbau) von energiereichen Substanzen eingestellt. Gleiche enzymgesteuerte Reaktionen werden durch Aktivierung einiger Schlüsselenzyme in Ruhe auf Anabolie (d. h. Aufbau energiereicher Substanzen), also Biosynthese von Glukose und Glykogen sowie Fetten und Proteinen, umgeschaltet.

Neben der allosterischen Kontrolle wird im Organismus die Reaktionsgeschwindigkeit über die Konzentration der Enzyme in der Zelle durch Änderung ihrer Biosynthese- und Abbaugeschwindigkeit kontrolliert. Die Halbwertzeit beispielsweise der Enzyme der aeroben Energiegewinnung in Zitratzyklus und Atmungskette beträgt einige Stunden. Man darf sich nämlich die Enzymkonzentration nicht als konstant vorhanden vorstellen, weil einmal gebildet, sondern als Fließgleichgewicht, das wieder von höherer Stelle – meist von Hormonen – gesteuert wird. Durch Ausdauertraining (S. 303 ff.) wird beispielsweise das Fließgleichgewicht zwischen Auf- und Abbau der Enzymkonzentrationen der aeroben Energiegewinnung zur höheren Konzentration hin verschoben.

2.4.7. Rolle des ATP für den Stoffwechsel

Man kann es als das Ziel des Energiestoffwechsels bezeichnen, eine besonders für ihre Aufgabe geeignete Substanz – nämlich das Adenosintriphosphat (ATP) – immer auf einem ausreichenden Konzentrationsniveau zu halten. ATP kommt praktisch in allen lebenden Zellen des Organismus vor und ist der entscheidende Energielieferant für die meisten Aufgaben, aber auch für das Überleben der Zelle. ATP spielt eine ähnliche Rolle wie im Haushalt die Steckdose. Man kann mit dem Strom der Steckdose heizen,

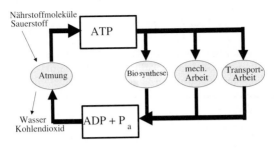

Abb. 18   Die biologischen Aufgaben des Adenosintriphosphates (ATP).

kühlen, Küchenmaschinen und Fernseher betreiben, d. h. dort die Energie für sehr viele unterschiedliche Zwecke entnehmen. Mit der Energie, die dem ATP entnommen wird, können in allen Zellen Ionenpumpen und andere Transportvorgänge gegen ein Konzentrationsgefälle betrieben werden. Weiterhin wird die Energie geliefert, die der Biosynthese, also dem Aufbau von Stoffen, dient. Dabei kann es sich um Nährstoffe handeln, die vorher zum Zwecke des Energielieferns abgebaut wurden. Auch beim Wachstum liefert ATP die Energie zur Biosynthese solcher Stoffe, die in die Zelle eingebaut oder erneuert werden, wie wir das schon für die Enzyme festgestellt hatten. Eine Trainingswirkung wäre ohne Biosynthese und die Energielieferung über ATP nicht denkbar: Schließlich müssen große Mengen von Enzymen, Muskelprotein oder Hämoglobin hergestellt werden.

Der größte Energiebedarf ist in der auf Arbeitsleistung spezialisierten Muskelzelle vorhanden: Hier überträgt ATP die Energie direkt auf den kontraktilen Apparat. ATP findet sich in der Muskelzelle etwa in einer Konzentration von $2-3$ mmol/100g Trockenmasse. Die Aufgaben des ATP sind in Abb. 18 zusammengefaßt.

Was befähigt nun das ATP zu dieser Aufgabe? Betrachten wir zunächst die Strukturformel (Abb. 19). ATP gehört zu den Mononukleotiden und besteht aus der Purinbase Adenin, aus Ribose und 3 linear aneinandergereihten Phosphaten, die durch Säureanhydridbindungen miteinander verknüpft sind. Diese „energiereichen" Bindungen können unter Enzymeinfluß hydrolisiert werden, d. h., durch Wasseranlagerung wird H_2PO_3 (Phosphorsäure) abgespalten, die bei dem pH-Wert der Zelle als anorganisches Phosphat (P_a) vorliegt. Um Mißverständnissen vorzubeugen: Die Energie liegt nicht in der Bindung selbst, sondern in der freien Energie, die verfügbar wird, wenn über Abspaltung von anorganischem Phosphat das ATP in die energieärmere Verbindung Adenosindiphosphat (ADP) übergeht (ΔG s. S. 29).

$$\text{ATP} + \text{H}_2\text{O} \xrightarrow{\text{APTase}} \text{ADP} + \text{P}_\text{a} \quad (7)$$
$$\Delta G = -30{,}5 \text{ kJ}$$

Diese Reaktion ist für die Energetik der Muskelkontraktion besonders wichtig. Vor allem für die Energielieferung bei Biosynthesereaktionen können auch beide Phosphatgruppen abgespalten werden. Es entsteht damit also Adenosinmonophosphat (AMP) und Pyrophosphorsäure $\text{H}_2\text{P}_2\text{O}_7$ bzw. Pyrophosphat (PP_a).

$$\text{ATP} + \text{H}_2\text{O} \rightarrow \text{AMP} + \text{PP}_\text{a} \quad (8)$$

2.4.8. Energiebereitstellung durch ATP und Kreatinphosphat

ATP wird durch Einwirkung des Enzyms ATPase hydrolytisch gespalten. Bei der Besprechung der Muskelkontraktion hatten wir gesehen, daß in Anwesenheit von Ca^{2+}-Ionen aus Aktin und Myosin ein Aktomyosinkomplex gebildet wird. Dieser wirkt gleichzeitig enzymatisch als ATPase. Unmittelbar wenn der Myosinkopf das Aktin berührt, bildet sich Aktomyosin, da deren Affinität zueinander sehr groß ist. Dabei wird ATP hydrolysiert und liefert die notwendige Energie, um Aktomyosin wieder in die beiden Proteine Aktin und Myosin zu zerlegen. Deshalb spricht man auch von einer Weichmacherwirkung des ATP. Je intensiver der Muskel arbeitet, um so mehr Querbrücken sich pro Zeiteinheit bilden, desto mehr ATP wird abgebaut. ATP ist der einzige unmittelbare Energielieferant für die Muskelkontraktion. Ein weiteres Enzymsystem befindet sich in der Zellmembran (Natrium − Kalium − ATPase), das in Anwesenheit von Mg^{2+}-Ionen ATP in ADP und P_a spaltet, um daraus die Energie für die Natrium-Kalium-Pumpe zu gewinnen, deren Wirkung in Abb.5 dargestellt ist. Der Sinn der Pumpe ist die Wiederherstellung des Ionengleichgewichts, das durch die Erregung (S. 14f.) und die Undichtigkeit der Membran gestört wurde. Ähnlich muß man sich auch die Wirkung des ATP auf die Ca^{2+}-Pumpe vorstellen, die die Energie für den Rücktransport der Ca^{2+}-Ionen in das L-Tubulussystem liefert. Die Reaktion wird durch Ca^{2+}-ATPase ermöglicht.

In Muskelzellen, in geringerem Maße auch in Nervenzellen befindet sich ein weiteres energiereiches Phosphat: das Kreatinphosphat (KrP). Man findet es im ruhenden Skelettmuskel in einer Konzentration von 7−9 mmol/100g Trockenmasse. Es kann vom Muskel nicht direkt, sondern nur indirekt mit Hilfe der Lohmann-Reaktion verwertet werden. Die Reaktion wird durch das Enzym Kreatinphosphokinase katalysiert, das so aktiv ist, daß das während der Kontraktion entstehende ADP noch in der Kontraktionsphase zu ATP aufgebaut wird. Deshalb bleibt auch die ATP-Konzentration bis zur völligen Erschöpfung des Kreatinphosphatspiegels weitgehend konstant.Die Lohmann-Reaktion lautet:

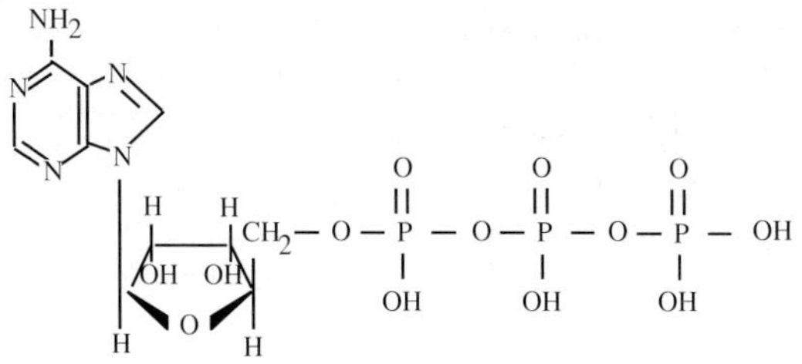

Abb. 19   Strukturformel des Adenosintriphosphat.

$$KrP + ADP \xrightarrow{\text{Kreatinphosphokinase}} Kr + ATP \quad (9)$$

Die Enzymaktivität ist übrigens weitgehend der Maximalgeschwindigkeit des ATP-Verbrauchs angepaßt. Im Skelettmuskel ist seine Aktivität etwa zehnmal höher als im Herzmuskel und wiederum bei Sprintern besonders hoch.

Ohne Auffüllung durch die Kreatinphosphatspeicher würde die Energie, die das ATP liefern kann, nur für 2-3 Kontraktionen ausreichen. Aus dem Kreatinphosphatspeicher kann ohne Nachlieferung aus dem aeroben und anaeroben Kohlenhydratstoffwechsel ein Arbeitsbetrag von 900J/kg Muskulatur entnommen werden. Bei der Höchstleistung des Skelettmuskels von 100W/kg Muskel (entsprechend einem 100-m-Lauf in 10s) reicht der Kreatinphosphatvorrat für etwa 9s.

2.4.9. Abbau der Kohlenhydrate

2.4.9.1. Überblick

Kohlenhydrate − besonders Glykogen und Glukose − sind wichtige Energielieferanten der Zelle. Glukose befindet sich in einer Konzentration von etwa 80−100mg/100ml im Blut. Glykogen liegt gespeichert in der Zelle vor. Der Blutzuckergehalt wird durch das Hormon Insulin reguliert, das auch den Einbau von Glykogen in die Zelle kontrolliert.

Bevor wir in die Details der aeroben und anaeroben Energiegewinnung einsteigen, wollen wir Abb. 20 betrachten und uns damit eine Übersicht verschaffen. Der Abbau der Kohlenhydrate läuft je nach O_2-Angebot an die Zelle über zwei unterschiedliche Wege ab: Der eine Weg (Glykolyse) führt vom Glykogen über Pyruvat zum Laktat und läuft im Zytoplasma ab. 2 mol ATP/mol Glukose können auf diese Weise gewonnen werden, wobei kein O_2 benötigt wird. Daher wird diese Form der Energiegewinnung auch als anaerob (="ohne Luft") bezeichnet. Der zweite Weg benötigt nicht nur

Sauerstoff, sondern auch besondere, in der Zelle befindliche Organellen, die Mitochondrien. Er führt vom Glykogen über Pyruvat zu CO_2 und H_2O. Hier können zusätzliche 36 mol ATP/mol Glukose gewonnen werden. Man bezeichnet ihn auch als aerob. In den Mitochondrien findet die Oxidation im Zitratzyklus und in der Atmungskette statt. Zellen, die keine Mitochondrien besitzen − wie die roten Blutkörperchen des Menschen − sind ausschließlich auf anaerobe Energiebereitstellung angewiesen.

2.4.9.2. Anaerobe Energiegewinnung durch Glykolyse im Zytoplasma

Überwiegendes Ausgangsprodukt der Glykolyse ist das in der Zelle gespeicherte Glykogen, ein Polysaccharid der Summenformel $(C_6H_{10}O_5)n$. Es handelt sich also dabei um Glukosemoleküle $(C_6H_{12}O_6)$, die jeweils durch glykosidische Bindungen miteinander verbunden sind. Weiterhin kann auch freie Glukose aus dem Blut in die Zelle eindringen. Die freie Energie errechnet sich aus der Energiedifferenz zwischen Anfangs- und Endprodukt. Die Energiedifferenz zwischen dem Anfangsprodukt Glukose und dem Endprodukt Milchsäure ergibt sich aus folgender Gleichung (ΔG = freie Energie):

$$C_6H_{12}O_6 \rightarrow 2C_3H_6O_3 \ (\Delta G = -199 \ \text{kJ}) \ (10)$$

In Worten bedeutet diese Gleichung: Wenn 1mol Glukose (Molekulargewicht in g), also 180g, in 2 x 90g Milchsäure umgewandelt wird, werden 199kJ frei. Bei einem pH-Wert in der Zelle von etwa 7 liegt die Milchsäure ionisiert als Laktation vor, deshalb spricht man besser von Laktat. Die Energie wird zum Teil dazu benutzt, ATP und damit auch das Kreatinphosphat wieder aufzubauen.

Die anaerobe Glykolyse kann man in ihrer Bilanz summarisch so formulieren:

Glukose $\rightarrow$ Laktat ($\Delta G = -199$ kJ) (11)
$2ATP + H_2O \rightarrow 2ADP + 2P_a$ ($\Delta G = +64$ kJ)
($\Delta G = -138$ kJ) (12)

Man gewinnt dabei 2mol ATP aus dem anaeroben Abbau von 1 mol Glukose zu 2mol Laktat. Rund 31% der freien Energie werden also benutzt, um ATP aufzubauen, der Rest von 138kJ wird als Wärme frei. Auch aus der Hydrolyse der glykosidischen Bindung kann Energie für den Aufbau von ATP gewonnen werden. Wird Laktat aus Glykogen erzeugt, so wird − bezogen auf 1mol Glukose − 1 mol ATP mehr, also 3 mol ATP, gewonnen.

Abb. 21 stellt die wichtigsten enzymgesteuerten Schritte der Glykolyse dar. Die notwendigen Enzyme befinden sich im Zytoplasma.

Der Hauptanteil des Kohlenhydrats ist in der Zelle in Form von Glykogen gespeichert. Es liegt mikroskopisch sichtbar im Bereich des Zytoplasmas.

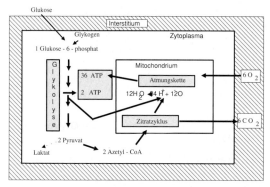

Abb. 20   Der Abbau des Glykogens bzw. der Glukose in Anwesenheit von O_2. Bereits bei der Glykolyse, noch mehr im Zitratzyklus tritt atomarer Wasserstoff auf, der stark positiv geladen ist. Er trifft auf den stark negativ geladenen Sauerstoff. Die Energie zum Aufbau des ATPs wird aus einer kontrollierten Knallgasreaktion gewonnen, die in der Atmungskette abläuft.

Sowohl Glykogen als auch Glukose werden zunächst phosphoryliert, d. h., zunächst wird ein Phosphat aus dem Abbau eines Moleküls ATP zu ADP benutzt. Beim Abbau von Glykogen wird anorganisches Phosphat direkt angelagert. Die Bildung von Phosphatverbindungen hat eine wichtige Konsequenz: Phosphatverbindungen können nämlich die Zelle ebensowenig verlassen wie ATP und ADP. Dadurch wird die Reaktionskette immer nur so schnell laufen, wie es das langsamste Glied erlaubt. Alle Reaktionen stehen dadurch im Gleichgewicht. In der nächsten Reaktion wird eine weitere Phosphatgruppe unter Energieaufwand angehängt und das Molekül gespalten, so daß jetzt jedes einzelne Molekül nur noch 3 C-Atome enthält. In diesem Bereich findet eine Elektronenverschiebung statt, wobei pro umgesetztem Molekül je 2 H-Atome gebildet werden. Bis zu diesem Schritt ist der Energiegehalt angestiegen. Die eigentliche Energie wird nun freigesetzt, wobei 4 mol ATP aufgebaut werden. Als Zwischenprodukt tritt das Pyruvat (die ionisierte Form der Brenztraubensäure) auf. Die Brenztraubensäure hat die Summenformel $C_3H_4O_3$. Beim anaeroben Abbau werden jetzt die vorher aufgetretenen Wasserstoffatome an die Brenztraubensäure angelagert:

$$2 C_3H_4O_3 + 4 H^+ \rightarrow 2 C_3H_6O_3 \ (13)$$

Damit ist die Milchsäure bzw. das Laktat entstanden. Sowohl Pyruvat als auch Laktat enthalten keine Phosphatgruppen mehr und können das Zytoplasma nach außen verlassen. Da bei dem Abbau der Glukose 2 mol ATP

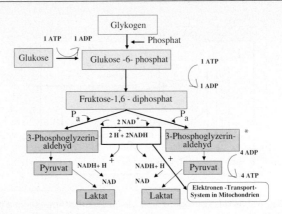

heller Raster: Verbindungen mit 6 C-Atomen
dunkler Raster: Verbindungen mit 3 C-Atomen

Abb. 21   Die wichtigsten Schritte des Abbaus von Glykogen und Glukose. Gleich zu Beginn der Kette werden beide Verbindungen unter Energieaufwand phosphoryliert. Auch die Umwandlung des Glukose-6-phosphats zu Fruktose-1,6 diphosphat benötigt Energie. Danach werden die Verbindungen mit 6 in jeweils solche mit 3 C-Atomen/Molekül gespalten. Es werden jetzt 4 mol ATP gebildet, so daß der Nettogewinn 2 mol ATP beträgt, da am Anfang ATP verbraucht wurde. Das auftretende H^+ und die Elektronen gehen zum Elektronen-Transportsystem (ETP) in die Mitochondrien, sofern dort der O_2-Partialdruck (pO_2) ausreichend hoch ist, andernfalls werden sie zur Laktatbildung benutzt.

* Eigentl. entsteht neben 3-Phosphoglyzerinaldehyd (3-PGA) Dihydroxyazetonphosphat, das ebenso wie 3-PGA ein C_3-Substrat ist. An dieser Stelle wurde aus methodischen Gründen ebenso 3-PGA gesetzt.

verbraucht und 4 mol ATP aufgebaut werden, beträgt der Nettogewinn also 2 mol ATP/mol Glukose. Ist genügend Sauerstoffdruck vorhanden, um die Mitochondrien arbeiten zu lassen, diffundieren Pyruvat, Elektronen und Wasserstoff in die Mitochondrien. In diesem Fall entsteht kein Laktat.

2.4.9.3. Aerobe Energiebereitstellung in den Mitochondrien

2.4.9.3.1. Aufbau und Funktion der Mitochondrien

Mitochondrien kann man als die Kraftwerke der Zellen bezeichnen. Sie befinden sich in allen Zellen, die oxidativ Energie gewinnen können. Ihre Gestalt kann in verschiedenen Geweben leicht unterschiedlich sein. In der Muskelzelle sind es eiförmige Körper, die eine Länge von ca. 3μm und eine Dicke von 1μm aufweisen. Ihre Zahl/Zelle hängt vom metabolischen

Durchsatz ab; so ist sie in den roten, tonischen Muskelfasern, die auf Ausdauer spezialisiert sind, größer als in den weißen, phasischen, die besonders für Schnellkraft geeignet sind. Mitochondrien liegen häufig in der Nähe von Nährstoffdepots oder auch nahe den Orten, wo ATP verbraucht wird, z. B. in den Myofibrillen und hier besonders in der Nähe der Z-Streifen.

Schematisch ist der Aufbau der Mitochondrienstruktur in Abb. 22 dargestellt. Mitochondrien zeigen eine äußere, glatte Membran, die für kleinere Moleküle gut durchlässig ist. Die innere Membran ist so nach innen gefaltet, daß sie eine sehr viel größere Oberfläche als die äußere Membran besitzt. Die Vorsprünge der Falten bilden Leisten (sog. Cristae). Je atmungsaktiver ein Gewebe ist, um so stärker ist die innere Membran der Mitochondrien gefaltet. Der Innenraum der Mitochondrien ist mit einer Flüssigkeit, der Matrix, ausgefüllt. Im Gegensatz zu der äußeren ist die innere Membran selektiv permeabel. Wasser, Pyruvat, ADP und ATP können weitgehend ungehindert passieren, während andere Stoffe nur schlecht durchtreten können. Sie bedürfen eines steuerbaren Transportsystems.

Die Enzyme für den Zitratzyklus liegen im inneren Kompartiment des Mitochondriums, der Matrix, während die Enzyme der Atmungskette ausschließlich in der inneren Membran lokalisiert sind. NAD-Dehydrogenasen, Flavoprotein und Zytochrome sind in der inneren Membran genau in der Reihenfolge angeordnet, wie ihre Reaktionen erfolgen. Die innere Membran ist also nicht nur eine Haut, sondern eine komplizierte Struktur, in der die einzelnen Enzyme eingebaut sind. Die Oberfläche der inneren Mitochondrienmembran von 1g stoffwechselintensivem Gewebe beträgt ungefähr $3,3\,m^2$.

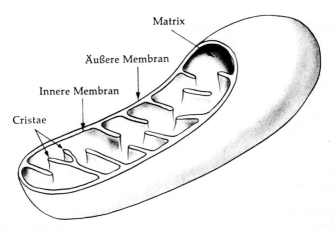

Abb. 22 Schematische Darstellung der Mitochondrienstruktur (aus: A. L. Lehninger: Bioenergetik, 3. Aufl. Thieme, Stuttgart 1982).

2.4.9.3.2. Energietransformation und Energiegewinnung in den Mitochondrien

Die Muskelkontraktion, die Erregungsleitung, aber auch die Biosynthesereaktionen beziehen ihre Energie aus einer chemischen Koppelung von Redoxreaktionen. Das Prinzip wurde schon auf S. 28 und Abb. 14 dargestellt.

Erinnern wir uns: Wenn der Metabolit A zum Metabolit B oxidiert wird, tritt Energie auf, die gekoppelt dazu benutzt wird, um den Metabolit C in den Metabolit D zu überführen. Wenn die Reaktion von der linken zu rechten Seite abläuft, verliert das System freie Energie. Die Geschwindigkeit solch einer Reaktion wird häufig dadurch reguliert, daß ein gemeinsames Zwischenprodukt auftritt.

Dieser Mechanismus ist das Regulationsprinzip der Atmungskette. Es gilt vor allem für dehydrierende (wasserstoffentziehende) und hydrierende (wasserstoffaufnehmende) Reaktionen. Das gemeinsame Zwischenprodukt ist das NAD (Nikotinamid-Adenin-Dinukleotid). NAD liegt in zwei Formen vor, nämlich als Kation NAD^+ und in der hydrierten Form $NADH + H^+$ als $NADH_2$. Eines der beiden Wasserstoffatome wird nämlich als Proton transportiert. Man kann die Reaktion in der allgemeinen Form schreiben:

$$SH_2 + NAD^+ \rightarrow S + NADH_2 \ (14)$$
(S = Substrat)

Eine ähnlich wirkende Substanz ist das FAD (Flavin-Adenin-Dinukleotid).

2.4.9.3.3. Zitratzyklus und Atmungskette: aerobe Oxidation der Kohlenhydrate

Das Prinzip von Zitratzyklus und Atmungskette ist in Abb. 23 dargestellt. Wir kennen bereits den Abbauweg der Kohlenhydrate bis zum Pyruvat, der auf S. 35 ff. beschrieben ist und im Zytoplasma abläuft. Pyruvat kann in den Matrixraum der Mitochondrien eindringen. Aus dem Pyruvat wird aktivierte Essigsäure (Azetyl-Koenzym A, abgekürzt: Azetyl-CoA). „Aktivierte" Essigsäure bedeutet, daß sich das Essigsäurederivat vorübergehend mit CoA verbindet, um die Substanz reaktionsaktiv zu machen. Dabei wird 1 Molekül CO_2 frei, und das entstehende H_2 wird auf NAD^+ geladen. Es entsteht somit $NADH_2$. Die Azetylgruppe des Azetyl-CoA, die eine Verbindung von 4 C-Atomen darstellt, wird mit Oxalazetat, einer Verbindung von 2 C-Atomen, zu Zitrat verbunden, einer Trikarbonsäure mit 6 C-Atomen. Dabei werden 2 Moleküle H_2O aufgenommen und CoA abgespalten. Im Zitratzyklus erfolgt nun ein zyklischer Prozeß, bei dem 2 Kohlenstoffatome in Form von 2 Molekülen CO_2 freigesetzt werden und sich letztlich wieder ein Molekül Oxalazetat bildet.

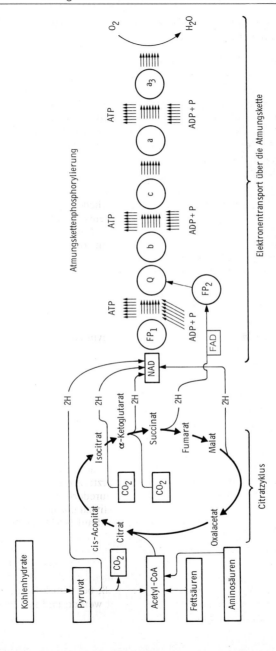

Abb. 23   Übersichtsschema der Oxidation von Kohlenhydraten, Fettsäuren und Aminosäuren. FP_1, FP_2 = NADH- und Sukzinatdehydrogenase, Q = Koenzym. b, c, a_1; a_2 = Zytochrome (aus: A. L. Lehninger: Bioenergetik, 3. Aufl. Thieme , Stuttgart 1982).

Das Kohlenstoffskelett der Essigsäure wird also schrittweise zu CO_2 abgebaut. Außerdem werden bei dem Prozeß in 4 Reaktionsschritten je 2 H-Atome durch Dehydrogenasen auf NAD^+ geladen. Man spricht von einem Zyklus, da das Oxalazetat, das nötig ist, den Brennstoff aktivierte Essigsäure in den Zyklus einzuschleusen, am Ende wiedergewonnen wird. Es kann dann mit einem zweiten Molekül aktivierte Essigsäure reagieren und einen neuen Umlauf einleiten, an dessen Ende wiederum Oxalazetat regeneriert wird. Theoretisch kann also durch ein Molekül Oxalazetat eine unendlich große Anzahl von Essigsäure-Molekülen aktiviert in den Zyklus eingeschleust und letztlich zu CO_2 und H_2O oxidiert werden.

In der Atmungskette werden atomarer Wasserstoff und Elektronen übertragen. Dies ist im rechten Teil der Abb.23 dargestellt.

Die Elektronen von $NADH_2$ und $FADH_2$ werden zunächst auf einen weiteren Akzeptor, Koenzym Q, und dann weiter auf eine Folge von Zytochromen übertragen.

Die Atmungskette ist der gemeinsame Weg, über den alle Elektronen, die aus den verschiedenen Nährstoffen der Zelle stammen, auf Sauerstoff übertragen werden. Sauerstoff, der sehr elektronegativ ist, ist der letzte Elektronenakzeptor. Aus dem Elektronentransport über die Atmungskette zieht die Zelle den eigentlich großen Gewinn, den ihr die verschiedenen Oxidationen einbringen. Denn die Elektronen besitzen, wenn sie in die Atmungskette einfließen, einen hohen Energiegehalt, der beim Durchfluß durch die Atmungskette aus ADP und P_a wieder ATP bildet und die Energie in dieser Form konserviert. Die Gesamtreaktion für die Oxidation von $NADH_2$ durch molekularen Sauerstoff ergibt sich aus der Summe der Einzelreaktionen:

$$NAD^+ + 2H^+ + \frac{1}{2} O_2 \rightarrow NAD^+ + H_2O \quad (15)$$

Die stöchiometrische Bilanz des vollständigen Abbaues von 1 mol freier Glukose läßt sich wie folgt aufgliedern:

ohne Sauerstoff (anaerob):	
$C_6H_{12}O_6$	$= 2C_3H_6O_3 \quad (16)$
mit Sauerstoff (aerob):	
$C_6H_{12}O_6$	$= 2C_3H_4O_3 + 4H \quad (17)$
$2C_3H_4O_3 + 6H_2O$	$= 6CO_2 + 20H \quad (18)$
$12H_2 + 6O_2$	$= 12H_2O \quad (19)$
$C_6H_{12}O_6 + 6O_2$	$= 6CO_2 + 6H_2O \quad (20)$

Die energetische Bilanz der verschiedenen Prozesse läßt sich wie folgt darstellen:

Prozeß	Gleichung	freiwerdende Energie kJ	Gewinn ATP
anaerob:	16	199	2
aerob:	17	199	2
	18	209	2
	19	2461	34
Summe	20	2869	38

Betrachten wir die Energiegewinnung wieder in ihrer Bilanz aus Anfangs- und Endprodukten, so können wir für die aerobe Energiebereitstellung aus Glukose folgende Reaktionsgleichung festhalten:

$$C_6H_{12}O_6 + 6O_2 \rightarrow 6CO_2 + 6H_2O \ (21)$$
$$(\Delta G = -2869 \ kJ)$$

Wir können also mit 1 mol Glukose 38mol ATP aus ADP aufbauen. Erinnern wir uns der auf S. 34 (Gleichung 7) dargestellten Tatsache, daß die freie Energie des ATP 30,5kJ/mol beträgt, so nutzten wir

$$\frac{38 \cdot 30,5 \cdot 100}{2869}$$

also rund 41% der freien Energie, zum Wiederaufbau des ATP aus.

2.4.10. Energiebereitstellung durch Fette und Proteine

2.4.10.1. Oxidation der Fette

Fette, die zur Energiegewinnung bei körperlicher Leistung benutzt werden, sind überwiegend Triglyzeride, die man auch als Neutralfette bezeichnet. Bei den Triglyzeriden ist immer ein Molekül Glyzerin mit jeweils 3 Fettsäuren verestert, wobei die Kettenlänge der Fettsäuren unterschiedlich sein kann. Je kürzer die Kettenlänge, desto niedriger ist der Schmelzpunkt des entsprechenden Fettes. Natürlich vorkommende Fettsäuren haben meist eine gerade Anzahl von C-Atomen. Sind in dem Fettsäuremolekül Doppelbindungen vorhanden, so spricht man von einfach oder mehrfach ungesättigten Fettsäuren. Fette werden in den Fettzellen des Fettgewebes gespeichert. Fett ist also keine „tote" Substanz, sondern einem steten Auf- und Abbau unterzogen. Fett ist die effektivste Form der Energiespeicherung. Sein Energieinhalt ist mit 39kJ/g etwa doppelt so hoch wie der der Kohlenhydrate mit 17kJ/g. Auf diese Weise wird bei der Speicherung von Energie Gewebe und Platz gespart. Selbst ein „idealgewichtiger" Mann von 70kg Körpergewicht besitzt eine Fettmasse von ca. 10kg, was einem Energieinhalt von 400.000kJ entspricht. Aus diesem Energiedepot kann bei völligem Nahrungsentzug der Energiebedarf für etwa einen Monat gedeckt werden.

Der Abbau der Fette erfolgt zunächst dadurch, daß die Triglyzeride unter Wasseraufnahme zu Glyzerin und freien Fettsäuren hydrolisiert werden. Diesen Vorgang bezeichnet man als Lipolyse. Glyzerin und Fettsäuren werden dabei an das Blut abgegeben und zum Verbrauchsort transportiert. Die hier besonders interessierenden Gewebe, wie Herz- und Skelettmuskel, besitzen zwar ein vollständiges Enzymsystem zum Abbau der Fettsäuren, nicht aber für Glyzerin. Deshalb kann Energie für die Leistung nur aus dem Abbau von Fettsäuren, nicht dagegen aus dem des Glyzerins gewonnen werden.

Fettsäuren sind reaktionsträge Moleküle, die zunächst aktiviert werden müssen, damit sie weiter metabolisiert werden können. Mit Hilfe des Enzyms Thiokinase wird die Fettsäure mit der Energie von ATP, das dabei zu AMP + PP$_a$ gespalten wird, zu Azyl-CoA, das mit einem Zwischenträger über Karnitin in den Matrixraum der Mitochondrien gelangt. Dort findet die sogenannte β-Oxidation statt, d. h., es werden von der Fettsäurekette jeweils 2 C-Atome abgespalten, mit Koenzym A zu Azetyl-CoA aktiviert und in den Zitratzyklus eingeschleust. Dort erfolgt die weitere Oxidation über den Zitratzyklus und die Atmungskette. Bei der β-Oxidation wird durch Abspaltung von 1 mol Azetyl-CoA H auf FAD$^+$ und auf NAD$^+$ übertragen. Die Oxidation dieses Wasserstoffs über die Atmungskette erlaubt den Aufbau von 5mol ATP. Wird beispielsweise bei der Palmitinsäure (C$_{15}$H$_{31}$COOH bzw. C$_{16}$H$_{32}$O$_2$) siebenmal Azetyl-CoA abgespalten, so entstehen 35mol ATP. Dazu kommen noch 96mol ATP, die bei dem Abbau des Azetyl-CoA im Zitratzyklus und in der Atmungskette auftreten, so daß sich insgesamt ein Gewinn von 129mol ATP/mol Palmitinsäure ergibt. Etwa 40% der freien Energie wird damit zum Aufbau des ATP benutzt.

Da schon während der β-Oxidation FAD$^+$ bzw. NAD$^+$ mit H$^+$ geladen wird, ist, bezogen auf die gleiche Menge aufgebauten ATPs, etwa 7% mehr O$_2$ zur Oxidation notwendig als beim Abbau der Kohlenhydrate.

Interessant ist, daß die Zugvögel als „Dauerleister" ihre Energie überwiegend aus der Oxidation von Fettsäuren beziehen. Sie benötigen dazu zwar mehr Oxidationssauerstoff aus der Luft, ihr Fluggewicht ist jedoch wegen des geringeren Gewichts der Fette gegenüber Kohlenhydraten − bezogen auf gleichen Energiegehalt − niedriger.

Die Fettsäureoxidation spielt auch eine bedeutende Rolle bei den Dauerleistern im Sport. Durch eine größere Leistungsfähigkeit des Kreislaufs können diese mehr O$_2$ an die Zelle heranschaffen und noch Fettsäuren oxidieren, wenn der Untrainierte schon auf Glykolyse und damit Kohlenhydratverbrauch umgeschaltet hat. Sie können damit also Glykogen in der Zelle,

z. B. für die Schlußphase eines Wettkampfes, einsparen. Auch hier spielt das Gewichtsproblem eine Rolle. Der gleiche Energievorrat aus Fett wiegt nämlich im Vergleich zu Glykogen nicht nur die Hälfte, sondern noch weniger, da Glykogen zusätzlich Wasser bindet.

2.4.10.2. Oxidation der Proteine

Proteine bestehen aus 20 unterschiedlichen Aminosäuren, die zur Energiegewinnung im Muskel nicht direkt herangezogen werden. Der Muskel besitzt nicht das Enzymsystem, das nötig ist, die Aminogruppen abzuspalten (Desaminierung) oder auf andere Verbindungen zu übertragen (Transaminierung). Dazu ist nur die Leber fähig, die aus Aminosäuren z. B. Glukose herstellen kann, die dann in gleicher Weise wie die Blutglukose genutzt werden kann. Für die Energiegewinnung bei Leistung unter normalen Ernährungsbedingungen spielen deshalb die Proteine keine Rolle.

2.4.11. Stoffwechselregulation

2.4.11.1. Regelung und Steuerung der Reaktionswege und ihre Begrenzung

Um aufzuzeigen, welche Faktoren die Gewinnung freier Energie zum Aufbau des ATP begrenzen und steuern, wollen wir uns anhand eines Vergleiches einige wichtige Gesichtspunkte klarmachen.

Wir denken uns eine enge Bergstraße, die Autofahrer nicht mehr seitlich oder durch Umdrehen verlassen können. Sie können auch nicht überholen. Diese Straße führt durch eine Mautstelle, die auf Anweisung von „oben" die Zahl der Wagen/Zeiteinheit begrenzen kann.

Dahinter führt die Straße einen steilen Berg hoch, um schließlich zu einem Bahnhof zu gelangen, in dem die Autos zum weiteren Transport über einen Paß auf Eisenbahnwagen geladen werden. Da Urlaubsbeginn herrscht, wollen möglichst viele Wagen pro Tag den Paß überwinden. Wir wollen nun untersuchen, unter welchen Umständen es zu einem Stau oder gar zu einem vollständigen Stillstand auf den Zufahrtswegen kommt.

Ein Stau tritt immer dann ein, wenn ein Wagen nicht den Platz des Wagens, der vor ihm fährt, einnehmen kann, weil auch dieser gehindert ist weiterzufahren. Die Gründe dafür können in unserem Modell von unterschiedlicher Art sein.

Der Verladezug steht ganz oder fährt zu langsam, um genug Wagen pro Zeiteinheit aufnehmen zu können.

Selbst wenn der Verladezug die genügende Kapazität besitzt, können ein oder mehrere leistungsschwache Wagen am Berg die Geschwindigkeit der Autoschlange begrenzen. Die Wagen können die Straße nicht verlassen, dadurch pflanzt sich der Stau nach hinten fort.

Ein Stau kann auch auftreten, wenn die Mautstelle aufgrund einer Anweisung von „oben" den Durchfluß drosselt.

In unserem Beispiel symbolisiert die Straße, welche die Wagen nicht verlassen können, die Tatsache, daß in der Glykolysekette die mit Phosphat verbundenen Substanzen die Zelle nicht verlassen können: In der Reaktionskette ist ein Reaktionsschritt immer von dem vorigen und dem nachfolgenden abhängig. Das gleiche gilt für den Zitratzyklus und die Atmungskette. Hier sorgt die innere Mitochondrienmembran durch ihre selektive Permeabilität dafür, daß nur das Anfangsprodukt Pyruvat eintreten kann und die Endprodukte die Mitochondrien durch Diffusion verlassen können. Deshalb wird hier das Massenwirkungsgesetz

$$(\text{für die Reaktion: } A + B \rightleftharpoons C + D) \quad K = \frac{[C][D]}{[A][B]}$$

wirksam: Fügen wir eine Substanz A oder B zu oder entfernen wir C oder D, so läuft die Reaktion wieder bis zu dem durch K gegebenen Gleichgewicht. Sie kann auch in der Gegenrichtung laufen, wenn wir beispielsweise C oder D zugeben oder A oder B entfernen.

Prinzipiell kann die Reaktionsfolge in beiden Richtungen ablaufen. Allerdings ist an einigen wichtigen Stellen durch Enzyme, die bestimmte Reaktionen irreversibel machen, die Richtung vorgegeben.

Kehren wir zu unserem Beispiel zurück: Der Verladezug symbolisiert den Sauerstoff, der als Elektronen- bzw. Wasserstoffakzeptor dient und der über Atmung und Kreislauf antransportiert wird und durch Diffusion an die Zelle gelangt. Die Transportkapazität für den Sauerstoff (S. 136 ff.) ist besonders dann limitiert, wenn die Leistung der Muskulatur und damit der Anfall von H^+ und Elektronen hoch ist. Diese Tatsache ist durch Urlaubszeit symbolisiert. Nach dem oben geschilderten Kontinuitätsprinzip schlägt jeder Stau bis zur Einfahrt in die Strecke (Mitochondrien) – also bis zum Pyruvat – durch, das nicht mehr in die Mitochondrien eintritt, wenn zum Zytoplasma kein Konzentrationsgefälle besteht. In der Regel tritt dieser Zustand ein, wenn der O_2-Druck an den Mitochondrien unter $300-400$ Pa fällt. Unter diesen Umständen wird das Pyruvat ohne O_2 zu Laktat reduziert.

Der Berg, der durch leistungsschwache Wagen den Stau hervorruft, symbolisiert die Enzymkonzentration des Zitratzyklus und der Atmungskette. Enzyme (S. 30) ermöglichen biochemische Reaktionen dadurch, daß sie vorübergehend an der Reaktion teilnehmen. Deshalb kann die Konzentration von Enzymen die Maximalgeschwindigkeit der Kette begrenzen. Auch hier wird ein Stau bewirken, daß Pyruvat im Zytoplasma bleibt und deshalb zu Laktat oxidiert wird, obwohl der O_2-Druck an den Mitochondrien ausreichend ist.

Die Mautstelle, die von „oben" gesteuert wird, symbolisiert die allosterische Kontrolle durch die regelnden Schlüsselenzyme. Man kann es als das Ziel der Zelle bezeichnen, den ATP-Vorrat immer auf einem hohen Sollwert zu halten. Sobald dieser Sollwert erreicht ist, wird der Stoffwechsel so

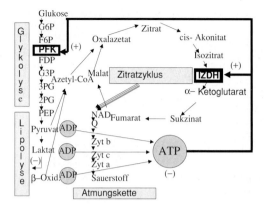

Abb. 24   Regulation des aeroben und anaeroben Stoffwechsels. Wichtigste Regelgröße ist die Konzentration an ATP in der Zelle. Fällt beispielweise der ATP-Spiegel ab, werden sowohl die Phosphofruktokinase (PFK) als auch die Isozitratdehydrogenase (IZDH) aktiviert. Hat ATP wieder seinen Sollwert erreicht, so bremsen beide Enzyme die Durchsatzrate des Stoffwechels. G6P = Glukose-6-phosphat, F6P = Fruktose-6-phosphat, FDP = Fruktose-1,6-diphosphat, G3P = Phosphoglyzerinaldehyd, 3PG = 3- Phosphoglyzerat, 2PG = 2- Phosphoglyzerat, PEP = Phosphoenolpyruvat, Q = Koenzym Q, Zyt = Zytochrom.

gedrosselt, daß gerade nur der Ruheverbrauch an ATP ergänzt wird. Bei hoher Leistung, bei der der ATP-Verbrauch besonders groß wird, ist das System auf vollen Durchsatz geschaltet.

2.4.11.2. Intra- und extrazelluläre Regelung des Stoffwechsels in Ruhe und bei Leistung

Es ist logisch, daß es zumindest zwei allosterische Regelkreise gibt, deren Stellglieder durch den Abfall von ATP oder den Anstieg von ADP oder AMP gefördert werden. Das eine befindet sich im anaeroben Teil; es ist die Phosphofruktokinase (PFK), die den glykolytischen Durchsatz reguliert. Das zweite befindet sich im Zitratzyklus und steuert die Umlaufgeschwindigkeit durch Aktivierungsänderung der Isozitratdehydrogenase. Die wichtigsten Kontrollen sind in Abb. 24 dargestellt.

Die bedeutendste Kontrollstelle für die anaerobe Glykolysegeschwindigkeit ist die Wirkung der PFK. Sie katalysiert die Umwandlung von Fruktose-6-phosphat in Fruktose-1,6-diphosphat. Dieses Enzym sorgt dafür, daß die Reaktion an dieser Stelle irreversibel ist. Die Aktivität des Enzyms und damit der Durchsatz wird durch ATP gehemmt, durch ADP und AMP gefördert. Nimmt also der Energiebedarf zu und fällt dadurch ATP ab und tritt

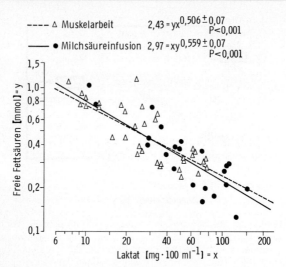

Abb. 25   Beziehung zwischen der Konzentration der freien Fettsäuren im Plasma und der Laktatkonzentration bei Arbeit und Laktatinfusion (aus: P. O. Astrand, K. Rodahl: Textbook of Work Physiology, 2nd ed. McGraw-Hill, New York 1977).

vermehrt ADP auf, so wird dadurch die Glykolysegeschwindigkeit beschleunigt. Ist dagegen ATP wieder in genügender Konzentration vorhanden, wird die Glykolyse gehemmt. Die Glykolysegeschwindigkeit kann so um mehr als das 100fache verändert werden.

Eine weitere allosterische Kontrolle für die aerobe Energiegewinnung aus Fettsäure- und Kohlenhydratoxidation befindet sich innerhalb des Zitratzyklus bei der Umwandlung von Isozitrat zu α-Ketoglutarat (Isozitratdehydrogenase). Auch hier wird die Geschwindigkeit der Reaktion durch ADP gefördert und durch ATP gehemmt. Bei Arbeitsbeginn springt der Zitratzyklus verzögert an, da ADP, das außerhalb der Mitochondrien an den Myosinköpfchen anfällt, erst in den Matrixraum der Mitochondrien — also durch die Membran der Mitochondrien — diffundieren muß, um dort die allosterische Hemmung zu beseitigen. Deshalb findet sich immer zu Beginn einer Leistung eine initiale Laktatbildung, die man deutlich im Blut nachweisen kann (S. 54).

Die übrigen Regelkreise kontrollieren, unter welchen Bedingungen welche Substanz zur Energiegewinnung herangezogen wird.

Soweit die Regelung und Steuerung intrazellulär abläuft, ist sie relativ einfach zu durchschauen: Fettsäuren benötigen keine besonderen Medien, um in die Mitochondrien transportiert zu werden. Deshalb diffundieren sie um so stärker hinein, je größer ihre Konzentration im Blutplasma und wegen der guten Permeabilität der Zellwand auch damit im Zytoplasma ist. Sie werden − solange der O_2-Druck ausreichend ist − bevorzugt oxidiert. Als Metabolit tritt dabei nach Eintritt in den Zitratzyklus Zitrat auf, das bei hoher Konzentration über Carrier in das Zytoplasma gelangt und die PFK allosterisch hemmt. Das bedeutet aber: Je größer das Angebot an freien Fettsäuren ist, die bei laufendem Zitratzyklus verstoffwechselt werden können, desto weniger Glykogen wird abgebaut, da die Glykolysekette gehemmt wird. Fettsäuren üben also einen Spareffekt auf das Glykogen aus, das dadurch für die besonders glykogenverbrauchende anaerobe Energiebereitstellung zur Verfügung steht.

Ein weiterer intrazellulärer Regelkreis sorgt dafür, daß zunächst das Muskelglykogen abgebaut wird, bevor die Muskelzelle dem Blut größere Mengen an Glukose entnimmt. Sowohl beim Glykogen- als auch beim Glukoseabbau tritt Glukose-6-phosphat auf, das über Veränderung der Aktivität des Enzyms Hexokinase die Permeabilität der Zellwand für Glukose verkleinert. Diese Einrichtung ist sehr sinnvoll, weil sowohl Zentralnervensystem als auch Erythrozyten auf ausreichende Blutglukose angewiesen sind, die nur begrenzt aus der Leber zugeführt werden kann. Bestünde dieser Mechanismus nicht, würde der stoffwechselaktive Muskel diesen Organen die Blutglukose entziehen. Indirekt verhindert damit auch die Oxidation der freien Fettsäuren den Glukosetransport in die Zelle, da Glukose-6-phosphat auch angestaut wird, wenn die PFK gehemmt wird.

Schwieriger zu durchschauen und teilweise noch mangelhaft erforscht sind die extrazellulären Regulationen, die zum großen Teil unter dem Einfluß von Hormonen stehen. Die Konzentration von freien Fettsäuren im Blutplasma wird gesteigert durch die Katecholamine, die vom Sympathikus bei Leistung freigesetzt werden (S. 106), aber auch durch eine Abnahme der Insulinkonzentration, wie man sie vor allem im Verlaufe von Langleistungen findet. Leistung erhöht damit das Angebot an freien Fettsäuren. Beide Einflüsse aktivieren die Triglyzeridlipase der Fettzellen, die damit ihre Lipolyse steigern und Fettsäuren an das Blut abgeben.

Gehemmt wird die Lipolyse dagegen durch Laktat. Sobald der Laktatspiegel im Blut ansteigt, nimmt die Konzentration der freien Fettsäuren im Blut ab (Abb. 25). Auch hier sehen wir wieder eine sinnvolle Reaktion: Laktat bedeutet Insuffizienz des aeroben Stoffwechsels. Damit können auch keine Fettsäuren mehr oxidiert werden. Deshalb wird ihre Freisetzung eingeschränkt.

Kompliziert werden die Verhältnisse noch durch andere Hormone, wie das Wachstumshormon (STH) und Glukagon, die teilweise auf den Fett- und Kohlenhydratstoffwechsel wirken. Hierauf einzugehen würde den Rahmen des Buches überschreiten.

2.4.12. Kinetik der Sauerstoffaufnahme

2.4.12.1. Isolierte Muskulatur

Die an den momentanen Bedarf angepaßte Stoffwechselgröße ergibt sich aus dem Zusammenspiel mehrerer Regelkreise, von denen jeder ein bestimmtes Zeitverhalten aufweist. Wie im Anhang (S. 346) näher ausgeführt, kann man das Zeitverhalten von Regelkreisen beispielsweise dadurch bestimmen, daß man die Führungsgröße − das ist die Größe, die den Sollwert festlegt − sprungförmig ändert und gleichzeitig den zeitlichen Verlauf des Istwertes registriert. Vereinfacht können wir es als das übergeordnete Ziel der vorliegenden Regulation betrachten, den aeroben Stoffwechsel an den energetischen Bedarf für eine Leistung (Sollwert) anzupassen. Die Größe des aeroben Stoffwechsels (Istwert) läßt sich aus dem momentanen Sauerstoffverbrauch bestimmen.

Das Ergebnis eines Versuches, bei dem die Leistung einer isolierten Muskelgruppe sprungförmig von Ruhe auf einen konstanten Wert und danach wieder sprungförmig auf einen Ruhewert verändert wurde, ist in Abb. 26 dargestellt. Dazu wurde bei einem narkotisierten Hund an einem durchbluteten M.gastrocnemius der zeitliche Verlauf der O_2-Aufnahme vom Arbeitsbeginn an so lange registriert, bis der Istwert den Sollwert erreicht hatte, desgleichen nach Arbeitsende bis zum Wiedererreichen des Ruhewertes. Die Sauerstoffaufnahme wurde dabei nach dem Fick-Prinzip (S. 166) ermittelt. 100% $V'O_2$ auf der Ordinate repräsentiert den O_2-Bedarf für die elektrisch über den motorischen Nerv induzierte konstante Leistung. Auf der Abszisse bedeutet der Zeitpunkt Null jeweils den Beginn (A) oder das Ende (B,C) der Leistung.

Eine nähere Analyse des Verlaufes ergab, daß der positive Verlauf näherungsweise durch eine Exponentialfunktion beschrieben werden kann, wenn man den O_2-Bedarf der Leistung als U und den Ruhebedarf als R bezeichnet:

$$V'O_2\,(t) = R + (U-R) \cdot (1-e^{\frac{-t}{\tau}})\,(22)$$

τ bezeichnet man dabei als Zeitkonstante.

Der negative Verlauf nach Arbeitsende ergibt sich zu:

$$V'O_2\,(t) = R + (U-R) \cdot e^{\frac{-t}{\tau}}\,(23)$$

Im vorliegenden Experiment (Abb.26) hat die Zeitkonstante einen Wert von 29 s.

Man kann aus den Gleichungen 22 und 23 die Halbwertzeit berechnen, d. h. die Zeit, die vergeht, bis die Hälfte des leistungsbedingten O_2-Bedarfes aerob gedeckt wird. Sie beträgt

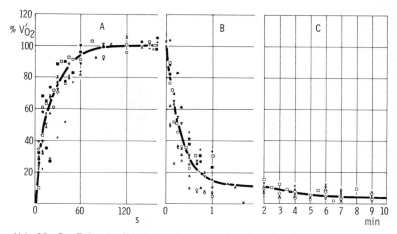

Abb. 26   Der Zeitverlauf zwischen dem sprungförmigen Arbeitsanstieg einer Muskelgruppe und der Zunahme der für die Arbeit notwendigen Sauerstoffaufnahme (100%) bei aerober Arbeit. B zeigt den zeitlichen Verlauf des Abfalls der Sauerstoffaufnahme der isolierten Muskelgruppe nach Arbeitsende. C ist die Fortsetzung von B mit zeitlich geraffter Abszisse (aus: P. E. di Prampero, R. Margaria: Relationship between O_2 consumption, high energy phosphates and the kinetics of the O_2 debt in exercise. Pflügers Arch. ges. Physiol. 304 [1968] 11−19).

$$t \left(\frac{1}{2}\right) = 0,69 \ \tau \ (24)$$

Man kann aus den Gleichungen ferner berechnen, daß 98% des Endwertes nach 4 τ erreicht ist.

Wenn sich bei dem vorliegenden Experiment nach etwa 4 τ · 29 s = 116 s die O_2-Aufnahme des Muskels an den O_2-Bedarf angepaßt hat, besteht ein Fließgleichgewicht zwischen dem Abbau und dem Wiederaufbau von ATP. Für diesen Zustand benutzt man den englischen Ausdruck für Fließgleichgewicht: Steady state. Um eine konstante Leistung durchzuführen, muß die Summe der dazu notwendigen energieliefernden Prozesse auch konstant sein. Für den Übergang vom Beginn der Leistung bis zum Steady state haben demnach anaerobe Prozesse, wie Hydrolyse der energiereichen Phosphate und Laktatbildung, die Energie gedeckt. Geht man davon aus, daß längere Zeit nach Arbeitsende der Anfangszustand wiederhergestellt wird, d. h. alle Energiespeicher sich durch aerobe Prozesse wieder im ursprünglichen Zustand befinden, so kann man die initiale anaerobe Energiegewinnung in einer „geliehenen" Sauerstoffmenge ausdrücken, die nach Arbeitsende wieder abbezahlt wird. Man spricht deshalb von einer Sauerstoff-

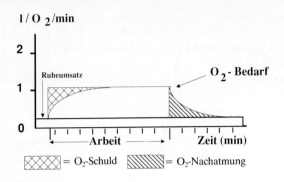

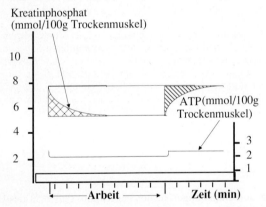

Abb. 27 Sauerstoffaufnahme und Sauerstoffschuld bei leichter körperlicher Arbeit (oben). Nach einer Übergangszeit, die vom individuellen Trainingszustand abhängt, erreicht die O_2-Aufnahme den O_2-Bedarf. Nur am Anfang wird eine vornehmlich alaktazide O_2-Schuld eingegangen, die nach der Arbeit zurückgezahlt wird. Parallel dazu fällt die Konzentration an Kreatinphosphat ab. [ATP] fällt kaum ab, da es sofort über Kreatinphosphat wieder aufgefüllt wird.

schuld. Äquivalent der Sauerstoffschuld ist der Abbau energiereicherer zu energieärmerer Verbindung. Man nennt die Sauerstoffschuld eine alaktazide (ohne Laktatbildung), wenn es sich nur um Hydrolyse der energiereichen Phosphate handelt, dagegen eine laktazide für den Anteil, den die Laktatbildung ausmacht. Die Sauerstoffschuld ist immer etwas größer als die Sauerstoffnachatmung, da beispielsweise der Abbau der gleichen

Menge Glykogen weniger ATP liefert, als die Biosynthese von Glykogen an ATP verbraucht. Diese Tatsache ist allerdings in den Gleichungen 22 und 23, die nur Näherungen darstellen, nicht berücksichtigt.

Die Anstiegsgeschwindigkeit der O_2-Aufnahme bestimmt die Größe der Sauerstoffschuld. Man kann sie aus den Gleichungen 22 und 23 quantifizieren, indem man z. B. die Menge an Sauerstoff, die nachgeatmet wird ($V'O_{2DEF}$), bestimmt. Durch Integration von Gleichung 23 erhält man

$$V'O_{2DEF} = \tau \cdot (U-R) \ (25)$$

Geht man von einer O_2-Aufnahme im Steady state von 2000 ml/min und einer Zeitkonstanten von $\tau = 29$ s $= 0,49$ Min. aus, so beträgt nach Gleichung 25 die Sauerstoffschuld also 966 ml. Eine Konstante von $\tau = 40$ s $= 0,67$ Min. würde unter sonst gleichen Bedingungen demnach 1333 ml O_2-Schuld ergeben.

Die Kinetik der O_2-Aufnahme im isolierten Muskel hängt von intrazellulären Faktoren ab. Die Zeitkonstante wird vor allem durch die komplizierten und zeitabhängigen Vorgänge der Diffusion durch die innere Mitochondrienmembran (S. 38) festgelegt. Die Zeitkonstante ist im wesentlichen vom Verhältnis der roten zu den weißen Muskelfasern und damit von der Größe und Anzahl der Mitochondrien und hier wieder von der Gesamtfläche der inneren Mitochondrienmembran abhängig. Sie ist damit trainierbar und ein brauchbares Maß für die Leistungsfähigkeit (S. 303).

2.4.12.2. Gesamtorganismus

Man kann mit Hilfe der Methode der Einzelatemzuganalyse (s. Anhang S. 332 ff.) auch die Stoffwechselkinetik am Menschen bestimmen.

Die O_2-Aufnahme-Kinetik, wie sie bisher dargestellt wurde, beruht darauf, daß man die Sauerstoffaufnahme an den zuführenden und abführenden Gefäßen messen kann. Beim Menschen kann man das aus naheliegenden Gründen nicht tun, sondern man bestimmt sie respiratorisch an den äußeren Atemwegen, indem man die aufgenommene Sauerstoffmenge Atemzug für Atemzug ermittelt. Dabei tritt ein Problem auf, das die quantitative Bestimmung des Zeitverlaufes besonders stört: die Totzeit, die vergeht, bis der verbliebene Sauerstoff das venöse Blut die Atemwege erreicht. Ein weiterer Störfaktor ist der Sauerstoff, der sich im Myoglobin des Muskels befindet. Durch beide Einflüsse ist die Kinetik leicht „verschmiert" und scheinbar verlängert. Berücksichtigt man diese Größen, so zeigt sich folgendes:

Die Zeitkonstante der O_2-Aufnahme des Menschen ist bei sprungförmigem Wechsel auf eine Leistung, die im Steady state noch aerob geleistet werden kann, größer als beim Hund. Die Laufmuskulatur des Hundes besteht nämlich ausschließlich aus roten mitochondrienreichen Fasern, während beim

Menschen je nach Trainingszustand mehr oder weniger weiße Muskelfasern vorhanden sind.

Die rückgerechnete lokale Zeitkonstante τ variiert zwischen 17 und 37 s, entsprechend einer Halbwertzeit

$(t \frac{1}{2})$ von 12$-$26 s.

Sie stellt die echte Kinetik der oxidativen Prozesse dar. Die Gesamthalbwertzeit, wie man sie ohne Korrektur respiratorisch messen kann, variiert etwa von 18$-$90 s, wobei der Wert um so niedriger ist, je besser der Ausdauertrainingszustand ist.

In Abb. 27 ist schematisch das Verhalten der O_2-Aufnahme sowie der Konzentration des ATP und des Kreatinphosphates im Muskel bei Übergang zu einer Leistung, die im Steady state noch aerob durchgeführt werden kann, dargestellt. Die Sauerstoffaufnahme steigt entsprechend ihrer Zeitkonstante auf den leistungsbedingten Sauerstoffbedarf an. Etwa bei gleicher Funktion fällt Kreatinphosphat auf ein neues Steady state ab, während ATP nur wenig verändert ist.

Mit Beginn der Arbeit steigt die Laktatkonzentration (initiales oder „early" Laktat) im arteriellen Blut an. Diese Laktatbildung ist Ausdruck dafür, daß der aerobe Stoffwechsel langsamer anspringt als der anaerobe. Die Gründe liegen wohl in den zeitabhängigen Transportprozessen der inneren Mitochondrienmembran. Da der Zitratzyklus verzögert anspringt, wird angestautes Laktat $-$ und übrigens auch Pyruvat $-$ in dieser initialen Phase an das Blut abgegeben. Nach Erreichen des Steady state tritt kein weiteres Laktat mehr auf, und das akkumulierte Blutlaktat wird metabolisiert. Die am Anfang der Arbeit eingegangene Sauerstoffschuld bleibt über die weitere Arbeitszeit konstant.

Die Größe der initialen Laktatbildung hängt direkt von der Zeitkonstanten ab. Je schneller der aerobe Stoffwechsel ansteigt, desto weniger Laktat wird von der Zelle abgegeben.

Abb. 28 stellt die Verhältnisse bei einer erschöpfenden körperlichen Leistung dar. Auch hier steigt die O_2-Aufnahme quasi exponentiell an. Sie erreicht den O_2-Bedarf jedoch nicht. Der O_2-Druck an den Mitochondrien $-$ wohl bedingt durch die nicht ausreichende Durchblutung $-$ ist zu niedrig, so daß zum initialen Laktat noch weitere Laktatbildung durch den lokalen O_2-Mangel hinzukommt. Unter diesen Umständen steigt die Sauerstoffschuld kontinuierlich an. Sie entspricht der produzierten Laktatmenge und dem Abfall der energiereichen Phosphate.

Die Glykolyserate ist offensichtlich nicht groß genug, um den Kreatinphosphatspeicher wieder aufzufüllen, so daß die Arbeit nach einer gewissen Zeit zur Erschöpfung führt. Nach Arbeitsende wird das Laktat teilweise verstoffwechselt, teilweise in der Leber zu Glukose resynthetisiert und als sol-

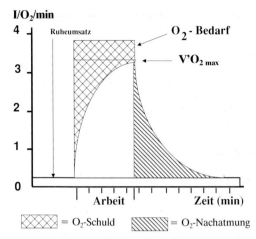

Abb. 28   Sauerstoffaufnahme und Sauerstoffschuld bei sehr schwerer Arbeit. Die Leistung wird von Ruhe auf einen Wert gesteigert, der auch im Steady state nicht mehr aerob gedeckt werden kann. Die O_2-Aufnahme erreicht nach kurzer Zeit ihren Maximalwert ($V'O_{2\,max}$). Die O_2-Schuld nimmt bis zur Erschöpfung zu, sie wird nach Arbeitsende abgetragen.

che dem Muskel wieder zugeführt. Da diese Prozesse O_2 benötigen, bleibt die Nachatmung längere Zeit erhöht.

2.4.13. Muskelermüdung als Störung des biochemischen Gleichgewichts

Man definiert die Muskelermüdung als einen Zustand, in dem die Leistungsfähigkeit des Muskels herabgesetzt, die Erholung als einen Zustand, in dem sie wieder gesteigert wird. Als Ermüdungsgrad könnte man demnach das quantitative Ausmaß der Ermüdung bezeichnen, das Ausmaß der Restitution des Ruhezustandes als Erholungsgrad. Bei jeder Kontraktion des Muskels wird, wie wir gesehen haben, das biochemische Gleichgewicht gestört. Wird nun Arbeit geleistet, so tritt während der Kontraktion für einen kleinen Moment eine Verminderung der energiereichen Phosphate ein, die man schon als Ermüdung im Sinne der oben angeführten Definition bezeichnen könnte. Diese Ermüdung wird aber durch Erholung (Wiederauffüllung der energiereichen Phosphate) des Muskels schon während der Erschlaffung des Muskels kompensiert. Es bleibt also kein Ermüdungsrückstand bestehen. Ermüdung und Erholung halten sich die Waage; wird dagegen die Leistung komplett oder partiell anaerob durchgeführt, so kann in der Erschlaffungsphase die Ermüdung nicht vollständig kompensiert werden. Es bleibt also ein Ermüdungsrückstand bestehen, der erst nach der Arbeit während der Restitution des Ruhezustandes wieder beseitigt wird. Muskelermüdung und Muskelerholung sind Ausdruck eines gestörten Stoffwechselgleichgewichts in der Muskulatur. Die Muskelermüdung ist also um so größer, je größer das Ausmaß des energetischen Ungleichgewichts ist. Weiteres über periphere Ermüdung s. S. 274 ff.

2.5. Grundlagen der Energieumsatzmessung

2.5.1. Überblick über die Verfahren

Über genügend lange Zeiträume betrachtet, stammt die biologisch nutzbare Energie aus der biologischen Oxidation der Nährstoffe. Die anaerobe Energiebereitstellung wirkt wie ein Speicher, der die benötigte Energie kurzfristig bereitstellt, aber dann wieder aufgefüllt wird. Wenn alle Speicher nach einer Arbeit aufgefüllt sind bzw. Abbau und Aufbau der energiereichen Phosphate sich im Gleichgewicht befinden, kann man theoretisch und praktisch den Energieumsatz auf mehrere Arten messen: Entweder bestimmt man die nach außen abgegebene Wärmemenge (direkte Kalorimetrie), oder man errechnet ihn auf indirektem Wege aus Sauerstoffaufnahme und Kohlendioxidabgabe (indirekte Kalorimetrie). Beide Verfahren müssen, richtig angewendet, gleiche Resultate zeigen, da die freie Energie sich aus Anfangs- und Endprodukt einer Reaktion errechnet.

2.5.2. Direkte Kalorimetrie

Die direkte Kalorimetrie ist verständlicherweise mit einem großen Aufwand an Regeltechnik verbunden, da man u.a. die Temperatur der Meßeinrichtung genau konstant halten muß. Sie ist deshalb für die Zwecke der praktischen Leistungsphysiologie nicht brauchbar.

Ihr Prinzip beruht darauf, daß die abgegebene Gesamtwärme, die durch Leitung, Strahlung und Verdunstung erfolgt, gemessen wird. Ältere Versuchsaufbauten benutzen dazu eine Kammer, deren doppelte Wände mit Wasser durchströmt werden. Aus der Wassermenge pro Zeit, die durch die Wände fließt, und der Temperaturdifferenz zwischen Zu- und Abstrom des Wassers kann man die Wärmeabgabe bestimmen. Schwierigkeiten liegen besonders darin, daß die Atemgase in einer geschlossenen Kammer laufend erneuert werden müssen, wobei leicht Temperaturfehler auftreten. Außerdem ist eine solche Anlage sehr träge. Neuere direkte Kalorimeter benutzen deshalb Reihen von Thermoelementen, die die abgegebene Wärmemenge messen. Direkte Kalorimeter werden wegen ihrer umständlichen Handhabung nur zur Lösung spezieller wissenschaftlicher Probleme herangezogen. Historisch lag ihre Bedeutung besonders darin, zu beweisen, daß das Gesetz der Erhaltung der Energie auch für biologische Systeme gültig ist.

2.5.3. Indirekte Kalorimetrie

Die indirekte Kalorimetrie beruht darauf, daß eine stöchiometrische Beziehung zwischen dem verbrannten Nährstoff, dem dabei verbrauchten Sauerstoff und dem abgegebenen Kohlendioxid besteht. Die stöchiometrische Grundgleichung für die Kohlenhydratoxidation wurde bereits auf S. 42 (Gleichung 20) gebracht. Sie sei hier noch einmal wiederholt:

$$C_6H_{12}O_6 + 6O_2 = 6CO_2 + 6H_2O \qquad (\Delta G = -2869kJ) \text{ (26)}$$

Quantitativ reagieren also 180 g Glukose (Molekulargewicht der Glukose 180) mit 6 mol O_2 = 134,4 l O_2 (1 mol O_2 = 22,4 l) zu 6 mol Wasser und 134,4 l CO_2. Das kalorische Äquivalent zu 1 l O_2 erhält man, indem man die bei der Verbrennung frei werdenden Joule durch die verbrauchten Liter O_2 teilt.

Das kalorische Äquivalent (A_{Gl}) des Sauerstoffs für Glukoseverbrennung (kJ/l O_2) beträgt also:

$$A_{Gl} = \frac{2869}{134,4} \text{ kJ/ l } O_2 = 21,3 \text{ kJ/ l } O_2 \text{ (27)}$$

Eine ähnliche Rechnung kann man auch für die Oxidation von Fettsäuren aufstellen, z. B. für die Palmitinsäure. Die Summenformel der Palmitinsäure lautet $C_{16}H_{32}O_2$. Der Verbrennungsvorgang läßt sich folgendermaßen formulieren:

$$C_{16}H_{32}O_2 + 23\ O_2 = 16\ CO_2 + 16\ H_2O \qquad (\Delta G = -9871 \text{ kJ) (28)}$$

Nach der gleichen Rechnung wie oben beträgt demnach das kalorische Äquivalent des Sauerstoffs (A_F) für Palmitinsäureverbrennung (kJ/ l O_2):

$$A_F = \frac{9781}{515,20} = 19\ \frac{kJ}{l\ O_2} \text{ (29)}$$

Eine analoge Rechnung kann man auch für Eiweiß durchführen, die allerdings deshalb kompliziert ist, weil die Endprodukte des Eiweißstoffwechsels nicht nur CO_2 und H_2O, sondern auch Harnstoff sind, der noch Energie enthält.

Aus unserer einfachen Bruttorechnung wird klar, daß das kalorische Äquivalent des Sauerstoffs nicht eine konstante Größe ist, sondern davon abhängt, welcher Nährstoff verbrannt wird. Vernachlässigen wir vereinfachend den Eiweißstoffwechsel, so kann das Äquivalent offensichtlich von 19 bis 21,3 kJ/l O_2 schwanken. Um nun herauszubekommen, welcher Nährstoff verbraucht wird, macht man sich zunutze, daß das Fettmolekül weniger O_2 als das Kohlenhydratmolekül enthält. Wie man aus Gleichung 26 ersehen kann, ist das bei der Glukoseverbrennung verbrauchte Volumen an Sauerstoff dem gewonnenen Volumen an CO_2 gleich. Bei Palmitinsäureverbrennung dagegen ist das Verhältnis nach Gleichung 28:

$$\frac{16}{23} = 0,7.$$

Tabelle 1 Nährstoffverbrennung und Wärmeentwicklung (aus: Lang,K. und O. Ranke: Stoffwechsel und Ernährung. Springer, Berlin 1950)

Mengenein- heit g	O_2-Ver- brauch ml	CO_2-Bil- dung ml	Resp. Quotient	Wärme- ent- wicklung kJ	Wärme- wert von 1 Liter O_2 kJ	Wärme- wert von 1 Liter CO_2 kJ
Kohlenhydrat	828,8	828,8	1,000	17,51	21,13	21,13
Fett	2019,3	1427,3	0,707	39,61	19,62	27,75
Eiweiß	962,3	773,9	0,804	18,07	18,78	23,36

Das Verhältnis zwischen dem abgegebenen CO_2-Volumen und dem in der gleichen Periode aufgenommenen O_2-Volumen bezeichnet man als den respiratorischen Quotienten (R.Q.):

$$R.Q. = \frac{CO_2}{O_2} \quad (30)$$

Mit Hilfe des respiratorischen Quotienten kann man abschätzen, welche Nährstoffe im Organismus verbrannt wurden und mit welchen kalorischen Äquivalenten demzufolge der Sauerstoffverbrauch multipliziert werden muß, um den richtigen Energieumsatz zu erhalten. Diese Überlegungen können nicht genau auf die Methode der indirekten Kalorimetrie angewandt werden, da wir uns nicht von Glukose und Tripalmitin, sondern von Kohlenhydraten, Fett und Eiweiß ernähren. Diese Nährstoffe selbst stellen wieder Gemische dar, die, je nachdem, ob ihr Ursprung pflanzlicher oder tierischer Art ist, unterschiedlich zusammengesetzt sind. Insofern hat die indirekte Kalorimetrie empirische und berechenbare Elemente zugleich.

Unsere empirischen Werte sind aufgrund der mittleren Durchschnittsnahrung bestimmt. Der Fehler, der dadurch entstehen könnte, daß jemand seine Eßgewohnheiten ändert, ist sicher geringer als andere Fehler dieser Methode, von denen noch zu sprechen sein wird. Tab.1 gibt eine Übersicht, wie sich die hier besprochenen Größen bei der biologischen Verbrennung der Nährstoffe verhalten.

Würde sich die aufgenommene Nahrung allein aus den Nährstoffen Fett und Kohlenhydraten zusammensetzen, so könnte man einfach aufgrund des R.Q. aussagen, ob nur Fettsäure (R.Q. = 0,7) oder nur Kohlenhydrat (R.Q. = 1) oder 50% der Fettsäuren und 50% der Kohlenhydrate (R.Q. = 0,85) verbrannt würden. In Wirklichkeit wird diese Rechnung aber durch den Anteil der Energie gestört, die durch die Eiweißverbrennung auftritt. Nun treten, wie oben bereits angegeben, beim Abbau von Eiweiß nicht nur CO_2 und H_2O auf, sondern auch Harnstoff, eine Verbindung, die bekanntlich Stickstoff enthält. Da Eiweiß im Durchschnitt 16% Stickstoff enthält, multipliziert man, um den Eiweißumsatz zu erhalten, die aus dem Harn analysierte Stickstoffmenge mit 6,25.

Tabelle 2 Zusammenhang zwischen dem respiratorischen Quotienten (R.Q.) und dem kalorischen Äquivallenten (Kal. Äqu.).

R.Q.	Kal. Äqu.	R.Q.	Kal. Äqu.	R.Q.	Kal. Äqu.
0,7	19,586	0,8	20,101	0,9	20,616
0,71	19,636	0,81	20,151	0,91	20,666
0,72	19,686	0,82	20,201	0,92	20,716
0,73	19,737	0,83	20,256	0,93	20,767
0,74	19,791	0,84	20,306	0,94	20,821
0,75	19,841	0,85	20.360	0,95	20,871
0,76	19,896	0,86	20,411	0,96	20,921
0,77	19,946	0,87	20,461	0,97	20,976
0,78	19,996	0,88	20,515	0,98	21,026
0,79	20,051	0,89	20,566	0,99	21,076
0,80	20,101	0,90	20,616	1,00	21,131

Der Eiweißumsatz beträgt unter normalen Ernährungsbedingungen gleichmäßig 10 – 15% des Grundumsatzes. Da der Arbeitsstoffwechsel normalerweise durch Kohlenhydrate und Fettsäuren gedeckt wird, ist der Eiweißanteil am Gesamtumsatz bei Arbeit praktisch zu vernachlässigen. Man kann deshalb für praktische Zwecke auf die Bestimmung des Harnstickstoffes verzichten. Für die arbeits- und sportphysiologische Praxis vernachlässigt man den Eiweißstoffwechsel ganz. Tab.2 zeigt den unter diesen Umständen zu jedem R.Q. gehörigen Wert des kalorischen Äquivalentes. Dadurch, daß man den Eiweißumsatz vernachlässigt, mißt man den Grundumsatz immer etwa um 1 – 1,5% zu hoch, den Arbeitsumsatz dagegen weitgehend richtig.

2.5.4. Wichtige Fehlerquellen der indirekten Kalorimetrie

Zwei wichtige Fehlerquellen können die Energieumsatzmessung dadurch stören, daß unter besonderen Umständen aus dem gemessenen R.Q. nicht auf das kalorische Äquivalent geschlossen werden darf. Die eine Fehlerquelle ist eine metabolische, die andere eine respiratorische: Wir haben das kalorische Äquivalent aus dem Abbau der beiden Nährstoffe Fett und Kohlenhydrat und der dazu notwendigen Sauerstoffaufnahme und dem dabei produzierten Kohlendioxid abgeleitet, dabei jedoch nicht berücksichtigt, daß beide Nährstoffe ineinander umgelagert werden können, wobei erhebliche Verschiebungen des respiratorischen Quotienten auftreten können. Das Kohlenhydratmolekül enthält mehr O_2 als das Fettmolekül. Wird Kohlenhydrat in Fett umgebaut, was man im Tierreich als Mast bezeichnet, so wird O_2 frei, das deshalb weniger aufgenommen wird. Der R.Q. kann dadurch Werte annehmen, die höher als 1 liegen; im umgekehrten Fall, z.B. im Hungerzustand, kann er relativ niedrige Werte zeigen.

Häufiger als der „metabolische" ist der „respiratorische" Fehler, der bei Umsatzmessungen auftreten kann. Unsere Überlegungen zur Bestimmung des Energiestoffwechsels basieren immer auf dem Zellstoffwechsel. Da man nun praktisch den Sauerstoffverbrauch und die CO_2-Abgabe über die äußere Atmung bestimmt und nicht die arteriovenöse O_2- und CO_2-Differenz vor und hinter dem Gewebe, setzt man stillschweigend voraus, daß auf dem Wege zwischen den Zellen und Atemwegen weder O_2 noch CO_2 hinzukommt oder verlorengeht. Gerade für das Kohlendioxid, das in relativ großen Mengen im Körper gespeichert werden kann, ist diese Bedingung nur gegeben, wenn der arterielle CO_2-Druck konstant bleibt. Bereits jede Hyperventilation aber, die bei einer ruhenden ungeübten Versuchsperson schon durch das Mundstück eines Respirationsapparates ausgelöst werden kann, verschiebt den R.Q. so lange zu höheren Werten , bis ein neues Steady state zwischen Produktion und Abgabe erreicht ist. Noch eindrucksvoller sind die R.Q.-Verschiebungen bei ermüdender Muskelarbeit, bei der regelmäßig eine mit der Zeit zunehmende Hyperventilation gefunden wird. Schließlich können fixe Säuren, wie sie bei anaerob geleisteter Arbeit auftreten, das Bikarbonat aus seiner Bindung in Blut und Gewebe verdrängen, so daß auch hier der R.Q. verfälscht werden kann. Aus dem momentanen R.Q. kann also nicht auf den Umsatz geschlossen werden, sondern nur, wenn man den R.Q. über lange Zeit integriert.

Methoden der Energieumsatzmessung sind im Anhang, S. 327ff., abgehandelt.

2.6. Energieumsatz bei körperlicher Arbeit und sportlicher Leistung

2.6.1. Ruheumsatz und Arbeitsumsatz

Wenn man den Energieumsatz für körperliche Aktivitäten bestimmen will, muß man sich zunächst klarmachen, daß schon bei vollständiger Körperruhe ein erheblicher Umsatz an Nährstoffen und damit auch immer ein Ruhesauerstoffverbrauch vorhanden ist. Dieser Ruheumsatz dient dazu, die Körperfunktionen zu erhalten. Besonders einleuchtend ist diese Tatsache für die Herzarbeit, die jedoch nur etwa 9% des Ruheumsatzes ausmacht. Viel mehr verbrauchen die Leber (ca.25%) und die ruhende Skelettmuskulatur (ca.25%). Das Gehirn ist mit ca. 20% beteiligt. Der Rest verteilt sich auf die übrigen Organe. Der Ruhe-O_2-Verbrauch ist notwendig, um Biosynthese und Ionenpumpenfunktion aufrechtzuerhalten.

Da der Energieumsatz durch die Verdauung und die chemische Aufarbeitung der Nährstoffe, aber auch durch Frieren und Schwitzen vergrößert wird, hat man sich auf einen Standard des Ruheumsatzes, den „Grundumsatz", geeinigt. Man mißt ihn bei Indifferenztemperatur (S. 225), Nüchtern-

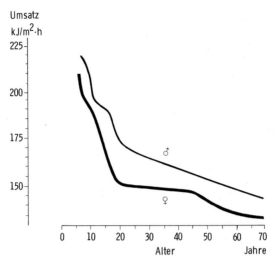

Abb. 29 Abhängigkeit des relativen Grundumsatzes von Lebensalter und Geschlecht. Die Körperoberfläche (m²) hängt von Körperlänge und -gewicht ab (aus : W. M. Boothby et al.: Studies of the energy metabolism of normal individuals: A standard for basal metabolism with a nomogram for clinical application. Amer. J. Physiol. 116 [1936] 468).

heit von mindestens 12 Stunden und bei völliger Körperruhe sowie 2 Tagen eiweißfreier Ernährung.

Der statistische Normalwert des Grundumsatzes kann in Tabellen (z. B. Documenta Geigy) abgelesen werden. Er hängt vom Geschlecht, vom Alter und von der Körpergröße ab. Abb. 29 zeigt den Altersverlauf des Grundumsatzes für beide Geschlechter als Umsatz, bezogen auf die Körperoberfläche. Man sieht deutlich, daß der Grundumsatz (also ohne jede körperliche Aktivität) zwischen dem zweiten und siebten Lebensjahrzehnt um ca.20% abnimmt. Wir werden auf diese wichtige Tatsache bei der Ernährung (S. 70 ff.) zurückkommen. Die Größe des Ruheumsatzes muß man vor einer Arbeit bestimmen oder notfalls aus der Tabelle ablesen, um den Arbeitsumsatz errechnen zu können, da man nur den Gesamtumsatz (Ruheumsatz + Arbeitsumsatz) während einer Arbeit messen kann. Obwohl man nicht sicher sein kann, daß der Ruheumsatz auch während einer Leistung konstant bleibt, verfährt man in stillschweigender Übereinkunft so, daß gilt:

Arbeitsumsatz = Gesamtumsatz − Ruheumsatz (31)

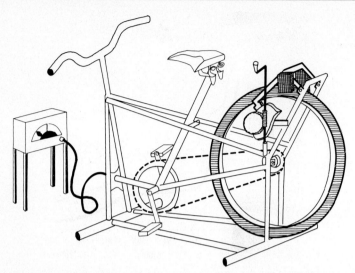

Abb. 30 Fahrradergometer mit Wirbeltrommelbremse nach E. A. Müller. Das Hinterrad ist mit einer Kupferscheibe versehen, die die Kraftlinien eines geschlitzten Permanentmagneten schneidet. Je tiefer der Magnet eintaucht, um so stärker wird das Rad gebremst. An der kleinen Kurbel kann die Leistung eingestellt werden, die sich aus der Eintauchtiefe des Magneten und der Umdrehungsgeschwindigkeit des Rades ergibt. Die Umdrehungsgeschwindigkeit wird durch einen Schrittmacher (links im Bild) vorgegeben.

2.6.2. Wirkungsgrad

Bei der Besprechung des aeroben Abbaues der Glukose und der Fettsäuren hatten wir schon festgestellt, daß nur etwa 40% der freien Energie genutzt werden können, um ATP aufzubauen. Auch die Übertragung der freien Energie durch Hydrolyse des ATP zu ADP kann nicht vollständig in Kontraktionsenergie überführt werden, denn auch hier nimmt die Entropie zu. Also wird ein Teil als Wärmeenergie frei. Zusätzlich tritt noch Reibung zwischen den Muskelfasern und an den Gelenken auf.

Dadurch, daß wir den Arbeitsumsatz für eine definierte Leistung messen können, haben wir auch die Möglichkeit, den Gesamtwirkungsgrad einer Leistung zu bestimmen.

Um die Arbeit bzw. die Leistung zu messen, gibt es eine Reihe von Ergometern, von denen das gebräuchlichste das Fahrradergometer ist (Abb.30). Beim Fahrradergometer treibt die Versuchsperson mit bekannter Pedalum-

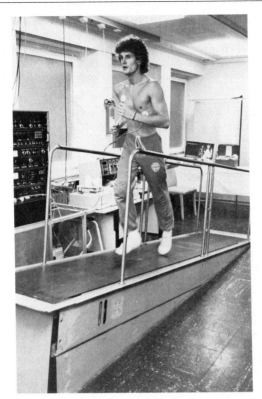

Abb. 31   Laufbandergometer. Hier wird ein endloses Laufband unter einem definierten Neigungswinkel entgegen der Laufrichtung einer Versuchsperson bewegt, so daß sie immer an der gleichen Stelle tritt. Bei einer solchen Tretbahn ergibt sich die Leistung in Watt als $L = K \cdot v \cdot \sin \alpha$, wobei v die Geschwindigkeit in m/s, K das Körpergewicht in N und α der Steigungswinkel der Tretbahn ist.

drehungszahl ein Schwungrad an, das durch eine elektromagnetische, permanent magnetische oder Reibungsbremse von außen gebremst wird. Die Leistung der Versuchsperson ergibt sich aus der Geschwindigkeit des Rades und der an dem Rad angreifenden Bremskraft. Das gleiche Prinzip der Leistungsmessung wird auch an Kurbelergometern angewandt, bei denen die Versuchsperson mit einer bestimmten Geschwindigkeit gegen eine Bremskraft kurbelt.

Man kann die Versuchspersonen auch definiert belasten, indem man sie auf einer Tretbahn laufen läßt, deren Geschwindigkeit und Steigungswinkel genau eingestellt werden können (Abb. 31). Eine solche Tretbahn besteht im Prinzip aus zwei Rollen und einem endlosen Gummiband, das von einem Motor angetrieben wird. Die Versuchsperson läuft entgegengesetzt zur Laufrichtung des Gummibandes und tritt so immer auf der gleichen Stelle des Raumes. Die äußere Leistung (L) der Versuchsperson in Watt beträgt demnach:

$$L = K \cdot v \cdot \sin \alpha \quad (32)$$

Dabei ist α der Steigungswinkel, v die Geschwindigkeit der Tretbahn und K das Körpergewicht der Versuchsperson in N.

Der Nettowirkungsgrad η (netto) ist definiert als der Quotient von Leistung und dem dafür aufgewendeten Arbeitsumsatz.

$$\eta \text{ (netto)} = \frac{\text{Leistung}}{\text{Arbeitsumsatz}} \cdot 100 \quad (33)$$

Dabei wird die Leistung meist in W (1 W = 1 J/s), der Arbeitsumsatz in J/s angegeben.

Ein Beispiel soll die Berechnung des Wirkungsgrades anschaulich machen:
Eine Versuchsperson fährt auf dem Fahrradergometer mit einer Leistung von 100 W. Sie benötigt dazu 1,7 l O_2/Min. und gibt 1,44 l CO_2/Min. ab. Der R.Q. ist =
$\frac{1,44}{1,7} = 0,85$.

Der Ruhe-O_2-Verbrauch liegt beim gleichen R.Q. bei 0,35 l/min. Aus Tab. 2 entnehmen wir das kalorische Äquivalent. Es hat bei einem R.Q. von 0,85 den Wert von 20,33 kJ/l O_2. Der Umsatz beträgt also 1,7 · 20,33 = 34,56 kJ/min = 576 J/s. Der O_2-Verbrauch in Ruhe ergibt demnach einen Umsatz von 0,35 · 20,33 = 7,12 kJ/min = 119 J/s. Der Arbeitsumsatz ist demnach nach Gleichung 31:

576 J/s − 119 J/s = 457 J/s

Der Wirkungsgrad hat nach Gleichung 33 folgenden Wert:

$$\eta \text{ (netto)} = \frac{100}{457} \cdot 100\% = 22\% \quad (34)$$

Neben dem Nettowirkungsgrad gibt es auch noch den Bruttowirkungsgrad, bei dem in den Nenner der Gesamtumsatz bei Arbeit eingesetzt wird. In unserem Beispiel beträgt der Bruttowirkungsgrad demnach:

$$\eta \text{ (brutto)} = \frac{100}{576} \cdot 100\% = 17,4\% \quad (35)$$

Wenn man den Arbeitsumsatz für die gleiche physiologische Leistung am Fahrradergometer und an der Tretbahn mißt, so kann man feststellen, daß er unterschiedlich ist. Der gleichen physikalischen Arbeit braucht durchaus kein gleicher Umsatz zugeordnet zu sein. Der Arbeitsumsatz hängt vielmehr von der Art der Arbeit ab. Verkürzt sich der Muskel isometrisch, so wird im Produkt Kraft · Weg der Weg zu 0, d. h., die äußere Arbeit wird 0. Dennoch wird vermehrt Energie umgesetzt. Der Wirkungsgrad ist also bei einer isometrischen Muskelkontraktion (statische Haltearbeit) 0. Kontra-

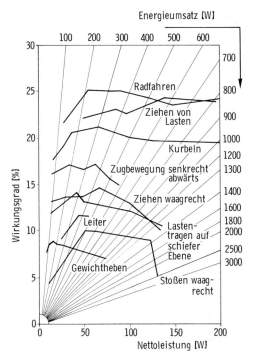

Abb. 32   Der Wirkungsgrad für verschiedene Arbeitsformen
(nach E. A. Müller, 1961).

hiert sich der Muskel gegen eine Kraft 0, so ist die äußere Arbeit und damit
der Wirkungsgrad wieder 0. Zwischen beiden Extremen steigt der Wirkungsgrad an und hat bei einem bestimmten Verhältnis von Kraft und Weg
sein Optimum.

Nicht nur das Verhältnis zwischen Kraft und Weg bestimmt den Wirkungsgrad, sondern vor allem der Zeitfaktor, der in der physikalischen Definition
der Arbeit nicht enthalten ist. So ist der Wirkungsgrad niedrig, wenn eine
sehr große Leistung in sehr kurzer Zeit durchgeführt wird oder umgekehrt,
wenn man eine sehr kleine Leistung in sehr großer Zeit durchführt, obwohl
das Produkt Leistung · Zeit = Arbeit jedesmal gleich ist.

Geht man davon aus, daß Leistung das Produkt aus Kraft und Geschwindigkeit ist, und ändert bei vorgegebener Bewegung nur die Kraft, so bleibt der
Nettowirkungsgrad über einen größeren Bereich konstant (Johannson-Re-

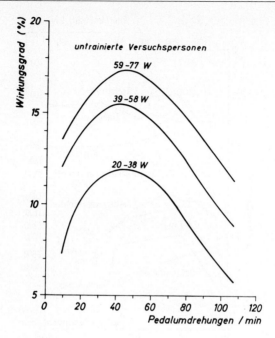

Abb. 33　Der Bruttowirkungsgrad als Funktion der Tretfrequenz auf dem Fahrradergometer bei verschiedenen Leistungsbereichen (untrainierten Versuchspersonen) (nach Heinrich et al.).

gel). Der Wirkungsgrad ändert sich erst, wenn zur Bewältigung der Kraft Hilfsmuskelgruppen eingesetzt werden müssen.

Da die gleiche physikalische Arbeit also einen unterschiedlichen Umsatz bewirken kann, ist zur Beurteilung der Belastung niemals die wirklich geleistete Arbeit, sondern die dabei umgesetzte Energie maßgebend. Abb.32 gibt eine Übersicht über den Wirkungsgrad einiger praktischer Tätigkeiten. Auf der Abszisse ist die Nettoleistung, auf der Ordinate der Nettowirkungsgrad aufgetragen. Parameter ist der Energieumsatz. Der theoretisch höchste Nettowirkungsgrad der Muskulatur beträgt 30−35%, scheint sich also durchaus mit dem moderner Verbrennungsmotoren messen zu können. Im allgemeinen wird die Maschine nur den Vorteil haben, daß sie vom Ingenieur genau an ihre Aufgabe angepaßt ist, was meistens beim Industriearbeiter nicht zutrifft. Deshalb wird der theoretische Wirkungsgrad nie erreicht, so daß man bei Arbeitsformen in der Industrie z. B. Wirkungsgrade von 5% oder weniger finden kann.

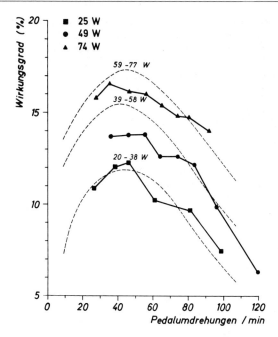

Abb. 34   Es wird demonstriert, daß der Wirkungsgrad vom Trainingszustand unabhängig ist. Die gestrichelten Linien sind die in Abb. 34 bereits dargestellten. Die dicken Linien zeigen entsprechende Daten bei verschiedenen Leistungen für einen Olympiasieger einer Radsportdisziplin (nach Heinrich et al.).

Bei den meisten Arbeitsformen, die bereits eingeübt sind (Übung s. S. 291 ff.), ist der Wirkungsgrad vom Trainingszustand unabhängig. Abb. 33 zeigt den Bruttowirkungsgrad bei Fahrradergometerarbeit als Funktion der Pedalumdrehungszahl. Parameter ist dabei die Leistung. Man sieht deutlich, daß er bei allen Leistungsstufen ein Optimum bei 40−60 Pedalumdrehungen/min aufweist. Er wird deutlich niedriger bei kleineren und größeren Pedalumdrehungszahlen. Die Ergebnisse wurden von einem Kollektiv weiblicher und männlicher untrainierter Versuchspersonen gewonnen.

Abb. 34 zeigt die gleichen Ergebnisse eines hochtrainierten Radsportlers (Goldmedaillengewinner in einer Radsportdisziplin bei Olympischen Spielen) im Vergleich zu den gestrichelten Daten der untrainierten Versuchspersonen. Man sieht deutlich, daß die Arbeitsökonomie durch den Trainingszustand nicht beeinflußt wird.

Wenn sich auch zeigt, daß die gleiche Art der Muskelkontraktion den gleichen Energieumsatz bei Trainierten und Untrainierten bewirkt, der Wirkungsgrad also konstant bleibt, so schlägt sich in ihm doch ein wichtiges Faktum für die sportliche Leistung nieder: die Technik oder der Stil. Schlechte Technik bewirkt beispielsweise für einen Läufer, daß er für die gleiche Strecke mehr O_2 verbraucht. Diese Tatsache liegt aber an unterschiedlich koordinierter Muskelkontraktion. Wir werden bei der Motorik (S. 102) auf dieses Problem näher eingehen.

2.6.3. Tagesumsatz bei beruflicher Arbeit

Um die energetische Belastung grob zu schätzen, muß man den Umsatz über eine bestimmte Zeit aufsummieren. Der ganztägige Umsatz besteht aus der Zeit für jede Tätigkeit, multipliziert mit dem jeweiligen Umsatz für diese Tätigkeit. Ein gleichmäßigeres Maß für den Tagesumsatz einer Berufsgruppe erhält man, wenn man die Umsätze für eine ganze Woche aus ihren Teilumsätzen ermittelt und dann durch die Zahl der Wochentage teilt. Schwankungen des Energieumsatzes der Einzeltage werden dadurch besser ausgemittelt. Der Gesamtumsatz wird also methodisch wie ein Mosaik aus einer Reihe von Teilumsätzen zusammengefügt, die man praktisch jeweils einzeln nach Energieumsatz und Dauer bestimmen kann, wenn man hinreichend genaue Werte ermitteln will.

Man kann sich allerdings auch damit helfen, daß man durch eine Arbeitszeitstudie die Teilzeiten für einige immer wieder vorkommende Tätigkeiten wie Gehen, Sitzen, Stehen, Treppensteigen usw. bestimmt. Die Energieumsätze schwanken interindividuell sehr wenig und können deshalb aus Tabellen ermittelt werden. Für den erwachsenen Mann muß man etwa 9600 kJ/24h für den Ruheumsatz und die außerberufliche Tätigkeit annehmen.

Energieumsatzmessungen werden immer wieder für eine große Zahl von industriellen Tätigkeiten zusammengestellt. Allerdings sind die Energieumsätze, die man dort mißt, nur Richtwerte, da im einzelnen die Arbeitsbedingungen sehr stark variieren können. Man sollte vor allem sein Augenmerk darauf richten, daß einige nicht so sehr beachtete Tätigkeiten wie Treppensteigen sehr belastend sind; eine Tatsache, die besonders dazu führt, daß Herzkranke ihre Krankheit dabei zuerst erkennen.

2.6.4. Energieumsatz beim Sport

Um einen groben Überblick zu gewinnen, sind in Tab.3 die Energieumsätze in einigen Sportarten angegeben. Der Umsatz bei einer Sportart ist gewöhnlich um so größer, je größere Muskelmassen bewegt werden, je unsymmetrischer die Bewegung ist und je schneller der Wechsel zwischen Beugung und Streckung erfolgt. Besonders hohen Umsatz bewirken somit Sportarten mit viel Brems- und Beschleunigungsanteilen.

Tabelle 3 Energieumsätze für sportliche Leistungen

Sportart	$\dfrac{kJ}{kg \cdot h}$
Skilaufen 9 km/h	37,68
Rudern (fester Sitz)	38,94
Laufen 9 km/h	39,78
Eislaufen 21 km/h	41,45
Schwimmen 3 km/h	44,80
Laufen 12km/h	45,22
Laufen 15 km/h	50,66
Ringen	51,50
Badminton	52,75
Laufen 17 km/h	59,87
Radfahren 43 km/h	65,73
Skilanglauf 15,3 km/h	80,00
Handball	80,81

2.6.5. Arbeitsumsatz und seine Grenzen

Wenn man energetische Anforderungen klassifizieren will, so muß man sich von vornherein darüber klar sein, daß eine Einteilung nach dem Energieumsatz nur ein ganz grobes Maß sein kann. Weitere Maßstäbe werden wir im Kapitel Leistungsfähigkeit kennenlernen. Dennoch ist es interessant zu erfahren, welchen Energieumsätzen man physisch das Prädikat leicht oder schwer zuordnen kann. Die Darstellung (Abb. 35) gibt darüber Auskunft. Die Grenze für berufliche Tätigkeit, die man kontinuierlich leisten kann, liegt etwa bei einem Gesamtenergieumsatz von 20 MJ/Tag. Das entspricht einem Arbeitsumsatz von ca. 10 MJ/Tag. Gleichzeitig zeigt die Abbildung die Zuordnung von leichter, mittelschwerer und Schwerstarbeit zu dem entsprechenden Umsatz. Der linke Teil der Abbildung stellt den durchschnittlichen Tagesumsatz einiger anstrengender Sportarten dar. Der obere Teil zeigt, welche maximalen Umsätze in kürzeren Zeitabständen gerade noch ohne grobe Schädigung möglich sind, wenn Perioden längerer Ruhe eingeschaltet werden. Die Grenze ist vor allem dadurch gegeben, daß mit normaler Ernährung auf die Dauer nicht mehr als 20 MJ//Tag an Nährstoffen aus den Nahrungsmitteln bereitgestellt werden können. Bei höheren Umsätzen wird der Mensch an Körpergewicht einbüßen.

2.7. Grundlagen der Ernährung

2.7.1. Energiebedarf, Energiegehalt und Ausnutzbarkeit von Nahrungsmitteln und wünschenswerte Zusammensetzung der Ernährung

Die Tatsache, daß das Gesetz der Erhaltung der Energie für den Organismus gleichermaßen wie für die unbelebte Natur gilt, bedingt, daß für jede ausgegebene Energieeinheit eine neue Energieeinheit aufgenommen werden muß, wenn sich der Energieinhalt des Körpers nicht ändern soll. Wird zuviel Nahrung zugeführt, wird die überschüssige Energie vor allem in Form von Fett gespeichert; ist der Energieumsatz dagegen größer als die Nahrungsaufnahme, wird Fett mobilisiert. Übergewicht gehört zu den Risikofaktoren für das Herz-Kreislauf-System. Um abzunehmen, muß im allgemeinen die Nahrung eingeschränkt werden. Wir können aus Tab.3 entnehmen, daß ein 70 kg schwerer Mensch für eine halbe Stunde Schwimmen nur 1600 kJ benötigt. Das ist ungefähr der Gegenwert von 2 Tassen Milchkakao. Durch Sport, wenn er nicht sehr intensiv betrieben wird, kann man normalerweise nur wenig Gewicht reduzieren. Der ältere Mensch muß beachten, daß sein Grundumsatz niedriger wird (Abb.30), d. h., er darf nur wenig Energie zu sich nehmen, oder er muß einen Teil durch körperliche Aktivität ausgleichen.

Dem Körper werden die Nährstoffe in Form von Nahrungsmitteln zugeführt, die je nach Sitte und Landschaft recht unterschiedlich sein können. Allein in Europa kann man auf recht kurze Entfernungen schon sehr große Unterschiede in den bevorzugten Hauptnahrungsmitteln feststellen. So beherrscht in Deutschland die Kartoffel seit etwa 200 Jahren die Küche, während in Österreich oder Italien Mehlgerichte wie Teigwaren und Nudeln bevorzugt werden. Fleisch, Milch und Eier sowie Gemüse werden auf der ganzen Welt als Grundnahrungsmittel geschätzt.

In Nahrungsmitteln sind die 3 Stoffgruppen enthalten, die man als Nährstoffe bezeichnet. Diese Nährstoffe sind Kohlenhydrate, Fette und Eiweiß (Protein). Ihre Bedeutung als Energielieferanten wurde bereits auf S. 35 ff. abgehandelt.

Nur selten finden sich die Nährstoffe in reiner Form. Meistens stellen die Nahrungsmittel ein Gemisch von Fett, Kohlenhydraten, Eiweiß und vor allem Wasser dar. Wenn man den Energiegehalt von Nahrungsmitteln berechnen will, muß man zunächst den sehr beträchtlichen Wasseranteil abziehen. Zweitens muß man die Zusammensetzung der Nahrungsmittel kennen. Übersichten über die Zusammensetzung und den Energiegehalt von Nahrungsmitteln befinden sich im Handel; man sollte jedoch nur neueste Ausgaben benutzen, da sich die Daten durch Veränderung der Aufzuchtmethoden der Schlachttiere laufend ändern. Wer zum Übergewicht neigt, sollte möglichst nur Lebensmittel kaufen, deren Energiegehalt auf der Pak-

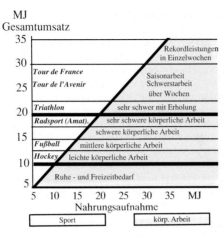

MJ
Gesamtumsatz

Abb. 35 Tagesumsatz und Nahrungsaufnahme. Der Freizeitbedarf beträgt etwa 9,6 MJ. Kontinuierliche Arbeit ist bis 20 MJ/Tag möglich. Höchstleistungen an Einzeltagen bis zu 40 MJ (nach: van Erp-Baart et al.).

kung angegeben ist. Wurst z. B. kann bis zu 90% Fett enthalten und damit Gewichtsprobleme hervorrufen. Weiterhin sollte noch berücksichtigt werden, inwieweit die Nahrungsmittel wirklich hinsichtlich ihres Nährstoffbedarfs ausgenützt werden. Der Abbau der Nährstoffe erfolgt bekanntlich im Verdauungsprozeß. Nur solche Substanzen können abgebaut werden, für die entsprechende Enzyme im Verdauungskanal vorhanden sind. So hat z. B. der Mensch für das Polysaccharid Zellulose kein Enzymsystem, das den Abbau dieser Substanz erlaubt. Im Vergleich dazu kann die Ratte sich durchaus von Zellulose ernähren. Auch nicht alle Eiweißstoffe können ohne weiteres verdaut werden, vor allem, wenn sie von unverdaulichen pflanzlichen Membranen umschlossen sind.

Die Ausnutzbarkeit der Nahrungsmittel wird vor allem durch die Zubereitung wie Kochen, Zerkleinern u.ä. gesteigert. In vielen Fällen ist hinsichtlich der Aminosäurezusammensetzung die Nahrung, die vom Tier gewonnen wird, hochwertiger. Je kultivierter die Landwirtschaft eines Staates ist und je wohlhabender seine Bevölkerung ist, desto mehr wird die tierische Nahrung bevorzugt. Es wird also das Kohlenhydrat, das letztlich von der Pflanze aus Kohlendioxid und Sonnenenergie erzeugt wird, über den Tiermagen veredelt. Pflanzliche Nahrung dagegen enthält vor allen Dingen, wenn sie roh gegessen wird, viele wichtige Vitamine und Mineralstoffe. Prinzipiell ist es auch möglich, sich rein pflanzlich zu ernähren, wenn man die Nahrung so zusammensetzt, daß vor allem genügend Proteine in ihr enthalten sind.

Wer sich gern und überwiegend mit Fleisch ernährt, sollte sich allerdings auch darüber klar sein, daß er zu ökologischen und sozialen Problemen in der Welt beiträgt. Um in Europa den Fleischbedarf zu befriedigen, werden heute beispielsweise mehr Rinder aufgezogen, als dazu lokal an notwendigen Futtermengen angebaut werden kann. Futter muß also aus Übersee importiert werden. Die Exkremente der Tiere werden aus Kostengründen allerdings nicht wieder dorthin zurücktransportiert, so daß inzwischen die Gülle dem Grundwasser zu viele Nitrate zuführt. Die großen Rinderherden auf der Welt sollen durch das bei ihrer Verdauung auftretende Methan nicht unwesentlich zum Treibhauseffekt beitragen. Soziale Probleme können vor allem in der dritten und vierten Welt dadurch auftreten, daß die Produktion von Fleisch etwa 10mal soviel pflanzliche Energie benötigt, wie an tierischer verwertbarer Energie erzeugt wird. Dadurch könnten in manchen Ländern Hungerprobleme auftreten, vor allem wenn sie aus Devisengründen versuchen, zuviel Fleisch zu exportieren.

Für die Ernährung sind mehrere Eigenschaften der Nährstoffe wichtig: einmal ihr Energiegehalt, ihre Verwendungsmöglichkeit und Abbauarbeit im Körper und − letztlich nicht zu vergessen − die finanziellen Kosten, die dafür aufgewandt werden müssen. Unter mitteleuropäischen Bedingungen sollten an der zugeführten Nährstoffmenge die Kohlenhydrate im allgemeinen mit 60%, die Fette mit 25−30% und die Eiweiße mit 12−15% ihres Energiegehaltes beteiligt sein. Die Angaben für Eiweiß auf % des Energiegehaltes zu beziehen ist nicht gut und nur historisch zu verstehen, da Eiweiß in der Regel nicht der Energielieferung, sondern überwiegend der Biosynthese dient. Bei hohem Gesamtumsatz (Schwerarbeiter, Sportler) ist der Fettanteil zu Lasten des Kohlenhydratanteils erhöht. Auch bei großen Pausen zwischen den Mahlzeiten nimmt der spontan gewählte Anteil des Fettes bei der Ernährung zu. Vor allem in Gemeinschaftsverpflegung wird heute in der Regel zu fettreich gekocht.

2.7.2. Brennwert der Nährstoffe

Der physikalische Brennwert der Nährstoffe kann außerhalb des Organismus im Verbrennungskalorimeter bestimmt werden, das aus einem Stahlgefäß besteht, in dem sich eine abgewogene Menge des zu untersuchenden Nährstoffes in einer Atmosphäre von reinem O_2 befindet. Der Sauerstoffdruck beträgt dabei etwa 25 bar, so daß mit elektrischer Zündung die Substanz vollständig verbrennt. Ein an allen Seiten isolierter Wassermantel nimmt die Wärme auf. Die gebildete Wärmemenge ergibt sich aus der Temperaturzunahme und der spezifischen Wärme aller erwärmten Teile.

Verbrennt man Kohlenhydrate in einer Mischung, wie sie etwa der natürlichen Zusammensetzung der Nahrungsmittel nahekommt, so erhält man einen Brennwert von 17 kJ/g. Bei einem Fettgemisch, das dem natürlichen ähnlich ist, erhält man 38−40 kJ/g. Die physikalischen Brennwerte der Ei-

Tabelle 4 Physiologische Brennwerte der Nährstoffe

Kohlenhydrate	17,2 kJ/g
Fette	38,9 kJ/g
Eiweiß	17,2 kJ/g

weiße liegen bei ca. 25 kJ/g je nach Eiweißzusammensetzung. Der physiologische Brennwert im Organismus ist bei Fetten oder Kohlenhydraten gleich dem physikalischen Brennwert, da die gleichen Endprodukte, nämlich Kohlendioxid und Wasser, entstehen. Der physiologische Brennwert der Eiweißkörper zeigt dagegen eine Differenz von 7 kJ/g, was darauf zurückzuführen ist, daß die Endprodukte des Verbrennungsvorganges $H_2O + CO_2$ und Stickoxide sind, während als Stoffwechselendprodukt des Eiweißstoffwechsels Harnstoff anfällt, der selbst noch Energie enthält. Der Körper synthetisiert nämlich diese Substanz, um das Zwischenprodukt Ammoniak zu entgiften. Bei normaler Nährstoffzusammensetzung erhält man also die physiologischen Brennwerte, wie sie in Tab.4 zusammengestellt sind.

2.7.3. Kohlenhydrat- und Fettbedarf

Der Bedarf an Kohlenhydraten und Fetten richtet sich in erster Linie nach dem Energiebedarf und deckt damit vor allem den Betriebsstoffwechsel. Bei nicht zu stark einseitiger Ernährung ist es von untergeordneter Bedeutung, ob von dem einen oder anderen mehr oder weniger verbraucht wird. Ohne Gefährdung kann man den Fettkonsum weitgehend einschränken. Restlos kann man ihn jedoch nicht durch Kohlenhydrat- oder Eiweißnahrung ersetzen, da eine Zahl von Fettsäuren, die sog. essentiellen Fettsäuren, im Körper nicht aus anderen Stoffen hergestellt werden können, sondern mit dem Fett zugeführt werden. Die essentiellen Fettsäuren sind bei dem Aufbau von bestimmten biologischen Strukturen notwendig. Auch bedarf es eines geringen Fettkonsums, um die fettlöslichen Vitamine in genügender Menge aufzunehmen. Umgekehrt ist es nicht möglich, den gesamten Kohlenhydratanteil der Nahrung durch Fette zu ersetzen. Die Tatsache liegt darin begründet, daß zum Abbau der Fette Stoffwechselzwischenprodukte des Kohlenhydratstoffwechsels notwendig sind (s. Zitratzyklus S. 40 ff.). Wenn sie fehlen, treten folglich im Blut Azetessigsäure, β-Oxybuttersäure und Azetonkörper auf. 50% des Energiebedarfs können gerade durch Fette aufgenommen werden, ohne daß diese Substanzen im Blut auftreten. Es hat sich bei anderen Kostformen als zweckmäßig erwiesen, etwa 30% des Energiebedarfs eines körperlich nicht schwer arbeitenden Menschen mit Fett zu decken. Beim Schwerstarbeiter oder Langleistungssportler sollen 35% in der Kost enthalten sein.

In welcher Form die Kohlenhydrate aufgenommen werden, ist von relativ untergeordneter Bedeutung, da die Stärke im Organismus relativ schnell

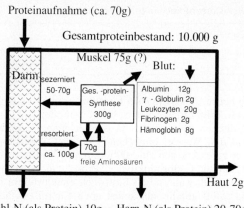

Abb. 36   Übersicht über den täglichen Aminosäurenumsatz im Organismus eines 70 kg schweren Menschen (Angaben in g Protein) (nach: Löffler et al.).

hydrolytisch in Monosaccharide gespalten werden kann. Nur bei sehr langzeitigen Anstrengungen über der Dauerleistungsgrenze empfiehlt es sich, um Erschöpfung der Kohlenhydratvorräte der Leber zu vermeiden, während der Anstrengung häufiger kleine Mengen von Glukose zu geben.

Die Resorptionsgeschwindigkeit der Fette hängt von ihrem Schmelzpunkt ab: Ein höherer Anteil an Ölsäure beispielsweise senkt den Schmelzpunkt der Fette unter 37 °C. Da die Fette wasserunlöslich, die fettspaltenden Enzyme aber wasserlöslich sind, findet die Fettspaltung nur an den Grenzflächen statt. Fette, die emulgiert aufgenommen werden, z. B. das Fett der Milch, können schon von der recht schwachen Magenlipase gespalten werden, während die nicht emulgierten Fette erst von der stärkeren Pankreaslipase in Gegenwart der Gallensäuren resorbierbar gemacht werden.

2.7.4. Eiweißbedarf

Im Gegensatz zu den Nährstoffen Fett und Kohlenhydrate wird zugeführtes Eiweiß (Protein) nur bei länger andauerndem Hunger zur Energiegewinnung herangezogen. Normalerweise dient es dazu, Körpersubstanzen aufzubauen.

Proteine sind Substanzen mit hohem Molekulargewicht, die aus 20 verschiedenen Bausteinen − den Aminosäuren − zusammengesetzt sind. Die Spezifität eines Proteins, z. B. der Muskelproteine Myosin, Aktin und Tropomyosin oder der Blutproteine Hämoglobin, Albumin, Globulin etc., ist dadurch gegeben, daß die Aminosäuren in unterschiedlicher Konzentration und Reihenfolge aneinandergereiht sind. Nehmen wir tierisches oder pflanzliches Eiweiß zu uns, so wird es im Verdauungsprozeß stufenweise in seine Bestandteile, die Aminosäuren, zerlegt, ermöglicht durch die Wirkung der Verdauungsenzyme. Da die Aminosäuren gut die Zellmembranen passieren können, verteilen sie sich in der Körperflüssigkeit.

Der Aufbau der körpereigenen Proteine erfolgt durch Biosynthese unter Energieaufwand. Beispielsweise sind zur Synthese von 1 mol Hämoglobin 1710 mol ATP notwendig. Das Programm dafür, welche Aminosäuren miteinander verbunden werden sollen, um das spezifische Protein aufzubauen, ist in den Zellen fixiert. Es befindet sich in den Chromosomen des Zellkerns und erfolgt über das DNA-RNA-System. Für das Funktionieren der Synthese ist es wichtig, daß die Aminosäure, die gerade angehängt werden soll, auch greifbar ist. Ähnlich wie ein Schriftsetzer, dem ein Buchstabe fehlt, keinen vollständigen Satz setzen kann, so kann auch das DNA-RNA-System kein Protein aufbauen, wenn auch nur eine Aminosäure fehlt. Der Körper besitzt allerdings das Enzymsystem, 12 der 20 verschiedenen Aminosäuren ineinander umzuwandeln. 8 Aminosäuren müssen jedoch unbedingt mit der Nahrung zugeführt werden. Man bezeichnet sie deshalb auch als essentielle Aminosäuren.

Aufbau und Abbau von Proteinen erfolgt in einem dynamischen Prozeß. Bei manchen Proteinen für Enzyme beträgt die Halbwertzeit des Auf- und Abbaus Minuten bis Stunden, bei anderen Tage, bei Strukturproteinen, wie Kollagen, Monate.

Eine gute Übersicht über den Eiweißumsatz eines 70 kg schweren Menschen vermittelt Abb. 36. Bei einem Gesamtbestand von 10 kg Protein werden täglich etwa 70−90 g erneuert.

Ein großer Teil der beim Abbau von Proteinen innerhalb des Körpers frei werdenden Aminosäuren wird wieder zur Proteinsynthese verwendet. Ein Teil geht jedoch mit den abgegebenen Zellstrukturen (z. B. Darmepithel, Haut und Haare usw.) verloren.

Die Deutsche Gesellschaft für Ernährung empfiehlt eine Mindestzufuhr an Eiweiß von 1 g Protein/kg · 24 h. Man bezeichnet diesen Eiweißbedarf auch als Bilanzminimum, weil in der Regel die Zufuhr und die Ausscheidungsbilanz an Eiweiß ausgeglichen ist. Das gilt jedoch nicht für den heranwachsenden Organismus, in dem Eiweiß ständig neu gebildet wird. So beträgt das Bilanzminimum für einen Säugling etwa 2,5 g/kg Körpergewicht · Tag und erreicht den Wert von 1 g/kg Körpergewicht · Tag, wenn das Wachstum abgeschlossen ist. Daraus ergibt sich, daß auch der Bedarf des Erwachsenen an Eiweiß, wenn er seine Muskelmasse vergrößert, z. B. durch ein körperliches Training, größer ist. Das Bilanzminimum ist aber nicht nur vom Zuwachs, sondern auch von der aktiven Zellmasse abhängig, die beim trainier-

Tabelle 5 Biologische Wertigkeit einiger Proteine (Vollwertigkeit = 100)

Protein in:	Biologische Wertigkeit	Protein in:	Biologische Wertigkeit
Milch	100	Kartoffeln	71
Ei	94	Kasein	70
Haferflocken	89	Reis	68
Rindfleisch	80	Mais	54

ten Schwerarbeiter oder beim Hochleistungssportler größer ist. Bei gleichem Körpergewicht hat diese Gruppe ein um 5–10% höheres Bilanzminimum.

Diese Feststellungen führen dazu, daß man dem Kraftsportler mindestens 1,2–1,5 g Eiweiß/kg Körpergewicht · Tag empfehlen soll. Dabei ist allerdings Voraussetzung, daß der Energiebedarf durch Fette und Kohlenhydrate über die ganze Leistungszeit voll gedeckt sein muß, damit der Proteinabbau während der Arbeit nicht erhöht ist, vor allem, wenn unregelmäßige Nahrungsaufnahme oder lange Pausen zu vermehrtem Abbau führen. Man sollte auch daran denken, eine über diesen Wert hinausgehende Eiweißmenge anzubieten, wenn nach einem Urlaub oder nach einer Krankheit ein Trainingsverlust eingetreten ist und damit ein vermehrter Proteinabbau stattgefunden hat. Besonders wichtig zu wissen ist, daß ein Muskeltraining nicht zur Steigerung der Muskelkraft führt, wenn die Eiweißbilanz negativ wird (S. 298f.). Bei diesen Angaben ist vorausgesetzt, daß alle essentiellen Aminosäuren im Nahrungsprotein in ausreichendem Maße vorhanden sind. Da in jedem Protein fast alle essentiellen Aminosäuren zwar vorhanden sind, aber nicht in ausreichender Konzentration, wurde der Begriff der biologischen Wertigkeit eines Proteins eingeführt (Tab.5). Ein Protein, das alle essentiellen Aminosäuren in ausreichendem Maße enthält, wird gleich 100 gesetzt. Man sieht, daß beispielsweise pflanzliche Proteine eine schlechtere biologische Wertigkeit aufweisen. Die empfohlene Zufuhr (EZ) kann wie folgt ermittelt werden:

$$EZ = \frac{EZ \text{ (für volle Wertigkeit)} \cdot 100}{\text{biologische Wertigkeit}} \quad (36)$$

100 g Eiweiß sind etwa in 500 g magerem Fleisch, 2,5 l Milch oder 300 g Quark enthalten.

Eiweiß ist ein vergleichsweise teurer Nährstoff, darüber hinaus wird überschüssige Proteinzufuhr nicht gespeichert. Vielmehr werden die Aminosäuren in der Leber desaminiert und als Kohlenhydrate verstoffwechselt oder in Speicherfett umgewandelt.

Die Frage, ob durch körperliche Arbeit der Eiweißbedarf des Menschen erhöht wird, ist in den letzten Jahren eindeutig entschieden worden. Körperliche Arbeit erhöht den Proteinabbau nicht, wenn der Energiebedarf während der ganzen Arbeitszeit durch andere Nährstoffe gedeckt ist.

2.7.5. Bedarf an Vitaminen und Spurenelementen

Die Nahrung muß aber nicht nur den Energiebedarf decken, sondern gleichzeitig auch Stoffe enthalten, die selbst keine Energie liefern. Wenn diese Substanzen fehlen, dann kann man Ausfallerscheinungen oder gar Krankheiten beobachten. Ausführliche Beschreibungen der Struktur der Vitamine und der durch ihr Fehlen ausgelösten Veränderungen finden sich in physiologischen und klinischen Lehrbüchern. Dort findet man Übersichten über die physiologische Bedeutung, die Mangelsymptome, die Mangelkrankheiten, das Vorkommen und die empfohlene tägliche Zufuhr. Ebenso findet man dort Zusammenstellungen der lebensnotwendigen Spurenelemente mit Mangelsymptomen, Mangelkrankheiten, Vorkommen und täglichem Bedarf. Im Zusammenhang mit der Arbeits- und Sportphysiologie interessiert uns besonders, welche Vitamine gerade unter den Bedingungen großer Leistung in höherem Maße benötigt werden oder welche Vitamine die Leistungsfähigkeit erhöhen können.

Vom Vitamin A wird berichtet, daß bei körperlicher Anstrengung eine Zunahme des Gehaltes im Blut eintritt. Ob hieraus auf einen erhöhten Bedarf an Vitamin A während der Anstrengung geschlossen werden kann, scheint sehr fraglich zu sein. Vitamin-D-Gaben erhöhen die körperliche Leistungsfähigkeit nicht; auch eine Steigerung des Bedarfs durch körperliche Arbeit ist nicht bekannt.

Das Vitamin B_1 (Thiamin) leitet als Bestandteil des Koenzyms A den Abbau der Kohlenhydrate auf der Stufe des Pyruvates ein. Bei Versuchstieren hängt der Thiaminbedarf von der Menge der umgesetzten Kohlenhydrate ab. Man bezieht deshalb den Bedarf an Vitamin B_1 auf den Kohlenhydrat-Eiweiß-Anteil der Nahrung und empfiehlt je kJ Kohlenhydrat und Eiweiß 0,25 µ g Thiamin. Die leistungssteigernde Wirkung einer Glukosegabe soll ausbleiben, wenn die Nahrung zu wenig Thiamin enthält. Die Deutsche Gesellschaft für Ernährung empfiehlt eine Tagesdosis von 1,8 mg für den körperlich tätigen Erwachsenen, für den Schwerarbeiter 2,5 mg und für den Schwerstarbeiter oder Hochleistungssportler sogar 3 mg.

Bei Muskeltätigkeit soll es zu einer erheblichen Steigerung des intermediären Umsatzes an Askorbinsäure (Vitamin C) kommen. Sie ist besonders am Redoxsystem beteiligt. Bei schwerer Arbeit soll die Askorbinsäurezufuhr 75 mg pro Tag betragen, da ein Mangel an Vitamin C die subjektive Leistungsbereitschaft herabsetzen soll. Bei Arbeit in der Hitze werden erhebliche Mengen von Vitamin B_1 und C im Schweiß ausgeschieden.

Unter den Mineralstoffen ist, wie wir in früheren Abschnitten schon gesehen haben, besonders der Phosphor bei der aktiven Arbeitsleistung beteiligt. Die Phosphatausscheidung durch die Nieren sinkt bei Arbeitsbelastung auf geringe Beträge ab, um nach der Arbeit erheblich anzusteigen. Es soll Personen geben, deren Leistungsfähigkeit durch Phosphatgaben ansteigt, während das bei anderen nicht der Fall ist. Jedoch kann angenommen werden, daß in der Regel der Phosphatgehalt in der üblich gemischten Kost zur Deckung des Bedarfs ausreicht.

Unter den Spurenelementen sind ferner als notwendig zu erwähnen: das Eisen, das zum Aufbau des Hämoglobins, des Myoglobins und der Zytochrome notwendig ist; weiterhin das Jod, das zur Bildung von Schilddrüsenhormonen gebraucht wird. Die Zufuhr von Natrium ist in der Regel immer gesichert, dagegen kann unter besonderen Bedingungen die Zufuhr von Kalium nicht ausreichend sein, vor allem dann, wenn wenig Pflanzenkost aufgenommen wird.

2.7.6. Ernährung unter besonderem Blickwinkel sportlicher Ausdauerleistung

Es erhebt sich die Frage, ob mit Hilfe ernährungsphysiologischer „Tricks" die Leistung mit legalen Mitteln, d. h. ohne Hilfe von Pharmaka, gesteigert werden kann. Hier interessierende Leistungen zeichnen sich vor allem dadurch aus, daß sie über der Ausdauergrenze (S. 268 f.) liegen und damit mehr oder weniger die anaerobe Energiebereitstellung in Anspruch nehmen: mehr, wenn es sich um eine Leistungsdauer bis 10 Minuten handelt, weniger, wenn es sich um längere Leistungsdauer – wie Marathon oder Skilanglauf, Bergsteigen etc. – handelt. Wenn wir einmal die Kohlenhydratverteilung im ausgeruhten Organismus betrachten, so kann man davon ausgehen, daß in 15 kg arbeitender Muskulatur, wie sie etwa beim Laufen oder Radfahren eingesetzt wird, bei einem normalen Glykogenspiegel von 1,5 g/100g Muskulatur rd. 250g Glykogen im Muskel eingelagert sind. Im Blut befinden sich rd. 5g Glukose und in der Leber 50–75 g Glykogen. Das Muskelglykogen ist damit also der größte Energiespeicher für den anaeroben Stoffwechsel.

Abb. 37 zeigt die Ergebnisse eines Versuches, bei dem Versuchspersonen auf dem Fahrradergometer so belastet wurden, daß ihre aktuelle Sauerstoffaufnahme 75% ihrer maximalen Sauerstoffaufnahme (S. 260 f.) betrug. Gemessen wurde die Glykogenkonzentration in der Oberschenkelmuskulatur – bestimmt mit Nadelbiopsie – vor Beginn der Leistung (Abszisse), die in Beziehung zur maximalen Arbeitszeit (Beginn der Arbeit bis Erschöpfung, Ordinate) gesetzt wurde. Man sieht deutlich, daß die maximale Arbeitszeit von der Glykogenkonzentration vor der Arbeit abhängt. Jede Versuchsperson wurde dreimal untersucht, und zwar nach gemischter (Quadrate), kohlenhydratreicher (Dreiecke) und kohlenhydratarmer (Kreise) Diät. Die Versuchsreihe war so gestaltet, daß am ersten Tag die gemischte, 3 Tage später die kohlenhydratarme und danach 3 Tage später die kohlenhydratrei-

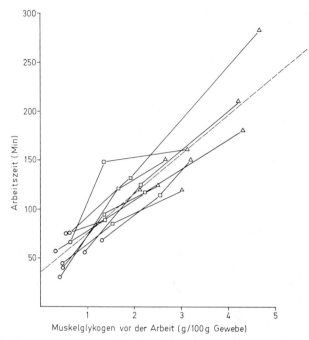

Abb. 37 Zusammenhang zwischen dem Muskelglykogen vor der Arbeit und der Ausdauer von 9 Versuchspersonen. Jede Versuchsperson wurde dreimal bei verschiedenen Anfangsglykogenkonzentrationen im Muskel untersucht. Dabei bedeuten die Quadrate Versuche nach einer Mischnahrung, die Kreise nach kohlenhydratfreier Diät und die Dreiecke nach kohlenhydratreicher Diät. Die gestrichelte Linie ist die Regressionslinie (aus: E.Hultman: Physiological role of muscle glycogen in man, with special reference to exercise. Circulat. Res. 20 [1967] 99–114)

che Diät untersucht wurde. Man sieht deutlich, daß sich die Arbeitszeit bei gleicher Leistung um 200–400% verändern läßt.

Man kann allerdings die Konzentrationszunahme an Muskelglykogen nicht einfach dadurch erreichen, daß man allein mehr Kohlenhydrate zu sich nimmt, sondern es muß eine Arbeit vorausgehen, die die Glykogenspeicher völlig entleert (Abb.38). Der Aufbau des Muskelglykogens erfolgt relativ langsam. In Abb. 38 kann man die Wiederauffüllung der Glykogenspeicher nach Kohlenhydratdiät verfolgen. Die durchgezogene Linie gibt die Werte für den Glykogengehalt der Muskulatur eines Beines (nach einbeiniger Fahrradergometerarbeit über einen Tag) in einem Zeitraum von 3 Tagen

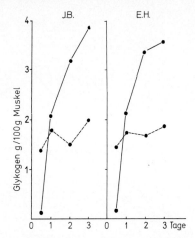

Abb. 38   Die Wirkung von Kohlenhydratnahrung auf die Muskelglykogenkonzentration nach erschöpfender Arbeit. Die Arbeit bestand in einbeinigem Treten eines Fahrradergometers bis zur Erschöpfung. Der Glykogengehalt in der Muskulatur des arbeitenden Beines ist durch die durchgezogenen Linien, der des nicht arbeitenden Beines durch die gestrichelten Linien angedeutet. Man beachte, daß nach erschöpfender Arbeit am 3. Tag der Glykogengehalt etwa doppelt so groß ist wie auf der nicht arbeitenden Seite (aus: E. Hultman: Physiological role of muscle glycogen in man, with special reference to exercise. Circulat. Res. 20 [1967] 99–114).

nach der Arbeit wieder. Der Glykogengehalt hat etwa nach einem Tag seinen Ausgangswert wieder erreicht. Das Erstaunliche ist, daß er dann weit über seinen Normalwert ansteigt. Man kann den Normalwert aus der Kurve für das andere, nicht arbeitende Bein ersehen. Die Wiederauffüllung der Glykogenspeicher wird sehr stark von der Art der Nahrung beeinflußt.

Aus Abb. 39 ist zu ersehen, daß der Glykogengehalt nicht wieder aufgefüllt wird, wenn man die Versuchsperson hungern läßt oder auf eine kohlenhydratfreie Kost setzt, wie das hier 3 Tage lang geschehen ist. Wenn man nach dem dritten Tag wieder Kohlenhydrate gibt, nimmt der Glykogengehalt rapide zu. Da die überschießende Reaktion nur in den Muskeln auftritt, deren Glykogenspeicher entleert worden waren, muß der auslösende Faktor in der Muskelzelle selbst liegen.

Ist es leistungsfördernd, wenn man hochtrainierten Marathonläufern oder anderen Ausdauersportlern vor oder während des Wettkampfes leicht resorbierbare Kohlenhydrate anbietet? Dosierte Zufuhr von Kohlenhydraten

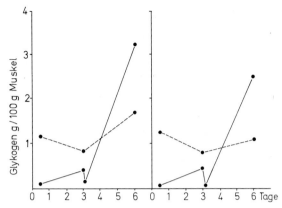

Abb. 39   Die Symbole sind dieselben wie in Abb.38. In dieser Abbildung wird der Einfluß von der Nahrung auf den Wiederaufbau des Glykogens im Muskel deutlich. Die Versuchspersonen erhielten hier die ersten 3 Tage nur Fett und Eiweiß, ab dem 3. Tag Kohlenhydrate. Solange nur Fett und Eiweiß gegeben wird, wird das Muskelglykogen nicht wieder aufgebaut (aus: E. Hultman: Physiological role of muscle glycogen in man, with special reference to exercise. Circulat. Res. 20 [1967] 99–114).

kann den Wirkungsgrad hochausdauertrainierter Sportler leicht erhöhen. Bei dieser Sportlergruppe ist die Leistungsfähigkeit des O_2-Antransportsystems sehr hoch, aber trotzdem eines der schwächsten Glieder der Kette. Wenn es gelingt, pro Mol aufgenommenem Sauerstoff die Menge des aufgebauten ATPs zu erhöhen, erhält man einen besseren Wirkungsgrad. Ist nicht genug Kohlenhydrat, aber genug O_2 verfügbar, wird der Sportler seine Energie aus dem Abbau der Fettsäuren gewinnen. Um die Menge des aufgebauten ATPs in beiden Fällen vergleichen zu können, ziehen wir die früher dargestellten stöchiometrischen Gleichungen 26 und 28 zu Rate:

$$C_6H_{12}O_6 + 6O_2 = 6CO_2 + 6H_2O \quad (37)$$
$$C_{16}H_{32}O_2 + 23O_2 = 16CO_2 + 16H_2O \quad (38)$$

Läuft der Prozeß der Gleichung 37 ab, werden 38 mol ATP resynthetisiert (S. 43), bei Gleichung 38 dagegen 129 mol ATP (s. S. 44). Wird Kohlenhydrat verstoffwechselt, so werden für 1 mol ATP demnach 6 · 22,4/38=3,54 l O_2, bei Palmitinsäure dagegen 23 · 22,4/129 = 3,99 l O_2 benötigt. Der Wirkungsgrad der Kohlenhydratverbrennung ist also deutlich besser. Dieses soll sich auch in den Bestzeiten, die ein Marathonläufer ohne und mit Kohlenhydratgabe benötigt, bemerkbar machen.

2.7.7. Sportgetränke

Bei anstrengender körperlicher Beanspruchung wird infolge der Erwärmung des Körpers eine Menge Schweiß produziert. Dabei verdunstet ein Teil bzw. tropft ab (s. Abschn. 5.2.5.). Die Schweißdrüsen arbeiten ähnlich wie die Nieren: Zunächst wird Plasma filtriert, so daß alle mineralischen Bestandteile des Blutes mitfiltriert werden. Danach werden in den Ausführungsgängen ein Teil des Wassers und die in ihm gelösten Stoffe wieder rückresorbiert, und zwar nach vegetativer Reaktionslage unterschiedlich stark. Da der Schweißverlust dabei pro Tag mehrere Liter erreichen kann, tritt infolge der Blutvolumenregelung starker Durst auf. Durch Trinken wird der Wasserverlust ausgeglichen. Wie später noch auszuführen ist, führt Zufuhr von reinem Wasser leicht zur Wasserintoxikation (s. Abschn. 5.3.3.). Um diese zu vermeiden, sollte man Getränke mit ähnlichem osmotischen Druck zu sich nehmen, wie er im Blut herrscht. Die Industrie stellt solche „isotonischen Getränke" in großer Variabilität her, z.t. mit Zucker, aber auch ohne, die gleichzeitig den Mineralienverlust ersetzen sollen. Für den echten Ausdauersportler sind solche Getränke sinnvoll, für den Freizeitsportler genügt auch ein preiswerteres Mineralwasser, dessen Zusammensetzung meist auf der Flasche angegeben ist.

2.8. Grundlagen der Motorik

2.8.1. Überblick über die Bauelemente der Informationsübertragung

Unter Motorik versteht man die nervöse Kontrolle von Haltung und Bewegung. Bevor wir auf ihre Prinzipien eingehen können, müssen wir uns mit einigen wichtigen Bauelementen der Informationsübertragung beschäftigen. Die der Information zugrundeliegenden Signale werden mit Hilfe des Prinzips der biologischen Erregung über Nervenzellen (Neurone) geleitet. Die Muskelkontraktion wird zwar letztlich über motorische Nervenzellen übertragen, jedoch findet eine intensive Erfolgskontrolle über zahlreiche sensorische Rezeptoren (Muskelspindel- und Sehnenrezeptoren) statt. Die Verbindungsstellen zwischen den Nerven oder zwischen Neuron und Muskel, die man als Synapsen bezeichnet, haben wichtige Verstärkungs- und Schaltfunktionen.

2.8.2. Aufbau und Funktion von Neuronen

Als Neuron bezeichnet man eine Nervenzelle mit ihren Fortsätzen, wie sie als motorisches Neuron in Abb.40 dargestellt ist. Die Nervenzelle besitzt zahlreiche kurze Fortsätze, sogenannte Dendriten, und meist nur einen langen Fortsatz, den sogenannten Neuriten, der die Länge von mehr als 1 m er-

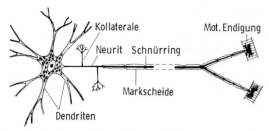

Abb. 40   Schema eines motorischen Neurons. Multipolare Nervenzelle des Rückenmarks mit Dendriten und markhaltigem Neuriten. Dieser teilt sich in der Peripherie und versorgt zahlreiche Muskelfasern (aus: H. Lullies: Peripherer Nerv. In: W.D. Keidel: Kurzgefaßtes Lehrbuch der Physiologie, 2. Aufl. Thieme, Stuttgart 1970).

reichen kann. Die Fortsätze machen es möglich, daß das Neuron nicht nur mit anderen Neuronen Verbindungen herstellen kann, sondern auch mit Muskelfasern, Drüsen usw. Die Neuriten stellen die Nervenfasern des Neurons dar.

Man kann markhaltige und marklose Nervenfasern unterscheiden. Der Achsenzylinder (Axon) ist zunächst von einer etwa 8 nm dicken Axonmembran umgeben. Auf die Axonmembran folgt bei den markhaltigen Nervenfasern die Markscheide, die außen vom Neurolemm abgeschlossen wird. Die Markscheide der markhaltigen Fasern ist in Abständen von 1−3 mm durch Einschnürungen unterbrochen, die man als Ranvier-Schnürringe bezeichnet.

Der Durchmesser der einzelnen Nervenfasern ist sehr unterschiedlich; er beträgt bei markhaltigen Fasern zwischen 3 und 10 µ m. Leitungsgeschwindigkeit und Faserdickenbezeichnung sind in Tab.6 dargestellt. Neuriten können Kollateralen zu anderen Neuriten abgeben.

Die Nervenleitung erfolgt bei den marklosen Fasern nach den bereits besprochenen Prinzipien der fortgeleiteten Erregung dadurch, daß durch die entstandenen Ionenströme der benachbarte Teil der Membran depolarisiert wird. Bei markhaltigen Nervenfasern jedoch unterscheidet sich der Mechanismus der Erregungsausbreitung. Sie erfolgt „saltatorisch": Die Erregung wird in den Ranvier-Schnürringen verstärkt. Sie springt dabei von Schnürring zu Schnürring. Dadurch wird eine schnellere Leitungsgeschwindigkeit erreicht.

Nerven enthalten gebündelt Neuriten (Nervenfasern) verschiedener Funktionen und Dicke. Sie können sowohl motorische, sensorische als auch vegetative Fasern enthalten. Läuft die Erregung vom Zentralnervensystem (ZNS) zur Peripherie, so spricht man von efferenter, wird sie dagegen dem ZNS zugeleitet, von afferenter Leitung.

2.8.3. Motorische Einheit

Unter motorischer Einheit versteht man eine motorische Vorderhornzelle mit den Muskelfasern, die von ihr versorgt werden. Diese motorischen Einheiten sind nicht streng abgrenzbar, sondern überschneiden sich gegenseitig. Das Verhältnis zwischen Zahl der Nervenfasern und Zahl der durch sie motorisch versorgten Muskelfasern nennt man das Innervationsverhältnis, das um so größer ist, je feiner die Bewegungen und die Kraft des Muskels abgestuft werden können. So beträgt das Innervationsverhältnis bei Muskeln der Sinnesorgane (Augenmuskeln, M.tensor tympani) etwa 1:7, das des M.quadriceps femoris dagegen 1:1000. Wie schon erwähnt, besitzt jede einzelne Muskelfaser eine motorische Endplatte, die normalerweise in der Mitte der Faser angeordnet ist. Es gibt allerdings auch besonders lange Muskeln, wie z. B. den M.sartorius, bei dem jede Faser mehrere Endplatten besitzt. Die Kraft im Gesamtmuskel kann zusätzlich zur Aktionsstromfrequenz (S. 23f.) durch die Zahl der innervierten motorischen Einheiten abgestuft werden. Als Regel gilt, daß etwa $2/3$ der Muskelfasern eines Muskels willkürlich gleichzeitig innerviert werden können. Alle Muskelfasern können sich nur gleichzeitig über einen Eigenreflex kontrahieren. In diesem Fall liegt die aufgebrachte Kraft schon nahe an der Reißfestigkeit, so daß unter ungünstigen Bedingungen Muskelrisse auftreten können.

Bei fast allen Arbeitsformen, besonders aber bei Feinarbeit, kommt es darauf an, Kraft und Geschwindigkeit genau abstufen zu können. Die normale Form der Bewegung erfolgt tetanisch, d. h. in Form von Dauerkontraktionen (S. 25). Die Kraft des Muskels kann also sowohl über die Veränderung der Zahl der Erregungswellen auf der Einzelfaser als auch über die Zahl der aktiven motorischen Einheiten variiert werden.

2.8.4. Aufbau und Funktion von Synapsen

Die Verbindungsstellen zwischen 2 Neuronen oder von Neuron zu Muskelfaser oder sonstigen Effektoren bezeichnet man als Synapsen. An den Endaufzweigungen des Axons wird beim Eintreffen eines Aktionspotentials ein Transmitter freigesetzt, ein von der Nervenzelle freigesetztes Gewebshormon, das die terminale Membran passiert, durch einen schmalen, flüssigkeitsgefüllten Raum, den synaptischen Spalt, diffundiert und auf die Membran der nachgeschalteten Zelle einwirkt. Dort befinden sich Rezeptoren, die den Transmitter binden und dabei die Membrankanälchen öffnen. Die feinere Bauform einer Synapse ist in Abb. 41 dargestellt.

Der zuführende Neurit, der sich vorher in mehrere Fasern aufgeteilt hat, geht in knopfförmige Endformationen über, in denen sich zahlreiche Mitochondrien sowie feine flüssigkeitsgefüllte Bläschen befinden. Hier wird die Überträgersubstanz (Transmitter) produziert und gespeichert. Dieser Transmitter wirkt dann über den Spalt auf die Rezeptoren der postsynapti-

Tabelle 6 Klassifikation der Nervenfasern (aus: J. Dudel: Informationsvermittlung durch elektrische Erregung. In: R.F.Schmidt, G.Thews: Physiologie des Menschen, 23. Aufl. Springer, Berlin 1987).

Fasertyp	Funktion z.B:	Mittlerer Faserdurchmesser (μ m)	Mittlere Leitungsgeschwindigkeit (m/s)	Bereich der Leitungsgeschwindigkeit
A α	Muskelspindelafferenzen, motorisch zu Skelettmuskeln	15	100	70−120
A β	Hautafferenzen für Berührung und Druck	8	50	30− 70
A γ	motorisch zu Muskelspindeln	5	20	15− 30
A δ	Hautafferenzen für Temperatur und Schmerz	<3	15	12− 30
B	sympathisch präganglionär	3	7	3− 15
C	Hautafferenzen für Schmerz, postganglionäre Efferenzen	1 (mark-los)	1	0,5− 2

schen Membran ein, die bereits der nächsten Zelle angehören. Dadurch kann an der postsynaptischen Membran eine Erregung ausgelöst werden. Sie entsteht dort neu. Erregung wird hier also nicht über längere Strecken fortgeleitet, sondern in den Synapsen chemisch auf die nächste Zelle übertragen. Da sich der Transmitter nur an den präsynaptischen Strukturen befindet, ist die Synapse ein Gleichrichter, der die Richtung der Informationsübertragung festlegt.

Bei neuroneuronalen Synapsen können bis zu 10^4 synaptische Kontakte bestehen. Das Prinzip der chemischen Übertragung besteht darin, daß durch das Aktionspotential der präsynaptischen Faser eine bestimmte Menge an Transmittern freigesetzt wird. Bei den „cholinergen" Synapsen ist der Transmitter Azetylcholin, das durch das Enzym Cholinesterase in die unwirksamen Bestandteile Cholin und Essigsäure zerlegt wird. Die Mitochondrien in den Endknöpfchen liefern die Energie für Rücktransport dieser Bestandteile und Biosynthese des Azetylcholins in den synaptischen Bläschen. Ein weiterer wichtiger Transmitter ist Noradrenalin in den „adrenergen" Synapsen. Es gibt jedoch bei zentralen Synapsen weitere Transmittersubstanzen, die jeweils spezifische Rezeptoren an der postsynaptischen Membran aktivieren.

Eine fortgeleitete Erregung wird nur ausgelöst, wenn die Konzentration eines Transmitters groß genug ist, um das kritische Membranpotential

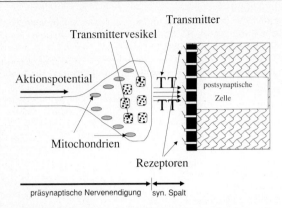

Abb. 41 Aufbau und Funktion einer Synapse (schematisch). Wenn ein Aktionspotential die präsynaptische Membran depolarisiert, tritt Transmitter (T) aus Vesikeln (Bläschen) aus und gelangt in den synaptischen Spalt. Die Rezeptoren der postsynaptischen Membran öffnen sodann deren Natriumkanälchen, so daß jetzt dort eine Erregung beginnen kann. Die Abbauprodukte des Transmitters gelangen wieder in die Zelle und werden unter Energieaufwand (Mitochondrien!!) wiederaufgebaut (Recycling).

(S. 14) zu überschreiten. Die Konzentration des Transmitters hängt von der Differenz der freigesetzten und der abgebauten Menge des Transmitters ab.

Ist die ankommende Aktionsstromfrequenz niedrig, wird die kritische Konzentration, die zur Auslösung einer fortgeleiteten Erregung an der postsynaptischen Membran notwendig ist, nicht erreicht. Wird sie höher, so werden zeitlich die Wirkungen verschiedener Aktionspotentiale auf die Freisetzung des Transmitters summiert: Die Erregung tritt also erst ein, wenn die Freisetzung die Abbaurate übersteigt. Wirken die benachbarten Enden von 2 Neuriten ein, so werden sowohl von dem einen als auch von dem anderen Ende bestimmte Transmittermengen freigesetzt, die sich räumlich aufsummieren.

Man spricht deshalb von zeitlicher und räumlicher Summation der Synapse. Die Ausgangsfrequenz der summierenden Synapse entspricht nicht der arithmetischen Summe der Eingangsfrequenzen. Vielmehr wird die Aktionsstromfrequenz gleichzeitig in einem festen Verhältnis heruntertransformiert, so daß die Maximalfrequenz von ca. 800 Hz, die ein Nerv leiten kann, auch bei mehreren Summationen nicht überschritten wird.

Synapsen können überdies gehemmt werden. Maßgebend dafür ist der Membranrezeptor, der die Membran auch hyperpolarisieren kann. Solche

Rezeptoren sprechen auf ganz bestimmte Transmittersubstanzen an. Ein herausragender Stoff ist die Aminosäure Glyzin. Sie bewirkt, daß das Membranpotential negativer wird, und zwar dadurch, daß die Permeabilität für K^+-Ionen zunimmt. Damit wird auch das Schwellenpotential heraufgesetzt, so daß eine Zunahme an depolarisierendem Transmitter notwendig wird, um eine fortgeleitete Erregung auszulösen.

Zusammengefaßt kann man also feststellen: Die Synapsen bestimmen die Richtung der Erregungsleitung, ferner kann in ihnen die Erregung zeitlich oder räumlich summiert oder über inhibitorische Substanzen gehemmt werden.

Die Synapse überträgt also nicht einfach Aktionspotentiale, sondern sie ist in der Lage, die Eingangs-Ausgangs-Relation zwischen 2 Neuronen durch zusätzliche Einflüsse von weiteren Neuronen gezielt zu modifizieren, so daß man die Synapse durchaus mit der Wirkung von hybriden Rechenelementen vergleichen kann, wie sie in der Technik benutzt werden.

2.8.5. Spinalmotorische Systeme

2.8.5.1. Aufbau und Funktion des Muskelspindelsystems (monosynaptische Reflexe)

Die einfachste Form einer geregelten Motorik stellen die monosynaptischen Reflexe (Eigenreflexe) dar. Grundsätzlich kann man einen Reflex als eine unwillkürliche Antwort auf einen Reiz definieren. Der Reflex läuft über einen Reflexbogen, der aus Rezeptor, afferenter Leitung, Umschaltstelle (Synapse), efferenter Leitung und Effektor besteht. Auch dem Laien ist heute das Prüfverfahren des bekanntesten Reflexes aus dieser Gruppe, des sogenannten Patellarsehnenreflexes, bekannt. Man stützt den Oberschenkel so auf, daß der Unterschenkel frei herunterpendelt, und schlägt mit der Handkante oder einem kleinen Hammer auf die Patellarsehne, was dazu führt, daß der M.quadriceps femoris zuerst gedehnt wird, dann als Antwort zuckt und damit der Unterschenkel kurz angehoben wird.

Beim Gesunden kann man gleichartige Reflexe an der gesamten Skelettmuskulatur auslösen. Wesentlich ist dabei, daß der Muskel kurz gedehnt wird; er antwortet dann immer mit einer Zuckung. Der ausgelöste monosynaptische Reflex ist die charakteristische Antwort eines Regelkreises, der für die Einstellung der Muskellänge verantwortlich ist. Der Reflex heißt monosynaptisch, da er im Zentralnervensystem nur über eine Synapse läuft, d. h., er wird von einer sensorischen Afferenz direkt auf die motorische Vorderhornzelle (α-Motoneuron) umgeschaltet. Der Rezeptor, der die Information über die Dehnung des Muskels via afferente Bahnen und das Hinterhorn des Rückenmarks dem α-Motoneuron zuleitet, heißt Muskelspindel. Er ist allerdings nicht nur ein einfacher Längenfühler, sondern ein

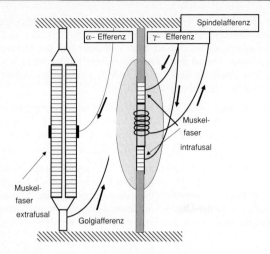

Abb. 42   Schematische Darstellung der Verbindung einer Muskelspindel (rechts) zur Muskelfaser (links). Funktionell sind Muskel und Spindel zusammen aufgehängt, aber frei gegeneinander verschieblich. Die Spindel besitzt in der Mitte ein dehnbares Element zur Messung der Länge und sendet die Spindelafferenzen in Richtung zum ZNS. Dieses Element ist zwischen zwei intrafusalen Muskelfasern aufgehängt, die durch γ-Motoneuronen innerviert werden. Dadurch kann die Spindel vorgespannt werden.

Meßelement, das auch noch die Vorspannung und damit den Meßbereich gezielt verändern kann.

Die Spindeln befinden sich besonders zahlreich in den Streckmuskeln der Extremitäten, etwas weniger häufig in den Beugern. Sie liegen ferner besonders dicht in den Muskeln der menschlichen Hand und in denen des Augapfels. Sie kommen in der Zunge, im Larynx, im Diaphragma, sogar im M.tensor tympani vor. Eine vereinfachte Skizze einer Muskelspindel zeigt Abb. 42. Wesentlich ist, daß sie nicht zwischen anderen Muskelfasern eingespannt ist, sondern mit ihnen parallel verläuft. Die Muskelfasern der Spindeln (intrafusale Fasern) selber sind an beiden Enden durch Nervenfasern motorisch innerviert, deren Dicke 3−10 µm (sog. A γ-Fasern) beträgt. In der Mitte liegt, von einer Kapsel und Lymphräumen umschlossen, ein besonders kernreicher, nicht quergestreifter, aber auch nicht kontraktiler Abschnitt, der dicht umsponnen ist durch Ausläufer von mindestens einer dicken, 15−17 µm starken sensorischen Nervenfaser. Dieser Teil ist der eigentliche Längenfühler. Die übrige Muskelmasse (extrafusale Fasern) wird

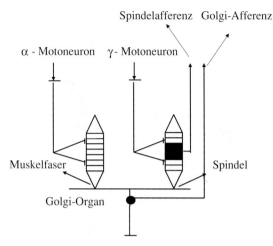

Abb. 43 Schematische Darstellung von Muskelfaser, Muskelspindel und Sehnen-rezeptor (Golgi-Organ).

durch die dicken Nervenfasern von 10–20 µm (sog. Aα-Fasern), die von den α-Motoneuronen ausgehen, versorgt. Die extrafusalen Fasern sind auf der linken Seite der Abbildung dargestellt.

In der Sehne des Muskels finden sich noch Rezeptoren, die aktiviert werden, wenn die Sehne stark gespannt wird. Man nennt diese Rezeptoren nach ihrem Entdecker Golgi-Sehnenorgane. Sie leiten dem ZNS die Golgi-Afferenz zu.

Um das Verständnis der nächsten Abbildungen zu erleichtern, ist in Abb. 43 das ganze System noch einmal symbolisiert dargestellt, der Skelettmuskel mit seiner α-motorischen Versorgung und die Muskelspindel mit dem „gestreiften" kontraktilen und dem „schwarzen" sensorischen Teil. Weiterhin sind die Golgi-Afferenzen eingezeichnet.

Das Spindelsystem ist Teil eines Regelkreises, der die Aufgabe hat, die Länge des Muskels auf einem vorgegebenen Wert zu halten, unabhängig davon, welche Kräfte von außen auf den Muskel wirken. Eine Einführung in die Grundbegriffe der Regelung findet sich im Anhang (S. 322 ff.). Jeder Regelkreis muß einen Fühler haben, der die Regelgröße fortlaufend mißt. Diese Aufgabe hat der mittlere, dehnbare Teil der Spindel, der funktionell über intrafusale Spindelmuskelfasern an Ursprung und Ansatz des Muskels aufgehängt ist. Wird die Spindel gedehnt, so wird die Aktionsstromfre-

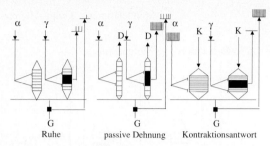

G
Ruhe

G
passive Dehnung

G
Kontraktionsantwort

Abb. 44 Schematische Darstellung des Zusammenwirkens von Muskelspindel und Muskel. Die linke Darstellung zeigt den Muskel in Ruhe. Sowohl die Spindelafferenzen als auch die Golgi-Afferenzen zeigen Grundaktivität (G). Wenn der Muskel gedehnt (D = Dehnung) wird (Darstellung Mitte), feuern die Spindelrezeptoren vermehrt. Die rechte Darstellung zeigt die Kontraktionsantwort (K), wenn die α-Efferenzen aktiviert werden. Der Muskel zieht sich so lange zusammen, bis der dehnbare Teil der Spindel seine Ausgangslänge weitgehend wieder erreicht hat.

quenz in der afferenten α-Faser erhöht. Dieses Verhalten ist in Abb. 44 dargestellt. Diese Faser aktiviert nun über die Synapse das α-Motoneuron im Rückenmark. In diesem Bereich liegt also der eigentliche Kraftschalter des Reglers. Das α-Motoneuron selbst steuert nun den Effektor, d. h. die extrafusalen Fasern des Skelettmuskels, über die efferenten α-motorischen Nervenfasern und über die motorische Endplatte. Da Effektor und Rezeptor gleiche Aufhängepunkte haben, wird die Spindel so lange entspannt, bis die Ausgangslänge annähernd wiederhergestellt ist. Solange der Kontraktionszustand der intrafusalen Fasern konstant ist, haben wir einen reinen Halteregler vor uns, der − entgegen dem normalen Ruhedehnungsverhalten der Muskulatur − durch aktive Kontraktionsleistung die Muskellänge auf einem vorgegebenen Wert hält.

Der Regelkreis kann aber noch mehr (Abb. 44): Die intrafusalen Fasern können ihre Spannung und damit die Vordehnung der Spindel verändern. Sie werden dabei von γ-Motoneuronen des Rückenmarks eingestellt, die die intrafusalen Fasern über Nervenfasern des γ-Typs versorgen. Die langsame kontrollierte Bewegung beginnt also damit, daß die γ-Motoneurone zunächst von höheren Abschnitten des zentralen Nervensystems aktiviert werden. Als Folge davon ziehen sich die intrafusalen Fasern zusammen und dehnen dabei die Spindel, die nun damit beginnt, vermehrt Aktionspotentiale zu den α-Motoneuronen zu senden (Abb.45 Mitte). Nun beginnen sich die extrafusalen Muskelfasern zu kontrahieren, und zwar so lange, bis die Spindel wieder weitgehend entspannt ist. Unter regeltheoretischen Aspekten haben wir hier einen Folgeregler vor uns, dessen Führungsgröße von den γ-Motoneuronen eingestellt wird.

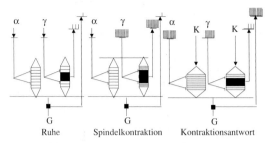

Abb. 45   Schematische Darstellung des Zusammenwirkens von Muskelspindel und Muskel. Die linke Darstellung zeigt wieder den Muskel in Ruhe. Nun werden von den γ-Motoneuronen aus die intrafusalen Fasern der Muskelspindeln aktiviert, die sich kontrahieren (MItte). Dadurch werden die α-Motoneurone aktiviert, die den Muskel zur Kontraktion veranlassen. Gleichgewicht ist erreicht, wenn der dehnbare Teil der Spindel wieder annähernd seine Ausgangslänge erreicht hat.

Bei der oben erwähnten Prüfung der Eigenreflexe wird die Spindel kurz gedehnt; bedingt durch die kurze Zeitdauer der Erregungsübertragung, erfolgt die Kontraktion hier erst, wenn der Reiz schon abgeklungen ist. Genaue Analysen des Reflexgeschehens zeigten, daß die Muskelspindel nicht nur proportional zur Dehnung feuert, sondern auch entsprechend ihrer Dehnungsgeschwindigkeit, was mathematisch bekanntlich dem Differentialquotienten der Dehnung entspricht. Es handelt sich also regeltheoretisch um einen PD-Fühler (Proportional-Differential-Fühler, s. S. 325). Der D-Anteil ist klein in tonischen Muskeln, dagegen groß in phasischen.

Aus diesen Zusammenhängen ergibt sich die physiologische Bedeutung der Eigenreflexe. Sie tragen zur Aufrechterhaltung der Muskellänge des Körpers und seiner Glieder bei. Wird z. B. der M. gastrocnemius durch eine passive Verlagerung des Körperschwerpunktes gedehnt, so wirkt seine Kontraktion der Fallneigung unwillkürlich entgegen. Aufgrund der PD-Empfindlichkeit der Rezeptoren setzt die Gegenreaktion um so schneller und frühzeitiger ein, je schneller die angreifende Kraft sich verändert. Ferner sind Eigenreflexe auch bei der Willkürbewegung stets mit der Gesamtmotorik verbunden und bewirken dadurch einen fließenden Bewegungsablauf, der weitgehend unabhängig von der Außenkraft ist.

Betrachtet man in Abb. 46 zunächst nur den linken Teil (Antagonist), so sieht man, daß der beschriebene Regelkreis noch weitere Elemente enthält. Die Golgi-Organe feuern, wenn die Sehne stark gedehnt wird. Die Afferenz ist mit den α-Motoneuronen verbunden und wirkt dort hemmend. Dadurch wird die Kontraktion der extrafusalen Fasern gehemmt, wenn die Ge-

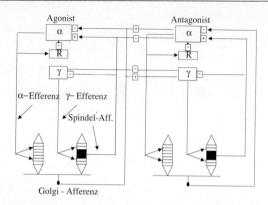

Abb. 46   Schematische Darstellung der gegenseitigen Beeinflußung von Agonist und Antagonist. Während der Kontraktion des Agonisten wird der Antagonist gehemmt und vice versa. R = Renshaw-Zellen zur Dämpfung des Einstellungsverhaltens.

fahr eines Muskelrisses durch Überdehnung besteht. Die Golgi-Organe stellen somit eine wichtige Schutzvorrichtung dar. Weiterhin wirkt der Ausgang des α-Motoneurons über ein hemmendes Zwischenneuron (Renshaw-Zelle) wieder auf die Zelle zurück. Auf diese Weise wird der Ausgang des α-Motoneurons an den Kontraktionsablauf des Muskels angepaßt und eine gewisse Dämpfung erreicht.

Da jeder Muskel als Folge der Spindeldehnung sich kontrahiert, müßte es fortlaufend zu Konflikten zwischen Agonist und Antagonist (z. B. Beuge- und Streckmuskeln) kommen, wenn sich nicht die α- und γ-Motoneurone dieser Muskeln gegenseitig beeinflußten. So werden beide Motoneurone des Antagonisten dann gehemmt, wenn die der Agonisten gebahnt werden und umgekehrt. Es bestehen auch Hemmungs- und Bahnungseinflüsse auf die andere Körperseite (kontralateral von ipsilateral aus gesehen). Dies erläutert Abb. 47.

2.8.5.2. Polysynaptische motorische Reflexe

Bei den monosynaptischen Reflexen liegen die Rezeptoren im Bereich des Muskels selbst bzw. in seinen Sehnen. Viele der übrigen Rezeptoren des Körpers, z. B. die Tastrezeptoren der Haut, aber auch Schmerz- und Temperaturrezeptoren, können ebenfalls motorische Reflexe auslösen. Charakteristisch für diesen auch Fremdreflex genannten Typ ist, daß er eine große Variabilität besitzt, da Reflexzeit und Ausbreitung sehr stark von der räum-

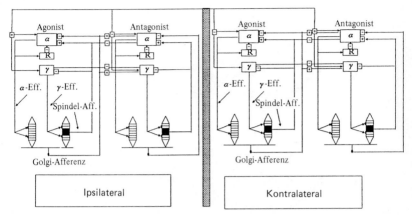

Abb. 47 Vereinfachte Darstellung der Muskelinnervation beim ipsilateralen Beugereflex und kontralateralen Streckreflex. Die Gehbewegung ist auf diese Weise schon auf Rückenmarksebene vorprogrammiert, da die Beugung des einen Beines die Streckung des anderen begünstigt (R = Renshaw-Zelle).

lichen und zeitlichen Reizeinwirkung sowie der Intensität abhängen. Man kann sich das deutlich klarmachen, wenn man sich vorstellt, wie sich ein Mensch verhält, wenn er beispielsweise barfuß auf einen kleinen Stein oder auf eine scharfe Glasscherbe tritt. Bei dem Stein wird er sein Gewicht etwas verlagern, so daß es der Beobachter möglicherweise gar nicht bemerkt, während die Schutzreaktion, die von Glasscherben ausgelöst wird, sehr viel Muskulatur sehr schnell aktiviert.

Das Schema des Fremdreflexes zeigt Abb. 48. Von Hautrezeptoren aus werden über ein oder mehrere Zwischenneurone die Aα- und Aγ-Motoneurone aufsteigend oder absteigend aktiviert, so daß es zur koordinierten reflektorischen Bewegung kommen kann.

Im Rahmen der hier besprochenen Grundlagen der Motorik zeigen die polysynaptischen Reflexe eine Reihe von charakteristischen Unterschieden zum Eigenreflex. Zunächst zeigen sie das Phänomen der Summation; das bedeutet, daß auch unterschwellige Reize bei längerer Dauer zur Auslösung des Reflexes führen. Ein typischer Reflex dieser Gruppe ist der Niesreflex. Nicht jedes Stäubchen, das auf die Nasenschleimhaut gelangt, führt zum Niesen. Die Impulse, die von den Rezeptoren eingehen, werden gesammelt und lösen den Reflex erst aus, wenn eine bestimmte Schwelle überschritten ist. Ein weiteres Charakteristikum ist die Bahnungs- und Hemmungsmöglichkeit der Reflexe. Man kann nämlich die Schwelle bis zu einem bestimmten Grade anheben, z. B., wenn man gerade in einem Kon-

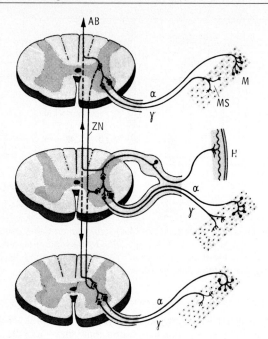

Abb. 48   Schema des Fremdreflexbogens (AB = auf- und absteigende Hinterstrangbahn mit Reflexkollateralen, die an Schaltneuronen enden, H = Haut mit sensibler Nervenfaser, MS = Muskelspindel, M = Arbeitsmuskulatur mit α-Motoneuron, ZN = Zwischenneuron) (aus: H. Caspers: Zentralnervensystem. In: W. D. Keidel: Kurzgefaßtes Lehrbuch der Physiologie, 5. Aufl. Thieme, Stuttgart 1979).

zert an einer Pianostelle niesen muß; man kann ihn aber auch bahnen, indem man bei Niesreiz in die Sonne schaut und damit einen zusätzlichen Reiz über das Auge ausübt. Als weitere Eigenschaft kommt die größere Ausbreitung motorischer Reaktionen als Folge der Reizstärke hinzu.

Die polysynaptischen Reflexe sind nicht nur bei der Motorik beteiligt, indem sie über Informationen von außen in den Bewegungsablauf eingreifen. Teilweise sind ihnen besondere Schutzfunktionen zugeordnet (Hustenreflex, Lidschlußreflex usw.), teilweise dienen sie bestimmten vegetativen Funktionen (Blasen- und Darmentleerung usw.) oder auch der Fortpflanzung (Genitalreflexe).

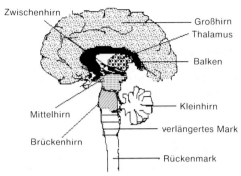

Abb. 49 Schematische Übersicht über den Aufbau des Zentralnervensystems. Verlängertes Mark (Medulla oblongata), Brückenhirn und Mittelhirn zusammen werden Hirnstamm genannt.

2.8.6. Supraspinalmotorische Systeme

2.8.6.1. Überblick über die Strukturen des Gehirns

Nachdem wir die mono- und polysynaptischen Reflexe kennengelernt haben, müssen wir uns nun mit den übergeordneten Teilen des motorischen Systems beschäftigen. Abb. 49 zeigt die makroskopische Einteilung des Zentralnervensystems (ZNS). Ganz unten auf der Zeichnung ist das Rückenmark zu sehen, in dem sich ein großer Teil der α- und γ-Motoneurone befinden, mit denen wir uns in den letzten Abschnitten beschäftigt haben. An das Rückenmark schließen sich das verlängerte Mark (Medulla oblongata), das Brückenhirn (Pons) und das Mittelhirn an, die zusammen den Hirnstamm bilden. Eine besonders wichtige motorische Funktion übt das Kleinhirn aus, das − wie wir noch sehen werden − die räumliche und zeitliche Koordination der Bewegung steuert. Der Mensch besitzt ein im Vergleich zum Hirnstamm stark entwickeltes Großhirn, das aus 2 ziemlich unabhängigen Hälften (Hemisphären) besteht. Sie sind durch Nervenfaserbündel miteinander verbunden, die vorwiegend im Balken (hier senkrecht zur Bildebene) verlaufen. Als Zwischenhirn bezeichnet man den Bereich, der sich zwischen Hirnstamm und Großhirn befindet. Hier liegt der Thalamus, der vor allem für die Sensorik bedeutsam ist, sowie der für die vegetative Steuerung wichtige Hypothalamus.

2.8.6.2. Tractus corticospinalis (Pyramidenbahn)

Der Verlauf der Pyramidenbahn ist in Abb. 50 schematisch dargestellt. Die Bahnen entspringen hauptsächlich in der vorderen Zentralwindung (Gyrus praecentralis) der Großhirnrinde, d. h., dort liegen die zugehörigen Neurone. Ihre Axone bilden dann die Pyramidenbahn, die ohne Synapsen bis zum Rückenmark läuft. Sie zieht − wie man aus der Abbildung sieht − am Thalamus vorbei. Im Hirnstamm, an der sog. Pyramide, kreuzt ein Teil auf die andere Seite und zieht im hinteren seitlichen Viertel des Rückenmarks abwärts. Ein kleiner Teil verläuft ungekreuzt bis zum Hals- und Brustmark. Ein Teil der Axone der Pyramidenbahn endet direkt an den Motoneuronen, z.T. aber auch an Zwischenneuronen, die dann segmental auf die Motoneurone einwirken können.

Es besteht eine feste Beziehung zwischen den Zellen im motorischen Kortex und ganz bestimmten Muskeln und Muskelgruppen. Jeder Muskel ist also in der motorischen Rinde durch bestimmte Zellen repräsentiert, so daß sich bei graphischer Zuordnung ein motorischer Homunkulus darstellen läßt (Abb. 50). Dabei weisen die Muskeln, die besonders vielfältige motorische Aufgaben entwickeln, wie Zunge, Handmuskeln usw., eine wesentlich größere Zahl von motorischen Rindenzellen auf als Muskeln, die in erster Linie Halte- und Stützfunktionen ausüben.

Vereinfacht kann man feststellen, daß die Pyramidenbahn für die schnelle Willkürbewegung verantwortlich ist. Sie ist dazu besonders geeignet, da ihre Axone z. T. direkt an den α-Motoneuronen angreifen und damit die Informationen sehr schnell geleitet werden. Ihr Einfluß ist überwiegend bahnend, was man schon daraus ersehen kann, daß ihre Unterbrechung zu einer schlaffen Lähmung führt.

Eine sinnvolle Bewegung kommt nur im Zusammenspiel aller Systeme zustande.

2.8.6.3. Nichtpyramidale Bahnen

Die nichtpyramidalen Bahnen wurden früher „extrapyramidale Bahnen" genannt. Auch ihre Ursprungszellen liegen teilweise im motorischen Kortex, jedoch sind die zugehörigen Axone wesentlich kürzer. Die Bahnen werden auf ihrem Wege mindestens einmal, manchmal auch mehrfach umgeschaltet. Die Synapsen liegen in den motorischen Kernen der Hirnrinde sowie im Hirnstamm. Dort, aber auch in den anderen Umschaltstellen, können eine Reihe sensorischer Afferenzen, z. B. aus dem Gleichgewichts-(= Vestibular-)Organ zugeschaltet werden.

Allein aus der morphologischen Anordnung und den vielen Umschaltstellen wird deutlich, daß es sich hier um ein wesentlich komplexeres und vielseitigeres System handeln muß. Synapsen sind − wie wir oben gesehen haben − auch immer Stellen, an denen die Erregungsübertragung gehemmt und gebahnt und damit modifiziert und gesteuert werden kann.

Kurzgefaßt können wir feststellen, daß die nichtpyramidalen Bahnen vorwiegend der Steuerung von Haltefunktionen und langsamen Bewegungen

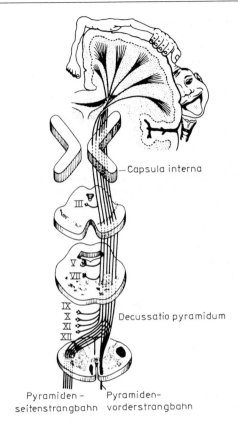

—Capsula interna

Decussatio pyramidum

Pyramiden-   Pyramiden-
seitenstrangbahn vorderstrangbahn

Abb. 50   Ursprung und Verlauf der Pyramidenbahn beim Menschen. Die eingezeichnete Figur veranschaulicht die Größe der Repräsentationsfelder auf dem Gyrus praecentralis im Frontalschnitt (motorischer Homunkulus) (aus: H. Caspers:
Zentralnervensystem. In: W. D. Keidel: Kurzgefaßtes Lehrbuch der Physiologie, 5.
Aufl. Thieme, Stuttgart 1979).

und der Tonusverstellung dienen. Dabei überwiegt der hemmende Einfluß,
so daß ein isolierter Ausfall dieser Bahnen zur spastischen Lähmung führt.
Vorwiegend sollen die nichtpyramidalen Bahnen an den γ-Motoneuronen
angreifen und so die α-Motoneurone in erster Linie über die γ-Schleife aktivieren.

2.8.6.4. Kleinhirn (Zerebellum)

Innerhalb des nichtpyramidalen Systems übt das Kleinhirn besonders wichtige Funktionen aus. Es ist vom übrigen Gehirn deutlich abgegrenzt und mit diesem über dicke Stränge efferenter und afferenter Bahnen verbunden. Das Kleinhirn erhält über Axonkollateralen und spezielle Bahnen genaue Kopien des afferenten und efferenten Informationsflusses von und nach den motorischen Zentren. Es ist damit in der Lage, wechselseitig mit dem Großhirn Informationen auszutauschen. Ferner erhält es Informationen aus allen Sinnesorganen. Durch die Axonkollateralen der Pyramidenbahn ist das Kleinhirn im voraus über Willkürbewegungen informiert. Es kann daraufhin den Erregungsfluß modifizieren (z. B. den Schwerpunkt verlagern), aber auch nach sensorischen Rückmeldungen den motorischen Kortex korrigieren. Aus der Vielzahl der Verbindungen kann man schließen, daß das Kleinhirn ganz wesentliche Koordinationsfunktionen ausübt. Es ist dafür verantwortlich, daß eine reibungslose, zielgerichtete Durchführung der vom Großhirn entworfenen Willkürbewegung erfolgt. Weiterhin hat es als Teil des nichtpyramidalen Systems diese Willkürbewegung mit den motorischen Aktivitäten abzustimmen, die dem Tonus, der Haltung und dem Gleichgewicht dienen.

Eine völlige Ausschaltung des Kleinhirns führt zu einem taumelnden und torkelnden Gang, da die Muskelbewegungen nicht im richtigen Augenblick und auch nicht in der richtigen Stärke einsetzen (Ataxie), ferner zu einem Zittern bei zielgerichteter Willkürbewegung (Intentionstremor) und der Unfähigkeit, schnelle Bewegungen hintereinander auszuführen, wie es z. B. beim Schreibmaschinenschreiben oder Klavierspielen notwendig ist (Adiadochokinese).

Abb. 51 faßt in Form eines Blockdiagramms die geschilderten Verbindungen der an der Motorik beteiligten Organe zusammen.

2.8.7. Einfluß des Vestibularorgans auf die Motorik

2.8.7.1. Überblick über Anatomie und Reizformen

Beim Sport, besonders bei allen akrobatischen Sportarten, spielt die Orientierung im Raum eine besonders wichtige Rolle. Dabei ist sowohl die augenblickliche Stellung des Körpers im Schwerefeld der Erde zu beachten als auch die Linear- und Drehbeschleunigung, denen der Körper ausgesetzt ist.

Das Vestibularorgan wird auch als Gleichgewichtsorgan bezeichnet. Es findet sich auf beiden Körperseiten in unmittelbarer Nachbarschaft zum Innenohr. Es besitzt 2 Untereinheiten, die Makulaorgane (Macula utriculi und Macula sacculi), die man auch als Statolithenorgane bezeichnet, und die Bogengangorgane (horizontaler sowie vorderer und hinterer Bogen-

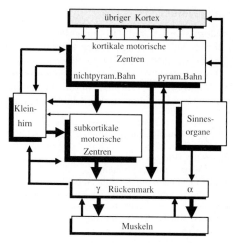

Abb. 51   Blockdiagramm der Verbindungen der kortikalen motorischen Zentren mit den übrigen motorischen Zentren, dem Kleinhirn, den Muskeln und den Sinnesorganen (nach: R. F. Schmidt)

gang). Der adäquate Reiz für die Makulaorgane ist die Schwerkraft und jeder lineare Beschleunigungsreiz, für die Bogengänge die Drehbeschleunigung.

2.8.7.2. Makulaorgane

Die Rezeptorzellen der Makulaorgane haben Fortsätze (Sinneshaare: Zilien). Durch mechanische richtungsspezifische Auslenkung der Sinneshaare entstehen in den Rezeptorzellen elektrische Erregungen, die als Information zum ZNS weitergeleitet werden. Die Zilien ragen in eine gallertartige Membran, an deren Oberfläche Kalzitkristalle eingelagert sind. Das Makulaorgan ist umgeben von Endolymphe. Da die Dichte der Otolithenmembran 2,2mal größer ist als die der Endolymphe, führt jede Abweichung der Kopfstellung von der Horizontalen zu einer Tangentialverschiebung der Zilienkristalle gegenüber der Unterlage. Es kommt zu einer Auslenkung der Zilien, die immer vorhandene Grundaktivität der Rezeptorzelle wird je nach der Bewegungsrichtung der Kalzitkristalle erhöht oder erniedrigt. Auf diese Weise erhält das Zentralnervensystem immer eine genaue Information über die Stellung des Kopfes. Eine Linearbeschleunigung in Richtung der Erde führt zu einem maximalen Strecktonus, was man am „Zehenspreizen" in einem stark beschleunigten Fahrstuhl beobachten kann.

2.8.7.3. Bogengangsystem

Das Bogengangsystem reagiert auf Drehbeschleunigungen in 3 Ebenen. Das Meßsystem beruht auf der Trägheit der Endolymphe gegenüber den knöchernen Bogengängen. Abb. 52 zeigt das Prinzip schematisch. Werden die Bogengänge beschleunigt, so bleibt die träge Flüssigkeit zurück und drückt gegen eine Membran, die Kupula, deren Auslenkung in ähnlicher Weise registriert wird, wie dies oben für die Makulaorgane geschildert ist.

Der Endolymphstrom kann auch inadäquat ausgelöst werden, wenn der Gehörgang plötzlich gekühlt wird. Die Kupula signalisiert dann Drehbeschleunigung, ohne daß eine solche vorhanden ist. Besonders gefährlich sind diese Einflüsse, wenn das Trommelfell beim Tauchen platzt (Barotrauma des Ohres, s. S. 237f.), da sie zum Verlust der Orientierung unter Wasser führen können.

Früher wurde in Anlehnung an den ungarischen Nobelpreisträger Barany dieses Phänomen so erklärt, daß die Relativbewegung der Endolymphe bei Kühlung des Gehörganges dadurch zustande käme, daß die abgekühlte Endolymphe in Richtung Schwerkraftvektor fließen würde, da ihr spezifisches Gewicht zunähme. Dadurch sollte dann die Kupula ausgelenkt werden.

Untersuchungen während der Deutschen Spacelabmission D-1 (1985), bei denen unter Schwerelosigkeit die Gehörgänge gekühlt und erwärmt wurden, zeigten jedoch, daß die Hypothese von Barany falsch sein muß, denn auch unter Schwerelosigkeit,

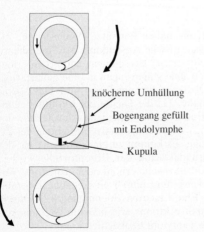

knöcherne Umhüllung

Bogengang gefüllt mit Endolymphe

Kupula

Abb. 52   Schema der Auslenkung der Kupula bei Drehbeschleunigung. Wird der Schädel gedreht, bleibt die Endolymphe infolge ihrer Trägheit zunächst zurück. Dabei verschiebt sie die Kupula. Durch die Reibung an den Wänden wird sie danach mitgenommen. Der Rezeptor reagiert also nicht auf Drehgeschwindigkeit, sondern nur auf Drehbeschleunigung.

bei der spezifisches Gewicht keine Rolle spielt, blieb die Antwort auf die inadäquate Temperaturreizung bestehen.

Die Erregungen, die im Vestibularorgan erzeugt werden, werden zu den Vestibulariskernen im Hirnstamm geleitet. Zu diesen Kernen gelangen aber auch weitere Informationen aus dem optischen Bewegungserfassungssystem (okulomotorisches System), dem akustischen System und dem somatosensorischen System. Insbesondere melden die Rezeptoren des Halses (Nackenrezeptoren), wie der Kopf zum Körper steht. Die übrigen Rezeptoren in Muskeln und Gelenken geben eine umfassende Information über die Richtung der Schwerkraft. Auch die Sensoren in der Haut können genau angeben, auf welchen Teilen unseres Körpers das Gewicht ruht. Auch ohne Gleichgewichtsorgan kann man so feststellen, ob man steht (Druck auf den Fußsohlen) oder liegt (Druck auf der Rückenhaut).

Ausgehend von den Vestibulariskernen, bestehen zahlreiche Verbindungen zu den Vestibulariskernen der Gegenseite (Links-rechts-Vergleich), zur Muskulatur (zur Regelung des Muskeltonus), zu den Augenmuskelkernen (zur Stabilisierung des Bildes auf der Netzhaut), zur Hirnrinde (Raumorientierung) und zu den vegetativen Zentren des Hypothalamus (Auslösung der Symptome der Seekrankheit) und weiteren mehr. Das Gleichgewichtssystem ist also praktisch mit der gesamten Sensorik und Motorik verbunden.

Das Gleichgewichtskerngebiet im Hirnstammbereich ist damit ein Integrationszentrum von immenser Bedeutung für die Statik und den korrekten Ablauf von Bewegungen. Das System ist direkt oder integrativ mit beteiligt an

● der Empfindung des Raumes und unserem Gefühl für oben und unten sowie für geradeaus;
● dem aufrechten Stehen;
● der Konstanz der räumlichen Wahrnehmung bei Körperbewegungen.

Fassen wir den Einfluß des Gleichgewichtsorgans auf die Motorik zusammen, so können wir feststellen, daß es der Aufrechterhaltung und Wiederherstellung der normalen Körper- und Kopfhaltung dient, zusammen mit den Reflexen, die den Ausgang von der Retina nehmen. Der Kopf wird im Schwerefeld der Erde „justiert" (Halte- und Stellreflexe). Ferner dienen die Reflexe dazu, den Fixierpunkt festzuhalten, so daß die Umgebung nicht bewegt erscheint. Die Augenstellung bleibt zunächst etwas zurück und springt dann rasch in die neue Lage. Würden diese Reflexe nicht existieren, würde beim Laufen die Umgebung scheinbar auf und ab tanzen.

Das Gleichgewichtsorgan ist ferner mit vegetativen und emotionalen Zentren (limbisches System) verbunden, da seine übermäßige Aktivierung Übelkeit und Abwehrreaktionen hervorruft, die man als Kinetosen (Seekrankheit) bezeichnet.

2.8.8. Motorisches Lernen

Das Erlernen von Bewegungsfertigkeiten spielt für den Menschen in fast allen Lebensbereichen eine große Rolle. Teilweise werden sie schon als Kind spielerisch erlernt; je komplizierter oder technologischer sie werden, desto mehr bedarf es einer gezielten Unterweisung. Im Vordergrund steht das „learning by doing", d. h., die Fertigkeiten werden Schritt für Schritt bewußt durchgeführt, stetig wiederholt und beginnen dann, langsam automatisiert zu werden. Es wird — wie man auch sagt — ein dynamisches Stereotyp entwickelt. Wer sich in erster Linie mit Sport beschäftigt, stelle sich das Erlernen eines Bewegungsablaufes, z. B. in der Skischule, vor. Nichtsportler können vielleicht auch ihr Lernen in der Fahrschule ins Gedächtnis zurückrufen. Beide Fertigkeiten erfordern ein großes Maß an erlernter Koordination. Zwischen dem Anfänger und dem Könner besteht der wesentliche Unterschied, daß der Anfänger jeden Teilablauf der Bewegung bewußt vollziehen muß, während der Könner äußerstenfalls eine Art Startsignal für den Bewegungsablauf geben muß, alles übrige läuft automatisch ab. Auch das Startsignal kann automatisiert sein: Bei Ansteigen der Straße oder bei langsamer Motordrehzahl schaltet der Geübte ohne notwendige Beteiligung des Bewußtseins zurück. Der Skifahrer paßt seine Schwünge automatisch dem Gelände an.

Das Lehren von Bewegungsfertigkeiten mit kompliziertem Bewegungsablauf bedarf großer Erfahrung. Dieses liegt einmal daran, daß der ungeübte Schüler die Rückmeldung aus seinen eigenen Propriorezeptoren falsch einschätzt. Jede Richtungsänderung beim Skifahren beruht immer auf der Entlastung der Ski, die im glatten Gelände durch eine Hoch-tief- bzw. Tiefhoch-Bewegung aktiv erfolgen muß. Der Anfänger meint subjektiv, eine Bewegung richtig auszuführen, während objektiv das Bild ganz anders aussieht. Weiterhin verwirrt die Fülle der zu beachtenden Einzelheiten den Schüler und verhindert damit die Ausbildung des Bewegungsstereotyps. Der erfahrene Lehrer wird deshalb bei komplizierten Übungen nacheinander die verschiedenen Merkmale des Bewegungsablaufes einzeln üben (analytische Lehrmethode). Weiterhin wirkt sich der Einfluß des limbischen Systems auf den Lernvorgang aus: Bei Angst am Steilhang funktioniert beim Anfänger nichts mehr.

Motorisches Lernen ist ein von vielen Disziplinen erforschtes Grenzgebiet, so daß wir uns hier im Rahmen unserer Darstellung auf die physiologischen Grundmechanismen beschränken müssen. Die Beobachtung, daß ein bewußtes oder kontrolliertes Handeln im Verlauf des Lernprozesses in ein unwillkürlich unbewußtes übergeht, zeigt schon, daß sich hier offensichtlich neue Reflexmechanismen ausbilden. Man nennt die zugrundeliegenden neuen Verbindungen „bedingte Reflexe", die dadurch beeinflußten Bewegungsabläufe auch „bedingte Reaktionen". Bedingte Reflexe wurden Anfang dieses Jahrhunderts von dem russischen Physiologen Pawlow beschrieben, der damit einen Meilenstein für die gesamte Lerntheorie gesetzt hat. Er beschäftigte sich mit vegetativen Fremdreflexen, deren Rezeptoren in der Mundschleimhaut liegen und die die Magensaftsekretion beeinflussen. Um diesen Vorgang isoliert untersuchen zu können, hatte er an Hunden in Narkose die Speiseröhre durchgeschnitten und das proximale und distale Ende am Hals nach außen geführt. Wenn der Hund fraß, fiel der Speisebrei durch den proximalen Stumpf nach außen, während sich im distalen ein Magenschlauch befand, durch den man Magensaft entnehmen konnte.

Pawlow beobachtete nun zufällig, daß man einen neuen Reflex erzeugen konnte, wenn man gleichzeitig mit der Nahrungsgabe ein Glockenzeichen ertönen ließ (wahrscheinlich hat er damit seinen Tierpfleger gerufen). Er fand heraus, daß nach einer gewissen Zeit nur noch das Glockensignal zu erklingen brauchte, um die vermehrte Magensaftsekretion auszulösen. Er hatte also 2 Systeme miteinander reflexartig verbunden, die vorher gar nicht zusammengehörten.

Die weitere Forschung ergab nun, daß sich nicht etwa nur das sensorische und das vegetative System miteinander durch bedingte Reflexe verbinden lassen, sondern auch alle übrigen Teile des Nervensystems untereinander. Der Unterschied zwischen dem Charakter der unbedingten, angeborenen, auf Fremdreflexen beruhenden und dem der bedingten Reaktionen erwies sich nur als quantitativ, aber nicht als qualitativ. Dies gilt vor allem für erlernte Abwehrreflexe. Sie werden vornehmlich durch Signalreize konditioniert. Auch das autogene Training beruht auf der Ausbildung bedingter Reaktionen.

Beim Erlernen von Bewegungsfertigkeiten soll es jedoch zu einer anderen Form bedingter Reflexe kommen, die vorwiegend den efferenten Teil der Reaktion betreffen. Es entsteht dadurch ein neues Bewegungsrepertoire, das dem ererbten zugeschlagen wird. Man bezeichnet die bedingten Reflexe, die nur die effektorische Komponente betreffen, auch als solche des zweiten Typs, da diese Art im Grunde keine Parallele bei den unbedingten Reflexen hat. Da die erlernten Bewegungsfertigkeiten durch eine Vielzahl neuer Verbindungen sehr komplex wirken, ist nicht zu bezweifeln, daß sie auf der Ausbildung bedingter Reflexe beruhen.

Es ist leicht einsehbar, daß die Erforschung der zugrundeliegenden Mechanismen recht schwierig ist. Zu vermuten ist, daß die neurophysiologische Repräsentation vom Niveau des motorischen Kortex, die sich damit als Willkürbewegung auch im Bewußtsein widerspiegelt, auf ein subkortikales Niveau, vielleicht sogar auf den Bereich des Stammhirns übergeht und damit unbewußt wird. Automatisiert ausgeführte Bewegungen können allerdings anschließend immer wieder ins Bewußtsein gerufen werden. Ein Autofahrer, der infolge einer plötzlich eingetretenen gefährlichen Situation reagiert hat, kann sich die Einzelheiten der Reaktion noch nachher voll ins Bewußtsein zurückrufen.

In der Regel vollzieht sich die Ausbildung der bedingten Reaktionen in mehreren Phasen:

- Erlernen von Teilhandlungen;
- Vereinigung einzelner Teilhandlungen zur Gesamthandlung;
- Beseitigung überflüssiger Muskelbewegungen.

Am Anfang werden immer zu viele Reaktionen überflüssiger Muskeln in die Arbeit einbezogen, die dann zur vorzeitigen Ermüdung und damit zu einem negativen Einfluß auf die Koordination führen. Nach neueren Untersuchungen scheint auch eine gewisse Rhythmusaneignung wichtig zu sein, um das dynamische Stereotyp zu festigen.

Da jede Bewegungsfertigkeit im Prinzip auf einer afferenten, einer zentralen und einer efferenten Komponente beruht, wobei häufig der Zeitfaktor noch eine entscheidende Rolle spielt, kann man sich vorstellen, daß bei unterschiedlichen Leistungen auch der begrenzende Faktor ganz unterschiedlich gelegen sein kann. Bei einem Bundesliga-Schiedsrichter spielt die äußere afferente Komponente die Hauptrolle, während die zentrale Komponente (die Entscheidung) und die efferente Komponente (die Pfeife) relativ leicht zu handhaben sind. Beim Schachspieler sind die afferente und efferente Komponente, d. h. das Wahrnehmen der Figuren und das Versetzen der Figuren, einfach, während die zentrale Komponente sehr kompliziert ist, da er unter Voraussicht einer Reihe von Zügen richtig handeln muß. Auch für efferente Schwierigkeiten ließen sich natürlich genügend Beispiele finden.

2.9. Vegetatives System aus leistungsphysiologischer Sicht

Als vegetatives – auch autonomes – Nervensystem bezeichnet man die Neurone der inneren Organe sowie alle effektorischen Nerven, die die glatte Muskulatur (z. B. die kleinsten Arterien, die Bronchien), das Herz, die Drüsen und die Fettzellen versorgen. Autonom bedeutet, daß es nicht dem Willen unterworfen ist, sondern daß seine Funktionen in erster Linie automatisch als Regelprozesse ablaufen, die allerdings mit dem motorischen und sensorischen System funktionell verknüpft sind. Verknüpfungen können auch hier angeboren oder über bedingte Reflexe erworben sein. Aus unserer Sicht ist das vegetative System besonders für die Anpassung des Organismus an Leistung und Erholung wichtig.

Eine schematische Übersicht über den Aufbau des vegetativen Nervensystems gibt Abb. 53. Die schwarz gezeichneten Bahnen stellen den Anteil des vegetativen Nervensystems dar, den man als Sympathikus bezeichnet, während die dunkelgrau gezeichneten Bahnen den Parasympathikus bedeuten. Beide Systeme kann man im großen und ganzen als Antagonisten bezeichnen: So läßt beispielsweise eine Erregung des Sympathikus die Herz-

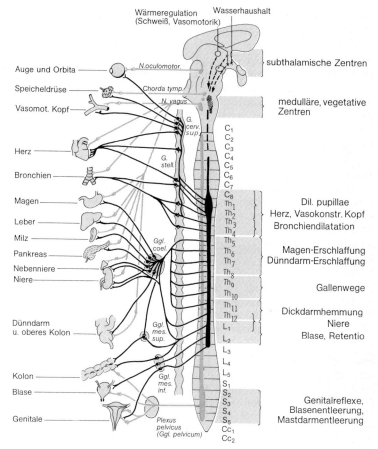

Abb. 53   Übersicht über den Aufbau des vegetativen Nervensystems. Die parasympathischen Kerne und Faserverbindungen sind dunkelgrau dargestellt (aus: H. Caspers: Zentralnervensystem. In: W. D. Keidel: Kurzgefaßtes Lehrbuch der Physiologie, 5. Aufl. Thieme, Stuttgart 1979).

frequenz ansteigen, während sie bei Erregung des Parasympathikus erniedrigt wird; bei der Pupille bewirkt der Sympathikus eine Erweiterung, der Parasympathikus eine Verengung.

Gegenüber den oben besprochenen Reflexwirkungen des sensomotorischen Systems weist das vegetative im efferenten Schenkel eine Besonderheit auf: Die efferente Leitung wird durch eine peripher gelegene vegetative Synapse, das Ganglion, unterbrochen. Deshalb unterscheidet man hier präganglionäre Fasern, die vor, und postganglionäre, die hinter dem Ganglion liegen.

Beim Sympathikus laufen die Fasern, die von Rezeptoren der inneren Organe kommen, zusammen mit afferenten Fasern des sensorischen Systems in das Hinterhorn des Rückenmarks ein. Die meisten präganglionären Neurone liegen im Seitenhorn des Rückenmarks und laufen dann zum Grenzstrang des Sympathikus (in Abb. 53 links vom Rückenmark gezeichnet). Dieser stellt eine Kette von Ganglien dar, in denen die postganglionären Fasern entspringen. Von hier aus ziehen dann die vegetativen Fasern zum Erfolgsorgan.

Beim Parasympathikus finden wir einen Anteil, der im Hirnstamm gelegen ist (kraniobulbärer Anteil), und einen sakral (im Bereich des Kreuzbeines) gelegenen Anteil. Informationen des kraniobulbären Anteils werden über den N.vagus (10. Hirnnerv) in den Brustraum geleitet und über Ganglienfelder umgeschaltet.

Abb. 54 zeigt den Übertragungsmechanismus in den uns schon bekannten Motoneuronen im Vergleich zu Neuronen des vegetativen Systems. Bei Motoneuronen wird die Erregung in den motorischen Endplatten cholinerg (d. h. mit Azetylcholin als Transmitter) übertragen. Beim Parasympathikus erfolgt die Umschaltung von prä- und postganglionär ebenso cholinerg wie beim Erfolgsorgan. Beim Sympathikus dagegen geschieht die letzte Übertragung auf das Erfolgsorgan adrenerg, d. h. mit Noradrenalin/Adrenalin als Transmitter.

Das vegetative System ist „tonisch" tätig, das bedeutet, daß die beiden Untersysteme eine Grunderregung aufweisen. Sowohl im Sympathikus als auch im Parasympathikus laufen ständig Erregungen ab, die je nach „Sympathikotonus" oder „Parasympathikotonus" die Erregungsfrequenz nach oben oder unten verändern. Mit gewissen Einschränkungen kann man dabei feststellen, daß der Sympathikotonus etwa gleichzeitig im ganzen System erhöht wird, während beim Parasympathikus die verschiedenen Anteile einen unterschiedlichen Tonus haben können.

Die Wirkungen von Sympathikus und Parasympathikus auf das Herz-Kreislauf-System, die Atmung und den Stoffwechsel werden bei den verschiedenen Organen und Organsystemen besprochen. Generell können wir das sympathische System als das Leistungssystem ansehen. Bei körperlicher Anstrengung, aber auch bei psychologischem Streß wird der Sympathikotonus erhöht. Man spricht deshalb auch vom „ergotropen" (εϱγοσ = Leistung) System. Die Erholung und alles, was damit zusammenhängt, ist durch einen hohen Parasympathikotonus und einen niedrigen Sympathikotonus gekennzeichnet. Für den Parasympathikus wurde deshalb auch der Ausdruck „trophotrop" (τϱοφειν = ernähren) vorgeschlagen. Man kann schon aus einigen wichtigen Funktionen diese Tatsachen ersehen: Der Sym-

Abb. 54 Schema der Erregungsübertragung an den prä- und postganglionären Synapsen des Sympathikus und Parasympathikus sowie an den somatischen Motoneuronen.

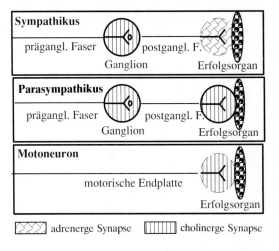

adrenerge Synapse   cholinerge Synapse

pathikus erhöht die Leistung des Herzens, steigert den Blutdruck, erweitert die Bronchien, beschleunigt die Atmung, schaltet die Enzyme auf Katabolismus um, erhöht den Wachheitszustand. Der Parasympathikus dagegen erniedrigt die Herzfrequenz, senkt den Blutdruck, aktiviert die Darmbewegung und Verdauung, aktiviert die Enzyme für die Biosynthese usw. und fördert den Schlaf.

Nicht nur für die akute Leistung, auch für das Verständnis des Ausdauertrainings ist das vegetative System wichtig: Je besser der Trainingszustand, desto mehr überwiegt in Ruhe der Parasympathikotonus. Bei Leistung dagegen können Ausdauertrainierte einen größeren Sympathikotonus und damit eine größere Regelfähigkeit erreichen.

Während bei normaler Aktivität des Sympathikus überwiegend Noradrenalin von den adrenergen Nervenfasern aus freigesetzt wird, kann bei starker Anstrengung oder bei psychologischen Einflüssen, wie Angst oder Schreck, zusätzlich noch ein Adrenalin-Noradrenalin-Gemisch von den endokrinen Drüsen des Nebennierenmarks freigesetzt werden, das am ganzen sympathischen System wirksam werden kann. Die beiden in ihrer Wirkung ähnlichen Substanzen Noradrenalin und Adrenalin faßt man auch unter dem Begriff „Katecholamine" zusammen.

Die Verstellung des Sympathikus kann über eine Reihe von Mechanismen erfolgen. So wird bei Abfall des Blutdrucks über die Pressorezeptoren, bei O_2-Mangel über die Chemorezeptoren im Glomus caroticum der Tonus erhöht. Bei körperlicher Arbeit sind offensichtlich Muskelrezeptoren für seine Einstellung verantwortlich (s. auch S. 147 ff.).

3. Blutkreislauf und Arbeit

Wir haben die Fundamentalprozesse der Energetik sowie ihre Anwendung auf die körperliche Arbeit und den Sport besprochen und dabei zunächst die Transportprobleme vernachlässigt. Der Transport der Nährstoffe und des Sauerstoffs zum Ort des Umsatzes, der Abtransport der Endprodukte und der gebildeten Wärme sowie die Informationsübermittlung durch humorale Steuerungsmechanismen erfolgen durch das Blut. Die Tatsache, daß die arbeitende Muskulatur an ganz verschiedenen Orten des Körpers liegen kann, stellt an die Regulation der Blutverteilung besonders hohe Anforderungen. Das Blut ist durch eine Reihe von Eigenschaften gut als Transportmittel geeignet. Bevor wir uns aber den Eigenschaften des Blutes zuwenden, werden wir uns zunächst mit dem System beschäftigen, welches das Blut bewegt und zu den Orten transportiert, in denen es benötigt wird.

3.1. Herz-Kreislauf-System

Das Herz des Menschen kann man sich als eine Doppelpumpe vorstellen. Man spricht daher auch von einem „linken Herzen", das den „großen" Körperkreislauf versorgt, und einem „rechten Herzen", welches das Blut in den „kleinen" Lungenkreislauf pumpt.

Jede dieser Herzhälften besteht aus einer Vorkammer (Atrium) und einer Kammer (Ventrikel). Die Vorkammern empfangen das Blut aus den Venen. Zwischen Vorkammer und Kammer befinden sich die Segelklappen. Die Ventrikel sind mit der Aorta (links) und der A. pulmonalis (rechts) verbunden. Dazwischen befinden sich die Taschenklappen. Die Kontraktion des Hohlmuskels „Herz", verbunden mit der Ventilfunktion der Klappen, bewirkt die gerichtete Blutströmung. Eine schematische Übersicht über den Kreislauf gibt Abb.55. Der große Kreislauf besteht aus einer Zahl parallel geschalteter Kreislaufabschnitte, die der Versorgung der einzelnen Organe dienen. Der Anteil der Durchblutung der einzelnen Abschnitte ist für Ruhebedingungen als Prozentanteil des Herzminutenvolumens angegeben. Das arterielle System mit seinen relativ starken und starren Wänden, das einen hohen Druck aufweist, reicht vom linken Herzen bis zu den Kapillaren in den einzelnen Organen. Das übrige System mit relativ großem Volumen und dehnbaren Wänden wird als Niederdruck- oder Kapazitätssystem bezeichnet.

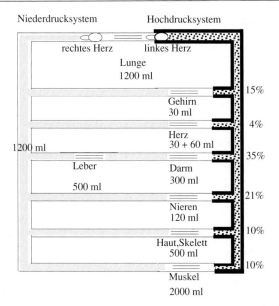

Abb. 55   Schema des Blutkreislaufes. Die Prozentzahlen rechts im Bild zeigen grob den Anteil des Herzminutenvolumens in Ruhe, das das betreffende Organgebiet durchblutet. Die ml-Werte zeigen die Verteilung des Blutvolumens.

Zwischen Hoch- und Niederdrucksystem befindet sich das Kapillarbett, in dem der Stoffaustausch mit dem Gewebe im großen Kreislauf bzw. mit der Außenluft im kleinen Kreislauf vollzogen wird.

Vor der Besprechung der Details wollen wir uns einige physikalische Begriffe ins Gedächtnis zurückrufen: Der Druck (p) ist der Quotient von Kraft und Fläche. Er hat im SI-System die Maßeinheit $N/m^2 = Pa$. Der mittlere arterielle Blutdruck liegt bei etwa 13 kPa. Aus historischen Gründen verwendet man in der Medizin bei der Angabe des Blutdrucks noch immer den Meßwert mmHg, wobei der Umrechnungswert 750 mmHg = 100 kPa beträgt. Bei dieser Einheit besitzt also der mittlere arterielle Blutdruck etwa den Wert von 100 mmHg. Da die Einheit noch sehr viel benutzt wird, werden in diesem Abschnitt jeweils beide Einheiten angegeben.

Die Stromstärke (I) ist der Quotient aus Volumen und Zeit (ml/min). Die Strömungsgeschwindigkeit hat die Einheit cm/s. Sie sollte nicht mit der Stromstärke verwechselt werden. Bei konstanter Stromstärke kann die Strömungsgeschwindigkeit im Zentral- und Randstrom unterschiedlich sein (laminare Strömung).

Der Strömungswiderstand (R) ist eine Größe, die durch äußere Reibung an der Gefäßwand und innere Reibung in der Blutflüssigkeit auftritt. Sie ist bei laminarer Strömung homogener Flüssigkeiten durch das Hagen-Poiseuille-Gesetz definiert:

$$R = \frac{k \cdot \eta \cdot L}{\pi \cdot r^4} \quad (39)$$

Dabei bedeutet L die Länge eines Rohres, r den Radius und η die Viskosität der strömenden Flüssigkeit. Besonders zu beachten ist, daß der Widerstand der vierten Potenz des Radius umgekehrt proportional ist. k ist eine Proportionalitätskonstante. Das Hagen-Poiseuille-Gesetz besagt, daß die Stromstärke I in einem Rohr von dem Quotienten aus Druckdifferenz und Strömung abhängt:

$$I = \frac{p_2 - p_1}{R} = \frac{(p_2 - p_1) \cdot \pi \cdot r^4}{k \cdot \eta \cdot L} \quad (40)$$

3.2. Physiologie des Herzens

3.2.1. Grundeigenschaften des Herzmuskels

Der Herzmuskel, auch Myokard genannt, besteht aus einzelnen Herzmuskelzellen, die prinzipiell dem Aufbau der Skelettmuskelfaser ähneln. Der Erregungs- und Kontraktionsmechanismus des Herzens gleicht dem des Skelettmuskels (S. 20ff.). Das Ruhepotential der Herzmuskelzellen beträgt ungefähr −80mV. Die einzelnen Zellen sind durch Membranen, sogenannte Glanzstreifen, getrennt. Da die Erregung über die Glanzstreifen von Zelle zu Zelle übertragen wird, reagiert der Herzmuskel wie eine große Zelle.

Die Aktionspotentiale zeigen einen sehr schnellen Anstieg (vgl. Abb.8), aber eine sehr langsame Repolarisationsphase. Bei der elektromechanischen Koppelung treten die Kalziumionen direkt aus dem Interstitium in die Zelle ein; sie sind nicht wie beim Skelettmuskel in besonderen Vesikeln enthalten. Als Folge der langsamen Repolarisationsphase ist das Herz nicht tetanisierbar.

Einige Zellen des Herzmuskels haben ein besonders instabiles Membranpotential. Diese „Schrittmacherzellen" depolarisieren rhythmisch und haben im Vergleich zu den übrigen Herzmuskelzellen eine schnellere Repolarisationsphase. Die von ihnen fortgeleitete Erregung bestimmt die Frequenz des Herzschlages. Der wichtigste Schrittmacher mit der höchsten Spontanfrequenz ist der Sinusknoten, der an der Grenze zwischen dem Sinus der großen Hohlvenen und dem Vorhof liegt. Von dort wird die Erregung über die Vorhofmuskulatur zum Atrioventrikularknoten geleitet. Hier befinden sich Schrittmacherzellen mit langsamerer Spontanfrequenz, so daß dieser

Knoten nur aktiv wird, wenn der Sinusknoten ausfällt. Vom Atrioventrikularknoten aus wird die Erregung über das His-Bündel und die schnelleitenden Purkinje-Fasern in alle Teile des Ventrikels geleitet.

Unter besonderen Umständen sind fast alle Teile des Herzmuskels zur Spontandepolarisation fähig, jedoch fällt die Spontanfrequenz von der Basis bis zur Spitze ab. Deshalb bestimmt normalerweise der Sinusknoten den Rhythmus.

3.2.2. Wirkung der Herznerven

Sowohl die Herzfrequenz als auch die Kraft der Kontraktion des Herzmuskels werden durch die Herznerven beeinflußt. Versorgt wird das Herz durch das sympathische System (Nn.cardiaci), das als Überträgerstoff Noradrenalin aufweist. Die zugehörigen Membranrezeptoren werden als β-Rezeptoren bezeichnet. Noradrenalin erhöht die Frequenz der Spontanentladung und bewirkt dadurch eine höhere Schrittmacherfrequenz des Sinusknotens (positive Chronotropie). Auch wird das Aktionspotential verlängert, was wiederum zu einem vermehrten Kalziumeinstrom führt und dadurch die Kraft der Kontraktion erhöht (positive Inotropie). Noradrenalin bewirkt ferner eine Verkürzung der Erregungsüberleitung (positive Dromotropie) und eine Herabsetzung der Reizschwelle (positive Bathmotropie). Wie wir bei der Besprechung der Herzmechanik noch lernen werden, steigern diese Effekte gewöhnlich die Herzleistung.

Das parasympathische System (N.vagus) greift nur am Vorhof an. Es senkt die Schrittmacherfrequenz des Sinusknotens. Hier wirkt es als Antagonist zum Sympathikus. Die Herzfrequenz wird hauptsächlich durch den Überträgerstoff Azetylcholin herabgesetzt.

3.2.3. Elektrokardiogramm

Das Elektrokardiogramm (EKG) stellt die algebraische Summe der Aktionspotentiale des Herzens dar. Infolge der guten elektrischen Leitfähigkeit der Gewebe kann das EKG an verschiedenen Stellen der Körperoberfläche als Potentialdifferenz abgenommen werden. Üblicherweise wird diese elektronisch verstärkt und auf einem Schreiber sichtbar gemacht. Die Elektrokardiographie ist heute als diagnostische Möglichkeit für die Medizin entwickelt und damit zu einer Spezialwissenschaft ausgebaut. Wir wollen hier deshalb nur einige Grundtatsachen erörtern, die für den Bedarf der Leistungsphysiologie nötig sind.

Bei der Standard-Extremitäten-Ableitung I (Elektrode am rechten und linken Arm) sind die Elektroden so an das Registriergerät geschaltet, daß der Zeiger nach oben abgelenkt wird, wenn der linke Arm positiv wird. In Ableitung II (Elektroden am rechten Arm und linken Bein) und ebenso in Ab-

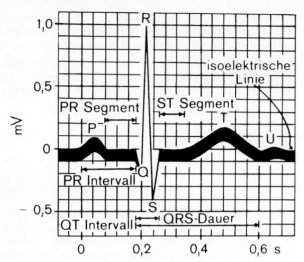

Abb. 56   Typischer Verlauf eines Elektrokardiogramms (aus: W. Ganong: Medizinische Physiologie. Springer, Berlin 1974).

leitung III (Elektroden am linken Arm und linken Bein) erfolgt die Auslenkung nach oben, wenn das Bein positiv wird.

Eine typische Form des EKG ist in Abb.56 wiedergegeben. Da es heute nur in sehr begrenztem Umfang möglich ist, das zugrundeliegende elektrophysiologische Geschehen mit der Form der Kurve in eine Beziehung zu bringen, bezeichnet man die verschiedenen Zacken in der angegebenen Buchstabenfolge. Die P-Zacke ist dabei der Vorhoferregung zugeordnet, QRS bezeichnet man als Kammerkomplex.

Der Leistungsphysiologe muß allerdings keine klinischen Diagnosen stellen, deshalb werden wir uns auch nicht mit den pathologischen Erscheinungen des EKG befassen. Das EKG dient im Rahmen der Leistungsphysiologie besonders dazu, die Herzfrequenz über adäquate Geräte zu registrieren oder zu zählen. Ferner ermöglicht es, die Regelmäßigkeit der Herzschlagfolge zu bestimmen, die zur Beurteilung der Arbeits- und Leistungsfähigkeit von großer Wichtigkeit ist. Hierbei gilt als Regel, daß unregelmäßige Zeitabstände zwischen den einzelnen R-Zacken in Ruhe bei sonst klinisch Gesunden für einen guten Trainingszustand sprechen. Die Abstände werden um so regelmäßiger, je größer die Leistungsanforderungen werden. **Unregelmäßige Zackenabstände (Arrhythmien) bei Belastung sprechen dagegen für pathologische Zustände. Der Belastungstest sollte abgebrochen und der Proband zunächst ärztlich untersucht werden.**

Die relative Höhe der T-Zacke gegenüber den anderen Zacken unter gleichen Ableitungsbedingungen spricht im allgemeinen für einen guten Trainingszustand des Herzens. Wenn die T-Zacke bei einem Leistungssportler
im Verlauf des Trainings kleiner wird, kann ein Übertraining vorliegen, da
ein relativer Sauerstoffmangel des Myokards bestehen kann. Während eines Herztrainings adaptieren nicht alle Systeme (Muskelfaserdicke, Mitochondrien, Kapillaren usw.) zeitlich gleichmäßig an den höheren Bedarf,
deshalb kann das Herz bei Belastung zeitweise in einen relativen Sauerstoffmangel kommen. Es empfiehlt sich, das Training einige Tage zu unterbre-
chen und abzuwarten, bis die T-Zacke wieder ihre Ausgangsgröße erreicht
hat.

Im Bereich des Hochleistungssports trifft man ab und zu unter Ruhebedingungen bei Hochtrainierten auf eine Dissoziation von Kammer- und Vor-
hofrhythmus (sog. Herzblock). Der Einfluß des Vagus ist bei diesen Trainierten so groß, daß die Schrittmacherfrequenz im Sinusknoten so gering
wird, daß spontan der Ersatzschrittmacher im AV-Knoten anspringt. Unter
Leistung wird die Herzfunktion sofort normalisiert. Deshalb ist dieser funktionelle Block ungefährlich.

3.2.4. Das Herz als Pumpe

Die geschilderten Abläufe dienen dazu, eine kontrollierte Blutmenge durch
den Kreislauf zu fördern, kontrolliert insofern, als das Herz immer gerade
so viel Blut fördert, wie zur Versorgung der Organe notwendig ist. Dieser
Effekt wird durch ein sinnvolles Feedback-System erreicht.

Das Prinzip der Herzarbeit besteht überwiegend darin, Blut von einem
niedrigen auf ein hohes Druckniveau zu bringen. Durch das „Röhrensystem" der Arterien, Kapillaren und Venen fließt das Blut aufgrund seines
Druckgefälles zum Herzen zurück.

Das Herz ist ein Hohlmuskel, der 4 Kammern umschließt: 2 Hauptkam-
mern (Ventrikel) sowie 2 Vorhöfe (Atrien). Jeweils zwischen Atrium und
Ventrikel befinden sich die Segelklappen, die die Richtung des Blutstromes
vom Atrium zur Kammer festlegen. Sie heißen Segelklappen, da die Klappen ähnlich wie Segel durch Sehnenfäden gegen Durchschlagen gesichert
sind. Im linken Herzen finden wir die Mitralklappe, im rechten die Trikus-
pidalklappe. Am Ausgang der Ventrikel zur Aorta (links) und zur A.pul-
monalis liegen die Taschenklappen (Semilunarklappen), die den Rückstrom
aus den großen arteriellen Gefäßen in das Herz verhindern. Die Klappen
schließen und öffnen sich druckpassiv.

Das Herz arbeitet zyklisch, einen Ablauf nennt man deshalb einen Herzzyklus. Grob betrachtet kann man ihn in 2 Phasen unterteilen, die Systole,
in der der Herzmuskel kontrahiert, und die Diastole, in der er nicht kontrahiert ist.

Um im einzelnen die Funktion des Herzens besser zu erkennen, unterteilt man jedoch sowohl Systole als auch Diastole in jeweils 2 Zeiten. Beginnen wir bei der Systole: Die Kammern sind zu Beginn der Systole, also kurz bevor die Muskelkontraktion beginnt, gefüllt. Das Blut befindet sich unter einem niedrigen Druck. Die Muskelkontraktion erfolgt zunächst weitgehend isometrisch (S. 11), da zunächst alle Klappen geschlossen sind. Diese Phase bezeichnet man als Anspannungszeit. Da Flüssigkeit nicht kompressibel ist, erhöht sich der Druck bei konstantem Volumen (isovolumetrisch) in den Kammern so lange, bis er gleich dem Druck in den abführenden Arterien (Aorta bzw. A.pulmonalis) ist. Sobald der Ventrikeldruck größer wird, öffnen sich die Taschenklappen, und die zweite Phase der Systole beginnt, die man als Austreibungszeit bezeichnet. Jetzt wird der Herzmuskel auxotonisch kontrahiert, sein Innenvolumen, das bis zum Beginn der Austreibungszeit konstant war, wird verkleinert. Nach der Austreibungszeit beginnt die Diastole, bei der zunächst wieder alle Klappen geschlossen sind, weil der Druck in den abführenden Arterien jetzt größer ist und der Ventrikeldruck noch den Druck in den Vorhöfen übersteigt. Diese erste Phase der Diastole verläuft also genau wie die Anspannungszeit bei konstanten Ventrikelvolumina, sie heißt Erschlaffungszeit. Ist der Ventrikeldruck unter den Vorhofdruck gefallen, öffnen sich die Segelklappen, und die Füllung der Ventrikel beginnt. Hier beginnt die vierte Zeit, die Füllungszeit. Die Ventrikel füllen sich mit Hilfe des sogenannten Ventilebenenmechanismus. Dieses Schlagwort beschreibt folgendes: Als Ventilebene bezeichnet man die Grenzfläche zwischen Vorhöfen und Kammern, in der die Herzklappen (Ventile) liegen. Die Herzspitze ist funktionell am Zwerchfell fixiert. Wenn sich der Ventrikel in der Austreibungszeit kontrahiert, wird deshalb bei geschlossenen Segelklappen die Ventilebene in Richtung Herzspitze gezogen, weil in dieser Zeit die Vorhöfe schlaff sind. Dadurch saugt die jetzt geschlossene Ventilebene in Art eines Spritzenstempels Blut in die Vorhöfe ein. Während der Füllungszeit schiebt sich die Ventilebene nun geöffnet über das im Vorhof gespeicherte Blut und füllt so die Ventrikel. Die Bewegung der Ventilebene wird durch die Vorhofmuskulatur unterstützt. Man kann das Herz also als Saug-Druck-Pumpe auffassen.

Abb. 57 gibt eine Übersicht über die Zuordnung einiger Meßgrößen zum Herzzyklus des linken Ventrikels. Die oberste Reihe zeigt die Systole mit Anspannungszeit (1) und Austreibungszeit (2) sowie die Diastole mit Er-

Abb. 57   Zeitliche Zuordnung einiger Meßgrößen bzw. Vorgänge zu den Aktions- ▷ phasen des Herzens: 1. Anspannungsphase, 2. Austreibungsphase, 3. Entspannungsphase, 4. Füllungsphase. Die grauen Querbalken im mittleren Teil des Diagramms markieren die Dauer des Verschlusses der betreffenden Klappen. Die römischen Zahlen kennzeichnen den 1. bis 4. Herzton (aus: H. Antoni: Funktion des Herzens. In: R. F. Schmidt, G. Thews: Einführung in die Physiologie des Menschen, 17. Aufl. Springer, Berlin 1976).

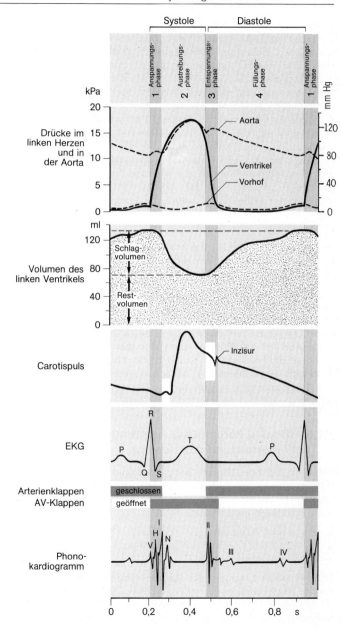

Systole | Diastole

1 Anspannungs-phase
2 Austreibungs-phase
3 Entspannungs-phase
4 Füllungs-phase
1 Anspannungs-phase

kPa — mm Hg

Drücke im linken Herzen und in der Aorta

Aorta
Ventrikel
Vorhof

Volumen des linken Ventrikels

Schlag-volumen
Rest-volumen

Carotispuls

Inzisur

EKG

P   R   Q   S   T   P

Arterienklappen
AV-Klappen

geschlossen
geöffnet

Phono-kardiogramm

V   H   I   N   II   III   IV

0   0,2   0,4   0,6   0,8   s

schlaffungs- (3) und Füllungszeit (4). Darunter ist die Stellung der Taschen-klappen (hier linke Aortenklappe) eingezeichnet. Dunkelgrau bedeutet ge-schlossen, weiß offen. Darunter ist die Stellung der Segelklappen darge-stellt. Während der Anspannungszeit (1) und der Erschlaffungszeit (3) sind alle Klappen geschlossen. Während der Anspannungszeit steigt der Kam-merdruck von 0 auf den diastolischen Druck in der Aorta an. Dabei bleibt das Volumen im Herzen konstant. Die Anspannungszeit ist beendet, wenn der intraventrikuläre Druck den Aortendruck übersteigt. Jetzt erfolgt unter Druckerhöhung die Austreibung. Das Innenvolumen des Herzens nimmt um den Betrag des Schlagvolumens ab. Es verbleibt das Restvolumen, das in Ruhe etwa 50% des Kammervolumens beträgt. Der Aortendruck steigt auf den systolischen Druck an. Während der Erschlaffungszeit fällt der in-traventrikuläre Druck ab. Das Volumen im Herzen ist in dieser Zeit kon-stant. In der Füllungszeit nimmt das intraventrikuläre Volumen zu. Das Herzminutenvolumen ist das Produkt aus Schlagvolumen und Herzfre-quenz.

Im vorliegenden Fall hat das Schlagvolumen einen Wert von 60 ml. Bei ei-ner angenommenen Herzfrequenz von 80/min ergibt sich ein Herzminuten-volumen (HMV) von 4,8 l/min.

Wir können auf Abb. 57 die Zuordnung weiterer Größen, z. B. des EKGs, sehen. Man kann über dem Herzen mit einem Stethoskop sogenannte Herz-töne hören bzw. das Phonokardiogramm über ein Mikrophon aufzeichnen. Der erste Ton ist ein Muskelton und tritt während der Anspannungszeit auf, der zweite Ton ist ein Klappenton, der dem Schluß der Taschenklappen zu-geordnet ist. Eine weitere Kurve zeigt schließlich den Druckverlauf in der A. carotis (Halsschlagader). Wir sehen einen ähnlichen Druckverlauf wie in der Aorta, nur um den gestrichelten Betrag zeitversetzt, da sich die Druck-welle mit endlicher Geschwindigkeit fortpflanzt.

3.2.5. Wirkung körperlicher Anstrengung auf die Förderleistung des Herzens

Das Herz steht bei körperlicher Anstrengung unter der Wirkung der Über-trägerstoffe des Sympathikus, die wir schon in ihren Einzelwirkungen erör-tert haben. Für die Förderleistung und die Kraftentwicklung spielen beson-ders 3 Faktoren eine wichtige Rolle:

● der venöse Rückstrom,
● die Kraft der Kontraktion des Myokards und
● der Druck in der Aorta.

Nicht bei jeder Erhöhung des arbeitsbedingten Sympathikotonus nimmt der venöse Rückstrom zu, vor allem nicht bei statischer Haltearbeit, weil hier die periphere Durchblutung dadurch eingeschränkt wird, daß die periphere Strombahn durch die Kontraktion des Muskels mechanisch gedrosselt wird.

Dagegen wird bei dynamischer Arbeit der venöse Rückstrom durch die Muskelpumpe (S. 135) gefördert. Man muß sich immer der trivialen Tatsache bewußt sein, daß das Herz nie mehr fördern kann, als ihm an venösem Rückstrom angeboten wird.

Die Änderung der Kraft der Kontraktion kann 2 Ursachen haben: Einmal wird die Kontraktionshöhe myogen, d. h. vom Myokard selbst, von der Vordehnung aus eingestellt. Wird das Herz stärker vorgedehnt (oft als „preload" bezeichnet), dann wird die Kraft und damit die Entleerung automatisch größer. Ebenso kann es sich automatisch an einen höheren Aortendruck anpassen. Dieses ist die Grundeigenschaft jeden Muskels. Ohne im einzelnen auf diese durch das Frank-Starling-Straub-Gesetz beschriebene Tatsache einzugehen, ist man heute der Auffassung, daß dieser Mechanismus in erster Linie für die Anpassung der Förderleistung beider Ventrikel besondere Bedeutung hat. Wegen der Hintereinanderschaltung beider Kreisläufe müssen beide Minutenvolumina gleich sein, soll es nicht eine Stauung in einem der beiden Kreisläufe geben.

Viel wesentlicher ist der Einfluß des Sympathikus auf die Kraft der Kontraktion. Seine Wirkung besteht darin, daß sich das Herz stärker entleert, und zwar auf Kosten des Restvolumens. Das Restvolumen stellt also eine Reserve für die körperliche Leistung dar. Das trainierte Sportherz hat noch ein größeres Restvolumen und deshalb eine größere Reserve als das normale Herz. Wir werden darauf bei der Besprechung des Trainings zurückkommen.

Der Aortendruck ist eine Folge des Herzminutenvolumens (HMV) und der Sympathikuswirkung auf die peripheren Gefäße. Er hängt sehr stark von der Anzahl der aktiven Muskelgruppen ab. Je höher der diastolische Druck ist, desto größer wird der isometrische Anteil der Kontraktion, was man sich für das Herztraining zunutze machen kann. Es würde im einzelnen zu weit führen, auf die komplizierte Wechselwirkung von Aortendruck und HMV einzugehen.

3.2.6. Arbeit und Umsatz des Herzens

Die Arbeit des linken Ventrikels besteht aus 2 Anteilen: erstens Erhöhung des Schlagvolumens auf den Aortendruck und zweitens Beschleunigung dieses Volumens auf die Geschwindigkeit der Blutströmung im Anfangsteil der Aorta. Der Druck-Volumen-Anteil (W_{PV}) unter Ruhebedingungen ergibt sich aus den Ruhewerten. Gehen wir von einem Schlagvolumen von 100 cm^3 $= 100 \cdot 10^{-6}$ m^3 und einem Druckanstieg von 0 auf 16000 Pa ($= N/m^2$) ≈ 120 mmHg aus, so ergibt sich:

$$W_{PV} = 16000 \cdot 100 \cdot 10^{-6} \frac{Nm^3}{m^2} = 1,6 \text{ Nm. (41)}$$

Die Beschleunigungsarbeit beträgt etwa nur 1% der Druck-Volumen-Arbeit. Die Rechnung ist aus didaktischen Gründen stark vereinfacht, da eigentlich über den gesamten Druckablauf integriert werden müßte. Wird diese Arbeit mit 60 Schlägen/min ($\approx$ 1 Schlag/s) geleistet, so ergibt sich eine Leistung von

$$1,6 \frac{Nm}{s} = 1,6 \text{ W}.$$

Bei großer körperlicher Anstrengung eines Ausdauertrainierten im dritten Lebensjahrzehnt können wir folgendes feststellen: Der mittlere Aortendruck steigt auf den doppelten Wert, das Schlagvolumen nimmt um 20% zu, und die Herzfrequenz erreicht Werte um 180/min. Man kann daraus errechnen, daß die Leistung dabei ca. 12 W erreicht, da zusätzlich zur Druck-Volumen-Arbeit auch die Beschleunigungsarbeit des Herzens zunimmt. Beim Untrainierten kann die Herzleistung sich etwa im Verhältnis 1 : 5 verändern. Das rechte Herz muß größenordnungsmäßig wegen der niedrigeren Drücke im Lungenkreislauf rd. 20% der Leistung des linken Herzens aufbringen.

Errechnen wir den dazu notwendigen Energieaufwand bei einem Wirkungsgrad von 20%, so ergibt sich nach der auf S. 64 beschriebenen Beziehung ein Umsatz in Ruhe von 8 J/s. Bei schwerer körperlicher Arbeit steigt der Umsatz des Herzens auf das 8- bis 10fache an. Zusammen mit dem basalen (nicht leistungsbezogenen) Umsatz des Herzens ergibt sich ein Anteil am Gesamtumsatz von ca. 9% (S. 60).

Der Wirkungsgrad des Herzens ist insofern von großer Bedeutung, als beim älteren Menschen häufig infolge der Verengung von Herzkranzgefäßen die O_2-Versorgung kritisch werden kann, da das Herz bekanntlich nicht anaerob arbeiten kann. Der Wirkungsgrad ist um so höher, je niedriger die Herzfrequenz und je größer das Schlagvolumen für sonst gleiche Herzarbeit ist. Ausdauertraining begünstigt also den Wirkungsgrad und vermindert dadurch das Infarktrisiko.

3.2.7. Versorgung des Herzmuskels

Der Herzmuskel wird durch die Koronararterien versorgt. Die Regulation der Durchblutung erfolgt ähnlich wie beim arbeitenden Skelettmuskel. Der Herzmuskel nutzt den Sauerstoff des Blutes schon dann ziemlich stark aus, wenn nur der Ruhekreislauf aufrechterhalten wird. Bei großem Herzminutenvolumen muß deshalb der Mehrbedarf in erster Linie durch Mehrdurchblutung der Koronararterien gedeckt werden. Einen besonders starken Reiz auf die Mehrdurchblutung soll der Abfall des O_2-Druckes im Blut darstellen.

3.3. Gefäßsystem

3.3.1. Überblick über Anatomie und Physiologie

Das Gefäßsystem enthält 3 Arten von Gefäßen: die Arterien, die Kapillaren und die Venen. Jeder Gefäßtyp hat besondere morphologische Eigenschaften. Die Aorta und die großen Arterien enthalten in ihrer relativ dikken Wand sehr viel elastisches Gewebe und wenig Gefäßmuskulatur; bei den kleinen und kleinsten Arterien findet sich weitaus mehr glatte Muskulatur, die vornehmlich von sympathischen Nervenendigungen, den Vasomotoren, innerviert wird. Erregung der Vasomotoren führt zur Kontraktion der Gefäßmuskulatur und damit zur Abnahme des Gefäßradius. Dadurch kann der periphere Widerstand des arteriellen Systems einjustiert werden.

An die kleinsten Arterien schließen sich als Übergang zu den Kapillaren die Metarteriolen an. In diesem Übergang verliert sich die Wandmuskulatur. Die Kapillaren stellen hauchdünne Endothelschläuche dar, die keine aktiven Verstellmöglichkeiten haben. Sie können nur druckpassiv geöffnet oder geschlossen werden.

Das Blut aus den Kapillaren wird in den Venolen gesammelt und geht dann in die dritte Gruppe, die Venen, über. Die Venen enthalten Elastin und einige Gefäßmuskeln. Sie unterscheiden sich von der Aortenwand besonders durch ihre starke Dehnbarkeit und ihre Wanddicke. Die kleinen peripheren Venen besitzen Klappen, die einen Rückfluß verhindern. Im kleinen Kreislauf finden wir prinzipiell die gleichen Verhältnisse, allerdings sind Arterien und Venen stärker dehnbar als im großen Kreislauf.

Die Druck- und Volumenverhältnisse im Kreislaufsystem unter Ruhebedingungen sind folgende: Im linken Ventrikel pulsiert der Druck zwischen seinem diastolischen Wert von ca. 0 und seinem systolischen Wert von 16 kPa (120 mmHg). In den großen Arterien ist der systolische Druck gleich, der diastolische Druck fällt aber auf einen Wert von ca. 10 kPa (80 mmHg) ab. Man bezeichnet den Unterschied zwischen systolischem und diastolischem Druck als Blutdruckamplitude. Sie nimmt in den Arterien vom muskulären Typ leicht zu. In den kleinsten Arterien (Arteriolen), den Widerstandsgefäßen, fällt der Druck ganz steil ab, da sich in diesem Bereich die größte Änderung des Widerstandes findet. In den Kapillaren erreicht der Druck einen Wert von ca. 4 kPa (30 mmHg). In den Venen ist der Druckabfall infolge des geringen Widerstandes auch nur gering. Im rechten Vorhof ist der Druck wieder 0. Im rechten Ventrikel wird ein geringer Druck von etwa 2 kPa (115 mmHg) erzeugt.

Die Volumenverteilung (Abb. 58) im System richtet sich nach der Dehnbarkeit. Nur etwa 15−16% der Blutmenge befinden sich in den schlecht dehnbaren Arterien, während der größte Teil im Niederdrucksystem anzutreffen ist.

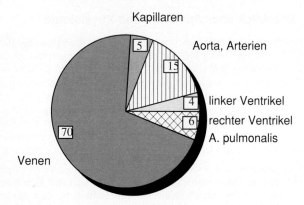

Abb. 58 Der prozentuale Anteil des Blutvolumens in den verschiedenen Abschnitten des Kreislaufs unter Ruhebedingungen.

3.3.2. Arterielles System

Das arterielle System verteilt unter hohem Druck das HMV an die verschiedenen Gewebe. Der hohe Druck hat den Vorteil, daß der Blutstrom durch geringe Verstellung der Widerstände das HMV unterschiedlich verteilen kann, um den jeweiligen lokalen Bedarf zu befriedigen.

Der arterielle Druck (p) ist das Resultat von 2 Faktoren: der momentanen Stromstärke des Blutes am Anfangsteil der Aorta (I) und des peripheren Gesamtwiderstandes (R). Nach dem Ohm-Gesetz sind beide Größen multiplikativ miteinander verknüpft. Es gilt für den Blutdruck:

$$p = I \cdot R \ (42)$$

Der periphere Gesamtwiderstand wird aus den einzelnen Widerständen nach der Beziehung gebildet:

$$\frac{1}{R_{ges}} = \frac{1}{R_1} + \frac{1}{R_2} + \cdots \frac{1}{R_n} \ (43)$$

Der Einzelwiderstand einer kleinsten Arterie ergibt sich nach dem Hagen-Poiseuille-Gesetz zu:

$$R = \frac{k \cdot \eta \cdot L}{\pi \cdot r^4} \ (44)$$

(L = Länge, r = Radius, k = Proportionalitätskonstante)

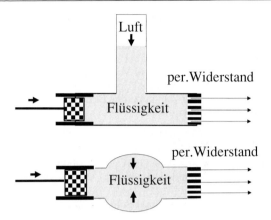

Abb. 59   Technischer (oben) und biologischer (unten) Windkessel. Der techni-sche Windkessel wird mit einer relativ kleinen Öffnung an das starre Röhrensystem angeschlossen; die elastischen Eigenschaften des Gesamtsystems, in welchem gleichzeitig überall der gleiche Druck herrscht, sind an diesem Punkt repräsen-tiert. Beim biologischen Windkessel sind die elastischen Eigenschaften durch die Dehnbarkeit der Wand bedingt.

Die Gefäßmuskeln werden durch das sympathische Nervensystem versorgt. Erregungen des Sympathikus bewirken eine Kontraktion der Muskeln der kleinsten Arterien und damit eine Erhöhung des Strömungswiderstandes.

Kompliziert zu durchschauen sind die Druckverhältnisse im arteriellen Teil des Blutkreislaufes dadurch, daß das Zeitvolumen des Herzens stoßweise in das arterielle System ausgetrieben wird. Hier übt die elastische Dehnbar-keit der großen Arterien eine wichtige Wirkung aus, die man als Windkes-selfunktion bezeichnet. Der Name stammt aus der Technik.

Wir betrachten Abb. 59, in der ein Windkessel dargestellt ist. Aus einer Kolben-pumpe, die ähnlich wie das Herz ihr Volumen stoßweise mit diastolischer Pause ab-gibt, wird Flüssigkeit an das starre Rohrleitungssystem abgegeben, das am distalen Ende einen hohen Strömungswiderstand aufweist. Seitenständig ist ein „Windkessel" angebracht, der luftgefüllt ist. Wir sollten uns erinnern, daß Wasser nicht, Luft dage-gen kompressibel ist. Während der „Systole" der Pumpe wird der Druck im System gleichmäßig erhöht. Die Luft im Windkessel wird dabei komprimiert und wandelt ki-netische Energie in potentielle Energie um. Während der Diastole wird diese Energie wieder abgegeben und in Bewegung der Flüssigkeit zurückverwandelt.

Stellen wir uns vor, der Windkessel wäre völlig mit Wasser gefüllt, dann stiege der Druck während der Systole theoretisch auf einen unendlichen Wert an, da die Flüs-sigkeit nicht ausweichen könnte. Während der Diastole fiele er auf 0 zurück. Nach Gleichung 42 folgt die Stromstärke dem Druck, d.h. also, die Stromstärke würde während der Diastole 0 werden, während der Systole muß sie auf einen hohen Wert beschleunigt werden.

Im arteriellen System übernimmt die elastische Dehnbarkeit der Arterien diese Funktion (Abb. 59), die damit das Herz entlastet: Der Druckanstieg hält sich in Grenzen, die Blutsäule braucht nur mäßig beschleunigt zu werden. Die Funktion spielt vor allem bei körperlicher Belastung eine wichtige Rolle, da die absoluten Drücke und Volumina ansteigen. Bei älteren Menschen, bei denen die Dehnbarkeit der großen Gefäße ständig abnimmt, findet man deshalb auch eine Zunahme der Blutdruckamplitude mit einer adaptiven Zunahme der Herzgröße.

Aus dem Verhalten des systolischen Druckes, des diastolischen Druckes und der Blutdruckamplitude kann man eine Reihe von Schlüssen ziehen.

Wir stellen uns zu diesem Zweck die Aorta vereinfacht als einen dehnbaren Schlauch mit einer endständigen Verengung vor, die den peripheren Widerstand darstellt:

- Halten wir in diesem Modell das Schlagvolumen, die Herzfrequenz und den peripheren Widerstand konstant und verändern nur die Dehnbarkeit der Aorta, so erhalten wir mit größerer Dehnbarkeit eine kleine Druckamplitude. Dabei bleibt der Mitteldruck konstant.

- Vergrößern wir dagegen bei gleicher Dehnbarkeit, bei konstantem Schlagvolumen und konstanter Herzfrequenz nur den peripheren Widerstand R, so wird der mittlere Blutdruck entsprechend unserer Gleichung ansteigen. Dabei wird der diastolische jedoch stärker als der systolische Druck zunehmen. Jetzt wird in der Systole mehr Blut im Windkessel gespeichert, da während der Austreibungszeit weniger durch den erhöhten Widerstand abfließen kann. Während der Diastole entleert sich der stärker gefüllte Windkessel wegen des hohen Widerstandes noch zusätzlich langsamer, so daß der diastolische Druck beim Einsetzen der nächsten Systole noch höher als normal ist. Die Zunahme des Widerstandes und das größere Volumen im Windkessel potenzieren sich also in ihrer Wirkung auf den diastolischen Druck.

- Auch beim isoliert vergrößerten Schlagvolumen steigt der Blutdruck an. Da der zusätzliche Anteil des Schlagvolumens jetzt vornehmlich den Windkessel füllt, der während der Diastole im Abfluß nicht zusätzlich behindert ist, betrifft diese Drucksteigerung besonders den systolischen Druck.

3.3.3. Blutdruckregelung im arteriellen System

3.3.3.1. Prinzip der Regelung und Art der zu regelnden Störungen

Um das Prinzip der Blutdruckregelung zu verstehen, bleiben wir zunächst bei unserem vereinfachten Modell, das nur aus dem Zufluß (I) in das arterielle System und dem peripheren Gesamtwiderstand (R) besteht (Abb. 60). Im arteriellen System herrscht also unter normalen Ruhebedingungen ein Druck von 13 kPa (100 mmHg), der nach Gleichung 42 durch das Produkt von I und R bestimmt wird. Dieser Druck wird auch bei Stö-

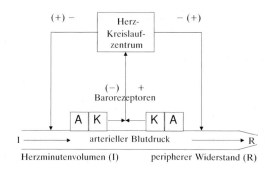

Abb. 60   Schematische Darstellung der Blutdruckregelung im arteriellen System. Die Barorezeptoren messen fortlaufend den Druck, melden ihn zum Herz-Kreislauf-Zentrum, dort wird gegensinnig einmal das Herzminutenvolumen und zum anderen der periphere Gesamtwiderstand gesteuert. K = Karotissinus-, A = Aortenrezeptorfelder.

rungen durch einen kombinierten Zu- und Abflußregelkreis konstant gehalten. Jeder Regelkreis (s. Anhang) besteht mindestens aus einem Fühler, der die Regelgröße (hier den arteriellen Druck) fortlaufend mißt und über den Regler die Stellgrößen wieder beeinflußt, die an der Regelstrecke − dem arteriellen System − angreifen. In Abb. 61 ist der Informationsfluß schematisch dargestellt. Fällt der Druck im arteriellen System ab, so wird dadurch eine Information − hier durch Abnahme der Aktionsstromfrequenz in den afferenten Nerven − zu den Regelzentren übermittelt, die jetzt gegensinnig die Herzleistung und damit I erhöhen. Gleichzeitig wird auch über einen zweiten Kreis der periphere Gesamtwiderstand (R) heraufgesetzt. Steigt der Systemdruck an, so werden I und R vermindert und damit der Druck stabilisiert.

Welche Art von Störungen werden denn nun ausgeregelt? Die gröbste Störung, die man sich vorstellen kann, wäre eine Verletzung einer Arterie. Die dabei auftretende lokale Widerstandsabnahme würde durch eine Zunahme des Gesamtwiderstandes und des HMV kompensiert, so daß der Druck im arteriellen System zumindest so lange, wie genügend Blut vorhanden ist, erhalten bleibt. Dadurch werden das Gehirn und das Herz, die sensibelsten Teile des Systems, zumindest zeitweise ausreichend versorgt.

Aber auch ohne solche dramatischen Eingriffe kann man sich die Störungen klarmachen: Unsere Wärmeregulation erfolgt teilweise über Variation der Hautdurchblutung, die vornehmlich von lokalen Faktoren bestimmt wird. Es wird also der lokale periphere Widerstand verändert, der durch eine Änderung des HMV und des Gesamtwiderstandes kompensiert wird. Auch Lagewechsel beeinflußt den Blutdruck, da beim Stehen der Zufluß zum Herzen zunächst geringer wird; dadurch sinkt der Blutdruck ab, der wiederum durch den Regler kompensiert wird. Diese Beispiele mögen genügen.

Bei körperlicher Arbeit wird der Sympathikotonus von Rezeptoren der Muskulatur aus erhöht (s. Abschn. 147), dadurch fällt der Blutdruck ab. Hier wirkt dieses Regelsystem als Zügel, um einem starken Ansteigen des arteriellen Blutdruckes entgegenzuwirken.

3.3.3.2. Lage der Barorezeptoren

Der Regelkreis für die Blutdruckregelung besteht aus Fühlern (Baro- oder auch Pressorezeptoren genannt), von denen 2 symmetrisch an der Stelle der Teilung der arteriellen Carotis communis in die Aa. carotides interna und externa liegen (Karotissinusrezeptoren). 2 weitere Fühler liegen in der Wand des Aortenbogens (Aortenrezeptoren). Die Karotissinusrezeptoren sind über die Karotissinusnerven, die Aortenrezeptoren über die Nn. depressores und einige Schaltstellen mit dem Kreislaufzentrum in der Medulla oblongata verbunden. Das Kreislaufsystem kann man funktionell in ein Herzzentrum und ein Vasomotorenzentrum einteilen. Von hier aus werden die Stellglieder des Regelkreises, die Effektoren, gesteuert.

Beide Zentren verstellen vornehmlich den Sympathikotonus. Nimmt im Kreislaufzentrum die ankommende Erregung der Karotissinusnerven oder der Depressoren aufgrund eines abgefallenen Blutdrucks ab, so wird der Sympathikotonus erhöht. Am Herzen führt das zur Zunahme der Leistung (S. 111), an den peripheren Gefäßen werden die Vasomotoren erregt, was zur Kontraktion der Wandmuskulatur der kleinsten Arterien führt.

Dabei wird der periphere Gesamtwiderstand erhöht. Interessant und für die Regelung besonders wichtig ist, daß lokale Faktoren (z. B. Wärme, Stoffwechselendprodukte) den lokalen Vasomotoreneinfluß hemmen. Die lokalen Regelkreise haben demnach Priorität vor der Gesamtregulation. Dadurch wird das Blut immer da besonders stark fließen, wo es zur Deckung des Bedarfs gebraucht wird. Die nichtaktiven Gebiete regulieren den Gesamtwiderstand.

3.3.3.3. Eigenschaften der Fühler

Die 4 Rezeptorfelder sind in die Arterienwand eingelassen. Sie reagieren auf Veränderungen der Differenz zwischen Innen- und Außendruck. Adäquater Reiz ist die dadurch ausgelöste Dehnung der Arterienwand. Verhindert man künstlich, daß sich die Karotissinuswand dehnen kann, so entsteht keine Aktivität im zugehörigen Karotissinusnerv. Für die gesamte In-

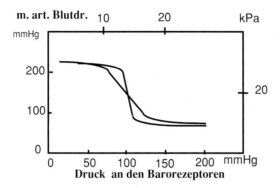

Abb. 61   Schematische Darstellung von zwei unterschiedlich empfindlichen Blut-druck-Kennlinien. Der mittlere arterielle Blutdruck ist eine Funktion des Druckes im isolierten Barorezeptorfeld.

formation ergibt sich eine S-förmige Charakteristik in einem statisch gemes-senen Druckbereich von etwa 10−27 kPa (70−200 mmHg).

Die Rezeptoren zeigen ein proportional-differentiales Verhalten, d. h., sie reagieren auf sprungförmige Änderung des Druckes mit einer Antwort-funktion zweiter Ordnung (s. Anhang S. 343). Im physiologischen Druck-bereich zwischen 11 und 20 kPa (80−150 mmHg) ist jedoch die Antwort-funktion unsymmetrisch („unidirectional rate sensitivity"). Das bedeutet, daß pulsierende Drücke im Karotissinus immer stärker beantwortet werden als äquivalente statische Drücke.

3.3.3.4. Eigenschaften des Blutdruckregelkreises

Das statische Verhalten von Regelkreisen wird durch eine Kennlinie (Blut-druckcharakteristik) beschrieben, wie man sie durch „Aufschneiden" des Regelkreises in Tierversuchen schon im ersten Drittel dieses Jahrhunderts gewonnen hat. Zwei solcher Kennlinien sind schematisch in Abb. 61 darge-stellt. Um solche Kurven zu gewinnen, isolierte man einen Karotissinus. Wenn alle ab- und zuführenden Gefäße am Karotissinus abgebunden wer-den (A. carotis communis, interna und externa), entsteht ein Blindsack, der vom Kreislauf isoliert, aber mit dem Zentrum über den Karotissinusnerven verbunden ist. Durch diese Prozedur kann der arterielle Blutdruck nicht mehr auf das Rezeptorfeld einwirken. Man spricht deshalb von einem auf-geschnittenen Regelkreis (s. Anhang S. 327). Der Blindsack wird unter va-riable definierte Drücke gesetzt, was jeweils zu einer Änderung des mittle-ren arteriellen Blutdrucks führt. In Abb. 61 ist eine sehr und eine weniger empfindliche Kennlinie dargestellt.

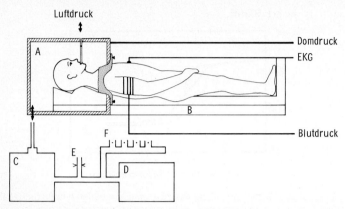

Abb. 62   Schematische Darstellung der Methode zur Bestimmung der Blutdruck-charakteristik am Menschen. Die Versuchsperson liegt auf einer Liege (B), den Kopf und Hals in einer Kammer (A), in der der Druck im Halsbereich im Bereich von 8 kPa (60 mmHg) durch einen motorgetriebenen Kompressor (D) und be-stimmte Luftflußwiderstände (E u. F) variiert werden kann. Behälter C dient als Druckausgleichgefäß, um Schwankungen zu vermeiden. EKG, Blut und Kammer-druck werden kontinuierlich aufgezeichnet (aus: J.Stegemann et al.: Influence of fitness on the blood pressure control system in man. Aerospace Med. 45 [1974]45−48).

Unter geschlossenen Regelkreisbedingungen − also normalerweise − wird sich der Blutdruck immer so einstellen, daß der Druck am Rezeptorfeld und der Systemdruck gleich sind. Je steiler die Blutdruckcharakteristik im auf-geschnittenen Regelkreis ist, desto genauer arbeitet die Regelung am intak-ten Kreis. Unter physiologischen Bedingungen wirken 4 Rezeptorfelder, und zwar je zwei Karotissinus- und Aortenrezeptorfelder, auf das System ein, was aber prinzipiell zu ähnlichen Antworten führt.

Auch beim Menschen kann man Blutdruckkennlinien registrieren. Das Prinzip der Methode ist in Abb. 62 verdeutlicht. Die Versuchsperson liegt in einer Einrichtung, die es gestattet, bei normaler Außenluftatmung einen Unterdruck im Halsbereich herzustellen. Für die Dehnung der A. carotis ist es gleichgültig, ob man den Druck innen erhöht − wie beim oben beschrie-benen Blindsack − oder ob man ihn von außen erniedrigt, da die wirksame Wandspannung des Gefäßes immer nur durch die Differenz zwischen In-nendruck im Gefäß und Außendruck der Luft bestimmt wird. Diese Druck-differenz bezeichnet man auch als transmuralen Druck. Im vorliegenden Experiment wird also der Außendruck variiert. Die resultierende Kennlinie

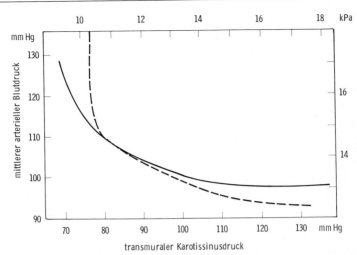

Abb. 63 Der mittlere arterielle Blutdruck als Funktion des transmuralen Druckes des Karotissinus (durchgezogene Linie = ausdauertrainierte Sportler; gestrichelte Linie = Untrainierte). Man kann der Darstellung entnehmen, daß beim Menschen die Regelung gegen Druckabfall wirksamer ist als gegen Drucksteigerung, weiterhin, daß beim Trainierten die Empfindlichkeit des Systems reduziert ist (aus: J. Stegemann et al.: Influence of fitness on the blood pressure control system in man. Aerospace Med. 45 [1974] 45−48).

zeigt Abb. 63 für Untrainierte (gestrichelte Funktion) und für Hochausdauertrainierte (durchgezogene Funktion). Zunächst kann man feststellen, daß generell beim Menschen, wohl bedingt durch den aufrechten Gang, die Charakteristik unsymmetrisch ist. Die Kennlinie ist sehr steil, wenn der Druck am Fühler im unteren Bereich liegt. Es wird also besonders einem Druckabfall im System entgegengewirkt. Druckabfall bedeutet immer, daß das Gehirn nicht genügend durchblutet wird und damit Ohnmacht auftritt. Wie oben schon ausgeführt, wird das Regelsystem des Menschen besonders beim Aufstehen aus der Horizontalen belastet. Ferner ist interessant, daß der Ausdauertrainierte offensichtlich sein Blutdruckregelungssystem im Sinne der Konstanz des Blutdrucks verschlechtert.

Tatsächlich sind Hochtrainierte bei Streß viel anfälliger für einen Kollaps als Untrainierte (S. 232f., 318). Wie wir später noch sehen werden, ist die Reduzierung der Empfindlichkeit der Karotissinusregelung günstig für hohe Leistungen (S. 317f.). Hier hat das System offensichtlich die schlechtere Regelung in Ruhe in Kauf genommen, um bei höherer Leistung eine bessere Effektivität der Blutverteilung zu erreichen.

3.3.3.5. Wirkung des Blutdruckes auf die Gefäße

Mit Hilfe des Laplace-Gesetzes kann man die schädliche Wirkung einer langdauernden Blutdrucksteigerung auf die Gefäße richtig erfassen. Das Laplace-Gesetz für kreisförmige elastische Röhren lautet:

$$\sigma = \frac{(p_1 - p_2) \cdot \pi r \cdot k}{d} \quad (45)$$

Dabei stellen σ die Wandspannung, $p_1 - p_2$ den Druckunterschied zwischen innen und außen, r den Gefäßradius, k eine Proportionalitätskonstante und d die Wanddicke dar. Einmal wird die Gefäßwand schon durch die Druckerhöhung stärker gespannt, andererseits wird, da es sich um eine elastische Wandstruktur handelt, auch der Radius größer. Dadurch wird die Gefäßspannung zusätzlich ansteigen. Jede Druckerhöhung im Gefäß führt also zu einer potenzierten Erhöhung der Gefäßwandspannung. Wie jedes Gewebe, das chronisch überbeansprucht wird, hypertrophiert auch die Gefäßwand, und zwar um so mehr, je größer ihre transversale Spannung ist. Durch die mit der Hypertrophie verbundene Vergrößerung der Dicke wird die Wandspannung zunächst weitgehend auch bei erhöhtem Innendruck kompensiert; dies wird jedoch mit einer Einschränkung des Innendurchmessers und der Dehnbarkeit erkauft. Die Abnahme des Innendurchmessers führt besonders in den kleinsten Arterien zu einer Erhöhung des peripheren Widerstandes, da ihre normale Wanddicke klein gegenüber dem Durchmesser ist (Tab. 7).

Die Widerstandserhöhung wird nach dem Modell (S. 122) besonders zur Erhöhung des diastolischen Druckes, damit aber auch zur Erhöhung des mittleren Blutdruckes führen. Diese Blutdrucksteigerung wirkt dann verstärkend über denselben Mechanismus auf die weitere Verengung der peripheren Blutbahn. Unterstützt wird dieser Circulus vitiosus durch die Abnahme der Dehnbarkeit der großen Gefäße. Es entwickelt sich auf diese Weise ein konstant erhöhter Blutdruck (Hypertonie). Solange die Gefäßwandhypertrophie einen gewissen Wert nicht überschritten hat, ist sie reversibel.

3.3.4. Ruheblutdruck als Funktion des Lebensalters

Als Ruheblutdruck gilt der Druck, der bei Körperruhe ohne Emotion oder Angst des Probanden gemessen wird. Man muß bedenken, daß bei einem kreislauflabilen Menschen der Blutdruck schon durch die mit der Messung verbundene Aufregung steigen kann. Ferner muß man berücksichtigen, daß die Nachwirkung einer Arbeit auf die Herzfrequenz, vor allem beim Untrainierten, bis zu 2 Std. anhalten kann. Der Ruheblutdruck zeigt eine Altersabhängigkeit, die mit ihrem physiologischen Streubereich in Abb. 64 dargestellt ist. Die Abbildung zeigt deutlich, daß die alte Faustregel, der systolische Druck (in mmHg) sei = 100 + Lebensalter, nicht für alle Altersbereiche gilt. Ein bei wirklicher Ruhe gemessener diastolischer Druck von über

Tabelle 7 Durchmesser und Wanddicke in verschiedenen Gebieten des arteriellen Systems (aus: A.Burton: Physiol. Rev. 34 [1954] 619)

	Durchmesser (mm)	Wanddicke (mm)
Aorta	25	2
mittlere Arterien	4	1
kleinste Arterien	$30 \cdot 10^{-3}$	$20 \cdot 10^{-3}$
präkapilläre Sphinkter	$35 \cdot 10^{-3}$	$30 \cdot 10^{-3}$

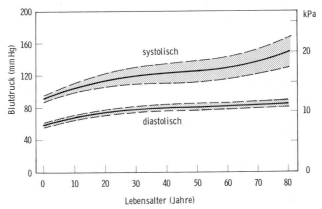

Abb. 64   Der normale Ruheblutdruck mit seinem physiologischen Streubereich als Funktion des Lebensalters (aus: E. Stein: Erkrankungen im Bereich des peripheren Kreislaufes. In: R. Jahn, R. Groß: Lehrbuch der inneren Medizin. Schattauer, Stuttgart 1966).

12,6 kPa (95 mmHg) ist in der Regel pathologisch. Dagegen kann ein systolischer Druck von 20 kPa (150 mmHg) beim alternden Menschen noch durchaus normal sein.

3.3.5. Endstrombahn (Mikrozirkulation)

Die eigentliche Aufgabe des Kreislaufes, Stoffe zwischen Blut und Gewebe auszutauschen, vollzieht sich im Bereich der Kapillaren und der Venolen. Abb. 65 zeigt den Querschnitt durch eine Muskelkapillare, die im wesentlichen aus nur einer Epithelschicht aufgebaut und zu einem Zylinder aufge-

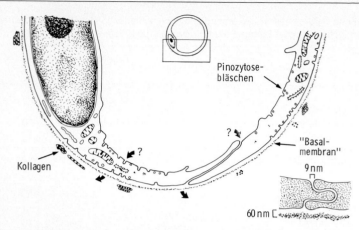

Abb. 65 Feinstruktur der Muskelkapillare. Der Kapillarquerschnitt kann durch einzelne, zum Zylinder aufgerollte Zellen gebildet oder auch aus mehreren Zellen zusammengesetzt sein. Die Fuge erscheint als schlitzförmige Pore und bildet wahrscheinlich eine direkte Verbindung von innen nach außen. Der Schlitz ist etwa 9 nm breit und bei einer Länge von 0,5−1 μm gerade oder gewunden; sein Querschnitt beansprucht nur einen kleinen Bruchteil der endothelialen Oberfläche. Außer den üblichen Zellorganellen findet man Bläschen und Einstülpungen auf der Zelloberfläche, die wahrscheinlich Transport durch Pinozytose (Durchschleusen von Flüssigkeit in abgeschnürten Vesikeln) dokumentieren. Die beiden möglichen Transportwege sind durch Pfeile angedeutet. Die ganze Kapillare ist von der sogenannten Basalmembran mit einer Dicke von 60 nm eingehüllt. Die Permeabilitätseigenschaften dieser amorphen Membran sind noch weitgehend unbekannt (aus: O. H. Gauer: Kreislauf des Blutes, In: O. H. Gauer et al.: Physiologie des Menschen, Bd. III, Herz und Kreislauf. Urban & Schwarzenberg, München 1972).

rollt ist. Sie kann auch aus mehreren Zellen aufgebaut sein. Die Fuge (Pfeil) stellt eine schlitzförmige Pore dar und bildet wahrscheinlich eine direkte Verbindung zwischen innen und außen. Der Schlitz ist etwa 9 nm breit, bei einer Länge von 0,51 μm. Neben den üblichen Zellorganellen findet man Bläschen und Einstülpungen an der Zelloberfläche, die wohl dem Durchschleusen von Flüssigkeiten in Bläschen − der Pinozytose − dienen (linker Pfeil). Die ganze Kapillare ist von einer Basalmembran umgeben.

Die Anordnung der Kapillaren zeigt Abb. 66. Der Zufluß des Blutes erfolgt zu den kleinsten Arterien (Arteriolen), die noch eine vollständige Gefäßmuskulatur zeigen und deshalb die Durchblutung nerval über die Vasomotoren regulieren können. Von der Metarteriole geht eine Ringleitung (preferential channel) zur Venole, von der die eigentlichen Kapillaren entspringen. Am Eingang der Kapillaren liegt der präkapilläre Sphinkter, der durch

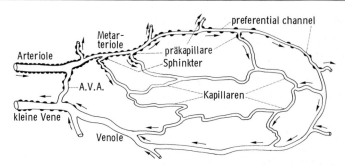

Abb. 66   Mikrozirkulation. Von den Metarteriolen, die auf direktem Wege die Arteriolen mit den Venolen verbinden, gehen die Kapillaren meist senkrecht ab. Die Verdickungen der Gefäßwände stellen glatte Muskulatur dar. Man beachte die präkapillären Sphinktere am arteriellen Ende der Kapillaren. Die Kapillaren selbst sind nicht kontraktil. A.V.A = arteriovenöse Anastomose. Während bis zu den Arteriolen die nervale Regulation der Gefäßweite überwiegend im Dienste der Blutdruckregulation steht, wird der Tonus der präkapillären Sphinktere durch nutritive Reize (lokal anfallende Stoffwechselprodukte) eingestellt (aus: O. H. Gauer: Kreislauf des Blutes. In: O. H. Gauer et al.: Physiologie des Menschen, Bd. III, Herz und Kreislauf. Urban & Schwarzenberg, München 1972).

lokal anfallende Stoffwechselendprodukte (nutritive Reize) einreguliert wird. Die Kapillaren selbst können in ihrer Weite nicht aktiv verändert werden. Zusätzlich finden sich noch arteriovenöse Kurzschlüsse (Anastomosen), durch die das Blut fließt, wenn der Widerstand durch den neuralen Sympathikus niedrig, der nutritive Widerstand dagegen hoch ist.

Der Stoffaustausch zwischen Blut und Gewebe kann durch Diffusion, Filtration und Pinozytose erfolgen. Die Diffusion resultiert aus einem Partialdruck- bzw. Konzentrationsgefälle. Diese Differenz hängt naturgemäß von der Größe des Stoffwechsels im Gewebe und von der Größe der Kapillardurchblutung ab. Stände der Kreislauf still, würde sich nämlich die Druckdifferenz schnell ausgleichen. Deshalb ist es notwendig, daß das Blut ständig erneuert wird, um die Diffusion aufrechtzuerhalten. Für den Austausch von CO_2 und O_2 steht die gesamte Kapillaroberfläche zur Verfügung, die in 100 g Muskelgewebe ca. 7000 cm^2 beträgt. Die Filtration ist für kleine Moleküle wie H_2O sehr groß. Man kann damit rechnen, daß in 100 g Muskel ca. 2 g Wasser/s ausgetauscht werden können.

Für größere Moleküle wie Eiweiße stellen die Kapillarwände ein sehr großes Hindernis dar. Allerdings findet man hier auch eine geringe selektive Permeabilität für ganz bestimmte Bluteiweißkörper, wobei sich der Durchtritt nicht an der Molekülgröße orientiert. Wahrscheinlich erfolgt er durch Pinozytose.

3.3.6. Durchspülung des interstitiellen Raumes

Der Stoffaustausch zwischen Gewebezelle und Kapillare wird noch durch einen besonderen Spülmechanismus des Interstitiums unterstützt, der darauf beruht, daß am Eingang der Kapillare Wasser nach außen filtriert und am Ende der Kapillare eingesogen wird. Die treibenden gegensinnigen Kräfte dabei sind die Auswärtsfiltration, die proportional dem Kapillardruck ist, und der kolloidosmotische Druck, der Wasser in die Kapillare hineinzieht. Unter dem kolloidosmotischen Druck (synonym: onkotischen Druck) versteht man den osmotischen Druck, der dadurch erzeugt wird, daß das Interstitium praktisch frei von Eiweiß ist, das Blutplasma dagegen Eiweiß enthält. Die Kapillarwand stellt in diesem System die semipermeable Membran dar. Das Prinzip zeigt Abb. 67. Der kolloidosmotische Druck hat einen Wert von 3,3 kPa (25 mmHg). Er saugt also Wasser nach innen. Der Kapillardruck dagegen sinkt vom Anfang der Kapillare von 4 kPa (30 mmHg) auf 2,6 kPa (20 mmHg) an ihrem Ende. Er drückt das Wasser nach außen. Der effektive Filtrationsdruck ist die Differenz des Kapillardruckes und des onkotischen Druckes. Bis etwa zur Mitte der Kapillare ist damit der effektive Filtrationsdruck positiv, in der Mitte 0 und am Ende negativ. Durch Kontraktion oder Dilatation der kleinsten Arterie mit Folgewirkung auf den Kapillardruck kann der effektive Filtrationsdruck verändert werden.

Bei Eiweißmangel im Blut, z. B. durch Hunger, sinkt der kolloidosmotische Druck ab, so daß der Wassergehalt im Gewebe ansteigt. Diesen Zustand nennt man Ödem. Aus dem Mechanismus kann man ebenso ableiten, daß ein Ödem auftritt, wenn die Kapillarwand lokal, z. B. nach einem Insektenstich, geschädigt wird.

3.3.7. Lymphsystem

Das Lymphsystem dient der Drainage der Gewebe. Die Lymphkapillaren enden blind im Interstitium. Sie sind mit den Lymphbahnen verbunden, die mittels Lymphknoten als Filter letztlich über den Ductus thoracicus mit dem venösen System kommunizieren. Der Durchfluß durch das Lymphsystem beträgt bis zu 2 l/Tag. Die Lymphe enthält bis zu 30 g/l (3 g%) Eiweiß, das mit Pinozytose durch die Kapillaren in das Interstitium gelangt ist. Die Flüssigkeitsdrainage hält das Gewebe auch dann normal hydriert, wenn kleinere Störungen des effektiven Filtrationsdruckes vorliegen.

3.3.8. Venöses System

Die Venen sind in ihrem ganzen Bereich sehr dehnbar und deshalb besonders geeignet, größere Mengen von Blut aufzunehmen. Durch ihre große Weite besitzen sie einen geringen Strömungswiderstand. Deshalb genügt im

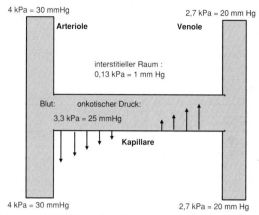

4 kPa = 30 mmHg

2,7 kPa = 20 mm Hg

Arteriole

Venole

interstitieller Raum :
0,13 kPa = 1 mm Hg

Blut: onkotischer Druck:
    3,3 kPa = 25 mmHg

Kapillare

4 kPa = 30 mmHg

2,7 kPa = 20 mm Hg

Abb. 67   Schema zur Funktion des Wasseraustausches zwischen Gewebe und Blutbahn. Der onkotische Druck im Blut ist konstant, der Blutdruck in der Kapillare fällt bei der Passage durch sie. Da beide Drücke entgegengesetzte Vektoren aufweisen, wird das Wasser arteriolennah ins Gewebe gedrückt, venolennah dagegen in die Blutbahn.

großen Kreislauf eine Druckdifferenz zwischen Venolen und Vorhof von 3,3 kPa (25 mmHg), um das gesamte HMV zurückfließen zu lassen.

Wegen ihrer Dehnbarkeit und ihres relativ niedrigen hämodynamischen Druckes spielt der hydrostatische Druck für das System der Venen eine besondere Rolle. Unter hydrostatischem Druck versteht man den Druck, den eine Flüssigkeitssäule ausübt. Er ist durch das Schwerefeld der Erde hervorgerufen. Er erreicht ein Maximum im Stand, weil dann die langgestreckten Gefäßbahnen parallel zur Erdanziehung angeordnet sind. Der hydrostatische Druck eines oben offenen Rohres mit der Länge l hat einen Wert von $l \cdot \varrho$ (mmH$_2$O), wobei ϱ das spezifische Gewicht des Blutes ist.

Nun sind die Gefäße nach oben nicht offen, so daß beim Stehen der Druck in den unteren Venenabschnitten zu-, in den oberen dagegen abnimmt. Irgendwo dazwischen ist der hydrostatische Indifferenzpunkt. Man kann ihn an sich selbst beobachten, wenn man die Hand langsam von Nabelhöhe bis zur Höhe des Halses anhebt und seine Venen auf dem Handrücken beobachtet. Sie sind zunächst prall gefüllt und entleeren sich auf der Höhe des Indifferenzpunktes. Der Indifferenzpunkt ist unabhängig von der Körperposition. Beim Aufstehen verschieben sich rd. 500−700 ml Flüssigkeit oder mehr aus dem Brustraum in die Beine. Unter arbeitsphysiologischen Bedingungen ist diese Tatsache besonders beachtenswert: Bei Veranlagung und langem beruflichem Stehen können sich die oberflächlichen Venen stark er-

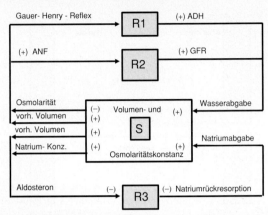

Abb. 68   Schema der Regelung des Blutvolumens und des osmotischen Druckes. Im wesentlichen regulieren 3 Regelkreise die beiden Parameter. ANF (atrionatriuretischer Faktor) reguliert die GFR (glomeruläre Filtrationsrate) über die Durchblutung der Nierenglomerula. Der Gauer-Henry-Reflex reguliert die Konzentration des ADH (antidiuretisches Hormon). Die Natriumausscheidung wird über die Veränderung des Aldosteronspiegels variiert (Näheres s. Text S. 135 f.).

weitern, ihre Klappenfunktion wird gestört, es bilden sich Krampfadern. Bei ungünstiger Sitzhöhe kann eine Hemmung des Rückstroms an den Oberschenkelvenen ebenso dazu führen. Unter ergonomischen Gesichtspunkten sollte darauf geachtet werden, langfristiges Stehen bei der Arbeit zu vermeiden und Sitze so zu gestalten, daß der venöse Rückstrom nicht beeinträchtigt wird.

Beim arbeitenden Menschen haben die peripheren Venen eine besondere Bedeutung für den Bluttransport. Diese Venen haben Klappen, die einen Rückfluß des Blutes verhindern. Durch dynamische Muskelarbeit wird während der Anspannung das kapilläre und venöse Gebiet leergepreßt, und zwar in Richtung der Venen wegen des dort niedrigen Druckes. Bei Erschlaffung kann das Blut wegen der Venenklappen nicht zurückfließen. Diese „Muskelpumpe" unterstützt also den venösen Rückfluß erheblich.

3.4. Regelung des Blutvolumens und des osmotischen Druckes

Das Blutvolumen des erwachsenen untrainierten Menschen beträgt rd. 5 l. Bei Ausdauertrainierten kann es bis zu 15% größer sein. Etwa 85% des Blutes befinden sich normalerweise im Niederdrucksystem; der Rest ist im arteriellen System zu finden. Das Blut steht besonders über die Kapilaren im Wassergleichgewicht mit dem extravasalen Raum, wobei sich die Menge Wasser, die sich im Blut befindet, nach dem osmotischen und hämodynamischen Druckgradienten richtet (S. 132).

Die Zellmembran ist für Salz weitgehend undurchlässig, so daß sich die Verteilung der Flüssigkeit zwischen extra- und intrazellulärem Raum nach dem osmotischen Druckunterschied zwischen Zell- und Umgebungsflüssigkeit richtet. Hieraus ergibt sich, daß das Blutvolumen nicht isoliert betrachtet werden kann. Jede Störung des osmotischen Gleichgewichtes, sei es durch Änderung der Wasser-, Eiweiß- oder Mineralienmenge, führt zu einer Veränderung des Blutvolumens, das durch ein Regelsystem konstant gehalten wird. Störgrößen für das System sind die stoßweise Flüssigkeitszufuhr sowie das Wasser, das bei der Verbrennung entsteht. Vor allem aber das Schwitzen beeinflußt sowohl den Wasser- als auch den Mineralhaushalt. Hitzearbeiter (s. Wärmeregulation und S. 210) können bis zu 6 l Flüssigkeit pro Schicht verlieren, gleiche Mengen schwitzen Fußballer manchmal während eines Spieles aus.

Abb. 68 zeigt das Regelungsprinzip, mit dem Blutvolumen und osmotischer Druck stabilisiert werden, in der abstrakten Darstellung der Regeltechnik. Man muß sich dazu klarmachen, daß sich das wesentliche Blutdepot des Kreislaufs im intrathorakalen Teil des Niederdrucksystems befindet, da die Gefäße der Lunge, aber auch die Vorhöfe des Herzens die größte Dehnbarkeit im Kreislaufsystem aufweisen. Wird dem Kreislauf mit der Nahrung oder durch Trinken Flüssigkeit zugeführt, wird diese das intravasale Volumen vermehren, und zwar an den Stellen des Kreislaufs, die besonders dehnbar sind. Als Folge davon werden eine ganze Reihe von Vorgängen ausgelöst, die vor allem ganz verschiedene Reaktionsgeschwindigkeiten aufweisen.

- Unmittelbar mit einer Zunahme der Vorhofdehnung wird eine Substanz über Zwischenschritte aus der Herzmuskulatur freigesetzt, die „atrionatriuretischer Faktor" (ANF) heißt, die aber − da sie in verschiedenen Laboratorien gleichzeitig entdeckt wurde − auch „Kardiodilatin" genannt wird. Nach heutiger Auffassung wirkt sie schnell auf die Glomeruli der Niere und erhöht dort die Durchblutung und damit die Ausscheidung des Glomerulusfiltrats, was letztlich zur Mehrausscheidung von Harn führt. Das Schema zeigt diesen Reaktionspfad als Regler R2 an, der über das Stellglied Glomerulidurchblutung auf die Regelstrecke zurückwirkt.

- Durch die Volumenerhöhung werden ferner Vorhofrezeptoren aktiviert. Ihre Information wird nerval zum Hypothalamus und zur Hypophyse geleitet. Von hier aus läuft die Information hormonell weiter, und zwar wird die Abgabe des antidiuretischen Hormons (ADH) vermindert, das auf dem Blutwege die Harnabgabe steuert. Abnahme des ADH bedeutet immer vermehrte Wasserabgabe von der Niere in die Harnblase. Dieser Regelkreis, im Schema mit R1 bezeichnet, stellt den klassischen

„Gauer-Henry"-Reflex dar. Es würde wohl zu weit führen, hier die ganze Reaktionskette aufzuführen, über die das ADH vermindert wird, wenn die Vorhöfe gedehnt werden. ADH reguliert die Wasserrückresorption an den Tubuli der Niere. Dort wird der Harn mehr oder weniger konzentriert. Der Regelkreis paßt also die Wasserabgabe aus dem Blut über das Stellglied Niere an die Füllung des Kreislaufs an und regelt so das Blutvolumen auf einen weitgehend konstanten Wert.

• Ein zweiter Eingang mißt fortlaufend den osmotischen Druck des Blutes, der überwiegend durch die Salzkonzentration im Plasma bestimmt wird. Da Konzentration Substanzmenge pro Lösungswasser ist, läßt sich die Konzentration entweder über die Salzausscheidung oder über die Flüssigkeitsabgabe verstellen. Der erste Regelkreis verstellt über den gleichen ADH-Mechanismus die Flüssigkeitsabgabe. Er reagiert relativ schnell: Der Einstellvorgang wird in wenigen Minuten wirksam.

• Der dritte Regelkreis (mit Regler R3) im vermaschten Regelsystem, dessen Stellhormon das Aldosteron ist, wird durch die gleichen Größen, nämlich das Volumen der Vorhöfe und die Natriumkonzentration, eingestellt. Das in der Nebennierenrinde produzierte Aldosteron bewirkt in den Nierentubuli eine Rückresorption von Natrium. Die Informationsübertragung läuft dabei über hier nicht zu erörternde Mechanismen. Während das antidiuretische Hormon seine volle Wirkung in 12 Minuten entfaltet, beginnt und endet die Aldosteronwirkung etwa 1 Std. zeitverschoben (s. auch S. 229). Eine Zunahme des osmotischen Druckes im Blut bewirkt zusätzlich Durstgefühl und damit den Drang zur Wasseraufnahme.

3.5. Arbeitseinstellung des Kreislaufes

3.5.1. Verstellung der lokalen Muskeldurchblutung

Der mittlere Blutdruck verändert sich bei Arbeit etwa um 20−50%. Er wird durch das beschriebene Regelsystem weitgehend konstant gehalten (S. 123ff.). Die Durchblutung, also das pro Zeiteinheit durch die Muskulatur fließende Volumen, kann sich dagegen um etwa 1200% verändern. Der Muskel verfügt also über ein Regelsystem, das in der Lage ist, die Durchblutung so zu dosieren, daß sie einerseits so gering wie möglich ist, andererseits aber den Bedarf des Stoffwechsels erfüllt. Wie wir oben (S. 110) dargelegt haben, stellt die einfachste Form, die Stromstärke des Blutes mit den morphologischen Parametern in Beziehung zu setzen, das Gesetz von Hagen-Poiseuille dar:

$$I = \frac{\pi \cdot r^4 \cdot \Delta p}{k \cdot \eta \cdot L} \quad (46)$$

Es besagt, daß in einem starrwandigen Rohr mit einem Radius r und der Länge L die Stromstärke I der vierten Potenz des Radius und der Druckdifferenz Δp am Anfang und am Ende des Rohres proportional, der Länge und der Viskosität η dagegen umgekehrt proportional ist; k ist dabei eine Dimensionskonstante. Mit diesem Gesetz kann man sich in grober Nähe-

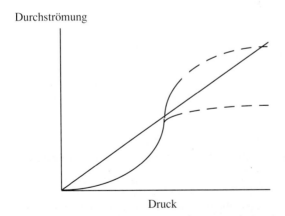

Abb. 69 Schematische Darstellung der Druck-Stromstärke-Beziehung. Die lineare Funktion entspricht der des Hagen-Poiseuille-Gesetzes. Die parabelförmige Funktion ist durch die Gewebselastizität bedingt. Ist der Druck geringer, wird das Gefäß enger und umgekehrt. Der gestrichelte Bereich ist verursacht durch die Gefäßmuskulatur, die sich autonom kontrahiert, wenn der Druck einen Schwellenwert übersteigt. Er liegt bei verschiedenen Gefäßbereichen unterschiedlich hoch.

rung den Einfluß der Gefäßweite auf die Durchblutung klarmachen. Nach ihm bewirkt eine Erweiterung der kleinsten Arterie um den Faktor 2 (also Verdoppelung des Radius) eine Mehrdurchblutung um den Faktor $2^4 = 16$. Weiterhin kann man zeigen, daß eine Druckdifferenz nur linear eingeht und damit nur wenig an der Durchblutungsänderung beteiligt ist.

Die Arterie ist jedoch kein starres Rohr, sondern ein elastisches Gefäß, das ähnlich wie ein dehnbarer Gummischlauch mit steigendem Innendruck weiter wird. Dadurch hängt die Durchblutung auch von der Größe des absoluten Blutdrucks ab. Dem entgegen wirkt aber wiederum die „Autoregulation" der Gefäßmuskeln, die in den verschiedenen Gefäßabschnitten unterschiedlich ausgeprägt ist. Autoregulation bedeutet, daß sich die glatte Gefäßmuskulatur ohne Beteiligung des Sympathikus dann kontrahiert, wenn sie gedehnt wird. Als Folge davon wird die Durchströmung automatisch reguliert, wie Abb. 69 zeigt. Nimmt der Durchströmungsdruck zu, so steigt infolge der elastischen Dehnung der Gefäßwand zunächst die Stromstärke überproportional an. Bei einem bestimmten Druck reguliert die Autoregulation so entgegen, daß die Durchströmung konstant bleibt. Eine besondere Rolle soll die Autoregulation allerdings höchstens am ruhenden Muskel spielen. Dagegen kontrolliert sie z. B. weitgehend Nieren- und Gehirndurchblutung.

Weiterhin spielt das Problem der Viskosität (Zähigkeit) noch eine besondere Rolle, da das Hagen-Poiseuille-Gesetz nur für Strömungen von homogenen Flüssigkeiten (sog. Newton-Strömung) gültig ist. Bei der echten Blutströmung handelt es sich aber um eine Maxwell-Strömung, da sich korpuskuläre Elemente – die Blutkörperchen – in einer Flüssigkeit bewegen. Zusätzlich zeigen die Erythrozyten noch die Tendenz zusammenzukleben. In der Endstrombahn werden deshalb Scherkräfte wirksam, die sie wieder voneinander lösen. Die im Viskosimeter gemessene Viskosität würde sich dadurch scheinbar erhöhen. Deshalb können wir von einer „scheinbaren" Viskosität sprechen, die in verschiedenen Kreislaufabschnitten unterschiedlich groß ist.

3.5.2. Problem des adäquaten Reizes für den Durchblutungsregler und Durchströmungsverteilung bei Arbeit

Maßgebend für die Durchblutung des Muskels ist der Durchmesser der kleinsten Arterien, die den Muskel versorgen. Die großen Arterien – wie die Aorta – haben eine überwiegend elastische Wand- und wenig glatte Gefäßmuskulatur. In Richtung Peripherie ist mehr Gefäßmuskulatur in den Wänden vorhanden. Bei der weiteren Aufteilung in die kleinsten Arterien nimmt das Verhältnis Muskulatur zu Durchmesser weiter zu: Hier wird die Durchblutung dosiert. Die Wandmuskulatur der kleinsten Arterien wird von sympathischen Nerven versorgt, die man Vasomotoren nennt. Erregung der Vasomotoren – auch Vasomotorentonus genannt – führt zur

Kontraktion der Wandmuskulatur und damit zu einer Abnahme der Durchblutung. Nur hier befindet sich also die Möglichkeit der Drosselung des Blutflusses. Läßt der Vasomotorentonus nach, so werden die Gefäße durch den Innendruck wieder passiv erweitert. Die kleinsten Arterien sind also der maßgebende Bereich für die Einstellung der lokalen Durchblutung. Sie gehen peripherwärts in die Arteriolen über, die keine vollständige Muskulatur mehr besitzen. Die danach folgenden Kapillaren sind nur passive Schläuche.

Sowohl unter Ruhe- als auch unter Arbeitsbedingungen ist immer ein gewisser Vasomotorentonus vorhanden, der allerdings bei Arbeit durch die Steigerung des Sympathikotonus zunimmt. Daraus ergäbe sich, daß bei Arbeit die Durchblutung der Muskulatur eigentlich abnehmen müßte. In Wirklichkeit wird aber lokal die Wirkung der Vasomotoren auf die Wandmuskulatur im arbeitenden Muskel abgeschwächt oder gar ganz verhindert. Die Konsequenz ist, daß in allen nichtarbeitenden Gebieten die Durchblutung abnimmt, während sie in der Arbeitsmuskulatur zunimmt. Man nennt diese sinnvolle Umverteilung des Blutstroms auch kollaterale Vasokonstriktion.

Obwohl seit 100 Jahren intensiv beforscht, sind die Mechanismen teilweise noch unklar. Umstritten ist vor allem, welche Substanzen diese Arbeitswirkungen verursachen. Wir wollen vermeiden, hier These und Antithese darzustellen, sondern wir wollen uns mit der gegenwärtig wahrscheinlichsten Hypothese begnügen.

Mit der Energiegewinnung gekoppelt, müssen also Einflüsse im Extrazellulärraum auftreten, die die Sympathikuswirkung neutralisieren. Einen dieser Einflüsse stellen wahrscheinlich K^+-Ionen dar, die der Zelle entstammen. Durchströmung von kreislaufmäßig isolierten Muskelgruppen mit Kaliumverbindungen führt jedenfalls zu einer Vasodilatation.

Man kann auch im abfließenden Venenblut beim arbeitenden Muskel eine höhere Kaliumkonzentration als in Ruhe nachweisen. Wahrscheinlich wird Kalium, das aus dem Depolarisationsvorgang stammt, nicht völlig zurückgepumpt. Eine Zunahme der Wasserstoffionen-Konzentration im Extrazellulärraum führt effektiv zu einem K^+-Austritt und einem Na^+-Eintritt in die Zelle. Offensichtlich hemmt eine erhöhte H^+-Konzentration die Arbeit der Natrium-Kalium-Pumpe. Man könnte sich auch vorstellen, daß die H^+-Konzentration auch die Gefäßwandmuskulatur direkt beeinflußt. Außer der Kaliumkonzentration im Extrazellulärraum spielen noch der osmotische Druck, die Wasserstoffionen-Konzentration in der extrazellulären Flüssigkeit und eine Abnahme des Sauerstoffdrucks eine zusätzliche Rolle für die Gefäßweite, so daß es sich wahrscheinlich um ein multifaktorielles Regelsystem handelt. Zusammenfassend können wir also feststellen: Die Arbeitseinstellung des Kreislaufs ist charakterisiert durch eine dosierte Erhöhung des Sympathikotonus; dosiert, weil die Größe des Sympathikotonus innerhalb eines bestimmten Regelbereiches recht genau an die Stoffwechselgröße und damit an den Bedarf der Muskulatur angepaßt ist. Der Sympathikotonus wird innerhalb des ganzen Körpers erhöht. Folglich nimmt der periphere Widerstand überall dort zu, wo er nicht durch Arbeitsreaktionen daran gehindert wird (S. 138). Das Blut wird also umverteilt: Im ruhenden Gewebe wird die Durchblutung soweit wie möglich eingeschränkt, im arbeitenden Muskel dagegen erhöht.

Führt der Muskel rhythmische, also dynamische Arbeit aus, wird die Durchblutung sogar noch durch die Muskelpumpe gefördert. Gleichzeitig wird auch der Sympathikotonus des Herzens erhöht. Das Herzminutenvolumen nimmt zu, da mehr Blut zum Herz zurückkehrt.

3.5.3. Herzminutenvolumen und Arbeit

Die Sympathikotonussteigerung bei Arbeit wirkt nicht nur auf die Herzfrequenz. Die Herzfrequenzsteigerung ist nur ein deutlicher Ausdruck einer allgemeinen Erhöhung des Sympathikotonus am Herzen, die bekanntlich auf den gesamten Herzmuskel wirkt. Das Herzzeitvolumen (= Herzminutenvolumen) kann von 5 l/min beim ruhenden Menschen bis auf 20 l/min beim Untrainierten und mehr als 30 l/min beim Trainierten gesteigert werden.

Es soll nun anhand einiger Diagramme die Anpassung von Herzfrequenz, Schlagvolumen und peripherem Widerstand sowie der a.-v. Sauerstoffdifferenz (Mittelwert von 8 Versuchspersonen) in Abb. 70 als Funktion der Sauerstoffaufnahme demonstriert werden. Die Werte wurden jeweils 8 Min. nach Arbeitsbeginn gemessen. Die Arbeit wurde im Liegen durchgeführt. Die Herzfrequenz steigt in dem untersuchten Bereich weitgehend linear in bezug auf die Sauerstoffaufnahme (B) an. Auch das Herzzeitvolumen ist eine lineare Funktion des Sauerstoffverbrauchs (A), woraus folgt, daß das Schlagvolumen weitgehend konstant ist. Genaue Berechnungen zeigen (C), daß bei 1,5 l/min O_2-Aufnahme das Schlagvolumen von 90 ml auf 107 ml, also nur geringfügig, ansteigt, um bei höherer O_2-Aufnahme wieder etwas abzufallen. Der arterielle Mitteldruck (D) steigt mäßig an. Der systolische Druck dagegen steigt auf 24 kPa (180 mmHg) bei einer O_2-Aufnahme von 2 l/min. Der diastolische Druck bleibt weitgehend konstant. Berechnet man aus diesen Werten den peripheren Gesamtwiderstand (E), so sieht man, daß er bei kleineren Leistungen stärker, bei größeren Leistungen nur noch sehr wenig abfällt. Betrachtet man nun abschließend die a.-v. Sauerstoffdifferenz, so sieht man, daß sie von 4,3 Vol.-% in Ruhe auf 12,3 Vol.-% bei starker Arbeit ansteigt.

Wird die Arbeit im Sitzen durchgeführt, so verhalten sich die Werte unterschiedlich. Unter diesen Bedingungen ist das Ruheschlagvolumen kleiner. Es steigt mit Beginn der Arbeit auf Werte an, die 20 bis 30% höher liegen, und wird bei höherer Arbeitsbelastung wieder kleiner. Es soll jedoch nicht

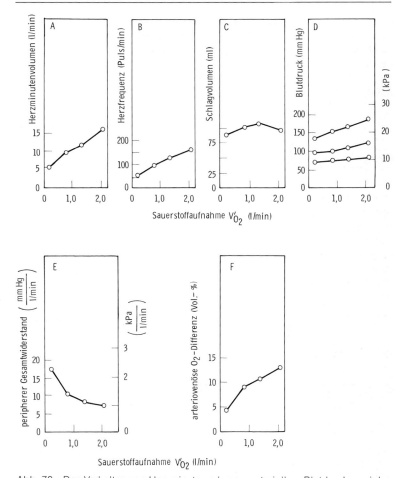

Abb. 70   Das Verhalten von Herzminutenvolumen, arteriellem Blutdruck, peripherem Gesamtwiderstand und arteriovenöser Differenz der Sauerstoffsättigung als Funktion der Sauerstoffaufnahme bei körperlicher Arbeit (aus: G. Grimby et al.: Cardiac output during submaximal exercise and maximal exercise in active middle-aged athletes. J. Appl. Physiol. 21 [1966] 1150–1156).

verschwiegen werden, daß Bestimmungen des Herzminutenvolumens beim arbeitenden Menschen mit gewissen methodischen Fehlern behaftet sind und deshalb etwas unterschiedliche Werte ergeben, je nachdem, welche Methode benutzt wurde. Besonders schwierig aber ist es, das Schlagvolumen in Ruhe genau zu bestimmen, weil jeder Eingriff (z. B. Herzkatheterisierung) immer auch eine gewisse Aufregung der Versuchsperson verursacht, die wiederum zu einem Sympathikusreiz führt. Als Folge dessen wird oft das Ruheschlagvolumen zu hoch gemessen.

3.5.4. Blutdruck bei körperlicher Belastung

Wie jede Sympathikotonussteigerung führt auch die arbeitsbedingte zu 2 wesentlichen Effekten auf den Kreislauf: zu einer Steigerung der Herzfrequenz und damit des Herzzeitvolumens sowie zu einem sympathischen Impulseinstrom zu den Vasokonstriktoren. Da in der arbeitenden Muskulatur die Schwelle der Vasokonstriktoren gegenüber sympathischen Konstriktorenreizen erhöht ist, betrifft diese Vasokonstriktion nur die nicht an der Arbeit beteiligten Gefäße, so daß damit gleichzeitig das Blutvolumen weitgehend in die arbeitenden Gebiete umgeleitet wird.

Bei körperlicher Arbeit wird der Sollwert nach oben verstellt. Das bedeutet, daß die Abnahme des peripheren Widerstandes geringer als die Zunahme des Herzminutenvolumens ist. Infolgedessen steigt der mittlere Blutdruck an. Dieser Anstieg betrifft jedoch vorwiegend den systolischen Blutdruck. Der diastolische Druck steigt steiler an, wenn der statische Anteil der Arbeit höher ist. Laufen soll eine so geringe Steigerung des peripheren Gesamtwiderstands hervorrufen, daß der diastolische Druck konstant bleibt oder sogar leicht abfällt. Abb. 71 zeigt das Verhalten des systolischen und diastolischen Blutdrucks eines großen Kollektivs untrainierter Versuchspersonen als Funktion der Herzfrequenz bei Fahrradergometer-Arbeit.

3.5.5. Geschlechtsbedingte Unterschiede der einzelnen Kreislaufgrößen

Die Werte, die oben für die einzelnen Kreislaufparameter angegeben wurden, waren Mittelwerte von männlichen Versuchspersonen. Größere Untersuchungsreihen haben immer wieder bestätigt, daß in der Regel weibliche Versuchspersonen bei gleicher Sauerstoffmehraufnahme eine höhere Pulsfrequenz zeigen. Sauerstoffaufnahme und Wirkungsgrad sind bei gleichartiger Arbeit bei beiden Geschlechtern gleich. Die Frau muß die gleiche Menge Sauerstoff mit durchschnittlich 0,9 mmol/l (1,5 g%) Hb weniger, also mit einer geringeren Transportkapazität von 2 Vol.-% Sauerstoff, den arbeitenden Muskeln transportieren. Zudem ist im Durchschnitt das Herz kleiner, so daß das kleinere Schlagvolumen durch eine höhere Frequenz ausgeglichen wird. Unter der vermutlich richtigen Voraussetzung, daß die periphere Sauerstoffausschöpfung des Blutes bei beiden Geschlechtern bei gleichem Trainingszustand gleich ist, beträgt das mittlere Schlagvolumen beim weiblichen etwa 55% des Schlagvolumens des männlichen Geschlechtes.

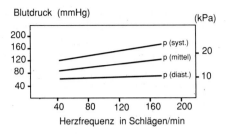

Abb. 71   Der Blutdruck als Funktion der körperlichen Arbeit. Als relatives Maß für die körperliche Belastung ist auf der Abszisse die Höhe der Pulsfrequenz aufgezeichnet (nach: Holmgren).

3.5.6. Herzfrequenz als Indikator für den Sympathikotonus bei körperlicher Anstrengung

Die Frage, die sich stellt, ist: Wie kann man mit hinreichender Genauigkeit die Größe des Sympathikotonus bestimmen, um damit Rückschlüsse zu ziehen auf den Regelbereich, der offensichtlich gleichzeitig der Bereich der Leistungsfähigkeit ist? Da man Adrenalin und Noradrenalin nur mit großem Aufwand und nicht kontinuierlich bestimmen kann, muß man sich einem relativen Maß zufrieden sein. Als ein solches hat sich die fortlaufende Messung der Herzfrequenz — auch Pulsfrequenz genannt — bewährt, einmal weil sie einfach zu messen ist, besonders aber, weil sie eine geringere Rückwirkung hat. Geringe Rückwirkung bedeutet in diesem Fall, daß durch eine isolierte Änderung der Herzfrequenz das Herzminutenvolumen im Steady state so gut wie nicht verändert wird.

Diese Tatsache mag für den mechanisch Denkenden zunächst schwer verständlich sein, da er das Herz mit einer Pumpe mit konstantem Hubvolumen vergleicht, das aus einem großen Reservoir fördert. In Wirklichkeit kann das Herz aber nur fördern, was zu ihm über den peripheren Widerstand zurückfließt. Wird bei konstantem peripherem Widerstand die Herzfrequenz höher, so wird bei konstantem Herzminutenvolumen das Schlagvolumen kleiner. Es gibt Untersuchungen an Menschen, die mit künstlichem Herzschrittmacher leben müssen, deren Frequenz man von außen verstellen kann. Bei konstanter Leistung bleibt bei ihnen das Herzminutenvolumen konstant, auch wenn die Herzfrequenz verändert wird.

Wenn man unter teleologischer Betrachtung deutet, wozu die Verstellung der Herzfrequenz dient, so kommt man zu dem Schluß, daß sie weniger für die Dosierung des Herzminutenvolumens verantwortlich ist als für dessen ökonomische Förderung. Der Wirkungsgrad des Herzens hängt ähnlich wie beim Skelettmuskel von einer optimalen Kraft-Geschwindigkeits-Relation ab. Es scheint so zu sein, daß die Herzfrequenz dazu beiträgt, den Wir-

kungsgrad zu optimieren, so daß das durch den peripheren Widerstand vor-
gegebene Herzminutenvolumen mit möglichst geringem Sauerstoffverbrauch gefördert wird.

Geringe Rückwirkung bedeutet also, daß eine isolierte Herzfrequenzverän-
derung kaum das Herzminutenvolumen und damit auch nicht den Blutdruck verstellt, der über die Barorezeptoren den Sympathikotonus wieder
gegenregulieren würde. Die Herzfrequenz ist deshalb bei Arbeit ein optimales Maß für die Sympathikusaktivität.

3.5.7. Verhalten der Herzfrequenz während der Arbeit

Wie wir bei der Behandlung des Stoffwechsels schon gesehen haben, kann
man eine Leistung aerob und anaerob durchführen (S. 35 ff.). Aerobe Leistungen kann man „unbegrenzt" durchhalten, wobei sich das Wort unbegrenzt natürlich nur auf muskuläre Faktoren bezieht. Um näher in den Mechanismus der Herzfrequenzsteuerung bei Arbeit einzudringen, unterscheidet man zweckmäßigerweise zwischen dem Verhalten der Herzfrequenz bei
aerober und bei partiell anaerober Arbeit oberhalb der Dauerleistungsgrenze (S. 270 ff.). Der Begriff der Dauerleistungsgrenze wurde um 1950
von E. A. Müller definiert als die Grenze, bis zu der man eine Leistung
8 Stunden − entsprechend der damals üblichen Dauer einer Schicht − ohne
Zeichen von Muskelermüdung durchhalten kann. Beim Übergang zu leichter körperlicher Arbeit unter der Dauerleistungsgrenze steigt die Herzfrequenz an und erreicht nach 2−3 Min. einen konstanten Wert, den sie weitgehend über die Dauer der Arbeit beibehält. Der Endwert, den sie dabei
erreicht, ist der Sauerstoffaufnahme proportional. Steigert man die Leistung schrittweise, so erreicht man einen bestimmten Leistungswert, bei
dem sich kein Steady state der Herzfrequenz mehr einstellt. Obwohl die
Sauerstoffschuld, die zu Beginn jeder Arbeit eingegangen wird (S. 51), in
diesem Bereich noch über die gesamte Arbeitszeit konstant bleibt, ist die
Leistung schon zeitlich limitiert. Sie muß nach einiger Zeit wegen Erschöpfung abgebrochen werden.

Wie wir später noch sehen werden, nennt man diesen Bereich das Schein-
Steady-state. Während des Schein-Steady-state kann die Herzfrequenz
durchaus 3−4 Std. ihren konstanten Arbeitswert beibehalten. Erst nach
dieser Zeit tritt dann ein plötzlicher Anstieg auf, der die bevorstehende Erschöpfung bereits ankündigt.

Steigert man die Leistung schrittweise weiter, so erreicht die Herzfrequenz
auch am Arbeitsbeginn kein Steady state mehr, sondern steigt kontinuierlich weiter an, bis die Arbeit wegen Erschöpfung abgebrochen werden muß.
Der Anstiegswinkel ist um so steiler, je größer die Differenz zwischen Dauerleistungsgrenze und aktueller Leistung ist.

Abb. 72 zeigt schematisch das Verhalten der Herzfrequenz bei leichter
(aerober) und schwerer (partiell anaerober) Leistung.

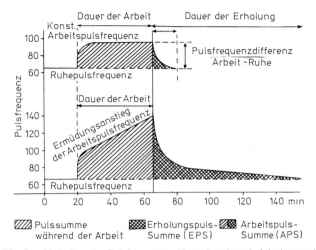

Abb. 72 Das Verhalten der Pulsfrequenz während und nach Arbeit verschiedener Intensität (aus: E. A. Müller: Die physische Ermüdung. In: E. W. Baader: Handbuch der gesamten Arbeitsmedizin, Bd. I, Urban & Schwarzenberg, München 1961).

Nicht die Leistung direkt, sondern der für die Leistung notwendige Energieumsatz der arbeitenden Muskulatur ist die entscheidende Größe sowohl für die Herzfrequenzeinstellung als auch für die Ausdauergrenze. Das geht daraus hervor, daß bei negativer Arbeit (Bremsarbeit), bei der die physikalische Leistung gleich, der Stoffwechsel aber kleiner ist, sowohl Ausdauergrenze als auch Herzfrequenzeinstellung der Stoffwechselgröße folgen. Wenn man auf dem Fahrradergometer gleiche Leistungen (im physikalischen Sinne) mit verschiedenen Pedaldrehungszahlen durchführen läßt, findet man, daß der Wirkungsgrad unterschiedlich ist. Auch hier folgt die Herzfrequenz der Stoffwechselgröße. Wird eine definierte Leistung mit einer größeren Zahl von Muskelgruppen durchgeführt, die eine Stoffwechselgröße benötigt, die etwas unter der Ausdauergrenze liegt, so steigt – wie zu erwarten – die Herzfrequenz auf ihren zugehörigen Steady-state-Wert an. Mit zunehmender Herzfrequenz wird die zugehörige O_2-Mehraufnahme eingestellt, wenn eine Muskelgruppe beginnt, anaerob zu arbeiten: Sie steigt überproportional an. Wenn also die gleiche absolute Leistung, die mit großen Muskelgruppen noch aerob geleistet werden kann, mit einer kleinen Muskelgruppe durchgeführt wird, die dadurch anaerob arbeitet, erhält man eine kontinuierlich ansteigende Herzfrequenz.

Vergleicht man identische Leistungen eines Untrainierten im submaximalen Bereich beim Kurbeln einerseits und bei Fahrradergometerarbeit andererseits, so ergeben sich für jeweils gleiche O_2-Mehraufnahmen auch gleiche Herzfrequenzanstiege. Führt man danach ein Ausdauertrainingsprogramm für die Muskulatur durch, die beim Fahrradfahren betätigt wird, so zeigt der gleiche Test, daß jetzt die Herzfrequenzzunahme bei Arbeit mit der Beinmuskulatur niedriger wird, während sie beim Kurbeln gleich bleibt, obwohl beide Muskelgruppen nach wie vor den gleichen O_2-Verbrauch aufweisen. Ein besonderer Fall von Arbeit ist die sog. statische Haltearbeit (isometrische Arbeit). Sie ist dadurch gekennzeichnet, daß hier die Durchblutung des Muskels infolge der Kompression der Gefäße nur wenig zunehmen kann. Dadurch entsteht ein Mißverhältnis zwischen Sauerstoffanlieferung und Sauerstoffbedarf, sobald der Muskel 15% der Maximalkraft des Muskels aufbringen muß. Die Herzfrequenz erreicht bei statischer Haltearbeit auch kein Steady-state, wenn die Kraft 15% der Maximalkraft des Muskels überschreitet. Sie steigt um so steiler an, je größer die aufzuwendende Kraft ist. Auch hier besteht also eine Beziehung zur Ausdauer: Nur wenn ein Gewicht unbegrenzt lang gehalten werden kann, erreicht die Herzfrequenz ein Steady state.

3.5.8. Verhalten der Herzfrequenz nach der Arbeit

Nach Arbeit unterhalb der Dauerleistungsgrenze kehrt die Herzfrequenz in wenigen Minuten auf ihren Ausgangswert zurück, auch wenn diese Arbeit über einen sehr langen Zeitraum geleistet wurde. Ihr Abfall folgt einer negativen Exponentialfunktion (Abb.73). Die Herzfrequenz, die nach Arbeitsende noch über dem Ruhewert gefunden wird, überschreitet hierbei gewöhnlich nicht die Zahl 100. Man bezeichnet die Summe der Pulse, die nach der Arbeit noch über dem Ruhewert liegt, auch als Erholungspulssumme. Sie ist, wie wir später noch sehen werden, ein wichtiges Maß zur Bestimmung der Ermüdung (S. 272).

Ganz anders verhält sich die Herzfrequenz nach einer Leistung, die im Bereich des Schein-Steady-state oder darüber lag. Jetzt zeigt ihr Abfall mindestens 2 unterschiedliche Phasen: eine schnelle, die wieder durch eine Exponentialfunktion beschrieben werden kann, und eine langsame Komponente, wobei je nach Dauer und Intensität der Arbeit die Pulsfrequenz noch über eine Stunde und mehr erhöht sein kann. Ist die Erholungspulssumme größer als 100, so kann man sicher sein, daß die Arbeit, die geleistet wurde, über der Ausdauergrenze lag und deshalb ermüdend war. Eine eingehende Analyse zeigt, daß bei Fahrradergometerarbeit die Größe der Erholungspulssumme dem Produkt aus der Leistung oberhalb der Dauerleistungsgrenze und der Arbeitszeit proportional ist. Vergleicht man die Zeit, die vergeht, bis O_2-Aufnahme, Ventilation und Herzfrequenz nach Arbeitsende ihren Ruhewert wiederhergestellt haben, so kann man feststellen, daß nach Arbeit unter der Ausdauergrenze alle Größen gleichzeitig den Ruhewert wieder erreichen, während nach erschöpfender Arbeit die Pulsfrequenz 5- bis 10mal länger erhöht bleibt als die übrigen Meßwerte.

3.5.9. Kontrolle des vegetativen Systems bei körperlicher Arbeit

In den vorigen Abschnitten hatten wir festgestellt, daß während der Arbeit die Herzfrequenz erstaunlich gut an den Stoffwechselbedarf angepaßt wird. Die Herzfrequenz wird durch das vegetative Nervensystem gesteuert. Die Frage liegt natürlich nahe, wie das vegetative System über die Größe des Stoffwechsels informiert wird. Die Schwierigkeit, dieses System zu erforschen, liegt besonders darin, daß es mit mehrfacher Sicherheit konstruiert ist. Schaltet man einen Informationspfad aus, so übernehmen andere Pfade die Kontrolle. Aus diesem Grund gab es historisch − vor allem aus Ergebnissen von Tierversuchen abgeleitet − eine große Zahl von kontroversen Erklärungsversuchen, die im einzelnen fast jede für sich richtige Beobachtungen waren. Allerdings kann man bei ihnen nicht unterscheiden, welcher Mechanismus Priorität hat.

Abb. 73 zeigt eine Übersicht über die wichtigsten Mechanismen, wie sie nach heutiger Auffassung wirksam werden. Grundlage der Abbildung ist das vereinfachte Kreislaufschema, das wir schon früher (S. 109) kennengelernt haben. Der wichtigste Antrieb für das Kreislaufzentrum im Sinne einer Erhöhung der sympathischen Aktivität geht von den arbeitenden Muskeln aus. Über den adäquaten Reiz wird noch spekuliert, wir werden darauf noch zurückkommen. Die Erregung wird offensichtlich nerval direkt zum Herz-Kreislauf-Zentrum geleitet (dick gezeichnete afferente Bahn). Als Folge der dadurch ausgelösten Sympathikotonussteigerung wird in großen Teilen des Kreislaufsystems der periphere Widerstand erhöht, mit Ausnahme der arbeitenden Muskulatur selbst sowie des Herz- und Gehirnkreislaufs, deren Gefäße keine Sympathikuserregung akzeptieren. Der Blutdruck wird dabei erhöht.

Inwieweit die Barorezeptoren in die Sympathikussteuerung eingreifen, ist noch nicht genügend geklärt. Auf keinen Fall regeln sie − wie das früher behauptet wurde − den Sympathikotonus hoch, sondern eher etwas herunter, da der Druck an den Barorezeptoren steigt.

Früher wurde auch der Bainbridge-Reflex für die Verstellung der Herzfrequenz bei Arbeit verantwortlich gemacht. Dieses trifft offensichtlich auch nicht zu. Unter Bainbridge-Reflex versteht man die Beobachtung, daß eine starke Füllung der Vorhöfe mit Blut reflektorisch eine Herzfrequenzerhöhung auslösen kann. Schon aufgrund der Tatsache, daß das Herz als Saugdruckpumpe arbeitet (S. 114), ist kaum zu erwarten, daß der Vorhofdruck bei Arbeit steigt. Untersuchungen mit Kathetern in den Vorhöfen bestätigten diese Vermutung.

Als motorische Mitinnervation bezeichnet man eine Aktivierung des Herz-Kreislauf-Zentrums bei Beginn einer Arbeit. Untersuchungen von Krogh u. Mitarb. am Anfang dieses Jahrhunderts zeigten, daß die Herzfrequenz schneller bei willkürlicher Arbeit zunimmt, als wenn man die Muskeln des

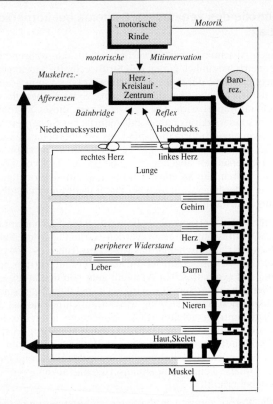

Abb. 73   Informationspfade für die Einstellung des vegetativen Systems bei körperlicher Arbeit.

Menschen elektrisch gereizt zum Arbeiten veranlaßt. Nach Erreichen des Steady state allerdings entspricht die Höhe der Herzfrequenz dem Sauerstoffverbrauch in beiden Fällen. Man kann daraus schließen, daß die Mitinnervation bei Arbeitsbeginn die Einstellung der Herzfrequenz beschleunigt, deren Feineinstellung dann von den Muskelrezeptoren übernommen wird. Ob − wie manche Autoren behaupten − an der Herzfrequenzsteuerung auch Mechanorezeptoren in den Gelenken beteiligt sind, ist offen.

Es soll im folgenden über einige Versuche an Wadenmuskeln berichtet werden, welche die oben angeführten Thesen stützen sollen. Die Durchblutung dieser Muskeln läßt sich durch 2 Blutdruckmanschetten an den Oberschenkeln drosseln, die auf einen Druck von 33−40 kPa (250−300 mmHg) aufgeblasen werden.

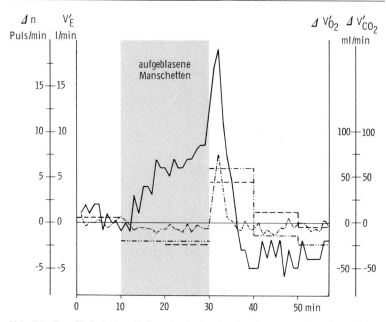

Abb. 74   Der Einfluß des Stoffwechsels in abgebundenen unteren Extremitäten auf das Verhalten der Pulsfrequenz. Die Pulsfrequenz steigt mit Beginn der Abbindung etwa linear mit der Zeit an. Die Ruhewerte für CO_2-Abgabe und O_2-Aufnahme sind während der Abbindungsdauer vermindert. Das O_2-Defizit in den Extremitäten wird nach Beendigung der Abbindung nachgeatmet. Im schraffierten Bereich sind beide unteren Extremitäten abgebunden: V_E' = Exspirationsvolumen, — = Pulsfrequenz, -··- = Ventilation, - = O_2-Aufnahme, -···· = CO_2-Abgabe (aus: J. Stegemann: Zum Mechanismus der Pulsfrequenzeinstellung durch den Stoffwechsel I, II, III, IV. Pflügers Arch. ges. Physiol. 276 ,1963).

Betrachten wir zunächst das Verhalten einiger Meßgrößen, wenn die Manschetten unter Ruhebedingungen aufgeblasen werden (Abb. 74): Der linke Teil des Diagramms zeigt die Ausgangswerte für die O_2-Aufnahme, die CO_2-Abgabe, die Herzfrequenz und die Ventilation in den letzten 10 Min. vor der Unterbrechung der Durchblutung. Das Aufblasen der Manschetten bewirkt, daß die Herzfrequenz kontinuierlich bis zum Lösen der Abbindung zunimmt. O_2-Aufnahme und CO_2-Abgabe liegen leicht unter dem Ruhewert, da der Stoffwechsel der isolierten Muskelgruppe nicht im Respirationsversuch mitgemessen wird. Die Ventilation bleibt während der Abbindungsperiode nahezu konstant. Wird die Abbindung wieder gelöst, so steigt die Herzfrequenz zunächst steil an, um dann in 2–3 Min. wieder auf oder unter die Ausgangswerte zurückzukehren. O_2-Aufnahme und CO_2-Abgabe

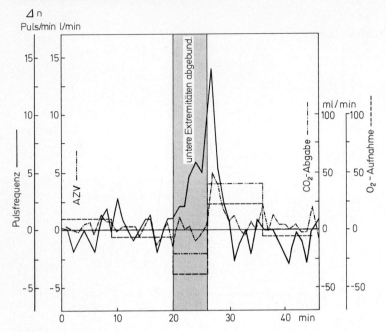

Abb. 75   Zunahme der Pulsfrequenz bei Abbinden der unteren Extremitäten, in
denen der Stoffwechsel durch Muskelarbeit erhöht ist. Sonst gleiche Symbole wie
in der vorigen Abbildung (aus: J.Stegemann: Zum Mechanismus der Pulsfrequenzeinstellung durch den Stoffwechsel I, II, III, IV. Pflügers Arch. ges. Physiol. 276,
1963).

steigen an. Vergleicht man bei den Ruheversuchen das Defizit, das während
der Abbindungsperiode eingegangen wurde, mit der Menge der O_2-Mehr-
aufnahme nach der Abbindung, so kann man feststellen, daß ihre Werte
weitgehend identisch sind. Ein ähnliches Verhalten kann auch beobachtet
werden, wenn man die Versuchsperson eine leichte Wadenmuskelarbeit
durchführen läßt (Abb. 75). Die Abbindungsperiode ist wesentlich kürzer.
Die Herzfrequenz steigt wesentlich steiler, aber bei konstanter Leistung immer noch linear mit der Zeit an. Läßt man nun verschieden große Leistungen durchführen, wird zu beobachten sein, daß die zeitliche Herzfrequenzzunahme um so steiler verläuft, je größer der Umsatz der abgebundenen
Muskelgruppe ist.

Man kann aber noch mehr quantitative Beziehungen aufstellen. Wird das
Volumen an Sauerstoff, das nach Freigabe der Durchblutung vermehrt auf-

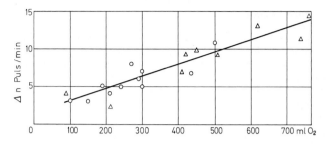

Abb. 76   Regression und Korrelation zwischen O_2-Defizit während der Abbindung und Pulsfrequenzzunahme in Ruhe (Dreiecke) und bei Arbeit (Kreise). Regressionskoeffizient = 0,0166, Korrelationskoeffizient = 0,992 (aus: J. Stegemann: Zum Mechanismus der Pulsfrequenzeinstellung durch den Stoffwechsel I, II, III, IV. Pflügers Arch. ges. Physiol. 276, 1963).

genommen wird, in Beziehung zur Herzfrequenzzunahme während der Abbindungszeit gesetzt, so ergibt sich eine lineare Regression (Abb. 76). Da die Nachatmung an Sauerstoff der während der Abbindung eingegangenen Schuld proportional ist, bedeutet dieses Ergebnis, daß das Fehlen oder der Überschuß eines Stoffwechselendproduktes der Muskulatur bei Arbeit für die Herzfrequenzerhöhung verantwortlich sein muß. Gestützt wird diese Behauptung dadurch, daß die Regression vollständig unabhängig davon besteht, ob das Defizit oder der Überschuß durch den Arbeits- oder den Ruhestoffwechsel der Muskulatur erzeugt wurde.

Die gezeigten Ergebnisse bestätigen also, daß die Herzfrequenz bei Arbeit von sensiblen Elementen der Muskulatur aus eingestellt wird. Welches Substrat dafür maßgeblich ist, können wir freilich hieraus noch nicht entscheiden. Vermutlich ist es nicht ein Kandidat, sondern es sind mehrere, die dabei beteiligt sein könnten. Verantwortlich gemacht wurde die Kaliumionen-, aber auch die Laktationen- oder die Wasserstoffionenkonzentration.

3.6. Blut als Transportmedium

Das Blut hat im Organismus eine Reihe wichtiger Aufgaben zu erfüllen, wie die Abwehr gegen Infektionen, den Transport von Hormonen und Metaboliten sowie den Verschluß von Wunden mittels Gerinnung. Damit werden wir uns hier allerdings weniger beschäftigen, sondern mehr mit dem für die Leistungsphysiologie besonders wichtigen Transport der Blutgase sowie der Nährstoffe und der Wärme.

Das Blut besteht aus geformten Bestandteilen und einer homogenen Flüssigkeit, dem Blutplasma, in dem diese suspendiert sind.

3.6.1. Blutplasma

Das Plasma ist eine gelbliche Flüssigkeit, in der außer den zu transportierenden Bestandteilen etwa 7% Proteine enthalten sind. Die Bedeutung der Plasmaproteine für den onkotischen Druck und die Durchspülung des interstitiellen Raumes wurde schon erörtert (S. 132). Der Anteil des Albumins beträgt ca. 60%, der des Globulins etwa 40% des Gesamtproteins. Zur Funktion der verschiedenen Proteine sei auf die Lehrbücher der Biochemie verwiesen.

Der osmotische Druck des Blutplasmas beträgt ca. 750 kPa. Er ist einer 0,9%igen Kochsalzlösung isoton.

3.6.2. Blutzellen

Die roten Blutkörperchen (Erythrozyten) sind bikonkave Scheiben, die einen Durchmesser von 8 μm und an der eingestülpten Stelle eine Dicke von etwa 2 μ m besitzen. Durch diese Form kann der Sauerstoff auf minimalen Wegen das Hämoglobin erreichen. Der Mann, der auf Meereshöhe lebt, hat ungefähr 5 Millionen, die Frau 4,5 Millionen Erythrozyten/mm^3. Sie werden im Knochenmark gebildet, ihre Lebensdauer beträgt ungefähr 100 bis 140 Tage.

Die Erythrozyten haben weder Kern noch Mitochondrien, sie sind deshalb ausschließlich auf anaerobe Energiegewinnung aus der Blutglukose angewiesen. Die rote Farbe erhalten sie durch den Blutfarbstoff Hämoglobin (Hb), der O_2 reversibel zu binden vermag. Das Hämoglobin stellt einen zusammengesetzten Eiweißkörper dar, der aus Globin und dem eigentlichen Träger des Sauerstoffs, dem Häm, besteht, der zweiwertiges Eisen enthält. Wie alle Eiweißkörper hat auch das Hämoglobin Ampholytcharakter, d. h., es kann sowohl mit Säuren als auch mit Basen Salze bilden. Der isoelektrische Punkt liegt beim desoxygenierten Hb nahe dem Neutralpunkt, beim oxygenierten Hb liegt er im sauren Bereich. Oxyhämoglobin (O_2-Hb) vermag (mit Alkaliionen) also weniger Salz zu bilden als Hb.

Der Transport des Sauerstoffs erfolgt so, daß sich molekularer Sauerstoff in leicht reversibler Form an das Hb-Molekül anlagern kann. Es bildet damit das O_2-Hb. Wird der Sauerstoff im Gewebe abgegeben, geht das O_2-Hb in das reduzierte Hb über. Welche Form das Hb annimmt, hängt also vom umgebenden Sauerstoffdruck ab. 1 mol Hb kann maximal 4 mol O_2 binden. Der Hämoglobingehalt pro 100 ml Blut beträgt beim Mann etwa 16 g/100 ml Blut, bei der Frau 14,5 g/100 ml Blut. Der Normalbereich der Beladung des einzelnen Erythrozyten mit Hämoglobin liegt zwischen $30 \cdot 10^{-12}$ und $34 \cdot 10^{-12}$ g. 1 g Hb kann maximal 1,38 ml O_2 (als auf 101 kPa und 0°C reduzierte Gasmenge) binden.

Die weißen Blutzellen (Leukozyten) haben „Polizeifunktion". Sie dienen also vor allem der Infektionsabwehr. Ihre Zahl liegt bei 5000−10000 Leukozyten/mm³. Die Blutplättchen (Thrombozyten) haben besondere Bedeutung für die Gerinnung. Ihre Zahl liegt etwa zwischen 250000 und 400000/mm³.

Der zelluläre Anteil (Hämatokrit) des Blutes beträgt normalerweise 45%, von denen wiederum 99% auf die Erythrozyten entfallen. Nach Höhenanpassung (S. 192ff.) kann der Hämatokrit bis 70% anwachsen.

3.6.3. Transport des Sauerstoffs

3.6.3.1. Prinzip

Bei der Besprechung der energieliefernden Prozesse für die Muskeltätigkeit hatten wir bereits festgestellt, daß, über längere Zeit betrachtet, die gesamte Energiebereitstellung Sauerstoff benötigt. Die Oxidationsprozesse mit O_2 finden in den Mitochondrien der Zellen statt (S. 39f.).

Ein im Wasser lebender Einzeller wird dadurch versorgt, daß der Sauerstoffdruck im umgebenden Wasser höher ist als der Sauerstoffdruck der Zelle. Der Sauerstoff diffundiert immer vom Ort höheren zum Ort niedrigeren Druckes. Die treibende Kraft für den Sauerstofftransport ist also das Druckgefälle. Die Wand des Einzellers stellt für den Sauerstoff jedoch ein Hindernis dar. Durch sie wird der Diffusionswiderstand gebildet. In Analogie zum Ohm-Gesetz können wir die Diffusionsverhältnisse formulieren:

$$V'O_2 = \frac{\Delta pO_2}{R} \quad (47)$$

Dabei stellt Δp die Druckdifferenz, R den Diffusionswiderstand und $V'O_2$ das Volumen an Sauerstoff in der Zeiteinheit dar. Man bezeichnet diese Beziehung auch als Fick-Diffusionsgesetz. Der Diffusionswiderstand hängt von der Schichtdicke, von der Größe der Durchtrittsfläche, von der Löslichkeit des Sauerstoffs und von Materialkonstanten ab.

Befinden sich wie beim Menschen eine Vielzahl von Zellen in einem Verbund, so reicht dieses einfache System schon deshalb nicht aus, da die Schichtdicke von der Haut bis zu den Körperzellen viel zu groß wäre. Aus diesem Grunde wurde im Verlauf der Evolution das umgebende „Weltmeer" in Form von Blut in den Körper hineinverlegt, das die Zellen mit dem notwendigen Sauerstoff versorgt.

Würden unsere Zellen jedoch nur mit einer Salzlösung umspült, wie es das Meer darstellt, so müßte ihre Umlaufgeschwindigkeit sehr groß sein, da die Löslichkeit des Sauerstoffs in Wasser nur sehr gering ist, d. h., daß das O_2-Volumen pro 100 ml Flüssigkeit (Vol.-%) klein und damit die Transportkapazität sehr gering wäre. Der rote Blutfarbstoff, das Hämoglobin, versetzt das Blut in die Lage, mit einem geringen Volumen eine große Menge von Sauerstoff zu transportieren.

Durch die äußere Atmung wird das Blut mit einem Gasgemisch, in dem Sauerstoff enthalten ist, ins Gleichgewicht gesetzt (äquilibriert). Durch die Wirkung des Kreislaufs wird das Blut zum Gewebe transportiert, wo es den Sauerstoff wieder abgibt.

3.6.3.2. Prinzip der O_2-Bindungskurve

Um die quantitative Beziehung zwischen dem umgebenden Sauerstoffdruck und dem Gehalt des Blutes an Sauerstoff abzuleiten, setzen wir ein bestimmtes Blutvolumen mit einem bestimmten Sauerstoffdruck ins Gleichgewicht. Um den gewünschten Sauerstoffdruck zu erhalten, stellen wir uns eine Mischung von Sauerstoff und Stickstoff her. Bei idealen Gasen gilt das Gesetz, daß ein Gas den Anteil an Druck (Partialdruck) ausübt, der seinem Volumenanteil entspricht. Wenn man also ein Gemisch von 10% O_2 und 90% N_2 unter einem Atmosphären-Druck von 100 kPa herstellt, übt der Sauerstoff einen Partialdruck von 10 kPa, der Stickstoff von 90 kPa aus (s. auch Kapitel „Atmung").

In dem in dieser Weise mit Sauerstoff ins Gleichgewicht gesetzten Blut spielt sich jetzt folgender Prozeß ab, den man symbolisch etwa so charakterisieren kann:

Phase 1	Phase 2
$pO_2 \rightleftharpoons [O_2]$	$[O_2] + [Hb] \rightleftharpoons [O_2\text{-}Hb]$
physikalische Lösung	chemische Bindung

Man kann aus dieser Beziehung ersehen, daß der Anteil an O_2-Hb vom Sauerstoffdruck (pO_2) abhängt. Wenn man nun, nachdem sich ein Gleichgewicht eingestellt hat, den Gehalt des Blutes an Sauerstoff bestimmt, so kommt man zu einer charakteristischen Beziehung, die man als O_2-Bindungskurve bezeichnet (Abb. 77). Sie gibt das Verhältnis zwischen dem von außen angreifenden Sauerstoffdruck (pO_2) und dem Gehalt des Blutes an Sauerstoff (Vol.-%) wieder. Im oberen Bereich verläuft die Kurve nahezu abszissenparallel; das bedeutet, daß trotz steigendem O_2-Druck nicht mehr Sauerstoff in das Blut aufgenommen wird. Der Grund liegt darin, daß in diesem Bereich alles vorhandene Hb in Form des oxygenierten (O_2-)Hb vorliegt. Man spricht davon, daß das Hb gesättigt ist. Um nun unabhängig vom jeweiligen Hb-Gehalt zu sein, der bekanntlich individuell unterschiedlich sein kann, bezeichnet man den Bereich, in dem alles Hb in O_2-Hb überführt ist, als 100%-Sättigung. Am anderen Ende der Kurve ($pO_2 = 0$) ist kein O_2 im Blut vorhanden; alles Hb liegt also als reduziertes Hb vor (0%-Sättigung).

Die rechte Ordinate (Vol.-%) in Abb. 77 ist also abhängig vom Hb-Gehalt, die linke dagegen nicht. Da 1g Hb ein reduziertes Volumen von 1,38 ml bindet, entspricht die 100-%-Sättigung beim Mann einem Wert von $16 \cdot 1,38 = 22,08$ Vol.-%, bei der Frau dagegen $14,5 \cdot 1,38 = 20,01$ Vol.-%.

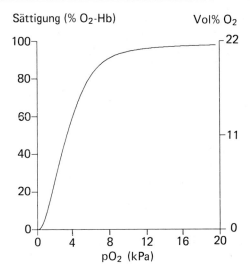

Abb. 77 Standard-O_2-Bindungskurve, berechnet für pH = 7,4, Temperatur = 37°C, pCO_2 = 5,3 kPa und Hb = 10 mmol/l (L) sowie einen 2,3-DPG-Gehalt der Erythrozyten von 5 mmol/l. Die linke Ordinate zeigt die O_2-Sättigung in %, die rechte Ordinate die entsprechenden Vol.-%-Werte.

3.6.3.3. Einflüsse auf die O_2-Bindungskurve

Der dänische Physiologe Bohr konnte zuerst zeigen, daß die O_2-Bindungskurve ihren Verlauf ändert, wenn man dem Blut Säure zusetzt oder entzieht (Bohr-Effekt). Unter physiologischen Bedingungen spielen 2 aus dem Stoffwechsel entstehende Säuren hier besonders eine Rolle: die flüchtige H_2CO_3 (Kohlensäure) als Endprodukt des aeroben Stoffwechsels und die Milchsäure, die bei anaerober Energiegewinnung auftritt. Abb. 78 zeigt den Einfluß verschiedener Säuregrade auf den Verlauf der O_2-Bindungskurve. Das Blut hat unter Ruhebedingungen etwa einen pH-Wert von 7,4 (Erklärung des pH-Wertes auf S. 162 ff.). Wird das Blut alkalischer, wird die Kurve deutlich nach links, bei Säuerung dagegen nach rechts verschoben.

Ähnliche Verschiebungen werden durch unterschiedlichen CO_2-Druck ausgelöst. Ausgehend vom normalen pCO_2 von etwa 5,3 kPa, wie er unter Ruhebedingungen herrscht, wird die Kurve bei niedrigerem pCO_2 nach links, bei höherem pCO_2 nach rechts verschoben (Abb. 79).

Als dritter wichtiger Einfluß auf den Verlauf der O_2-Bindungskurve wirkt die Temperatur. Je höher die Bluttemperatur ist, um so weiter wird die Bindungskurve nach rechts verschoben. Sowohl die Säure als auch die Tempe-

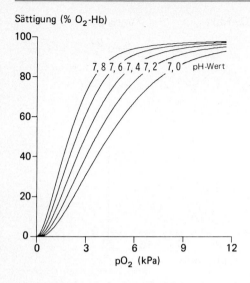

Abb. 78 Die Abhängigkeit der O_2-Bindungskurve vom pH-Wert, berechnet für $pCO_2 = 5,3$ kPa, Temperatur 37 °C, 2,3-DPG-Gehalt der Erythrozyten = 5 mmol/l.

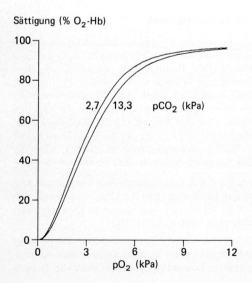

Abb. 79 Die Abhängigkeit der O_2-Bindungskurve vom pCO_2, berechnet für pH= 7,4, Temperatur = 37 °C, 2,3-DPG-Gehalt der Erythrozyten= 5 mmol/l . Man kann der Abbildung entnehmen, daß die Kurve nur wenig vom pCO_2 abhängt, wenn der pH-Wert konstant gehalten wird.

Abb. 80   Die Abhängigkeit der O_2-Bindungskurve von der Bluttemperatur, berechnet für pH = 7,4; pCO_2 = 5,3 kPa; 2,3-DPG-Gehalt der Erythrozyten = 5 mmol/l

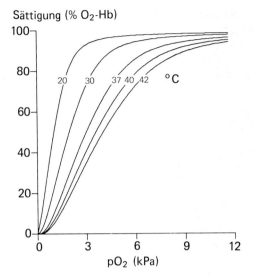

ratur verschieben das Gleichgewicht zwischen Hb und O_2-Hb in charakteristischer Richtung (Abb. 80).

Einen weiteren Einfluß auf die O_2-Bindungskurve übt eine Substanz aus, die bei einem Nebenweg des glykolytischen Stoffwechsels der Erythrozyten entsteht, das 2,3-Diphosphoglyzerat (2,3-DPG). Je größer die Konzentration an 2,3-DPG im Erythrozyten ist, um so weiter wird die Bindungskurve nach rechts verschoben (Abb. 81).

Rechts- und Linksverschiebungen der O_2-Bindungskurve haben praktische Bedeutung für die Leistungsfähigkeit. Ein „aufgewärmter" Sportler beispielsweise hat günstigere Sauerstoffdruckbedingungen in der Peripherie.

Um diesen Vorgang zu verstehen, erinnern wir uns der wichtigen Tatsache, daß für das Volumen an Sauerstoff, das pro Zeiteinheit in die Muskelzelle diffundiert, die Druckdifferenz (ΔpO_2) zwischen dem extrazellulären Raum und dem Ort des Verbrauchs, den Mitochondrien, maßgebend ist, in denen der Sauerstoffdruck sehr niedrig ist. Je höher die Leistung, desto mehr Sauerstoff pro Zeiteinheit muß in die Zelle gelangen, da der Stoffwechsel mit zunehmender Leistung ansteigt. Wird die Sauerstoffversorgung unzureichend, so beginnt die anaerobe Energiebereitstellung, die bekanntlich zur Ermüdung führt. Als Beispiel nehmen wir nun einmal an, es läge in der Mitte der Muskelkapillaren eine Sättigung von 60% und eine Temperatur von 30 °C vor, Verhältnisse also, wie sie in Ruhe normal sind. Fällen wir in Abb. 80 beim Schnittpunkt zwischen der Linie für 60%ige Sättigung und der Kurve für 30 °C ein Lot auf die Abszisse, so stellen wir fest, daß ein pO_2 von ca. 2,7 kPa erzeugt wird. Würden wir unter sonst gleichen Bedingungen

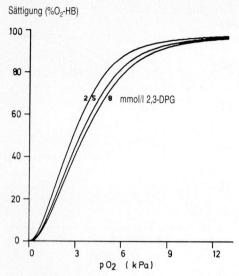

Sättigung (%O₂-HB)

pO₂ (kPa)

Abb. 81   Abhängigkeit der O_2-Bindungskurve vom Gehalt der Erythrozyten an 2,3 DPG, berechnet für pH = 7,4, Temperatur = 37 °C.

den Muskel auf 43 °C aufwärmen, wie das bei hohen Leistungen wirklich der Fall ist, erhielten wir einen pO_2 von annähernd 6 kPa. Die Druckdifferenz hat sich also bei gleicher Sättigung durch diesen Effekt verdoppelt.

Ähnliche Überlegungen gelten auch für pCO_2 und pH. Im Bereich sehr hoher Leistungen treten sowohl mehr CO_2 als auch Wasserstoffionen auf, die in das Kapillarblut gelangen und damit den O_2-Versorgungsdruck für die Zelle erhöhen.

Durch den umgekehrten Effekt in der Lunge wird die Aufnahme von O_2 erleichtert; besonders bei Leistungen in der Höhe, bei denen der Sauerstoffdruck in der Atemluft sehr niedrig ist, wird das kältere Blut die Sättigung bei gleichem Druck verbessern.

3.6.4. Transport des Kohlendioxids

3.6.4.1. Übersicht über den CO₂-Transport

Im Gegensatz zum Sauerstoff löst sich CO_2 nicht nur in Wasser, sondern es bildet mit H_2O auch eine chemische Verbindung, die Kohlensäure (H_2CO_3). Damit wird auch das Säure-Basen-Gleichgewicht beeinflußt.

In Analogie zum O_2-Transport würde auch für den Transport des CO_2, des Endprodukts des aeroben Stoffwechsels, die physikalische Lösung nicht ausreichen, um mit dem umlaufenden Blutvolumen genügend Gasvolumen zu transportieren, obwohl sich CO_2 etwa 25mal besser in Wasser löst als der Sauerstoff.

Wenn CO_2 aus der Zelle austritt, löst es sich unmittelbar in der Gewebeflüssigkeit. Die Beziehung zwischen gelöster Gasmenge und Druck ist proportional, so daß die Formel gilt:

$$[CO_2] \rightleftharpoons \alpha \cdot pCO_2 \ (48)$$

Die Proportionalitätskonstante α ist von der Temperatur abhängig. Man bezeichnet sie auch als Bunsen-Absorptionskoeffizient. Für Plasma von 37°C beträgt er:

$$\alpha_{CO_2} = \frac{5,3 \ \mu l}{ml \cdot kPa}$$

Ein Teil des CO_2 wird hydratisiert, d. h., es bildet mit Wasser Kohlensäure:

$$CO_2 + H_2O \rightleftharpoons H_2CO_3 \rightleftharpoons H^+ + HCO_3^- \ (49)$$

Diese dissoziiert wiederum nach den Gesetzen der Dissoziation teilweise in H^+- und HCO_3^--Ionen. Der Anteil der dissoziierten gegenüber der undissoziierten Kohlensäure wird durch die erste scheinbare Dissoziationskonstante K' beschrieben:

$$K' = \frac{[H^+] \cdot [HCO_3^-]}{[H_2CO_3]} \ (50)$$

Löst man die Gleichung nach H^+ auf, so erhält man die sogenannte Henderson-Hasselbalch-Gleichung:

$$[H^+] = \frac{K' \cdot [H_2CO_3]}{[HCO_3^-]} \ (51)$$

Da man nicht genau entscheiden kann, wie groß der gelöste im Verhältnis zum hydratisierten Anteil des CO_2 ist, tut man so, als ob das gesamte CO_2 hydratisiert sei, und bezeichnet deshalb K' als erste scheinbare Dissoziationskonstante.

Auch das CO_2 diffundiert nach dem Druckgefälle und löst sich deshalb sowohl im Blutplasma als auch in den Erythrozyten. Im Erythrozyten befindet sich ein Enzym, die Karboanhydrase, das die Hydratisierung beschleunigt. Deshalb tritt dort H_2CO_3 in viel größerer Geschwindigkeit als im Plasma auf.

Der Erythrozyt ist in ähnlicher Weise hinsichtlich seiner Ionenzusammensetzung aufgebaut wie die Gewebszelle (S. 12). Im Erythrozyten befinden sich überwiegend K^+-Ionen und große Proteinanionen, wobei das Protein hier überwiegend vom Hämoglobin dargestellt wird. Eiweißionen haben Ampholytnatur. Man kann deshalb die Verbindung der Eiweißanionen mit dem K^+-Ion als das Salz einer sehr schwachen Säure auffassen. Chemisch reagieren nun Salze schwacher Säuren mit einer stärkeren Säure immer so, daß das Salz der stärkeren Säure und die freie schwächere Säure auftreten, wobei sich das Gleichgewicht nach der Konzentration richtet.

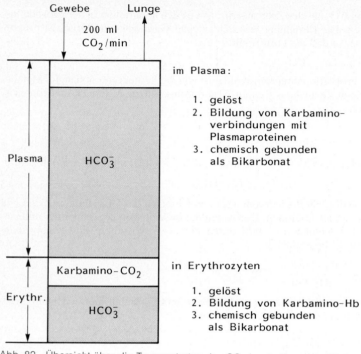

Abb. 82   Übersicht über die Transportarten des CO_2 (nach: Ganong, 1974).

Bildet man von H^+ und K' jeweils den negativen dekadischen Logarithmus, so lautet die Gleichung

$$pH = pK' + \lg \frac{[HCO_3^-]}{[H_2CO_3]} \quad (52)$$

pK' hat den Wert von 6,10, so daß sich bei dem physiologischen Verhältnis HCO_3^- : H_2CO_3 von 20:1 ein Blut-pH von 7,4 ergibt (log 20 = 1,30). Das Verhältnis von H_2CO_3 zu HCO_3^- ist im Plasma wesentlich durch die verfügbaren Alkaliionen (Na^+ und K^+) bestimmt. Unter Ruhebedingungen konkurrieren 2 Säuren um sie: die sehr schwache „Proteinsäure" und die Kohlensäure. Ist der Kohlendioxiddruck 0, so liegen die gesamten Bluteiweiße als Kalium- und Natriumsalze vor. Mit steigendem Druck der Kohlensäure reagiert das K-Proteinat in den Erythrozyten durch die Karboanhydrase nach folgender Gleichung:

K-Proteinat + H_2CO_3 ⇌ H-Proteinat + $KHCO_3$ (53)

Es treten also die Salze $KHCO_3$ und $NaHCO_3$ auf, die man als Kalium- bzw. Natriumbikarbonat (oder auch -hydrogenkarbonat) bezeichnet.

Durch die Veränderung des osmotischen Druckes kommt es zu einem Wassereinstrom in den Erythrozyten. Als Folge der dadurch gestörten Konzentrationsgradienten diffundieren HCO_3^--Ionen in das Plasma und Cl^--Ionen in den Erythrozyten. Dieses Phänomen wird auch als Hamburger-Shift bezeichnet. Die Erythrozyten sind also zur Bildung des Natriumbikarbonats im Plasma notwendig.

Die wichtigste Transportsubstanz für CO_2 stellt das Natriumbikarbonat dar, wobei der Erythrozyt eine Durchgangsfunktion ausübt. Da die Richtung der geschilderten Reaktion vom CO_2-Druck abhängt, stellt sich zu jedem CO_2-Druck ein bestimmtes Gleichgewicht ein.

Abb. 82 zeigt eine Übersicht über den gesamten CO_2-Transport unter Ruhebedingungen. Außer dem erörterten Mechanismus der Bindung in Form von Bikarbonat, die bei 5,3 kPa pCO_2 etwa 44 Vol.-% ausmacht, sind etwa 3 Vol.-% physikalisch gelöst und 3 weitere Vol.-% als Karbaminoverbindungen vorhanden. Als Karbaminoverbindung bezeichnet man die direkte Verbindung von H_2CO_3 mit dem Hämoglobin, wobei allerdings die Bindung hier nicht an dem Häm-Anteil − wie beim Sauerstoff − erfolgt, sondern an der Globinkomponente.

3.6.4.2. Prinzip der CO_2-Bindungskurve

Die quantitative Beziehung zwischen dem CO_2-Gehalt und dem CO_2-Druck gibt die CO_2-Bindungskurve wieder (Abb. 83). Sie wird in analoger Weise gewonnen, wie das im Zusammenhang mit der O_2-Bindungskurve bereits dargestellt wurde. Die beiden oberen Kurven geben den Gesamtgehalt an CO_2 als Funktion des pCO_2 von oxygeniertem und desoxygeniertem Blut wieder. Eine weitere lineare Funktion stellt den Anteil an „gelöster" H_2CO_3 dar. Ideale Gase lösen sich proportional zum Druck, wobei der Anstiegswinkel bei gegebener Temperatur spezifisch für jedes Gas ist. Dieser Winkel wird durch den Bunsen-Absorptionskoeffizient (S. 159) bestimmt. Deutlich zu erkennen ist, daß der obere rechte Teil der Bindungskurven sich asymptotisch einer Parallelen zur physikalisch gelösten H_2CO_3 nähert, was bedeutet, daß sich in diesem Bereich offensichtlich kein neues Natriumbikarbonat mehr bilden kann, so daß der Gesamtgehalt nur durch Lösung weiter zunimmt. Der Grund liegt darin, daß hier bereits alles verfügbare Alkali, das aus der Proteinbindung frei gemacht wird, in Bikarbonat überführt wurde.

3.6.4.3. Einflüsse auf die CO_2-Bindungskurve

Im Zusammenhang mit Gleichung 53 hatten wir gelernt, daß das Gleichgewicht zwischen Proteinsäure bzw. Proteinat auf der einen und der Kohlensäure und dem Bikarbonat auf der anderen Seite unter sonst gleichen Bedingungen von der Säurestärke abhängt. Das chemische Maß für die Stärke aber ist ihre Dissoziationskonstante. Bei gleichem Kohlendioxiddruck

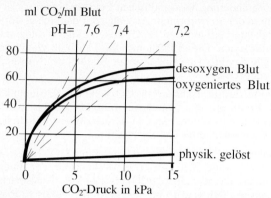

Abb. 83   CO$_2$-Bindungskurve für oxygeniertes und desoxygeniertes Blut . Beide Kurven stellen jeweils die Summe des gelösten und des gebundenen CO$_2$ dar. Ferner sind (gestrichelt) Isohydren eingezeichnet. Als Isohydren bezeichnet man Linien gleichen pH-Wertes.

hängt die Konzentration des im Erythrozyten entstehenden Bikarbonats und damit auch die Konzentration im Plasma vom Verhältnis der Dissoziationskonstanten der beiden beteiligten Säuren ab. Nun ist die Dissoziationskonstante der Kohlensäure konstant, die des Proteins (Hämoglobin) hängt aber von der Sauerstoffbeladung ab. O$_2$-Hb ist eine stärkere Säure als reduziertes Hämoglobin. Daraus folgt, daß bei reduziertem Hämoglobin mehr Bikarbonat gebildet werden kann, da die Reaktion von Gleichung 53 ihr Gleichgewicht nach rechts verschiebt. Deshalb liegt in Abb. 83 die Kurve für desoxygeniertes Blut höher. Man bezeichnet diese Wirkung der O$_2$-Sättigung auf die CO$_2$-Bindungskurve nach ihrem Entdecker als Haldane-Effekt. Ihre Bedeutung für die CO$_2$-Bindung im Gewebe, besonders bei Leistung, und die CO$_2$-Abgabe in der Lunge liegt darin, daß ohne wesentliche Änderung des CO$_2$-Drucks mehr oder weniger CO$_2$-Volumen transportiert werden kann, wenn sich die O$_2$-Sättigung des Blutes gleichzeitig ändert.

3.6.5. Regulation des pH-Wertes

Um das Verständnis zu erleichtern, wollen wir uns vorab mit dem Begriff der Wasserstoffionenkonzentration und des pH-Wertes befassen. Konzentrationen werden in der Chemie durch eckige Klammern gekennzeichnet, deshalb ist das Symbol der Wasserstoffionenkonzentration [H$^+$].
Reinstes Wasser (H$_2$O) ist in sehr geringem Maße dissoziiert in H$^+$- und OH$^-$-Ionen. Von 550 Millionen mol ist nur 1 mol vollständig dissoziiert. Die Konzentration der dissoziierten Ionen ist so klein, daß sie praktisch unverändert bleibt. Das Produkt der dissoziierten Anteile, das Ionenprodukt, ist konstant und beträgt bei ca. 20°C

$[H^+] \cdot [OH^-] = 10^{-14}$ mol/l = konstant (54)

Ist die molare Konzentration von $[H^+]$ und $[OH^-]$ gleich, also je 10^{-7} mol/l, so bezeichnet man die Reaktion als neutral. Um nun nicht ständig mit Exponenten rechnen zu müssen, hat man den Begriff des Wasserstoffexponenten „pH" (potentia hydrogenii) eingeführt und ihn als negativen dekadischen Logarithmus der $[H^+]$ definiert. Da $-(\log 10^{-7}) = 7$ ist, ergibt sich für $[H^+] = 10^{-7}$ mol/l ein pH-Wert von 7. pH = 7 bedeutet also eine neutrale Reaktion.

Fügt man eine Säure zu, die H^+-Ionen abdissoziiert, so wird wegen der Konstanz der Gleichung 54 die Konzentration an OH^--Ionen zurückgedrängt. Die H^+-Konzentration wird also größer (z. B. 10^{-6} mol/l), der pH-Wert damit kleiner, nämlich 6. Eine Base dagegen, die OH^--Ionen abgibt, führt zu einer Abnahme von $[H^+]$ (z. B. 10^{-8} mol/l), der pH-Wert nimmt Werte an, die größer als 7 sind. Man bezeichnet solche Lösungen als alkalisch. Die Regulation des pH-Wertes des Blutes erfolgt teilweise durch Pufferung, teilweise durch aktive Prozesse. Unter Pufferung versteht man ein System, das aus schwacher Säure und ihrer konjugierten Base besteht (z. B. H_2CO_3).

Für das Blut spielen 2 Puffersysteme eine entscheidende Rolle: der Proteinpuffer mit H-Proteinen und Proteinanionen und der Bikarbonatpuffer mit H_2CO_3 und HCO_3^-. Es gilt:

$$[H^+] = K'_c \cdot \frac{[H_2CO_3]}{[HCO_3^-]} = K'_{prot} \cdot \frac{[\text{H-Proteine}]}{[\text{Proteinanionen}]} \quad (55)$$

Beide Dissoziationskonstanten (K'_{prot}; K'_c) sind unterschiedlich groß. Treten nun H^+-Ionen dadurch vermehrt auf, daß der Kohlendioxiddruck ansteigt, wird der größte Teil davon dadurch abgefangen, daß das Proteinat in seine undissoziierte Form übergeht. Wenn bei anaeroben Stoffwechselbedingungen zusätzlich noch H^+-Ionen vermehrt durch die entstehende Milchsäure auftreten, so wird auch HCO_3^- erheblich abnehmen, da es als H^+-Ionenfänger wirkt. Dadurch vermindert sich auch hier die Dissoziation so, daß der dissoziierte Anteil der Kohlensäure kleiner wird.

Wie schon festgestellt wurde, ist die Dissoziationskonstante K'_{prot} für den Proteinpuffer nicht konstant, da er überwiegend vom Protein Hämoglobin bestimmt wird. Oxyhämoglobin hat eine größere Dissoziationskonstante als reduziertes Hämoglobin. Da das Blut im Gewebe immer dann vermehrt mit CO_2 beladen wird, wenn O_2 abgegeben wird, genügt in Ruhe schon die Änderung von K'_{prot}, um die durch Zunahme der Kohlensäure auftretenden H^+-Ionen abzufangen.

Zu diesem Grundmuster kommen noch 2 wesentliche regulatorische Einflüsse hinzu: $[H^+]$ im Blut stellt einen Reiz für das Atemzentrum dar (S. 178), die Atmung zu verstärken und damit Kohlendioxid abzuatmen und den CO_2-Druck (pCO_2) zu senken. pCO_2 und H_2CO_3 sind verbunden:

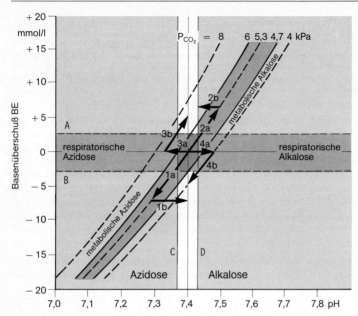

Abb. 84   Definitionen der primären Säure-Basen-Störungen und Möglichkeiten ihrer Kompensation. Die Normbereiche für den Basenüberschuß BE, den pH-Wert und den CO_2-Partialdruck (pCO_2) sind durch Linien abgegrenzt. Dunkelgraues Feld in der Mitte = Bereich des physiologischen Säure-Basen-Status. Pfeilbezeichnungen a = primäre Säuren-Basen-Störungen. Pfeilbezeichnungen b = sekundäre Kompensationen (aus: G.Thews: Atemgastransport und Säure-Basen-Status des Blutes. In: R.F. Schmidt, G. Thews: Physiologie des Menschen, 20. Aufl. Springer, Berlin 1980).

$$pCO_2 = \frac{[H_2CO_3]}{\alpha} = \frac{H_2O + [CO_2]}{\alpha} \quad (56)$$

(α = Bunsen-Absorptionskoeffizient).

Treten vermehrt H^+-Ionen durch Milchsäurebildung auf, so wird die Atmung verstärkt und Kohlensäure so lange abgeatmet, bis annähernd wieder konstante H^+-Konzentration im Blut bei erniedrigtem pCO_2 erreicht ist.

Als weiteres regulierendes Stellglied kommt der „Basensparmechanismus" der Niere hinzu. Unter diesem Schlagwort versteht man, daß die Niere Pufferbasen vermehrt ausscheidet, wenn das Blut alkalischer wird, Pufferbasen dagegen zurückhält, wenn das Blut saurer wird.

Eine Übersicht über Säure-Basen-Störungen und ihre Kompensation gibt Abb. 84. Der Normalwert des Blut-pH in Ruhe beträgt 7,4 mit einer Streubreite von ±0,03 ph-Einheiten. Bei ph-Werten <7,37 spricht man von einer Azidose, bei einem pH-Wert >7,43 von einer Alkalose des Blutes. Die Normalkonzentration der konjugierten Basen (Pufferbasen) beträgt etwa 48 mmol/l. Abweichungen von diesem Wert bezeichnet man als Basenüberschuß (base excess = BE). Im Normalfall ist also der BE = 0. Ein Anstieg der Pufferbasen führt zu einem positiven, ein Abfall zu einem negativen BE.

Die in der Leistungsphysiologie wichtigste Störung des Säure-Basen-Gleichgewichts tritt bei der Milchsäurebildung auf, die in $[H^+]$ und Laktat dissoziiert. Wegen der großen Dissoziationskonstante der Milchsäure treten vermehrt H^+-Ionen auf, die zunächst nur durch die Pufferbasen abgefangen werden (Pfeil 1a). Jede Azidose, die nicht durch Kohlensäure hervorgerufen wird, bezeichnet man als metabolische Azidose. Die erste Phase der Laktatbildung führt zu einer nichtkompensierten metabolischen Azidose. Der Pfeil 1a zeigt deutlich, daß hierbei sowohl der pH-Wert als auch der BE bei konstantem pCO_2 gesenkt sind. In der zweiten Phase setzt die Kompensation dadurch ein, daß der gesenkte pH-Wert einen Atemantrieb auslöst (1b). Dadurch wird CO_2 abgegeben und der pCO_2 gesenkt. Da das CO_2 aus $H_2CO_3 \rightleftharpoons CO_2 + H_2O$ stammt, wird gleichzeitig die H^+-Konzentration vermindert und dadurch der pH-Wert normalisiert. Der verminderte BE bleibt bestehen. Wir sprechen jetzt von einer kompensierten metabolischen Azidose.

Eine weitere in unserem Zusammenhang wichtige Störung ist die respiratorische Alkalose (Pfeil 4). Als respiratorische Azidose und Alkalose bezeichnet man Störungen, die durch eine gegenüber dem Normwert erhöhte bzw. erniedrigte Kohlensäurekonzentration hervorgerufen werden. Die respiratorische Alkalose tritt bei Aufenthalt in größeren Höhen auf. Wie auf S. 189 f. näher ausgeführt, ist dort der O_2-Druck niedriger als normal und wirkt als zusätzlicher Atemantrieb. Dadurch wird vermehrt CO_2 abgeatmet, was sich zunächst (Pfeil 4a) als pCO_2-Abnahme und wegen der verminderten H^+-Konzentration als Zunahme des pH-Wertes darstellt (nichtkompensierte respiratorische Alkalose). Kompensiert wird dadurch, daß der Basensparmechanismus der Niere vermehrt Pufferbasen ausscheidet. Der gestiegene pH-Wert wird wieder gesenkt, wobei allerdings auch der BE abnimmt. Leistungen in größerer Höhe haben also das Handikap, daß der BE kleiner ist und das durch Laktatbildung gestörte Säure-Basen-Gleichgewicht weniger gut kompensiert werden kann.

Die metabolische Alkalose spielt unter unseren Gesichtspunkten keine besondere Rolle. Eine akute respiratorische Azidose tritt beim apnoischen Tauchen auf. Unter pathologischen Bedingungen kann sie jedoch auch bei Ventilationsbehinderung (z. B. Asthma oder Lungenemphysem) eine wichtige Rolle spielen.

Heute kann man mit kommerziellen Geräten ohne große theoretische Vorkenntnisse alle wichtigen Größen messen, die zur Bestimmung des Säure-Basen-Gleichgewichts notwendig sind, und zwar aus wenigen μl Blut, die man dem hyperämisierten Ohrläppchen entnimmt. Man reibt dazu das Ohrläppchen mit einer Salbe ein, die die Durchblutung so stark ansteigen läßt, daß praktisch arterielles Blut durch einen Einstich gewonnen werden kann. Ein Bluttropfen wird in eine Kapillare eingesaugt, die dann in das Gerät übertragen wird, das mittels Mikroprozessor auf der Basis der Grundgleichungen die relevanten Werte wie Pufferbasen, BE, pCO_2, pH usw. berechnet.

3.6.6. Transport von Wärme, Nährstoffen und fixen Stoffwechselendprodukten

Das Blut hat annähernd die gleiche Wärmekapazität wie Wasser. Sie beträgt im physiologischen Bereich

$$4,2 \frac{kJ}{l \cdot °C}$$

Ein Arbeitsumsatz von

$$4,2 \frac{kJ}{min}$$

bewirkt also bei einer Durchblutung von 1 l/min eine zusätzliche arteriovenöse Temperaturdifferenz von 1 °C.

Die Glukose, ein wichtiger Nährstoff der Muskelarbeit, ist im arteriellen Blut etwa mit einer Konzentration von 100 mg/100 ml Blut vorhanden. Sie wird unabhängig von der Nahrungsaufnahme und vom Glukoseverbrauch hormonell geregelt. Die Konzentration von Fetten und Fettsäuren richtet sich nach der Nahrungsaufnahme und der Höhe des Sympathikotonus.

An fixen Stoffwechselendprodukten wäre besonders das Laktat zu nennen, dessen Konzentration im venösen Blut von etwa 1 mmol/l in Ruhe auf über 20 mmol/l bei erschöpfender Arbeit ansteigen kann. Seine Konzentration im arteriellen Blut ist gewöhnlich geringer, weil das Herz und der ruhende Muskel Laktat verbrennen können.

3.7. Arteriovenöse Differenz und Durchblutung (Fick-Prinzip)

Die Durchblutung eines Organs, die Aufnahme bzw. Abgabe eines Stoffes und dessen arteriovenöse Differenz wird durch das Fick-Prinzip beschrieben, das z. B. für den Sauerstoff im Muskel lautet:

$$V'O_2 = V' \cdot AvD_{O_2} \quad (57)$$

$V'O_2$ ist dabei das pro Zeiteinheit vom Muskel entnommene Sauerstoffvolumen, V' die Durchblutung und AvD_{O_2} die arteriovenöse Differenz des Sauerstoffgehaltes des Blutes vor und hinter dem Muskel.

Löst man die Gleichung 57 nach AvD_{O_2} auf:

$$AvD_{O_2} = \frac{V'O_2}{V'} \quad (58),$$

so erkennt man, daß die AvD_{O_2} größer wird, wenn bei gleicher Durchblutung der O_2-Verbrauch ansteigt oder wenn bei gleichem O_2-Verbrauch die Durchblutung abnimmt. Eine gleiche Rechnung kann man auch für jede beliebige Substanz im Blut durchführen.

Da nahezu das gesamte Herzminutenvolumen durch die Lunge fließt, kann man aus der respiratorisch bestimmten O_2-Aufnahme und der AvD_{O_2}, die man durch Katheterisierung gewinnt, auch das Herzminutenvolumen berechnen.

4. Atmung und Arbeit

Eine Zunahme der Kreislaufleistung bei körperlicher Arbeit bliebe unwirksam, wenn nicht gleichzeitig auch die Atmung verstärkt würde. Immerhin kann die O_2-Aufnahme vom Ruhewert (etwa 250 ml/min) beim Trainierten auf mehr als 5000 ml/min anwachsen. Diese Zunahme entspricht dem 20fachen des Ruhewertes. Die Atmung sorgt bekanntlich dafür, daß der Sauerstoff im Blut ergänzt und das Kohlendioxid abgeatmet wird.

4.1. Atemmechanik, Atemarbeit und der dazu notwendige Energieumsatz

Die Grundbedingung für den Gasaustausch, daß der Sauerstoff in der Lunge ergänzt und das anfallende Kohlendioxid entfernt wird, erfolgt dadurch, daß durch Muskelwirkung das Thoraxinnenvolumen periodisch vergrößert und verkleinert wird. Als Folge davon wird die notwendige Druckdifferenz zwischen Lungeninnenraum und Umgebungsatmosphäre erzeugt, welche die Gasströmung bewirkt. Der für die Größe der Atemarbeit in Ruhe notwendige Umsatz beträgt etwa 1% des Grundumsatzes, spielt also vergleichsweise eine geringe Rolle. Bei körperlicher Arbeit dagegen nimmt der Umsatz für die Atemarbeit einen größeren Anteil am Gesamtumsatz ein, so daß wir an dieser Stelle zunächst auf die Mechanik der Atmung eingehen und die verschiedenen Teile der Atemarbeit näher analysieren müssen.

Die Lunge ist im Thorax (Brustraum) frei verschieblich eingespannt. Die Lunge besitzt außen eine glatte, feuchte Oberfläche, die Pleura visceralis (Lungenfell), die auf einer ebensolchen Oberfläche gleitet, mit der der Innenraum des Thorax ausgekleidet ist, der Pleura parietalis (Brustfell).

Zwischen beiden Pleurablättern findet sich ein kapillärer, flüssigkeitsgefüllter Raum, den man als Intrapleuralspalt bezeichnet. Er ist nach allen Seiten hin geschlossen. Einzelheiten finden sich in den Lehrbüchern der Anatomie.

Im Intrapleuralspalt herrscht bei ruhiger Atmung ein Unterdruck von 70 Pa während der Einatmung und etwa 40 Pa während der Ausatmung. Der Unterdruck kommt dadurch zustande, daß die Lunge elastisch vorgespannt ist, also ständig das Bestreben hat, sich zu verkleinern. Sie zieht also mit einer elastischen Kraft, die von ihrer Dehnung abhängt, gegen die Pleurafläche. Da Flüssigkeit nicht dehnbar ist, bleiben die beiden Pleurablätter also ständig in Kontakt. Wird der Pleuralspalt traumatisch eröffnet, dringt Luft in ihn ein, und die Lunge schnurrt aufgrund ihres elastischen Verhaltens völlig zusammen.

Die Einatmungsmuskulatur sorgt dafür, daß der Thorax vergrößert und damit die Lunge gedehnt wird: Sie besteht vornehmlich aus dem kuppelförmigen Zwerchfellmuskel, der bei der Einatmung abgeflacht wird, sowie den Mm. intercostales externi, welche die Rippen heben. Unter extremen Atmungsbedingungen können auch Hilfsmuskeln (Hals- und Brustmuskulatur) eingesetzt werden.

Die Ausatmung erfolgt überwiegend passiv dadurch, daß die Muskeln erschlaffen und die Dehnungsenergie, die in den elastischen Elementen gespeichert ist, die Lunge wieder verkleinert. Bei forcierter Atmung wird die Entleerung der Lunge durch die Exspirationsmuskeln (Mm. intercostales interni) und die Bauchmuskulatur unterstützt.

Die Atemarbeit besteht aus mehreren Anteilen. Ein Teil besteht in der Formänderungsarbeit, die dazu dient, bei jeder Inspiration die Lunge zu dehnen. Ein weiterer Anteil besteht aus der Arbeit, die notwendig ist, um den Thorax zu verformen, der sich infolge seiner Struktur und seiner Muskulatur wie ein elastisches Gebilde verhält. Wie jedes biologische System ist weder die Lunge noch der Thorax ideal elastisch, sondern es sind plastische Komponenten vorhanden. Deshalb muß ein weiterer Anteil aufgebracht werden, um die plastische Verformung zu bewirken. Die eigentliche Atemarbeit besteht darin, die Druckdifferenz zur Atmosphäre zu erzeugen, die es ermöglicht, daß die Atemgase durch den Bronchialbaum und die Trachea strömen. Die Atemwege haben einen bestimmten Atemwiderstand. Die Druck-Volumen-Arbeit $p \cdot V$ (p=Druck; V=Volumen) muß einmal während der Inspiration, zum anderen bei der Exspiration geleistet werden. Weiterhin schließt diese Arbeit die Reibungswiderstände in Gelenken usw. ein. Dazu kommt noch ein kleiner Anteil Arbeit, der notwendig ist, um die Gase zu beschleunigen.

Die Exspirationsarbeit bedarf bei ruhiger Atmung keiner zusätzlichen Arbeit von seiten der Muskulatur, da ihr Anteil durch die potentielle Energie der elastischen Elemente ausgeführt wird, wenn diese sich entdehnen. Die eigentliche Atemarbeit ist also die Wirkung der Inspirationsmuskulatur.

Bei Verstärkung der Atmung durch körperliche Arbeit treten Verschiebungen in den einzelnen Arbeitsanteilen auf. Durch die generalisierte Zunahme des Sympathikotonus erschlafft die Bronchialmuskulatur, wodurch der Atemwiderstand kleiner wird. Die Berechnung der Atemarbeit ist nur in grober Annäherung möglich, weil in den Bronchiolen und einem Teil der Bronchien laminare Strömung vorherrscht, während in den oberen Luftwegen die Atemgase vorwiegend turbulent strömen. Hierbei ist bekanntlich

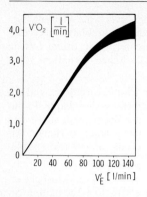

Abb. 85   Die Beziehung zwischen Ventilation (V'_E) und Sauerstoffaufnahme ($V'O_2$). Die schwarze Fläche ist der geschätzte Anteil der Atemarbeit an der Sauerstoffaufnahme. V'_E = Exspirationsvolumen (aus: A. E. Otis: The work of breathing. In: Handbook of Physiology, sect. 3, vol. I. American Physiological Society, Washington, D.C. 1964).

der Strömungswiderstand erheblich größer als bei laminarer Strömung. Wegen der Turbulenz nimmt der Atemwiderstand mit steigender Ventilation zu, so daß die reine Ventilationsarbeit überproportional größer wird.

Die elastische Arbeit nimmt dagegen weitgehend proportional dem Atemzugvolumen zu. Während der Exspiration kann die Druck-Volumen-Arbeit sogar so stark zunehmen, daß die elastischen Retraktionskräfte der Lunge allein diese Arbeit nicht mehr leisten können. Sie wird dann durch die Wirkung der Exspirationsmuskulatur unterstützt.

Untersuchungen über den Energieumsatz für die Atmung haben bereits im mittleren Bereich etwa eine O_2-Mehraufnahme von 0,5 bis 1 ml/l Ventilation ergeben. Die Werte, die für den O_2-Mehrverbrauch durch willkürliche Hyperventilation gewonnen wurden, sind nicht auf die gleiche Ventilationsrate, die durch Arbeit ausgelöst wird, zu übertragen, da bei willkürlicher Hyperventilation ein erheblich höherer Energieumsatz auftritt. Für die unwillkürlich ausgeführte Ventilation wurden Wirkungsgrade der Atemmuskulatur zwischen 5 und 20% beschrieben. Abb. 85 zeigt den Anteil der Atmung am gesamten Sauerstoffverbrauch bei Arbeit. Dabei zeigt die obere Begrenzung der Schattenkurve die Gesamtsauerstoffaufnahme, die Breite der Schattenlinie den für die Atmung verbrauchten Sauerstoff. Die Kurve veranschaulicht, daß bei erschöpfender körperlicher Arbeit, bei der 120 l/min geatmet werden, etwa 12% der gesamten Sauerstoffaufnahme auf die Atemmuskulatur entfallen.

4.2. Gasaustausch

Wie alle Gase haben auch die Atemgase das Bestreben, von Orten höheren Druckes zu Orten niedrigeren Druckes zu diffundieren, d. h. also, ihre Druckdifferenz auszugleichen. Der höchste Sauerstoffdruck innerhalb des Körpers findet sich in den zuführenden Luftwegen mit etwa 20 kPa, wobei

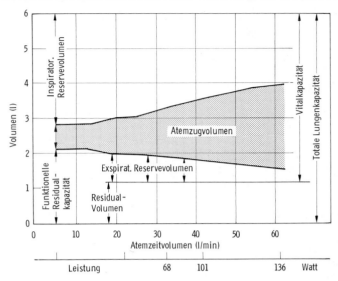

Abb. 86   Die einzelnen Lungenvolumina und Kapazitäten bei Ruhe und Muskelarbeit, das Atemzeitvolumen bei den entsprechenden Leistungen ist auf der Abszisse angegeben (aus: H. Bartels: Gaswechsel [Atmung]. In: W. D. Keidel: Kurzgefaßtes Lehrbuch der Physiologie, 5. Aufl. Thieme, Stuttgart 1979).

er praktisch dem Druck der Atmosphäre gleicht. Der niedrigste Druck findet sich in den Mitochondrien. Diese Druckdifferenz ist die Ursache dafür, daß Sauerstoff von den Atemwegen bis zur Gewebszelle gelangt. Umgekehrte Verhältnisse finden wir bei dem Endprodukt des Stoffwechsels, dem Kohlendioxid, das in der Gewebszelle erzeugt wird (Druck dort ca. 6,7 kPa), dagegen in der Außenluft nur einen sehr kleinen Partialdruck (0,03 kPa) aufweist.

Die Diffusion über so große Wege, wie sie im Körper herrschen, wäre zur Versorgung der Gewebe nicht ausreichend, wenn nicht durch eine Reihe von Mechanismen das Druckgefälle aktiv verstärkt und dem jeweiligen Bedarf der Peripherie angepaßt wäre. Ein wesentlicher Teil dieses aktiven Mechanismus ist die periodische partielle Erneuerung des Luftvolumens der Lunge.

Abb. 86 zeigt die Größe und die Benennung der einzelnen Volumina und Kapazitäten, die für das Verständnis des Gasaustausches große Bedeutung haben. In Ruhe befinden sich ungefähr 2−3 l Luft in der Lunge (Atemmittellage). Das Atemzugvolumen, das bei jedem Atemzug gewechselt wird,

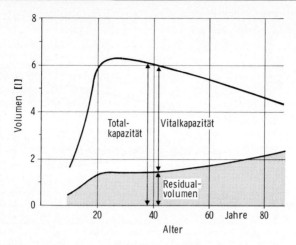

Abb. 87   Altersabhängigkeit der Totalkapazität, der Vitalkapazität und des Residualvolumens bei Probanden durchschnittlicher Größe (aus: G. Thews: Lungenatmung. In: R. F. Schmidt, G. Thews: Physiologie des Menschen, 20. Aufl. Springer, Berlin 1980).

beträgt 0,5 l. Bei maximaler Exspiration kann man von der Atemmittellage noch etwa 2 l ausatmen (exspiratorisches Reservevolumen), während dann immer noch 1,2 l in der Lunge bleiben (Residualvolumen), die willkürlich nicht ausgeatmet werden können. Bei tiefster Inspiration können von der Atemmittellage aus noch etwa 3 l zusätzlich eingeatmet werden. Man bezeichnet die willkürlich pro Atemzug maximal ventilierbare Luftmenge als maximales Atemzugvolumen (= Vitalkapazität). Rechnet man hierzu noch das Residualvolumen hinzu, so erhält man die Totalkapazität der Lunge. Die einzelnen Volumina sind in ihrer Absolutgröße nicht nur von Körpergröße und Alter, sondern auch vom Trainingszustand abhängig.

Bei Leistung nimmt die Atemmittellage leicht zu, und zwar mehr auf Kosten des inspiratorischen als des exspiratorischen Reservevolumens. Abb. 87 zeigt die Altersabhängigkeit von Total- und Vitalkapazität, die in jungen Jahren auf die Körpergröße, im Alter auf Elastizitätsverlust und Einschränkung der Thorax-Beweglichkeit zurückzuführen ist.

Aufgrund der Tatsache, daß ein Teil des Volumens im Lungeninnenraum bei jedem Atemzug erneuert wird, schwankt auch die Konzentration bzw. der Druck der Atemgase mit dem Atemzyklus. Das aus dem Blut kommende CO_2 bewirkt in der ersten Inspirationsphase noch einen Anstieg des alveolären pCO_2, weil hier nur Totraumluft in die Lunge hineinströmt, die noch die gleiche Konzentration hat, wie sie am Ende der letzten Ausatemphase in der Alveolarluft herrschte. Als Totraum bezeichnet man hier den Teil, den die Luft einnimmt, die nicht am Gasaustausch beteiligt ist. Anatomisch ist das etwa der Raum, der durch die oberen Luftwege, die Mundhöhle und die Bronchien begrenzt wird.

Sobald Frischluft in die Lunge einströmt, setzt nun ein markanter Abfall der alveolären CO_2-Konzentration ein, die mit dem Ende der Inspiration ein Minimum erreicht. Während der Exspirationsphase steigt die Konzentration wieder an.

Man kann sich leicht vorstellen, daß die Schwankungen der alveolären Konzentration von der CO_2-Produktion, von der Atemfrequenz und vom Atemzugvolumen abhängen, wobei sich alle 3 genannten Größen bei körperlicher Arbeit verändern. Schon die Tatsache, daß bei steigender CO_2-Produktion das Luftpolster wegen der Inanspruchnahme des inspiratorischen Reservevolumens abnimmt, verdeutlicht, daß die zyklischen Schwankungen der alveolären Konzentration bei Arbeit größer werden. Sie sind noch in den Pulmonalvenen festzustellen und werden durch das Volumen des Herzens örtlich und zeitlich integriert, so daß der mittlere arterielle pCO_2 unter dem maximalen alveolären CO_2-Druck, aber über dem minimalen liegt. Echte Druckgradienten durch Diffusionswiderstände in den Alveolen spielen wegen der großen Löslichkeit des CO_2 kaum eine praktische Rolle.

4.3. Respiratorischer Totraum und Begriff der alveolären Ventilation

Man muß sich darüber im klaren sein, daß nicht jede vergrößerte Ventilation die CO_2-Abgabe erhöht. Eine flache Ventilation, wie sie vorliegt, wenn ein Hund hechelt, kann zwar groß sein, muß aber nicht zum Gasaustausch führen, da die Luft nur im Totraum hin und her bewegt, aber nicht erneuert wird.

Die Luft im Totraum entspricht in ihrer Zusammensetzung also nicht der Einatemluft und ist keineswegs durch eine scharfe Grenze am Eingang der Alveolen vom alveolären Wirkraum getrennt. Vielmehr findet dauernd eine Durchmischung der beiden Gasphasen statt, die im wesentlichen durch 2 Faktoren verursacht wird:

- durch Diffusion entsprechend dem Druckgradienten von CO_2 und O_2,
- durch die in den Luftwegen vorhandenen Strömungsverhältnisse.

Bei laminarer Strömung fließt der Axialstrom schneller als der Randstrom. Die Diffusion von CO_2 aus dem Alveolarraum in den Totraum und von O_2 in umgekehrter Richtung bewirkt so, daß ein Teil der Luft des anatomischen Totraumes doch noch für den Gasaustausch nutzbar gemacht werden kann. Im gleichen Sinne wirkt sich auch die laminare Strömung aus, weil bei

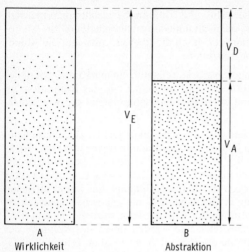

Abb. 88 Schema zur Erklärung der alveolären Ventilation.

A
Wirklichkeit

B
Abstraktion

der Inspiration schon Frischluft mit dem Axialstrom die Alveolen erreicht haben kann, bevor die Luft des Totraumes völlig reinspiriert wurde. Umgekehrt kann bei der Exspiration mit dem Axialstrom schon Alveolarluft ausgeatmet werden, bevor der Totraum vollständig ausgewaschen wurde.

Nur so ist zu erklären, daß auch bei sehr flacher Atmung die Alveolen ventiliert werden, selbst wenn das Atemzugvolumen kleiner als das Volumen des anatomischen Totraumes ist. In welchem Ausmaß die Luft in den Alveolen durch einen Atemzug erneuert wird, hängt nicht von der Größe des anatomischen, sondern von der Größe dieses funktionellen Totraumes ab. Mit dem Begriff „funktioneller Totraum" ist kein Raum im geometrischen Sinne gemeint, sondern eine gedankliche Abstraktion. Abb. 88 soll das verdeutlichen. Unmittelbar vor der Exspiration entsprechen die Verhältnisse dem Schema A, d. h., die Alveolarluft geht in die Außenluft über, so daß von innen nach außen der O_2-Gehalt kontinuierlich zu-, der CO_2-Gehalt kontinuierlich abnimmt. Dieser Übergang kann quantitativ im einzelnen nicht genau erfaßt werden. Man denkt sich daher einen Teil der Lunge nur mit Alveolarluft, den anderen Teil nur mit Außenluft gefüllt (Schema B). An der Basis der beiden Säulen herrscht die gleiche Gaskonzentration, die Gesamtzahl der Rasterpunkte (Fläche · Intensität) ist in beiden Säulen gleich. Das Schema erklärt auch die Berechnung des physiologischen Totraumes nach der Bohr-Formel.

Bohr (1891) hat einen konstanten Totraum von 140 ml angenommen und damit nach der Formel

$$V_D \cdot C_I = V_E \cdot C_E - (V_E - V_D) \cdot C_A \quad (57)$$

die Gaskonzentration der Alveolarluft berechnet. Dabei sind: V_E das Atemzugvolumen, V_D das Totraumvolumen, C_A, C_E, C_I die mittlere Gaskonzentration in der alveolären, Exspirations- und Inspirationsluft. Die Bohr-Formel besagt, daß die exspirierte Menge des Gases ($V_E \cdot C_E$) in 2 Portionen zerlegt werden kann: eine Portion $V_D \cdot C_I$, die dem Totraum mal der Konzentration der Einatemluft entspricht, und eine zweite Portion ($V_E - V_D$) $\cdot C_A$, die aus dem Alveolarraum stammt und die Konzentration des Gases in den Alveolen aufweist. Von den 5 Größen der Formel sind 3 Größen − V_E, C_I C_E − leicht zu bestimmen. Um den Totraum V_D berechnen zu können, muß auch die Alveolarluftkonzentration C_A bekannt sein.

Nimmt man einmal an, es befindet sich kein CO_2 in der Einatemluft, so vereinfacht sich die Gleichung für dieses Gas:

$$V_E \cdot C_E = (V_E - V_D) \cdot C_A \quad (58)$$

oder

$$V_E \cdot C_E = V_A \cdot C_A \quad (59)$$

Löst man die Gleichung nach V_A auf, so ist:

$$V_A = \frac{V_E \cdot C_E}{C_A} \quad (60)$$

oder V_A, mit der Atemfrequenz multipliziert und die alveoläre Konzentration in den alveolären Druck umgerechnet:

$$V_A = \frac{V'CO_2 \cdot \dfrac{101 \cdot (273 + t)}{273}}{pCO_{2a}} \quad (61)$$

Statt des ungenau zu bestimmenden alveolären CO_2-Druckes (pCO_{2A}) setzt man den mittleren arteriellen CO_2-Druck (pCO_{2a}) in die Gleichung ein und erhält so für 37°C Körpertemperatur folgendes:

$$V_A = \frac{V'CO_2 \cdot 115t}{pCO_{2a}} \quad (62)$$

Dabei wird V_A unter BTPS*-Bedingungen und $V'CO_2$ unter STPD**-Bedingungen gemessen.

Das Produkt aus dem Wirkraumanteil V_A und der Frequenz nennt man die alveoläre Ventilation (V'_A). Unter den Bedingungen einer konstanten CO_2-Abgabe beeinflußt die alveoläre Ventilation den alveolären und den arteriellen CO_2-Druck. Die Atmung wird um so ökonomischer, je größer bei gleicher Gesamtventilation V'_E die alveoläre Ventilation V'_A wird, weil nur

---

* BTPS = body temperature and pressure saturated (37°C, aktueller Luftdruck und wasserdampfgesättigt).

** STPD = standard temperature and pressure, dry (101 kPa, 0°C, trocken).

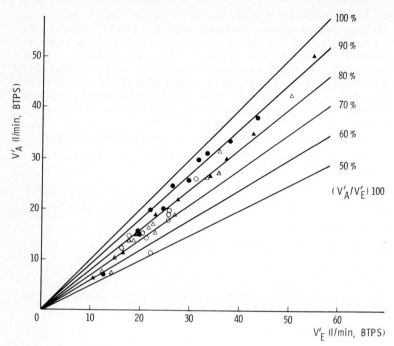

Abb. 89   Der alveoläre Wirkungsgrad als Funktion der Leistung bei Fahrradergometerarbeit (aus: J. Stegemann, K. W. Heinrich: Studien über den respiratorischen Totraum bei körperlicher Arbeit und bei künstlicher Beatmung. Westdeutscher Verlag, Köln 1967).

diese für den Gasaustausch von Bedeutung ist. Der hechelnde Hund atmet eben mit einer großen Gesamtventilation, aber mit einer niedrigen alveolären Ventilation gegenüber der Gesamtventilation. (V'_A, V'_E) gibt Auskunft über die Ökonomie der Atmung und wird deshalb auch als alveolärer Wirkungsgrad bezeichnet. Unter Ruhebedingungen beträgt bei einem 70 kg schweren Menschen die Gesamtventilation etwa 7 l/min; davon sind etwa 2 l/min Totraumventilation, so daß die alveoläre Ventilation etwa 5 l/min beträgt. Hieraus ergibt sich ein alveolärer Wirkungsgrad von etwa 70%.

Abb. 89 zeigt, wie sich der alveoläre Wirkungsgrad bei Mehrventilation verhält, die durch Arbeit ausgelöst wird. Mit zunehmender Leistung steigt der alveoläre Wirkungsgrad an. Die Ökonomie der Atmung wird also nicht nur hinsichtlich der Atemarbeit (S. 169 f.), sondern auch hinsichtlich des Gasaustausches mit steigender Leistung verbessert.

Tabelle 8 Zusammensetzung der Frischluft, der Exspirationsluft und der Alveolarluft

	Frischluft (Vol.-%)	Exspirationsluft (Vol.-%)	Alveolarluft (Vol.-%)
Sauerstoff	20,95	16−17	14−15
Stickstoff und Edelgase	79,02	79−81	79−81
Kohlendioxid	0,03	3−4	5−6

Wenn auch zwischen Blut und Alveolarluft ein beinahe vollständiger Druckausgleich für CO_2 stattfindet, so können doch Unterschiede zwischen dem alveolären CO_2-Druck und dem CO_2-Druck im linken Herzen bzw. in den peripheren Arterien auftreten. Diese arteriell-alveolären Druckgradienten können dadurch verursacht sein, daß venöses Blut dem arteriellen Blut beigemischt wird. Ein geringer a.v. Kurzschluß kann z. B. durch die im Vorhof mündenden Vv.cardiacae minimae (Thebesische Venen) oder durch Anastomosen mit Bronchialvenen erfolgen. Wichtiger für die Frage des funktionellen Totraumes ist aber das Verhältnis von Ventilation zu Durchblutung in den einzelnen Alveolen, das „Ventilations-Perfusions-Verhältnis". Eine durchblutete, aber nicht oder zu wenig ventilierte Alveole verursacht, daß der arterielle CO_2-Druck größer als der alveoläre wird, weil diese Alveole den Lungenvenen Blut zuführt, welches nicht von CO_2 befreit wurde. Eine beatmete, aber nicht von Blut durchströmte Alveole bewirkt, daß der alveoläre CO_2-Druck kleiner als der arterielle ist, da eine solche Alveole in den funktionellen Totraum einbezogen wird.

Für den Sauerstoff stellt die alveolokapilläre Membran einen echten Diffusionswiderstand dar. Der Unterschied zwischen dem arteriellen O_2-Druck und dem alveolären O_2-Druck beträgt unter Berücksichtigung der Kurzschlüsse etwa 0,8 bis 1 kPa. Dieser Unterschied wird auch während anstrengender körperlicher Arbeit beim Gesunden nicht wesentlich verändert, weil in der Lunge bei größerem Herzzeitvolumen auch die aktive Austauschfläche größer wird.

Tab. 8 zeigt die Normalwerte der Gaskonzentration in der Frischluft, in der Ausatemluft und in der Alveolarluft unter Ruhebedingungen.

4.4. Regelung der Atmung

4.4.1. Wahl der Regelgröße

Das Regelungssystem der Atmung ist ein kompliziertes, vermaschtes System, bei dem sich die einzelnen Einflüsse untereinander modifizieren.

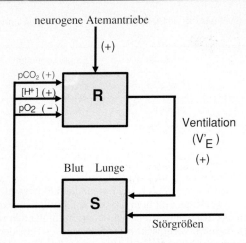

Abb. 90   Blockschaltbild der Atmung. Auf den Regler (Atemzentren) wirken pCO_2, $[H^+]$ und erniedrigter pO_2 atemstimulierend $(+)$ bzw. atmungsdepressiv $(-)$. Dadurch wird die Gesamtventilation V'_E erhöht $(+)$ oder erniedrigt $(-)$. Als Folge davon werden die Eingangsgrößen gegensinnig beeinflußt. Auf diese Weise werden Störgrößen (S), die von innerhalb oder außerhalb des Organismus einwirken, ausgeregelt. Bei Arbeit verstelllt eine Führungsgröße „neurogene Antriebe" den Sollwert. Nähere Erläuterungen im Text.

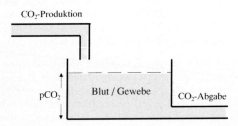

Abb. 91   Modell zum Verständnis des Zusammenhangs zwischen CO_2-Produktion, CO_2-Abgabe und CO_2-Druck (pCO_2).

Deshalb ist es auch sehr schwierig, ohne Berücksichtigung der Vermaschung die Regelgröße — d. h. die Größe, die geregelt werden soll — zu definieren. Schon zu Beginn dieses Jahrhunderts hat es erbitterte Fehden zwischen einzelnen physiologischen Schulen gegeben, ob nun der CO_2-Druck im arteriellen Blut oder die H^+-Konzentration konstant gehalten wird. Unter den heutigen Erkenntnissen läßt sich diese Entscheidung so einfach nicht treffen, da jede dieser Größen zusammen mit anderen als Führungsgrößen den Sollwert beider Größen verstellen kann. Wie im Anhang

(S. 322) dargelegt wird, ist für die Ausgangsgröße des Reglers die Summe der Information maßgebend, die am Eingang des Reglers liegt. Abb. 90 zeigt ein sehr vereinfachtes Regelschema. Am Anfang des Reglers liegen mehrere Eingänge, die über die Regelstrecke negativ rückgekoppelt werden. Es wirkt eine Art Reizsumme auf den Regler ein, die aber nicht unbedingt algebraisch sein muß. Man kann zur Analyse des Regelverhaltens eine dieser Größen als Regelgröße, die andere als Führungsgröße ansehen. Welche Größe letztlich formal als Regelgröße angesehen wird, ist dabei ziemlich gleichgültig. Aus historischen Gründen − die CO_2-Wirkung wurde zuerst entdeckt − betrachtet man gewöhnlich den pCO_2 als Regelgröße, während die anderen Eingänge als variable Führungsgrößen wirken, die den Sollwert des pCO_2 verändern. Man spricht deshalb auch von Hyperventilation, wenn der CO_2-Druck im arteriellen Blut abfällt, von Hypoventilation, wenn er ansteigt.

4.4.2. Regelung des pCO_2

Man kann die Wirkung von CO_2 auf die Ventilation leicht dadurch feststellen, daß man in einen Atembeutel rückatmet, der zu Beginn des Versuches mit reinem O_2 gefüllt wurde. Die Konzentration an CO_2 im Atembeutel wächst infolge des vom Stoffwechsel produzierten Kohlendioxids langsam an. Dabei kann man nach und nach eine Steigerung der Ventilation beobachten, die bei 6% CO_2 etwa 60 l/min erreicht. Oberhalb dieses Wertes neigt die Ventilation dazu, wieder abzufallen.

Der Zusammenhang zwischen Ventilation und pCO_2, wie er über die Regelstrecke erfolgt, wurde bei der Besprechung der alveolären Konzentration bereits dargestellt. Die Schemazeichnung (Abb. 91) gibt in grober Vereinfachung die Zusammenhänge noch einmal wieder. Der pCO_2 im arteriellen Blut (symbolisiert durch die Höhe des Wasserspiegels) hängt von 2 wesentlichen Einflüssen ab: von der Produktion und damit vom Zufluß des CO_2 in das Blut und von seiner Abgabe aus dem Blut durch die Atmung. Der Zufluß erfolgt überwiegend aus dem Stoffwechsel; er kann allerdings auch aus dem Abbau von Bikarbonat folgen, wie er z. B. auftritt, wenn Säuren mit höherer Dissoziationskonstante ins Blut gelangen (z. B. Milchsäure). Die Abgabe des CO_2 kann dadurch verändert werden, daß CO_2-haltige Luft in den Alveolen öfters und ausgiebiger rhythmisch erneuert wird.

Im Rückatmungsexperiment kann das CO_2 nicht nach außen abgegeben werden. Auf diese Weise kann man funktionell den Regelkreis aufschneiden und den Einfluß von pCO_2 auf die Ventilation über den Regler prüfen. Das Ergebnis eines solchen Versuches ist in Abb. 92 dargestellt. Man bezeichnet die gewonnene Kurve als „CO_2-Antwortkurve". Sie gibt die statische Kennlinie des Reglers (R1 in Abb. 93) wieder. Man kann der Kurve entnehmen, daß ein unlinearer Zusammenhang zwischen beiden Größen besteht. In klassischer Beschreibung findet man einen Schwellenbereich,

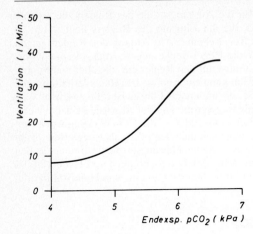

Abb. 92   Ventilation als Funktion des endexspiratorischen pCO_2 (Atem-Antwortskurve) (aus: J. Stegemann et al.: A mathematical model of the ventilatory control system to carbon dioxide with special reference to athletes and nonathletes. Pflügers Arch. 356 [1975] 223−236).

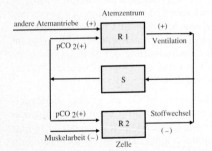

Abb. 93   Regelkreis zur Konstanthaltung des pCO_2: Bei hohem CO_2-Druck wird der Stoffwechsel der Zelle reduziert und die Ventilation gesteigert. Die Vorzeichen geben immer die Eingangs-Ausgangs-Relation wieder. S = Regelstrecke.

der bei etwa 5 kPa pCO_2 liegt. Die Kurve hat dann einen mehr oder weniger linearen Anteil und erreicht bei etwa 7− 8 kPa einen Sättigungsbereich. Eine genauere mathematisch-statistische Analyse der Form zeigt, daß es sich hier um den Ausschnitt einer Gauß-Glockenkurve handelt, die möglicherweise auf einem Rezeptorsystem beruht, bei dem jeder einzelne Rezeptor eine unterschiedliche Ansprechschwelle und einen begrenzten Meßbereich aufweist. Die Meßfühler liegen in der Medulla oblongata am Boden des IV. Ventrikels. Wahrscheinlich werden sie nicht direkt durch das CO_2 stimuliert, sondern über die in der Rezeptorzelle und im Liquor cerebrospinalis auftretenden Wasserstoffionen.

Ein weiterer Regelvorgang (R2 in Abb. 93) spielt zumindest unter Ruhebedingungen eine Rolle: Bei Hyperkapnie (hoher pCO_2) wird der Gesamtstoffwechsel reduziert, bei Hypokapnie gesteigert. Ob dabei dieser Effekt

Abb. 94 Die Ventilation als Funktion des inspiratorischen Sauerstoffdrucks (nach Hartmann, aus: S. Ruff, H. Strughold: Grundriß der Luftfahrtmedizin. Barth, München 1957).

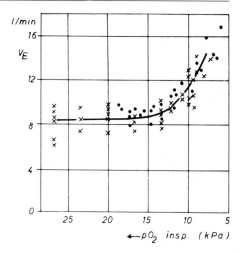

auf ein Stoffwechselzentrum zurückzuführen ist oder ob das Endprodukt CO_2 den Stoffwechselablauf durch das Massenwirkungsgesetz hemmt, ist bisher nicht schlüssig bewiesen.

4.4.3. Wirkung von O_2-Mangel und pH-Senkung auf die CO_2-Antwortskurve

Bei dem hier wirksamen O_2-Mangel handelt es sich um eine Abnahme des O_2-Druckes in der Einatemluft, die dazu führt, daß das Blut geringer mit Sauerstoff gesättigt wird. Im Abschnitt „Höhenanpassung" (S. 189 ff.) ist der Zusammenhang zwischen O_2-Druck und Höhe dargestellt.

Die Meßfühler für den O_2-Druck befinden sich symmetrisch im Glomus caroticum, das in der Nähe der Stelle der Teilung der A. carotis communis in die Aa. carotides interna und externa liegt. Weitere Fühler befinden sich im Glomus aorticum im Bereich des Aortenbogens. Die Wirkung gesenkter $O2$-Drücke auf die Ventilation ist aus Abb. 94 zu ersehen.

Die CO_2-Antwortskurve wird etwa parallel nach links verschoben, wenn der O_2-Druck sinkt. Das bedeutet, daß die Wirkung des pO_2 zu der Wirkung des pCO_2 algebraisch addiert wird, d. h., die Summe von Führungsgröße (hier Abnahme des pO_2) und Regelabweichung (hier pCO_2-Abweichung) wird wirksam, zumindest in einem mittleren, der Untersuchung zugänglichen Bereich.

In gleicher Weise wirkt eine Zunahme der Wasserstoffionen-Konzentration im arteriellen Blut. Auch sie wird überwiegend durch die Rezeptoren im Glomus aorticum und Glomus caroticum gemessen.

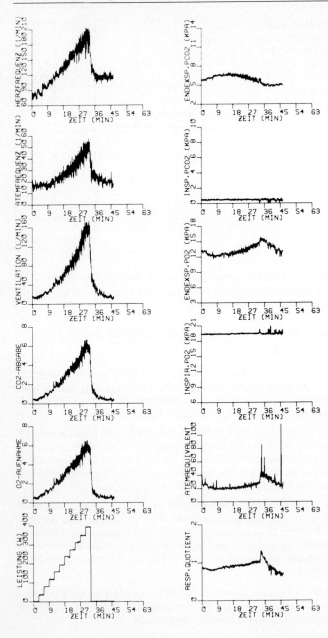

Abb. 95 Originalregistrierung zur Bestimmung der maximalen Sauerstoffaufnahme (Physiologisches Institut der Deutschen Sporthochschule Köln).

4.5. Atmung und körperliche Leistung

4.5.1. Mechanismus des Atemantriebs

Körperliche Leistung ist der stärkste Atemantrieb. Die Frage nach dem Mechanismus dieses Antriebes ist noch weitgehend offen. Wir werden im folgenden versuchen, ein paar Aspekte zu diskutieren. Zunächst wollen wir jedoch einige Meßergebnisse im Zusammenhang betrachten (Abb. 95). Die dargestellten Originalregistrierungen sind mit der Methode der Einzelatemzuganalyse (s. Anhang), d. h. fortlaufend nach jedem Atemzug, gewonnen. Die Meßwerte stammen von einem gut trainierten Ruderer bei Fahrradergometerarbeit. Ausgehend von einer Leistung „0", d. h. Bewegung auf dem nichtgebremsten Ergometer, wird die Leistung stufenweise um 40 W nach je 3 Min. erhöht, und zwar so lange, bis die Versuchsperson erschöpft ist. Betrachtet man die dazugehörige Ventilation (3. Diagramm von links oben), so erkennen wir, daß die Ventilation von ihren Ruhewerten von etwa 7 l/min auf beinahe 160 l/min ansteigt, wobei sie besonders im höheren Leistungsbereich überproportional zunimmt. Die darüber dargestellte Atemfrequenz bleibt hier bis zur 12. Minute weitgehend konstant. Bis zu diesem Bereich hat offensichtlich nur das Atemzugvolumen zugenommen. Als relevante Größe ist noch der endexspiratorische pCO_2 dargestellt, den man praktisch als identisch mit dem arteriellen pCO_2 ansehen kann. Ebenfalls bis zur 12. Minute zeigt er eine ansteigende Tendenz. Man kann damit wohl annehmen, daß er zum Anstieg der Arbeitsventilation beiträgt. Wir erinnern uns ferner (S. 48), daß zu Arbeitsbeginn initiales Laktat auftritt, welches den Blut-pH-Wert (nicht gezeichnet) leicht absinken läßt. Auch hier können wir einen zusätzlichen Atemantrieb vermuten.

Der pO_2 im arteriellen Blut bleibt weitgehend konstant, so daß er wohl nicht zum Arbeitsventilationsanstieg beiträgt. Addiert man alle bekannten Ausmaße des Atemantriebes von pH-Senkung und pCO_2-Erhöhung zusammen, so können sie jedoch nicht das Ausmaß der Ventilation erklären. Es muß also noch ein zusätzlicher Atemantrieb, der direkt mit der Arbeit zu tun hat, entweder dazukommen oder die Atemzentren für die chemischen Antriebe sensibilisieren. Man bezeichnet sie als „neurogene Antriebe" (s. Abb. 90). Wie nun diese neurogenen Antriebe funktionieren, darüber ist in der Literatur bisher viel spekuliert worden. So spielen evtl. eine Mitinnervation der Atemzentren durch den motorischen Kortex oder aber auch Rückmeldungen aus der arbeitenden Muskulatur eine wichtige Rolle.

Bei höheren Leistungen sinkt der endexspiratorische pCO_2 deutlich ab. Hier verursacht (im vorliegenden Experiment etwa nach der 12. Minute) das Laktat eine Senkung des pH-Wertes und eine kompensierte metabolische Azidose, womit wohl der überproportionale Anstieg der Arbeitsventilation zu erklären ist. Das Atemäquivalent (Ventilation/O_2-Aufnahme) zeigt, daß die Ökonomie der Atmung zunächst zunimmt, im höheren Leistungsbereich durch die Kompensation der metabolischen Azidose wieder verschlechtert wird. Auch das Verhalten des respiratorischen Quotienten, der im Laufe des Versuches auf annähernd 1 ansteigt, ist wohl nicht auf metabolische Veränderungen zurückzuführen, sondern wird in erster Linie durch die verstärkte Abatmung von CO_2 aus dem Bikarbonatpuffer hervorgerufen.

4.5.2. Einstellung der Atemform

Bei der Einstellung der Atemform, d. h. der Anpassung von Frequenz und Atemhub, sind nach neueren Erkenntnissen eine Reihe von Mechanismen beteiligt, deren Wertigkeit für den Menschen man im einzelnen nicht genau abschätzen kann, da offensichtlich starke Speziesunterschiede bestehen.

Wahrscheinlich erfolgt eine rhythmische Erregungsbildung in den Atemzentren selbst. Hier kann man eine Autorhythmie von inspiratorischen und exspiratorischen Neuronen nachweisen, die in Art eines Schrittmachers den Grundrhythmus der Atmung festlegen, der durch eine Reihe von Afferenzen modifiziert wird.

Zumindest im Tierversuch läßt sich ein Reflexbogen nachweisen, dessen Dehnungsfühler in den Bronchien liegen. Werden sie zusammen mit der Lunge gedehnt, so wird die Inspiration gehemmt. Da die Ausatmung im wesentlichen ein passiver Vorgang ist, wird durch die Inspirationshemmung der Ausatemvorgang eingeleitet (Hering-Breuer-Reflex). Ein erhöhter CO_2-Druck verlängert die Reflexzeit, wodurch die Einatmungstiefe zunimmt.

Durch Ausdauertraining wird die Atemfrequenz in Ruhe und bei Arbeit herabgesetzt, während das Atemzugvolumen zunimmt.

5. Wirkung von Umweltfaktoren auf die Physiologie der Arbeitsleistung

5.1. Einfluß von akutem und chronischem Sauerstoffmangel auf den Menschen

5.1.1. Auswirkungen und Arten des Sauerstoffmangels

Sauerstoff ist für den aeroben Stoffwechsel absolut notwendig, weil langfristig durch ihn alle physiologischen Reaktionen aufrechterhalten werden. Völliger Sauerstoffentzug ist nur für sehr kurze Zeit mit dem Leben vereinbar. Ein partieller Entzug dagegen löst momentane Reaktionen und langfristige Anpassungen aus, die das Überleben ermöglichen oder sogar die Leistungsfähigkeit weitgehend erhalten. Es liegt in unserem Thema begründet, daß wir uns vorwiegend mit dem Sauerstoffmangel beschäftigen wollen, der von außen auf den Organismus wirkt, weniger mit dem, der beispielsweise durch Kreislaufinsuffizienz oder Herzversagen innerhalb des Organismus auftritt.

Wir unterscheiden dabei zweckmäßigerweise 3 verschiedene Zustände: den perakuten, den akuten und den chronischen Sauerstoffmangel. Der perakute O_2-Mangel tritt bei weitgehendem Sauerstoffentzug auf. Wir finden ihn als Folge von Unglücksfällen beim Ertrinken. Der akute Sauerstoffmangel tritt in großen Höhen auf, die in der Alpinistik und beim Sportfliegen eine wichtige Rolle spielen, während der chronische Sauerstoffmangel uns vor allem zu den Leistungsfähigkeits- und Anpassungsproblemen der Menschen führt, deren Arbeitsplätze sich in großen Höhen befinden oder die an Wettkämpfen in hochgelegenen Orten teilnehmen. Seit den Erfahrungen, die bei den Olympischen Spielen in Mexico City (1968) gemacht wurden, wird auch das Höhentraining mit mehr oder weniger Erfolg angewendet.

5.1.2. Perakuter Sauerstoffmangel

Der Sauerstoffgehalt des Körpers unter Ruhebedingungen ist in Abb. 96 dargestellt. Das arterielle Blut, das sich in der Lungenvene, im linken Herzen und im arteriellen System befindet, enthält ca. 280 ml, im venösen Blut sind im Mittel noch 600 ml enthalten. Der Muskelfarbstoff Myoglobin bindet etwa 240 ml, während die Lunge in Atemmittellage noch ca. 370 ml enthält. Bei einem Ruhesauerstoffverbrauch von 300 ml O_2/min ist theoretisch der gesamte Sauerstoff in 5 Min. verbraucht.

Die Druckverteilung in den verschiedenen Kompartimenten des Körpers ist in Abb. 97 gezeichnet. Von der Außenluft, die auf Meereshöhe einen Druck von ca. 20 kPa aufweist, fällt der Druck bis zur Lunge um rund 30%, zum arteriellen Blut geringfügig, zum Gewebe als Sauerstoffverbraucher

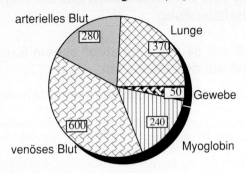

Abb. 96   Durchschnittswerte des Sauerstoffgehalts (ml) in verschiedenen Kompartimenten des menschlichen Körpers.

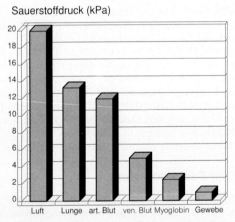

Abb. 97   Mittlere Verteilung des Sauerstoffdrucks in Luft und in verschiedenen Kompartimenten des menschlichen Körpers unter Ruhebedingungen.

stark ab. Allerdings kann der O_2-Druck nicht bis zum Wert 0 absinken, da ein Restdruck nötig ist, um die Mitochondrien zu versorgen.

Das Diagramm Abb. 98 gibt experimentelle Untersuchungen über den Sauerstoffdruck nach verschiedenen Apnoezeiten in Ruhe wieder. Der Sauer-

Abb. 98   Verhalten der Blutgasdrücke (pO_2 und pCO_2) nach Atemanhalten. Durchgezogene Linie = Tauchen, gestrichelte Linie = einfaches Atemanhalten (aus: U. Tibes, J. Stegemann: Das Verhalten der endexspiratorischen Atemgasdrücke, der O_2-Aufnahme und CO_2-Abgabe nach einfacher Apnoe im Wasser, an Land und bei apnoischem Tauchen. Pflügers Arch. 311 [1969] 300−311).

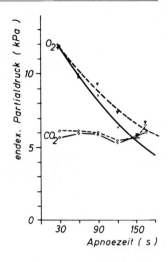

stoffdruck in den Alveolen fällt etwa so ab, daß er in 3 Min. 4 kPa erreicht. Bei Leistung fällt er noch schneller ab. Wird die Grenze von 4 kPa unterschritten, so tritt zunächst Verlust des Bewußtseins auf, d. h., vor allem das Großhirn wird in seiner Funktion stark beeinträchtigt. Gleichzeitig mit dem Abfall des O_2-Druckes kommt es zu einer starken Erhöhung des Sympathikotonus, der sich besonders in der höheren Herzfrequenz (Tachykardie) und einer Zunahme der Pupillenweite äußert (die Pupille wird durch den Sympathikuseinfluß erweitert, durch den Parasympathikuseinfluß verengt). Nimmt der Sauerstoffdruck weiter ab, wird auch das Kreislaufzentrum betroffen: Die Tachykardie geht in eine extrem langsame Pulsfrequenz über (Bradykardie). Auch das Pupillenzentrum stellt seine Tätigkeit ein. Die Pupille wird weit und reagiert nicht mehr auf Licht. Im weiteren Verlauf kommt es zum Herzstillstand und zur Atemlähmung; nach weiterer Zeit erfolgt der klinische Tod.

Zu welchem Zeitpunkt und unter welchen Bedingungen ist bei diesem Ablauf noch eine Wiederbelebung möglich? Man muß sich klarmachen, daß die verschiedenen Organe ganz unterschiedlich gegen O_2-Mangel empfindlich sind. Bei der Besprechung der Muskelphysiologie hatten wir gesehen, daß der Muskel auch unter lokalem Sauerstoffmangel erhebliche Zeit arbeiten kann, bevor er funktionsuntüchtig wird. Diese Tatsache ist besonders darin begründet, daß er eine relativ große anaerobe Kapazität aufweist, die den Energiebedarf vorübergehend aus den energiereichen Phosphaten und der Glykolyse deckt. Er kann also eine O_2-Schuld eingehen. Sowohl Herzmuskel als auch Gehirngewebe haben nur ein sehr schlecht entwickeltes glykolytisches System, so daß der O_2-Mangel nur sehr kurz durch solche Reak-

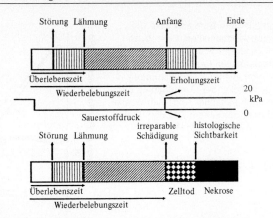

Abb. 99 Schema der Zeitenfolge bei totalem Sauerstoffentzug eines Organs. Oben: Der Sauerstoff kehrt während der Wiederbelebungszeit wieder zurück. Eine vollständige Erholung ist zu erwarten. Bleibt der Sauerstoffentzug längere Zeit bestehen (unten), so tritt Zelltod und Gewebszerstörung (Nekrose) auf.

tionen überbrückt werden kann. Besonders empfindlich ist die Großhirnrinde.

Jedes Organ hat eine bestimmte, auf der Konzentration der energiereichen Phosphate und der glykolytischen Aktivität beruhende Überlebenszeit (Abb. 99). Sie ist definiert als die Zeit, die vom Anfang des Sauerstoffmangels bis zum Funktionsausfall des Organs vergeht. Wird wieder Sauerstoff zugeführt, so kehrt die Funktion nach einer bestimmten Erholungszeit wieder zurück, die meist länger als die Überlebenszeit ist.

Ob bleibende Schäden auftreten, hängt von der Wiederbelebungszeit ab, die nicht mit der Überlebenszeit identisch ist. Innerhalb der Überlebenszeit fällt die Funktion aus. Innerhalb der Wiederbelebungszeit treten gerade noch keine irreparablen Schäden an der Struktur der Zelle auf, so daß nach O_2-Zufuhr (Abb. 99, oben), wenn auch erst nach längerer Zeit, die volle Funktion wiederhergestellt werden kann. Erst nach dem Ablauf der Wiederbelebungszeit tritt in der Manifestationszeit die irreparable Schädigung mit Zelltod und Zellauflösung (Nekrose) ein (Abb. 99, unten).

Während beim Menschen durch plötzlichen lokalen Sauerstoffentzug (z. B. Stillstand der Gehirndurchblutung) die Überlebenszeit des Gehirns nur 8 bis 12 s beträgt, hat die Wiederbelebungszeit eine Dauer von 8−12 Min. Nach der obigen Definition tritt also nach 8−12 s Bewußtlosigkeit ein, aber bis zu 10 Min. nach dem Kreislaufstillstand kann die Funktion des Gehirns völlig wiederhergestellt werden. Wird die Wiederbelebungszeit nur kurz überschritten, tritt möglicherweise eine Heilung mit Defekt (z. B. intellektuelle Ausfälle) ein. Die vegetativen Zentren der Medulla oblongata haben eine längere Wiederbelebungszeit als das Großhirn. Die Angaben gelten für Normothermie, sie können bei Hypothermie (Eiswasser) erheblich verlängert sein.

Auch der Herzmuskel verfügt über geringere Möglichkeiten als der Skelettmuskel, anaerob zu arbeiten, hat aber doch eine etwas längere Wiederbelebungszeit als das Gehirn. Die Wiederbelebungszeit des Gesamtkörpers ist aus folgenden Gründen ohne geeignete Maßnahme jedoch wesentlich kürzer als die des Gehirns oder des Herzens: Durch den Sauerstoffmangel verliert das Herz so stark an Leistungsfähigkeit, daß es den Druck zur Durchströmung des Gehirns nicht mehr aufbringen kann. Die Wiederbelebung des Gehirns erfolgt nur, wenn genügend Sauerstoff antransportiert wird. Hier liegt besonders der Grund, daß die Arbeit des Herzens während der Wiederbelebung von außen unterstützt werden muß. Alle Maßnahmen (Technik s. DLRG-Darstellungen) zielen darauf ab, zunächst die vegetativen Zentren wieder zu spontaner Arbeit zu bewegen, was über die mechanische Kompression des Herzens (Herzmassage) und damit die Kreislaufunterstützung erfolgt, andererseits durch die periodische Erneuerung des Lungeninhaltes (Atemspende – Thoraxbewegung). Daß hierbei dafür gesorgt werden muß, daß die Atemwege frei sind, ist wohl selbstverständlich. Wenn die Wiederbelebung erfolgreich ist, setzen zunächst die vegetativen Steuerungen wieder ein. Meist muß die Herzarbeit so lange unterstützt werden, bis das Bewußtsein wiedererlangt wird.

5.1.3. Zusammenhänge zwischen Höhe und Sauerstoffdruck

Der Sauerstoffgehalt der Erdatmosphäre (trocken) ist völlig gleichmäßig und beträgt 20,95%. Der Sauerstoffpartialdruck beträgt daher auf Meereshöhe bei einem Gesamtdruck von 100 kPa ca. 21 kPa. Er nimmt mit steigender Höhe entsprechend dem Barometerdruck ab. In 5500 m Höhe ist er auf die Hälfte gefallen.

Um die Höhenwirkungen richtig einordnen zu können, betrachten wir Abb. 100, bei der die Höhe gegen den aktuellen Luftdruck aufgetragen ist. Schematisch ist in dieser Zeichnung der Anteil der Atemgase in der Lunge als Partialdruck eingetragen. Auf Meereshöhe hat der H_2O-Dampfdruck einen Wert von 6,3 kPa, der CO_2-Druck etwa 5,33 kPa, der O_2-Druck 13,3 kPa; der Rest wird durch den Druck des Stickstoffes bestimmt. Obwohl die Ventilation durch die Abnahme des O_2-Druckes ansteigt (S. 181), fällt er in ca. 6000 m Höhe auf den kritischen Wert von 4 kPa ab, von dem wir schon wissen, daß er einen Funktionsausfall des Großhirns bewirkt. Als Folge hypoxisch ausgelöster Hyperventilation sinkt der CO_2-Druck ab. Höhen oberhalb 6000 m können von Menschen, die nicht an Höhe angepaßt sind (S. 194 ff.), nicht ertragen werden. Mit Hilfe von Atemmasken, aus denen reines O_2 geatmet wird, lassen sich Höhen bis zu 13 km gerade noch tolerie-

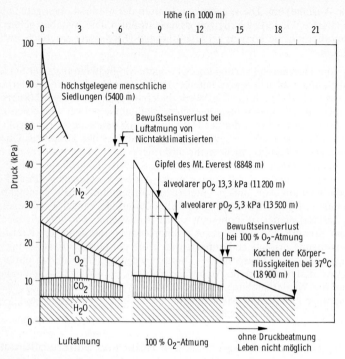

Abb. 100   Zusammensetzung der Alveolarluft bei Atmung von Luft (0−6000 m) und reinem O_2 (6000−13500 m) unter Umgebungsdruck (aus: W. F. Ganong: Medizinische Physiologie. Springer, Berlin 1974).

ren; darüber sind Druckkabinen notwendig, um zu überleben. Moderne Verkehrsflugzeuge fliegen in bis zu 11 km Höhe. Die Kabinen werden durch Kompressoren dabei auf einen Druck gebracht, der etwa 2000 m Höhe entspricht. Würden diese Kabinen undicht, so wäre ein Überleben nicht möglich. Deshalb ist es Vorschrift, daß sie mit Sauerstoffanlagen ausgerüstet sind, die im Falle einer Dekompression dem Passagier über Masken reines O_2 zuführen.

Bei plötzlichem Ausfall der Sauerstoffzufuhr ist eine gewisse Zeitreserve vorhanden, die in Abb. 101 dargestellt ist. Sie richtet sich nach der Höhe. Innerhalb dieser Zeitreserve hat der Pilot noch die Möglichkeit, im Sturzflug eine Höhe zu erreichen, bei der noch kein Bewußtseinsverlust auftritt.

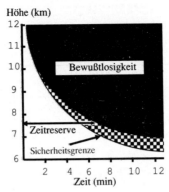

Abb. 101   Höhenwirkung nach Unterbrechung der Sauerstoffatmung in dem Höhenbereich von 7000–12000 m (nach: Ruff u. Strughold).

5.1.4. Akuter Sauerstoffmangel

Die ersten Anzeichen einer akuten Hypoxie, die man auch als Höhen- oder Bergkrankheit bezeichnet, sind Atemnot und Herzklopfen, die zu Apathie, Blässe und Schweißausbrüchen führen können. Charakteristisch sind die psychischen Veränderungen. Als frühestes Symptom finden sich Euphorie, ein gehobenes Lebensgefühl und eine Überbewertung des eigenen Könnens. Dann folgt oft Uneinsichtigkeit, Streitlust und schließlich Depression und Unansprechbarkeit. Ähnliche Symptome kann man bei verschiedenen Graden der Trunkenheit auffinden. Die Höhenkrankheit tritt erst über 3000 m auf, Störungen können aber bei labilen und älteren Personen schon ab 1800 m beobachtet werden.

Die Wirkungen von Sauerstoffmangel werden in Unterdruckkammern getestet. Abb. 102 zeigt einen Schreibtest nach einem Höhenaufstieg auf 7500 m. Man sieht deutlich, daß mit wachsender Zeit die psychophysische Leistung schlechter wird: Der Proband ist kaum noch in der Lage, einen Satz klar zu schreiben.

Die Gefahr akuten Sauerstoffmangels und der dadurch ausgelösten Bergkrankheit besteht vor allem darin, daß die eigene Leistungsfähigkeit falsch eingeschätzt wird und Fehlreaktionen zu fatalem Ausgang führen können.

5.1.5. Chronischer Sauerstoffmangel und Höhen-
akklimatisation

Der perakute und akute Sauerstoffmangel wird immer eine Ausnahmesituation bleiben, während chronischem Sauerstoffmangel alle Menschen ausgesetzt sind, die mehr oder weniger lange Zeit im Hochgebirge wohnen,

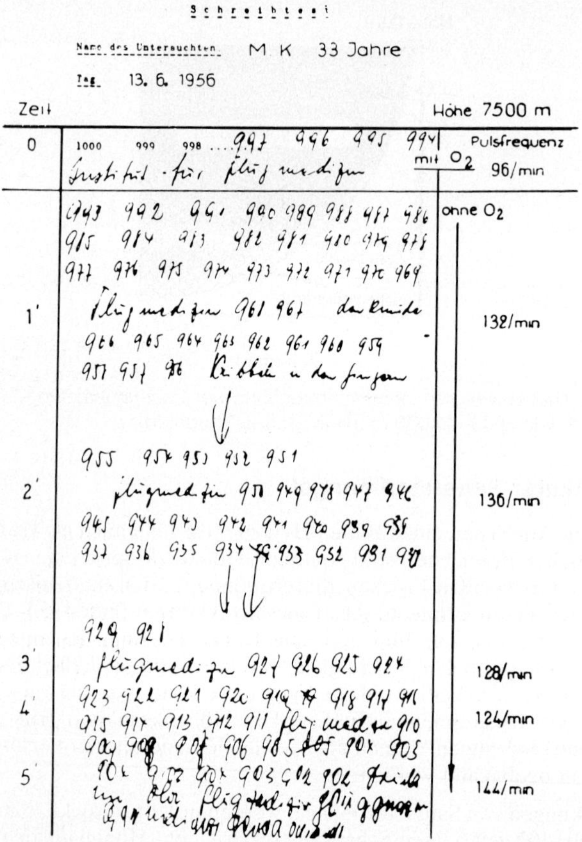

Abb. 102   Schreibtest bei einer Höhe von 7500 m nach Unterbrechung der Sauerstoffatmung (aus: S. Ruff, H. Strughold: Grundriß der Luftfahrtmedizin. Barth, München. 1957).

arbeiten oder Sport treiben. Beim Gesunden sind Schwierigkeiten bis 2000 m kaum zu erwarten. Die Toleranz und die Leistungsfähigkeit in größeren Höhen hängen vornehmlich von der Zeitdauer des Aufenthaltes ab, da der Organismus über eine Reihe von Anpassungsmechanismen verfügt, die man unter dem Sammelbegriff „Höhenakklimatisation" zusammenfaßt.

Die erste Phase der Höhenanpassung, die unmittelbar mit dem Höhenaufstieg erfolgt, besteht in einer Zunahme der Ventilation und des Herzminutenvolumens. Die Ventilation wird dabei durch die Abnahme des O_2-Druckes an den arteriellen Chemorezeptoren im Glomus caroticum und Glomus aorticum gesteuert. Eine Durchschneidung des sie versorgenden Nervs im Tierversuch zeigte, daß die O_2-Mangelwirkung auf die Ventilation damit aufgehoben wird, während die Wirkung auf den Kreislauf erhalten bleibt, so daß sich der Schluß ergibt, daß Herzfrequenz und Ventilation bei O_2-Mangel offensichtlich über unterschiedliche Systeme gesteuert werden. Möglicherweise sind auch für die Herzfrequenzsteigerung die Muskelrezeptoren eingeschaltet (s. auch S. 146ff.). Die Wirkung der ersten Phase der Höhenanpassung liegt darin, daß der durch den Druckabfall gesenkte Sauerstoffdruck teilweise durch die Erhöhung der Ventilation kompensiert wird. Die Zunahme des Herzminutenvolumens gleicht partiell die Abnahme der Sättigung aus, so daß die Versorgung der Gewebe mit O_2 noch gewährleistet ist.

Die Kompensation kann allerdings die Wirkung des Sauerstoffmangels nur ungenügend ausgleichen. Es ist leicht einzusehen, daß die Leistungsfähigkeit des Menschen daher stark herabgesetzt sein muß, da der Energieaufwand für die Atmung und den Kreislauf größer als unter Meeresspiegelbedingungen ist. Vor allem wird bereits ein Teil der Leistungsreserve des Herzens und der Atmung beansprucht. Hinzu kommt ein weiterer nachteiliger Effekt: Die Zunahme der Ventilation bewirkt gleichzeitig, daß pCO_2 und H^+-Konzentration kleiner werden und damit die Sauerstoffbindungskurve nach links verschoben wird. Wir haben also den klassischen Fall der respiratorischen Alkalose vor uns. Das bedeutet aber, daß der Sauerstoffdruck im Gewebe bei gleicher Sättigung kleiner wird. Ein Teil des Effektes der Ventilationszunahme wird also wieder verspielt. Die Abnahme des pCO_2 und der H^+-Konzentration bewirkt zusätzlich, daß ein Teil des zusätzlichen Antriebes, der aus der Abnahme des pO_2 resultiert, durch die Abnahme der beiden anderen Atemantriebe kompensiert wird. Die Wirkung der pO_2-Senkung auf die Ventilation ist in Abb. 95 dargestellt.

Die zweite Phase der Höhenakklimatisation, die schon am ersten Tag nach Höhenaufenthalt einsetzt, besteht in einer doppelten Wirkung. Zunächst wird der Gehalt der Erythrozyten an 2,3-DPG erhöht. Wie wir schon auf S. 156 gesehen hatten, bewirkt diese Substanz, daß die O_2-Bindungskurve nach rechts verschoben wird. Dadurch wird die Wirkung der verminderten H^+-Konzentration und des pCO_2 auf den Verlauf der Kurve teilweise kompensiert.

Als weiterer Effekt wird die Konzentration an Bikarbonat dadurch gesenkt, daß der Basensparmechanismus der Niere gehemmt wird. Die Niere scheidet vermehrt Pufferbasen (Alkaliionen) aus, deren Blutkonzentration deshalb abnimmt. Nach der Henderson-Hasselbalch-Gleichung nimmt dadurch die H^+-Konzentration zu. Hier wird also die auf S. 165 besprochene Kompensation einer respiratorischen Alkalose wirksam.

Die Ventilation steigt dadurch an, was wiederum zu einer Erhöhung des Sauerstoffdruckes in den Alveolen führt. Allerdings wird jetzt der Energie-

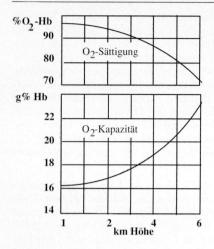

Abb. 103   Zusammenhang zwischen O_2-Sättigung und O_2-Kapazität bei Höhenanpassung an 5300 m (nach: Pichotka).

aufwand für die Atmung als Folge der gesteigerten Ventilation zunehmen und damit die Leistungsreserve nicht wesentlich verbessert. Der Sauerstoffdruck im Gewebe nimmt jedoch wieder zu.

Die dritte Phase der Höhenakklimatisation besteht im wesentlichen in der allmählichen Zunahme des Blutvolumens, der Erythrozytenzahl und des Hämoglobingehaltes. Dieser Prozeß erfolgt relativ träge, und es ist heute noch nicht ganz klar, welcher Zeitraum für diese Anpassung anzusetzen ist. Offensichtlich sind hierbei eine ganze Reihe von Mechanismen beteiligt, die im einzelnen noch nicht geklärt sind. Die Akklimatisation soll schneller verlaufen, wenn bereits früher, im Verlauf des Lebens, schon einmal eine Höhenanpassung erfolgt war (Gewebsfaktor nach Opitz) oder wenn der Mensch in der Höhe geboren ist. Unsere Kenntnis über den zeitlichen Verlauf beruht im wesentlichen auf Ergebnissen von Expeditionen, wobei unter den dabei herrschenden extremen Bedingungen meist mehrere Faktoren wie Training, Leistungsfähigkeit, Strahlung usw. wirksam werden.

Besonders gute Bedingungen für die Untersuchung der besprochenen Probleme finden sich in den peruanischen Anden, da sich dort Siedlungen in bis zu 5300 m Höhe befinden. So war es besonders lehrreich, die Dauerbewohner zu untersuchen, die in den verschiedenen Höhenlagen wohnen, und ihre Daten mit denen der Menschen in Beziehung zu setzen, die in der Hauptstadt Lima auf Meereshöhe wohnen. Abb. 103 zeigt einen Teil der Befunde. Die O_2-Sättigung des arteriellen Blutes ist − wie zu erwarten war − um so niedriger, je größer die Höhe ist. Ab etwa 3000 m Höhe nimmt die Sättigung steiler ab. In der höchsten Siedlung (Quilcua in 5340 m Höhe) wurde sogar nur eine durchschnittliche arterielle Sättigung von 76% beobachtet. Die Sauerstoffkapazität des Blutes ist um so größer, je höher

Abb. 104 O_2-Kapazität und transportierte O_2-Menge bei an unterschiedliche Höhe angepaßten Menschen (nach: Pichotka).

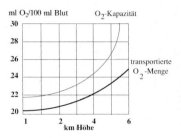

Abb. 105   Die O_2-Sättigung als Funktion der Höhe bei Dauerbewohnern und Neuankömmlingen (nach: Pichotka).

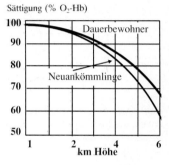

die Menschen wohnen. Die beiden Abbildungen zeigen, daß die O_2-Kapazität weitgehend von der arteriellen Sättigung gesteuert wird. In 4900 m Höhe liegt die O_2-Kapazität um 34% über derjenigen in Seehöhe, und bei 5300 m muß die Zunahme um 45% veranschlagt werden. Durch die Zunahme tritt eine Kompensation für die verminderte Sättigung ein. Die Regelung erfolgt aber nicht auf gleiche Transportgröße, sondern vielmehr nimmt die transportierte O_2-Menge mit steigender Höhe kontinuierlich zu, weil die Hb-Zunahme in ihrer Auswirkung größer als der Abfall der prozentualen Sättigung ist. Wahrscheinlich ist deshalb nicht der O_2-Gehalt des Blutes die Regelgröße.

Diese Tatsache geht nochmals aus Abb. 104 hervor, in der die transportierte O_2-Menge, die aus der Transportkapazität (entsprechend 100% O_2-Sättigung) und der wirklichen Sättigung berechnet wird, aufgetragen ist. Man sieht, daß bis in den gesamten untersuchten Bereich die transportierte O_2-Menge gegenüber der Höhe überproportional zunimmt. Abb. 105 zeigt die Auswirkungen der Anpassung. Die Neuankömmlinge, die noch nicht die zweite oder dritte Phase der Höhenakklimatisation durchgemacht haben, zeigen erheblich niedrigere O_2-Sättigungen als die Dauerbewohner.

Die Grenze der Anpassung liegt etwa bei 5000 m Höhe, bei der nach vollständiger Akklimatisation ein Grenzwert von 8 Mill. Erythrozyten pro mm^3 Blut und 15 mmol Hb/l Blut (25 g Hb/100 ml Blut) auftritt.

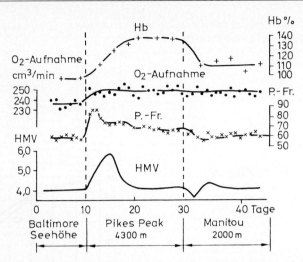

Abb. 106   Das Verhalten des Hämoglobins, der Sauerstoffaufnahme, der Pulsfrequenz und des Herzminutenvolumens im Laufe einer 20tägigen Höhenanpassung an 4300 m (aus: J. Pichotka: Der Gesamtorganismus im Sauerstoffmangel. In: Handbuch der allgemeinen Pathologie, Bd.IV/2. Springer, Berlin 1957).

Für den Regelungsaspekt ergibt sich folgende interessante Beobachtung, die bei einem langfristigen Höhenaufenthalt gewonnen wurde (Abb. 106): In der ersten und zweiten Phase der Höhenanpassung steigen Herzminutenvolumen (HMV) und Pulsfrequenz (P.-Fr.) stark an. Sobald die Transportkapazität erhöht ist, fallen beide Größen auf oder sogar unter ihren Ausgangswert ab. Die Ventilation (nicht gezeichnet) und der damit verbundene O_2-Verbrauch bleiben während der ganzen Zeit erhöht. Hier bestätigt sich offensichtlich, daß die Ventilation vom erniedrigten pO_2 an den Chemorezeptoren gesteuert wird. Der pO_2 wird durch die Höhenanpassung bekanntlich nur unwesentlich verbessert. Die Kreislaufgrößen dagegen hängen möglicherweise mehr mit dem Metabolitgehalt der Muskulatur zusammen, der bei schlechter Versorgung durch den Sauerstoffmangel zunächst ansteigt, später jedoch wieder abnimmt, wenn sich die Transportkapazität für den Sauerstoff an die Höhe angepaßt hat.

5.1.6. Leistungsfähigkeit unter Sauerstoffmangel

Bei den Olympischen Spielen in Mexico City 1968 bot sich die Gelegenheit, eine ganze Reihe von Untersuchungen über die Leistungsfähigkeit auf einer Höhe von etwa 2500 m durchzuführen. Es liegt in der Natur der Spiele, daß

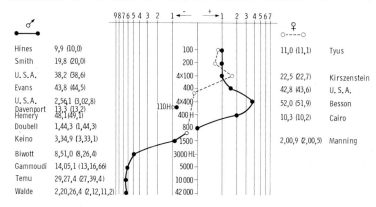

Abb. 107   Die Abweichungen der Rekorde bei den Olympischen Spielen in Mexico City von den im Flachland erreichten Weltrekorden. Man sieht deutlich, daß die Leistungsfähigkeit in der Höhe bei langandauernden Leistungen abnimmt, bei kurzdauernden dagegen zunimmt. H = Hürden, HL = Hindernislauf (aus: E. Jokl: Bericht über die sportärztlichen Untersuchungen bei den Olympischen Spielen in Mexico City 1968. 5. Gymnaestrada, Basel 1969 [Wiss. Symposium])

es sich in erster Linie um Höchstleistungen trainierter Athleten handelte. Als genereller Trend ergab sich dabei, daß die Leistungen für kurzdauernde Beanspruchung überwiegend gleich blieben oder verbessert wurden, während die langdauernden Leistungen wesentlich verschlechtert wurden. Dieser Befund ist unmittelbar einsehbar, weil bei kurzdauernder Höchstleistung der Energiebedarf überwiegend anaerob gedeckt wird (S. 252ff.). Die Leistungsverbesserung, vor allem bei Geschwindigkeitsdisziplinen (Radfahren, Laufen usw.), hängt mit der Abnahme des Luftwiderstandes zusammen. Der Druck, den ein Gas auf eine Fläche ausübt, ist dem Quadrat der Geschwindigkeit proportional. Da durch die Höhe die Zahl der Luftmoleküle/Volumeneinheit sinkt, wird der Luftwiderstand insgesamt geringer. Im Vergleich zur Meereshöhe macht sich die Abnahme um so mehr bemerkbar, je größer die Geschwindigkeit ist. Für diese Hypothese spricht auch, daß Schwimmleistungen über Distanzen in der Höhe und im Tiefland weitgehend identisch waren.

Quantitativ ist die Veränderung der Leistungsfähigkeit in Laufdisziplinen aus Abb. 107 abzulesen. Alle vor Beginn der Olympischen Spiele in Mexico City 1968 bestehenden Weltrekorde sind als 100%-Werte auf der (mit Zahlen beschrifteten) vertikalen Mittellinie aufgetragen. Die hier entsprechende Laufzeit ist in Klammern beigefügt. Es zeigen sich eine klare Leistungsbegünstigung bei kurzen Laufleistungen und eine Leistungsverschlechterung bei langen Strecken.

Physiologisch zeigte sich, daß bei Ausdauerleistungen die Laktatproduktion größer als im Tiefland war; ebenso nahm der Blutglukosespiegel als Ausdruck des größeren anaeroben Energiegewinnungsanteils stärker ab. Interessant ist, daß die Arbeit Aufenthalt in großen Höhen möglich macht, in denen der Mensch in Ruhe nicht mehr leben kann. Die höchste Siedlung in den Anden geht bis zu 5300 m. Die dazugehörigen Bergwerke liegen ein paar hundert Meter höher. Versuche, die Menschen direkt an den Bergwerken anzusiedeln, scheiterten. Es kam zu Schlaflosigkeit, Verlust des Appetits und zur Einschränkung der Nahrungsaufnahme. Wahrscheinlich ist der Arbeitsantrieb für die Atmung notwendig, um die Ventilation so hoch zu halten, daß der pO_2 in der Alveolarluft nicht unter kritische Werte sinkt. Der Sauerstoffmangelantrieb in Ruhe allein scheint dazu nicht in der Lage zu sein.

Schädigungen, besonders des Herzens, konnten auch bei Höchstleistungen unter Hypoxiebedingungen nicht beobachtet werden. Offensichtlich versagen die Skelettmuskulatur und das Nervensystem früher, so daß wegen Erschöpfung die Leistung abgebrochen werden muß, bevor es zur manifesten Schädigung kommt. Dagegen zeigten sich funktionelle Störungen wie Kollapse und Migräneanfälle gehäuft.

5.2. Einfluß des Klimas auf den Menschen

5.2.1. Suche nach Methoden der Messung des Klimaeinflusses

Als Klima bezeichnet man einen Zustand, der durch die Umgebungstemperatur, die Luftfeuchtigkeit, die Wärmestrahlung und die Windgeschwindigkeit gegeben ist. Abhängig vom geographischen Ort der Erde und von den Jahreszeiten ist das Klima so unterschiedlich, daß es Zonen gibt, in denen der Mensch trotz zivilisatorischer Hilfsmittel nicht leben kann, und Zonen, in denen er solcher Hilfsmittel praktisch nicht bedarf, weil seine biologischen Regulationsmöglichkeiten ausreichen. Zwischen diesen beiden Extremen muß der Mensch leben und arbeiten (Abb. 108). Unsere Aufgabe besteht darin, die Lebens- und Arbeitsfähigkeit des Menschen in diesem Bereich zu betrachten, die durch Einflüsse technischer Art noch stark variiert werden können.

Es stellte sich schon früh heraus, daß die Temperatur allein nicht die entscheidende Größe sein kann, die die Arbeitsfähigkeit und Behaglichkeit beeinflußt, sondern daß weitere Größen dafür maßgebend sein müssen: die Luftfeuchtigkeit, die Windgeschwindigkeit und die Wärmestrahlung, also Größen, die man mit physikalischen Meßgeräten genau genug bestimmen kann. Schwieriger zu beurteilen ist die Wertigkeit dieser einzelnen Faktoren für das Wohlbefinden und die Leistungsfähigkeit.

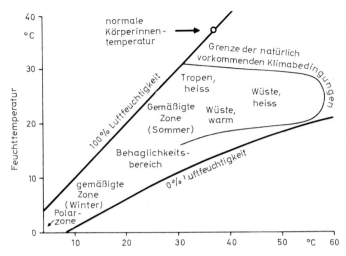

Abb. 108   Der Bereich natürlich vorkommender Klimabedingungen (Temperatur und Feuchtigkeit) (aus: H.G. Wenzel: Die Wirkungen des Klimas auf den arbeitenden Menschen. In: Handbuch der gesamten Arbeitsmedizin, Bd. I, Arbeitsphysiologie. Urban & Schwarzenberg, München 1961).

Schon um die Jahrhundertwende erkannte man, daß eine mit einem trockenen Thermometer gemessene Lufttemperatur − auch Trockentemperatur genannt − je nach dem Feuchtigkeitsgehalt der Luft subjektiv verschieden beurteilt wird: Eine von einem befeuchteten Thermometer angezeigte Temperatur gibt einen viel besseren Vergleich mit der Temperaturempfindung. Die von einem Thermometer, das mit einem feuchten Lappen umwickelt ist, angezeigte Temperatur nennt man Feuchttemperatur. Dadurch tritt am Thermometer Verdunstungskälte in Abhängigkeit von der Luftfeuchtigkeit auf, so daß die Feuchttemperatur nur bei 100% Luftfeuchtigkeit gleich der Trockentemperatur ist. Doch auch diese Feuchttemperatur ist nur ein sehr unvollkommenes Maß für das Klima in seiner Wirkung auf den Menschen. Man suchte deshalb nach einem Weg, die Wirkung eines nach Temperatur, Luftfeuchtigkeit und Windgeschwindigkeit definierten Klimazustandes durch einen Zahlenwert auszudrücken. Dabei wurde geprüft, welche Kombination der 3 genannten Größen am ruhenden Menschen die gleiche Temperaturempfindung auslöst, wobei die Empfindung jeweils auf die Feuchttemperatur bezogen wurde, die bei Windstille die gleiche Temperaturempfindung auslöste. Diese Bezugsgröße nennt man die Effektivtemperatur. Sie ist also im Grunde keine physikalische, sondern eine Empfindungsgröße. Einleuchtend ist, daß dieses Klimasummenmaß für den bekleideten Menschen andere Werte als für den unbekleideten zeigen muß.

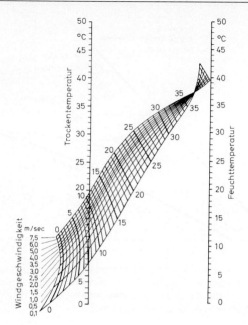

Abb. 109   Effektivtemperatur für den bekleideten Menschen in Abhängigkeit von Trockentemperatur, Feuchttemperatur und Windgeschwindigkeit (nach Yaglou, aus: H. G. Wenzel: Die Wirkung des Klimas auf den arbeitenden Menschen. In: Handbuch der gesamten Arbeitsmedizin, Bd. I, Arbeitsphysiologie. Urban & Schwarzenberg, München 1961).

Abb. 109 und 110 zeigen die Diagramme zur Bestimmung der Effektivtemperatur für den unbekleideten und den bekleideten Menschen.

Die Diagramme werden auf folgende Weise gelesen: Man verbindet den gemessenen Wert für die Trockentemperatur auf der linken senkrechten Linie mit dem Wert für die Feuchttemperatur auf der rechten senkrechten Linie durch eine Gerade. Der Schnittpunkt der Geraden mit dem Parameter Windgeschwindigkeit gibt dann den Wert der Effektivtemperatur an. Beträgt also am unbekleideten Menschen die Trockentemperatur 30 °C, die Feuchttemperatur nur 20 °C, so ist bei einer Windgeschwindigkeit von 1 m/s die Effektivtemperatur 22 °C. Das gleiche Temperaturempfinden würde der unbekleidete Mensch bei 22 °C und 100 %iger relativer Luftfeuchtigkeit etwa bei Windstille haben.

Diese Effektivtemperatur berücksichtigt allerdings den Einfluß der Strahlung nicht. Man bemüht sich deshalb, weitere Klimasummenmaße zu finden, in denen auch dieser Faktor berücksichtigt wird.

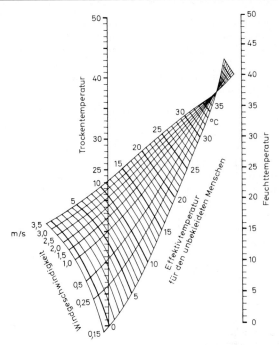

Abb. 110 Effektivtemperatur für den unbekleideten Menschen in Abhängigkeit von Trockentemperatur, Feuchttemperatur und Windgeschwindigkeit (nach Yaglou, aus: H.G. Wenzel: Die Wirkung des Klimas auf den arbeitenden Menschen. In: Handbuch der gesamten Arbeitsmedizin, Bd. I, Arbeitsphysiologie. Urban & Schwarzenberg, München 1961).

5.2.2. Wärmeaustausch zwischen Körperoberflächen und Umgebung

5.2.2.1. Wärmeaustausch durch Leitung und Konvektion

Die Körperoberfläche kann mit der Umgebung die Wärme auf verschiedene Arten austauschen. Durch Wärmeleitung tritt vor allem ein Wärmeaustausch mit der umgebenden Luft auf. Der Wärmeaustausch wird dabei durch folgende Gleichung beschrieben:

$$Q'_L = F_e \cdot \lambda \cdot (t_o - t_m) \ (\frac{J}{s}) \ (63)$$

Dabei ist λ die Wärmeleitfähigkeit und F_e die effektiv für den Austausch wirksame Körperoberfläche. t_o ist die Oberflächentemperatur und t_m die

Temperatur des umgebenden Mediums. Reine Wärmeleitung spielt für die Wärmeabgabe in der praktischen Berufsarbeit und beim Sport nur eine untergeordnete Rolle. Sie kommt allein nur dann vor, wenn ein fester Körper der Hautoberfläche anliegt. Immerhin kann z. B. eine beachtliche Wärmemenge abgegeben werden, wenn jemand mit unbekleideten Fußsohlen auf einer kalten Fläche steht.

Bei flüssigen oder gasförmigen Medien, z. B. bei Luft, tritt ein Effekt hinzu, der die Wärmeleitung unterstützt: die Konvektion. Durch die Abhängigkeit des Luftgewichtes von der Temperatur und die Diffusion der Luftmoleküle bewegt sich die Luft immer an der Hautoberfläche, solange ein Temperaturgradient zwischen Haut und Luft besteht. Wir unterscheiden praktisch diese „freie Konvektion" von der „erzwungenen Konvektion", wie sie auftritt, wenn die Luft gegen die Haut forciert bewegt wird, wie das durch natürlichen Luftzug, z. B. auch durch den Einfluß von Ventilatoren, erfolgen kann. Praktisch gehören Wärmeleitung und Konvektion zusammen. Man gibt deshalb die Formel für die Wärmeabgabe durch Leitung und Konvektion in der folgenden Weise an:

$$Q'_{LC} = F_e \cdot \lambda \cdot (t_o - t_m) \; (\frac{J}{s}) \; (64)$$

λ bedeutet in dieser Form die Wärmeübergangszahl, die sich also aus 2 Anteilen, dem Einfluß der Wärmeleitzahl und dem Einfluß der Konvektion, zusammensetzt. Sie reicht größenordnungsmäßig von 21 bis 37 kJ $\cdot$ h^{-1} $\cdot$ m^{-2} $\cdot$ °C^{-1}. Die Wärmeleitzahl des Gewebes beträgt 0,003 bis 0,26 J $\cdot$ m^2 $\cdot$ s^{-1} $\cdot$ °C^{-1} und ist damit etwa zehnmal größer als die von Kork und tausendmal kleiner als die von Silber. Sie gibt an, welche Wärmemenge (J) bei einer Temperaturdifferenz von 1 °C in 1 s durch 1 cm Schichtdicke dringen kann. Durch die Konvektion wird das Temperaturgefälle erhalten. Ohne sie würde die über der Haut liegende Luftschicht auf die Temperatur der Haut erwärmt, und es bestünde dann kein Wärmegradient mehr. In Wasser ist die freie Konvektion geringer als in der Luft.

Wenn also ein Mensch im Wasser mit einer Temperatur von 18 °C beispielsweise ruhig verharrt, so heizt er das Wasser mit der unmittelbaren Umgebung seiner Haut auf und vermindert das Temperaturgefälle zwischen Blut und Oberfläche. Schwimmt er, so wird durch die erzwungene Konvektion das Temperaturgefälle zwischen Blut und Haut aufrechterhalten und die Wärmeabgabe im allgemeinen mehr gesteigert, als es der Wärmeproduktion durch das Schwimmen entspricht. Als Folge davon kühlt der Körper aus (Näheres S. 248).

5.2.2.2. Wärmeaustausch durch Strahlung

Als Strahlung bezeichnet man die räumliche Ausbreitung von Energie. Die Wärmestrahlung erfolgt durch elektromagnetische Wellen, die im „Infrarot-

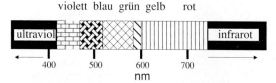

Abb. 111   Spektrum des sichtbaren Lichtes und des angrenzenden Ultraviolett- und Infrarotbereiches.

bereich" liegen, d.h., ihre Wellenlänge ist größer als die des sichtbaren Lichtes, die je nach Farbe zwischen 400 nm (violett) und 750 nm (rot) beträgt. Die Wellenlänge der Infrarotstrahlung (= Wärmestrahlung) erstreckt sich von etwa 750 nm bis 1 mm. Abb. 111 zeigt den Spektralbereich graphisch.

Alle Körper strahlen sich gegenseitig Energie zu. Dabei werden die wärmeren Körper abgekühlt, die kälteren erwärmt. Diesem physikalischen Gesetz folgt auch der menschliche Körper, dessen emittierte Strahlungsenergie dem Stefan-Boltzmann-Gesetz gehorcht, das besagt, daß die gesamte von der Fläche F ausgestrahlte Wärmeenergie pro Zeit (Q_e') proportional der 4. Potenz der Temperatur, gemessen in K, ist:

$$Q_e' = \varepsilon \cdot \sigma \cdot F_e \cdot T_o^4 \ (\frac{J}{s}) \ (65)$$

(ε = Emissionszahl, σ = Strahlungskonstante = $75 \cdot J \cdot s^{-1} \cdot m^{-2} \cdot K^{-4}$)

Dieses Gesetz beschreibt die Wärmeenergie, die einem Körper durch Strahlung entzogen oder zugeführt wird. Aus diesem Grunde müssen wir die gleichzeitig absorbierte Wärmemenge/Zeit abziehen, die sich vor allem nach der Oberflächentemperatur strahlender Körper der Umgebung richtet (T_u). Die absorbierte Wärmemenge ist dann:

$$Q_a' = \delta \cdot \sigma \cdot F_e \cdot T_u^4 \ (\frac{J}{s}) \ (66)$$

(δ = Absorptionszahl)

Die Differenz des Wärmestroms ist demnach:

$$Q_{str}' = \sigma \cdot F_e \cdot (\varepsilon T_o^4 - \delta T_u^4) \ (\frac{J}{s}) \ (67)$$

Die vom Körper ausgestrahlte Wellenlänge λ liegt tief im Infrarotbereich. $\lambda = 3 - 60$ µm. Deshalb strahlt die Haut annähernd wie ein schwarzer Körper mit der Emissionszahl 1. Die Emissionszahl ist nicht von der Hautfarbe abhängig. Die Absorptionszahl für die wichtigste natürlich vorkommende Wärmestrahlung, die Sonnenstrahlung, deren Wellenlänge zwischen 0,3 und 4 µm liegt, ist dagegen von der Pigmentierung der Haut abhängig. Sie

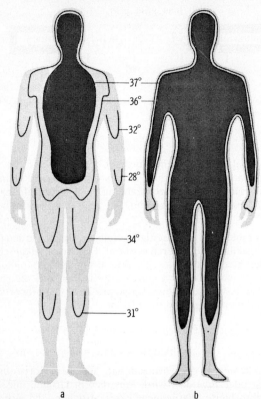

a   b

Abb. 112   Isothermen im Menschen bei niedriger (a) und hoher (b) Außentemperatur (nach Aschoff und Wever aus: H. Hensel: Temperaturregulation. In: W. D. Keidel: Kurzgefaßtes Lehrbuch der Physiologie, 5. Aufl. Thieme, Stuttgart 1979)

liegt zwischen 0,6 und 0,7 μm bei weißhäutigen Menschen und reicht bis zu 0,8 μm bei Farbigen.

5.2.2.3. Wärmeaustausch durch Verdunstung und Kondensation

Jede verdampfende Flüssigkeit entzieht ihrer Umgebung Energie in Wärmeform. Die pro Liter Flüssigkeit entzogene Wärmemenge in J nennt man die spezifische Verdampfungswärme. Jede kondensierende Flüssigkeit führt die gleiche Wärmemenge pro Liter Flüssigkeit zu, die beim Verdampfen verbraucht wird.

Der menschliche Körper verdunstet in erster Linie Wasser, dessen spezifische Verdampfungswärme 2436 kJ/l beträgt.

Der Wärmeaustausch durch Verdunstung und Kondensation kann durch folgende Gleichung beschrieben werden:

$$Q'_v = F_e \cdot \beta \cdot (p_o - p_i) \; (\frac{J}{s}) \; (68)$$

Dabei ist β die Verdunstungszahl, p_o der Dampfdruck der Oberfläche und p_i der Dampfdruck der umgebenden Luft. Die Verdunstungszahl hängt naturgemäß, ähnlich wie das für die Wärmeübergangszahl schon geschildert ist, von der Konvektion ab, weil durch sie der Feuchtigkeitsgradient zwischen Haut und Umgebungsluft verändert wird.

5.2.3. Körpertemperatur und Wärmebilanz

Eine einheitliche Körpertemperatur besteht bei den sog. homoiothermen Lebewesen, zu denen auch der Mensch gehört, weder örtlich noch zeitlich. Zeitlich besteht keine einheitliche Temperatur, weil auch die Körpertemperatur dem zirkadianen Rhythmus (S. 255) unterworfen ist. Örtlich besteht sie deshalb nicht, weil ein ständiger Wärmestrom vom Zentrum zur Peripherie erfolgt. Dieser Wärmestrom kann aber nur fließen, wenn ein Temperaturgradient innerhalb des Körpers besteht.

Man unterscheidet deshalb den weitgehend temperaturkonstanten Körperkern und die mehr temperaturvariable Körperschale, wobei die Grenzen anatomisch nicht fixierbar, sondern funktionell verschieblich sind, abhängig davon, unter welchen Umgebungsbedingungen man den Körper betrachtet. Abb. 112 zeigt schematisch, wie die Isothermen innerhalb des Organismus einmal bei niedriger, einmal bei hoher Außentemperatur verlaufen. 70% der gesamten durch den Grundumsatz gebildeten Wärmemengen entstehen im Gehirn sowie in den Brust- und Bauchorganen. Diesen Bereich bezeichnet man als Körperkern, während die Körperschale vor allem durch die Extremitäten gebildet wird, die eine besonders wichtige Funktion bei der Temperaturregelung haben.

Sowohl die meist gemessene Rektaltemperatur wie auch die Oraltemperatur sind Meßgrößen, die die Kerntemperatur nur unvollkommen wiedergeben. Für praktische Zwecke sind die gefundenen Werte jedoch durchaus ausreichend.

Der Wärmeinhalt des Körpers wird einmal durch die produzierte und die von außen aufgenommene Wärmemenge, andererseits durch die nach außen abgegebene Wärmemenge bestimmt. Aus Aufnahme, Produktion und Abgabe kann man eine Wärmebilanz aufstellen. Im stationären Zustand ist der Wärmeinhalt dann konstant, wenn die Bilanz ausgeglichen ist. Fassen wir die Bilanz mathematisch, so kommen wir zu folgender Formel:

$$\Delta Q_k = (Q'_p + Q'_{LC} + Q'_{str} + Q'_v) \cdot t \; (69)$$

Jede dieser Größen kann auch negative Werte annehmen.

ΔQ_K stellt dabei die Änderung des Wärmeinhaltes, Q_p' die Wärmeproduktion/Zeiteinheit und Q_{LC}', Q_{str}' und Q_V' die im letzten Abschnitt besprochenen Wärmeströme und t die Zeit dar.

5.2.4. Wärmeproduktion

Schon durch den Grundumsatz werden beim Erwachsenen etwa $80-100$ J pro s erzeugt. Beim arbeitenden Menschen nimmt die erzeugte Wärmemenge rapide zu. Kennt man bei einer Leistung den Arbeitsumsatz und den Wirkungsgrad (angegeben als η in%), so beträgt die zusätzlich zum Grundumsatz produzierte Wärmemenge/Zeit (Q'):

$$Q' = \frac{\text{Arbeitsumsatz} \cdot (100-\eta)\,\text{J}}{100} \frac{}{\text{s}} \quad (70)$$

Ein Sportler, der sein maximales Sauerstoffaufnahmevermögen von z. B. 5 l/min auf dem Fahrradergometer ($\eta = 20\%$) ausnutzt, erzeugt demnach 1,4 kJ/s. Nehmen wir einmal im Gedankenexperiment an, daß der Körper plötzlich keine Wärme mehr abgeben könnte, so würde je nach spezifischer Wärme, Körpermasse und Zeit die Temperatur zunehmen. Die mittlere spezifische Wärme des menschlichen Körpers beträgt 3,4 kJ $\cdot$ kg^{-1} $\cdot$ °C^{-1}. Das Erwärmen von 1 kg Gewebe um 1 °C benötigt also 3,4 kJ. Ein 70 kg schwerer Mensch würde unter Grundumsatzbedingungen etwa in 1 Std. seine Körpertemperatur um 1 °C steigern, während er bei einem Arbeitsumsatz von 1,4 kJ/s bereits nach 3 Min. seine Körpertemperatur um 1 °C erhöht hätte. Wenn die Körpertemperatur bei Arbeit konstant bleiben soll, dann muß Wärme abgegeben werden, und zwar gerade so viel, wie produziert wird.

Allerdings werden durch solche Rechnungen die wirklichen Verhältnisse erheblich vereinfacht wiedergegeben. Dadurch, daß die Körperschale in gewissem Maße temperaturvariabel ist, kann der Gesamtwärmeinhalt des Körpers über einen erheblichen Bereich verändert werden, ohne daß dabei die Kerntemperatur ansteigt. Nehmen wir einmal überschlagsweise an, 1/3 der Körpermasse, die als Körperschale eine mittlere Temperatur von 34 °C habe, erhöhe ihre Temperatur auf 40 °C, wie das bei Arbeit tatsächlich der Fall ist, so kann der Gesamtwärmeinhalt um ca. 500 kJ ohne Anstieg der Kerntemperatur gesteigert werden.

Während beim arbeitenden Menschen die Wärmeproduktion ein Abfallprodukt bei der Gewinnung mechanischer Energie ist, wird sie beim ruhenden Menschen in kalter Umgebung dazu eingesetzt, die Kerntemperatur zu regulieren. Diese Wärme wird auch im Skelettmuskel gebildet, entweder durch Tonuserhöhung oder, wenn eine starke Wärmeproduktion erreicht werden soll, durch asynchrone Erregung der Muskeln, was zum sog. Muskelzittern führt.

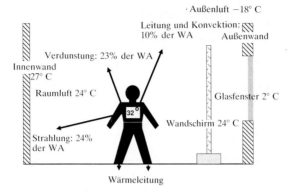

Abb. 113   Anteil der Wärmeabgabe (WA) an Strahlung, Leitung und Verdunstung unter definierten Klimabedingungen beim ruhenden Menschen (nach: Gilles).

5.2.5. Wärmeabgabe

Die physikalischen Grundlagen des Wärmeaustausches mit der Umgebung wurden schon besprochen. Wie groß der Anteil der einzelnen Wärmeströme ist, hängt vornehmlich von den Klima- und Umgebungsbedingungen ab und kann nur für ganz spezielle Bedingungen angegeben oder berechnet werden. Schematisch zeigt Abb. 113 die Anteile an Strahlung, Leitung und Konvektion sowie der Verdunstung bei der Wärmeabgabe, wenn die Wärmeproduktion jeweils konstant ist. Man muß vor allem den Einfluß der Wärmestrahlung berücksichtigen, die erfahrungsgemäß leicht übersehen wird.

Die Abbildung soll die Verhältnisse z. B. in einem Innenraum anschaulich machen, wenn die Außentemperatur extrem niedrig ist. Verhinderte der vor das Fenster gestellte Wandschirm die Wärmestrahlung an das kalte Fenster nicht, das hier 2 °C haben soll, würde der Mensch in Ruhe trotz 24 °C Lufttemperatur frieren, weil er zuviel Wärme abstrahlen würde. Im Krankenhaus kann man immer wieder beobachten, daß Kranke, die zu einer Operation vorbereitet werden, in die Nähe kalter Fenster gestellt werden, weil die irrige Ansicht besteht, daß 25 °C Raumtemperatur eine ausreichende Garantie dafür darstellt, daß der Kranke nicht auskühlt.

Im modernen Sportstättenbau werden helle, luftige Hallen mit großen Fenstern bevorzugt. Der Sportlehrer muß daran denken, daß für die Behaglichkeitstemperatur und die Wärmeregulation der Schüler nicht allein die Lufttemperatur in der Sport- und Schwimmhalle entscheidend ist, sondern bei kalter Außentemperatur sehr viel Wärme an die Fensterflächen abgestrahlt wird. Auskühlung und damit verbundene Erkältungskrankheiten können die Folge sein.

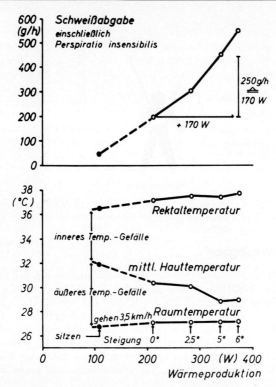

Abb. 114   Schweißabgabe, Rektaltemperatur, mittlere Hauttemperatur des Menschen bei verschiedener Wärmeproduktion. Raumtemperatur: 27 °C, relative Luftfeuchte: 60−65%, Luftbewegung: 0,5 m/s (aus: H. G. Wenzel: Die Wirkung des Klimas auf den arbeitenden Menschen. In: Handbuch der gesamten Arbeitsmedizin. Bd. I, Arbeitsphysiologie. Urban & Schwarzenberg, München 1961).

Die Einstellung der Wärmeabgabe erfolgt beim Menschen über 2 Mechanismen, über die Veränderung der Hautdurchblutung und durch die Schweißsekretion. Da die Wärmeleitfähigkeit der Haut gering ist, besteht die Wirkung einer Durchblutungsänderung darin, daß sie die Wärmeabgabe an die Haut verändert. Ferner wird durch die Hautdurchblutung auch die Hauttemperatur variiert. Je größer der Blutstrom durch die Haut wird, desto mehr wird sich die Hauttemperatur der Temperatur des Blutes annähern. Vor allem an der Haut der Körperschale, die in Ruhe bei kaltem Klima nur eine sehr geringe Temperatur aufweist, kann die Temperatur um mehr als 15 °C zunehmen. Dadurch wird die Wärmeabgabe durch Leitung und Strahlung stark erhöht.

Da in alle betrachteten Formeln für den Wärmeaustausch die effektiv wirksame Fläche als Faktor eingeht, kann man sich leicht klarmachen, daß die Extremitäten für die Wärmeabgabe eine besonders wichtige Rolle spielen. Durch die geometrische Struktur ist an den Extremitäten nämlich das Verhältnis Oberfläche/Volumen größer als am Rumpf, so daß schon physikalisch hier mehr Wärme/Volumen abgegeben werden kann. Dazu kann unter physiologischen Bedingungen die Durchblutung in weit größerem Maße verändert werden, als das am Rumpf möglich ist. Die Handdurchblutung kann beispielsweise im Verhältnis 1:30, die Fingerdurchblutung maximal im Verhältnis 1:600 variiert werden. Solche extremen Durchblutungsänderungen sind bei dem vorhandenen Druckgefälle nur möglich, wenn arteriovenöse Anastomosen geöffnet oder geschlossen werden. Auslöser kann die direkte Temperaturwirkung oder ein zentralnervöser Einfluß sein.

Die Wärmeabgabe durch Verdunstung erfolgt bei normalen Raumtemperaturen und völliger Körperruhe einmal durch die Atemwege, zum anderen auch dadurch, daß die Haut nicht völlig wasserdicht ist, sondern je nach Temperatur 20− 40 g/h Wasser durchläßt, das dann als Perspiratio insensibilis verdunstet. Ferner kann unter diesen Bedingungen durch Schweißdrüsen an der Stirn, an den Innenflächen der Hände und unter den Achselhöhlen noch Schweiß abgegeben werden, vor allem aufgrund von Emotionen. Oberhalb von 35°C Hauttemperatur setzt dann die Sekretion von Schweiß ein (Perspiratio sensibilis). Die sekretionsauslösenden Fasern ziehen über den Grenzstrang des Sympathikus (S. 105) zu den Schweißdrüsen. Die Schweißproduktion ist eine aktive Leistung der Drüsenzellen. Auch schlecht durchblutete Haut kann schwitzen. Natürlich stammt das Schweißwasser letztlich aus dem Blut.

Die Wärmeabgabe bei körperlicher Arbeit bedarf noch einiger ergänzender Hinweise. Die vom Muskel gebildete Wärmemenge wird im wesentlichen durch die Haut wieder abgegeben. Der Kreislauf wird also um so mehr belastet, je ungünstiger die Möglichkeit zur Wärmeabgabe ist. Bei Arbeit mit kleinen Muskelgruppen, bei denen die Durchblutung die Dauerleistungsgrenze bestimmt, führt das Faktum, daß Muskel und Haut oft durch dieselben Arterien versorgt werden, bei ungünstigen Wärmeabgabebedingungen dazu, daß die zuführende Arterie der begrenzende Faktor für die maximale Durchblutung wird und damit die Dauerleistungsgrenze abfällt. Im anderen Fall wird bei der Arbeit mit großen Muskelgruppen die Leistungskapazität des Herzens durch die große Hautdurchblutung überfordert, was zu einer Verminderung der Dauerleistungsgrenze führt. Bei starkem Schweißverlust wird zusätzlich noch die Blutviskosität zunehmen, die Blutmenge vorübergehend vermindert, was wiederum die Versorgung der Muskeln verschlechtert.

Auf welche Weise nun der Körper seine produzierte Wärme abgibt, hängt weitgehend von äußeren Faktoren ab. Abb. 114 zeigt ein typisches Beispiel unter einer Temperatur von 27°C bei körperlicher Arbeit mit verschieden

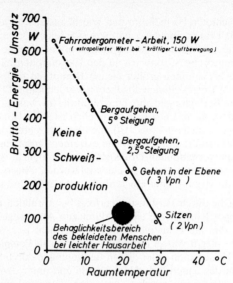

Abb. 115   Maximal ohne Schweißproduktion möglicher Energieumsatz des unbekleideten Menschen bei verschiedenen Raumtemperaturen (aus: H. G. Wenzel: Die Wirkung des Klimas auf den arbeitenden Menschen. In: Handbuch der gesamten Arbeitsmedizin, Bd. I, Arbeitsphysiologie. Urban & Schwarzenberg, München 1961).

hohen Energieumsätzen. Die Zunahme der Schweißproduktion verhält sich zur Zunahme des Energieumsatzes überproportional. Im oberen Teil der Abbildung sind die Ergebnisse von Messungen der Schweißabgabe dargestellt. Das Diagramm gibt wieder, daß die Zunahme der Schweißproduktion größer war als die Zunahme der Wärmeproduktion. Die Folge ist eine Abnahme der mittleren Hauttemperatur, wie der untere Teil der Abbildung zeigt. Diese Abnahme der Oberflächentemperatur bedeutet zwar eine Verkleinerung des Temperaturgefälles zur Umgebungstemperatur und damit einen geringeren Wert der Wärmeabgabe durch Leitung, Konvektion und Strahlung. Physiologisch wesentlich an dieser Änderung der Wärmeabgabe ist die mit der Temperatursenkung einhergehende Vergrößerung des inneren Temperaturgefälles vom Körperkern zur Körperoberfläche. Diese Vergrößerung erspart eine mit steigender Arbeitsschwere erhöhte Hautdurchblutung, die bei dem steigenden Blutbedarf der arbeitenden Muskulatur nur schwer möglich ist. Die Schweißproduktion wird bei körperlicher Arbeit nicht nur so weit eingesetzt, wie es die Wärmebilanz allein erfordert, sondern zusätzlich so, daß dem Kreislauf die thermischen Aufgaben erleichtert werden. In Abb. 115 ist zusammengestellt, bei welchen Raumtemperaturen unbekleidete Versuchspersonen, die verschieden schwere Arbeit leisten, gerade noch keinen Schweiß produzieren. Die durch die eingezeichnete Gerade für die verschiedenen Energieumsätze angegebenen Raumtemperaturen können als Behaglichkeitstemperatur für die betreffende Leistung betrachtet werden. Die rechts oberhalb der Geraden liegenden Kombinationen, bei denen der Körper Schweiß bildet, wurden als warm empfunden, während die dem Kurvenverlauf entsprechenden Kombinationen thermisch neutral waren. Von einem objektiven Standpunkt aus kann die Umgebungstemperatur dann als Behaglichkeitstemperatur bezeichnet werden, wenn weder eine Stoffwechselsteigerung als Zeichen der chemischen Wärmeregulation gegen Abkühlung noch eine Schweißproduktion als Zeichen der physikalischen Wärmeregulation gegen Überwärmung des Körpers eintritt.

Bei körperlicher Arbeit ist also die Behaglichkeitstemperatur eine Funktion der Arbeitsleistung. Für den bekleideten Menschen verschiebt sich die Kurve nach links. Für den normal bekleideten, Büro- oder Hausarbeit verrichtenden Menschen gilt der Behaglichkeitsbereich, der in der schwarzen Zone eingetragen ist.

Es ist immer wieder erstaunlich zu sehen, wie gut die Wärmebilanz des Körpers auch bei hohen Variationen des Energieumsatzes ausgeglichen wird. Der Wärmeinhalt des Körpers ändert sich auch bei hohen Umsatzraten nur wenig. Die weitgehend gute Konstanz des Wärmeinhalts ist durch die Tätigkeit eines präzisen Regulationssystems verursacht.

5.2.6. Thermoregulation

Bezüglich des Mechanismus der Thermoregulation und der Funktion der Zentren sind für den Menschen immer noch viele Fragen offen. Offensichtlich scheint die Einstellung der Wärmeproduktion und der Wärmeabgabe über verschiedene Areale im Hypothalamus zu erfolgen. Die Abwehrreaktionen auf Wärme sollen mehr von rostral gelegenen Strukturen ausgehen. Diese Strukturen faßt man unter dem Begriff des Kühlzentrums zusammen. Die Reaktionen gegen Kälte werden mehr im kaudalen Gebiet des Hypothalamus ausgelöst. Dieses Gebiet wird auch als Heizzentrum bezeichnet. Die thermoregulatorischen Zentren selbst sind temperaturempfindlich. Erwärmung des Kühlzentrums löst periphere Vasodilatation und Schweißsekretion aus, während Abkühlung des Heizzentrums Stoffwechselsteigerung und Vasokonstriktion bewirkt. Die Thermorezeptoren der Haut üben in dem Regelvorgang etwa die gleiche Funktion aus wie die Störgrößenaufschaltung in technischen Regelkreisen; sie überbrücken die langsame Einstellzeit. Steigt man z. B. in ein warmes Bad, so erfolgt die Vasodilatation nicht erst, wenn das dadurch erwärmte Blut die Hypothalamusregion erwärmt hat, sondern schon, wenn die Thermorezeptoren erregt werden. Diese schnell adaptierenden Rezeptoren geben die Steuerung dann später

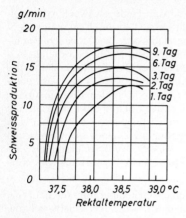

an die Zentren ab, so daß die endgültige Anpassung weitgehend über diese erfolgt.

Auch höhere Zentren sind an der Thermoregulation beteiligt. Sie steuern die Behaviour-Thermoregulation, worunter man versteht, daß sich z. B. ein frierender Mensch zusammenkauert, um damit die effektiv wirksame Fläche zu verkleinern.

5.2.7. Akklimatisation

Ein Daueraufenthalt in heißer Umgebung bewirkt Umstellungen im Organismus, die den Menschen befähigen, diesem Klima besser zu widerstehen. Besonders ausgeprägt sind die Anpassungsvorgänge, wenn der Körper dazu noch durch Arbeit belastet wird. Dagegen gibt es kaum eine echte Akklimatisation an kalte Umgebung. Das wichtigste Phänomen der Akklimatisation ist eine Zunahme der Schweißsekretion, die innerhalb der ersten 9 Tage um ein Drittel ihrer Anfangsmenge gesteigert werden kann. Abb. 116 zeigt die Schweißbildung als Funktion der Rektaltemperatur im Verlauf von 9 Tagen bei Arbeit mit $365 \text{ kJ} \cdot \text{h}^{-1} \cdot \text{m}^{-2}$ (Hautfläche) bei 37,8 °C und 90% relativer Luftfeuchtigkeit. Die Zunahme von Schweißproduktion im Verlauf der Akklimatisation widerspricht scheinbar der allgemeinen Erfahrung, nach der man in ihrem Verlauf weniger zu schwitzen scheint. Dieser Schein trügt: Einmal wird während der Akklimatisation die Schweißabgabe regelmäßiger und erfolgt nicht in Schüben wie vor der Akklimatisation. Sie wird deshalb nicht so bemerkt, da der Schweiß dabei besser verdunsten kann. Hinzu kommt, daß sich die Schweißproduktion von der Stirn mehr auf den Rumpf und die Extremitäten verlagert. Die Feuchtigkeit des Gesichts und damit die Schwitzempfindung nehmen ab. Die Salzkonzentration des Schweißes, die normalerweise etwa 0,3% beträgt, fällt nach erfolgter Akklimatisation auf Werte von 0,03% ab.

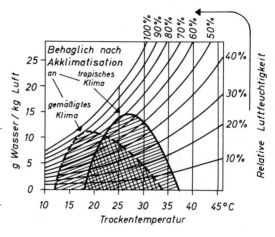

Abb. 117 Anpassung des Behaglichkeitsgefühls nach Akklimatisation. Der an tropisches Klima akklimatisierte Mensch hat sein optimales Behaglichkeitsgefühl bei 26 °C mit 70%iger Luftfeuchtigkeit, während der an gemäßigtes Klima angepaßte Mensch sein Behaglichkeitsgefühl bei etwa 20 °C und 70% Luftfeuchtigkeit besitzt (aus: J. A. Gilles: A Textbook of Aviation Physiology. Pergamon Press, Oxford 1965).

Der Wärmetransport durch die Haut wird erleichtert. Die Zunahme der Hautdurchblutung wird mehr als kompensiert durch die Zunahme des Gesamtvolumens und durch Minderdurchblutung in anderen Gefäßgebieten. Deshalb wird für die gleiche Leistung bei gleichem Klima auch der Pulsfrequenzanstieg nach erfolgter Akklimatisation geringer.

Auch das Behaglichkeitsempfinden wird durch die Akklimatisation an Hitze verbessert. Abb. 117 zeigt den als behaglich empfundenen Bereich vor und nach Akklimatisation. Der Mensch ist also ein Wesen, das sich ohne Hilfsmittel viel leichter an Hitze als an Kälte anpassen kann. Um sich in kalter Umgebung behaglich zu fühlen, muß er zu zivilisatorischen Hilfsmitteln wie Kleidung oder Heizung greifen.

5.3. Salz- und Wasserhaushalt

5.3.1. Verteilung des Wassers im Organismus

Durch die Bildung von Schweiß können Salz- und Wasserhaushalt des Körpers bei Arbeit in der Hitze so belastet werden, daß diese Belastung zum Abbruch der Arbeit zwingt oder sogar unter ungünstigen Umständen zum Tode führen kann. Angesichts dieser ernsten Gefahr ist es notwendig, sich kurz mit den Grundlagen des Wasser- und Salzhaushaltes zu beschäftigen und ihre Regulation näher zu analysieren.

Der Wassergehalt des menschlichen Körpers beträgt je nach Körperfettanteil 50−70% des Körpergewichts, weil das Körperfett weniger Wasser als

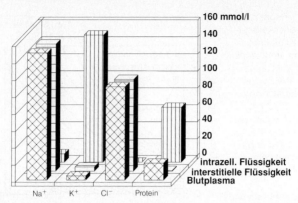

Abb. 118 Ionenverteilung zwischen Blutplasma, interstitieller und intrazellulärer Flüssigkeit.

die übrigen Bestandteile des Organismus enthält. Tab. 9 gibt den Wassergehalt einzelner Organe des Menschen und den Anteil des betreffenden Organs am Gesamtkörpergewicht an. Das Wasser befindet sich zum Teil in den Zellen (Intrazellulärraum), zum Teil außerhalb der Zellen (Extrazellulärraum).

Das Wasser befindet sich also im Blut, im extrakapillären Flüssigkeitsraum und in den Zellen der Organe. Die Zusammensetzung der Flüssigkeit in diesen 3 Abschnitten unterscheidet sich grundsätzlich voneinander.

Der Unterschied besteht vor allem in der Art der gelösten Salze. In den Zellen finden sich hauptsächlich Kalium- und Phosphationen, während im extrazellulären Raum vor allem Chlor- und Natriumionen vorhanden sind. Die Ionenverteilung ist in Abb. 118 dargestellt.

Die Unterschiede in der Verteilung der Ionen werden durch aktive Leistung der Zellen aufrechterhalten. Die Salzkonzentration ist im Blut und im Interstitium annähernd gleich, da die Kapillarwand für Salze durchlässig ist. Dagegen besitzen beide Flüssigkeiten einen sehr unterschiedlichen Eiweißgehalt, wobei die interstitielle Flüssigkeit weitgehend eiweißfrei ist. Das beruht darauf, daß die Kapillaren für die großmolekularen Eiweiße praktisch undurchlässig sind. Alle 3 Räume werden also durch Membranen recht verschiedener Durchlässigkeit voneinander getrennt.

Wegen der Eigenschaften der Membran kann man die Wasserverteilung unter verschiedenen Bedingungen gut bestimmen. Man injiziert dazu indifferente, leicht in ihrer Konzentration bestimmbare Substanzen, die sich einmal gleichmäßig im gesamten Körperwasser verteilen, wie z. B. Deuteriumoxid oder Antipyrin. Die Menge des Gesamtkörperwassers kann man nach folgender Formel berechnen:

Tabelle 9 Wassergehalt einzelner Organe des Menschen

	Wassergehalt der Organe	Anteil am Körpergewicht
Haut	72%	18%
Muskulatur	76%	41%
Skelett	22%	16%
Herz, Gehirn, Leber	66−83% ⎫ 10−50%	
Fett	10−30% ⎭	

$$V = \frac{g}{c} \quad (71)$$

Dabei ist V das Lösungswasservolumen, g die injizierte Substanzmenge und c die Substanzkonzentration nach der gleichmäßigen Verteilung.

Nach dem gleichen Verfahren kann man auch das extrazelluläre Flüssigkeitsvolumen bestimmen, wobei man hierfür eine Substanz nimmt, die nicht durch die Zellmembran dringen kann. So eignet sich z.B. eine Substanz wie Inulin oder Thiosulfat. Schließlich kann man auf diese Weise auch das Plasmavolumen bestimmen, indem man Substanzen benutzt, die sich zwar in Wasser lösen, aber die nicht durch die Kapillarwand dringen.

5.3.2. Bewegung des Wassers im Körper

Man kann das unbeteiligte, durch den Organismus transportierte und das chemisch entstandene oder für chemische Vorgänge verbrauchte Wasser nicht voneinander trennen; denn die Moleküle verteilen sich durch den gesamten Organismus. Man kann dennoch theoretisch den Wasserstoffwechsel dem Wasserwechsel gegenüberstellen. Der Wasserstoffwechsel nimmt dabei an chemischen Reaktionen teil. Der Wasserwechsel ist der Weg des Wassers durch den Organismus. Wir können unter leistungsphysiologischer Betrachtung nicht auf alle Einzelheiten der Wasserbewegung eingehen, wie sie z.B. bei der Verdauung oder bei der Ausscheidung harnpflichtiger Substanzen durch die Nieren erfolgen.

Das Wasser strömt auch im Körper entsprechend seinem Druckgefälle. Die zugehörigen Druckdifferenzen sind entweder hydrodynamisch bedingte Drücke, wie sie durch das Herz erzeugt werden, hydrostatische Drücke, wie sie durch den Einfluß der Schwerkraft entstehen, oder osmotische Drücke, wie sie aufgrund der Teilchenzahl in Zellen auftreten, die von einer semipermeablen Membran umschlossen werden. Als Spezialfall des osmotischen Druckes kommt noch der onkotische (kolloidosmotische) Druck hinzu. Unter normalen Steady-state-Bedingungen ist der osmotische Druck intra- und extrazellulär etwa gleich, während der onkotische Druck zwischen Interstitium und Kapillaren unterschiedlich ist. Druckunterschiede haben mannigfaltige Aufgaben. So erfolgt z. B. die Spülung des interstitiellen Raumes durch die sich ändernde Druckdifferenz im Bereich der Arterie und Vene (S. 132).

5.3.3. Störungen des Wasserhaushaltes

Die Wasserverteilung zwischen intra- und extrazellulärem Raum kann durch Änderungen des Salz- oder des Wassergehalts gestört werden. Trinken von ungesalzenen, gegenüber dem Blut hypotonen Flüssigkeiten bewirkt, daß sich das zugeführte Wasser gleichmäßig intra- und extrazellulär verteilt. Es wird dann − normale Nierenfunktion vorausgesetzt − relativ schnell wieder ausgeschieden. Bei verzögerter Wasserausscheidung, z. B. bei Nierenerkrankungen, können die Zellen des Zentralnervensystems so stark quellen, daß ein Zustand entsteht, den man als Wasserintoxikation bezeichnet. Die Symptome sind dabei Delirium, Desorientiertheit und Krämpfe. Auch durch den Durst (verminderte Wasserzufuhr) wird die Wasserverteilung nicht verändert. Der Wassergehalt im intra- und extrazellulären Raum nimmt gleichmäßig ab. Der osmotische Druck steigt in beiden Räumen an. Sinkt das Volumen der extrazellulären Flüssigkeit unter 70% der Norm ab, so tritt der Tod ein.

Bei Gabe von isotonischen Kochsalzlösungen, die also den gleichen osmotischen Druck wie das Blut haben, nimmt allein der extrazelluläre Raum zu, da sich an der Osmolarität des Blutes nichts ändert. Körpervolumen und interstitielle Flüssigkeit vergrößern sich im gleichen Maße. Auch hier werden Kochsalz und Wasser über die Nieren ausgeschieden, wenn der Ausscheidungsprozeß selbst auch sehr viel langsamer erfolgt. Zufuhr hypertoner Kochsalzlösungen führt so lange zum Austritt von Wasser aus den Zellen, bis der osmotische Druck in beiden Räumen wieder gleich ist. Kochsalzverluste führen zum Gegenteil. Durch Überwiegen des intrazellulären osmotischen Druckes dringt in diesem Falle Wasser in die Zellen ein. Auch bei längerer Arbeit in der Hitze kann es deshalb zur Wasserintoxikation mit den beschriebenen Symptomen kommen. Bei „Hitzearbeitern" kann die Schweißabgabe 6−8 l Schweiß pro Schicht betragen. Besonders groß sind die Flüssigkeitsverluste bei sportlichen Wettkämpfen oder bei Spielen in einem warmen Klima. Der Wasserverlust wird vom Unerfahrenen in der Regel durch salzfreie Flüssigkeit ergänzt. Das führt bei nicht Akklimatisierten dazu, daß unter diesen Umständen ein Kochsalzverlust des extrazellulären Raumes bis zu 25 g eintreten kann, der zur Wasserintoxikation führt, da die Flüssigkeit im extrazellulären Raum hypoton wird und das Wasser in die Zellen eindringt. Diese Wasserintoxikation kann bedrohliche Formen annehmen. Aus den besprochenen Grundlagen läßt sich leicht ableiten, daß man das Erscheinungsbild durch Kochsalzgabe fast schlagartig beheben kann. Diese Kochsalzzufuhr kann, solange noch kein Bewußtseinsverlust eingetreten ist, oral erfolgen. Wegen der Gefahr der Aspiration darf jedoch bei Bewußtlosen das Salz nur parenteral verabreicht werden.

5.3.4. Wasserbilanz und ihre Regelung

Eine Wasserbilanz läßt sich aus der Menge des zugeführten und entstandenen Wassers und des abgegebenen und verbrauchten Wassers aufstellen. Völliger Nahrungs- und Flüssigkeitsentzug führen in wenigen Tagen zum Tode. Nahrungsentzug allein bei Flüssigkeitszufuhr soll bis zu 60 Tagen ertragen worden sein. Man benötigt weniger Flüssigkeit, wenn man Traubenzucker bei Flüssigkeitskarenz zuführt, weil die Niere weniger Wasser ausscheidet, und zwar aus folgendem Grunde: Ohne Nahrung verbraucht der Körper Eiweiß. Das Endprodukt Harnstoff kann nur bis zu einer bestimmten Verdünnung ausgeschieden werden. Zugabe von Glukose z. B. setzt den Eiweißstoffwechsel herab; deshalb kann auch die Wasserabgabe durch die Niere eingeschränkt werden. Die Mindestzufuhr von Wasser bei Nahrungskarenz beträgt 535 g pro Tag.

Das aus der Oxidation anfallende Wasser richtet sich nach der Größe des Stoffwechsels. Dabei kann als Richtwert dienen, daß pro kJ Umsatz etwa 0,04 g Wasser gebildet werden. Bei einem Tagesbedarf von 13 kJ wird demnach 1/2 l Wasser durch Oxidation erzeugt.

Auf der Zufuhrseite wird die Flüssigkeitsaufnahme durch den Durst reguliert. Das Durstgefühl richtet sich nach dem Wasserverlust der Zellen. So erzeugt stark salzhaltige Nahrung deshalb Durst, weil nach Resorption des Salzes der Extrazellulärraum gegenüber dem Intrazellulärraum hyperton wird und deshalb die Zellen dehydriert werden. In Tierversuchen ließ sich zeigen, daß die Dehydrierung einer bestimmten Zellgruppe im mittleren Hypothalamus das Durstgefühl auslöst.

Auf der Ausgabenseite wird die Wasserabgabe durch die Nieren reguliert, und zwar dadurch, daß aus dem Glomerulusfiltrat mehr oder weniger Wasser reabsorbiert wird. Damit wird die Harnmenge bestimmt. Die Niere, die in diesem Regelkreis also einen Effektor darstellt, wird selbst wieder hormonell gesteuert. Die Wasserausscheidung wird durch das antidiuretische Hormon (ADH) bestimmt, das in den Nuclei supraoptici des Hypothalamus gebildet wird. Innerhalb der Neuronen gelangt es mit dem Strom des Neuroplasmas in Form von Körnchen über den Tractus supraopticohypophysialis zur Neurohypophyse und wird dort gespeichert. Die Aktionspotentiale des Neurons setzten das ADH, ähnlich wie bei einem synaptischen Transmitter, frei. Adäquater Reiz für die ADH-Ausschüttung ist der erhöhte osmotische Druck im Hypothalamus oder eine Abnahme des Blutvolumens, die über Vorhofrezeptoren registriert wird. Eine Zunahme des osmotischen Druckes von weniger als 1% bewirkt bereits eine Vermehrung der ADH-Ausschüttung und damit eine Einschränkung der Wasserabgabe durch die Niere (s. auch S. 134).

5.4. Physiologie der Schwerelosigkeit

Die Probleme der Schwerelosigkeit sind besonders seit Beginn der ersten Raumflüge intensiv erforscht worden. Es ist unmittelbar einzusehen, daß es für die Reaktionen und die Leistungsfähigkeit des Organismus nicht gleichgültig sein kann, wenn ein so essentieller Faktor wie die Schwerkraft wegfällt. Natürlich kann man im Rahmen einer gedrängten Darstellung nicht alle Aspekte der Schwerelosigkeit und ihren Einfluß auf den menschlichen Körper behandeln. Wir werden uns auf die leistungsphysiologisch wichtigen Aspekte beschränken.

5.4.1. Physikalische und physiologische Vorbemerkungen

Die Schwerkraft (= Gewicht) ist die Kraft, mit der 2 Körper sich aufgrund ihrer Massen gegenseitig anziehen. Ihr Betrag ist proportional zum Produkt der beiden Massen und umgekehrt proportional zum Quadrat ihrer Entfernung. Das bedeutet, daß das Gewicht zwar mit gegen ∞ gehender Entfernung gegen 0 strebt, aber prinzipiell überall vorhanden ist.

Nach dem Gesetz „actio=reactio" (Newton) ist das Gewicht beider Körper entgegengesetzt gleich.

Wir betrachten den Fall, daß eine der beiden Massen die Erde ist. Stehen die Erde und ein anderer Körper in direktem oder indirektem Kontakt, so üben sie an der Berührungsfläche einen Druck aufeinander aus, was je nach Festigkeit zu Verformungen führt, aber eine Beschleunigung verhindert. Besteht hingegen ein Zwischenraum, so werden Erde und Körper aufeinander zu beschleunigt: Kraft = Masse · Beschleunigung.

Da die Masse des Körpers gegenüber der Erdmasse klein ist, interessiert hier nur die Beschleunigung des Körpers in Richtung des Erdschwerpunktes, die man Erd- oder Fallbeschleunigung nennt und die in Höhe der Erdoberfläche einen Wert von rd. $9,81\ m \cdot s^{-2}$ aufweist, während die entgegengesetzte Beschleunigung der Erde vernachlässigt werden kann. Einen solchen Zustand, in dem ein Körper frei der Schwerkraft folgen kann, wobei keine Druckdifferenzen zwischen den verschiedenen Teilen des Körpers und dem Boden bestehen, bezeichnet man als Schwerelosigkeit. Diesen Zustand kann man dadurch erzeugen, daß man einen Körper frei herunterfallen läßt. Schon ein Trampolinspringer befindet sich für wenige Sekunden in freiem Fall. Eine längere Fallzeit erreicht ein Fallschirmspringer in der Zeit zwischen Absprung und Öffnen des Schirms. In beiden Fällen kommt allerdings die Schwerelosigkeit nicht voll zum Tragen, da der Luftwiderstand den freien Fall abbremst.

Für den Zustand der Schwerelosigkeit ist es unwesentlich, ob der Körper frei im luftleeren Raum fällt oder ob er von einem mit ihm fallenden Raum umgeben ist. Seitdem die Raumfahrt möglich ist, kann man die länger dau-

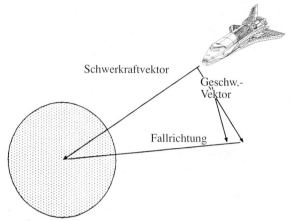

Schwerkraftvektor

Geschw.-
Vektor

Fallrichtung

Abb. 119   Schema zum physikalischen Verständnis der Schwerelosigkeit beim Orbitalflug.

ernde Schwerelosigkeit nutzen, um die Adaptationsmöglichkeiten des menschlichen Körpers zu studieren. Dauert sie über 3 Wochen, ist die Leistungsphysiologie gefragt, um dem Knochen- und Muskelabbau durch ein gezieltes Trainingsprogramm entgegenzuwirken, um also Leistungsfähigkeit und Gesundheit der Crew zu erhalten. Im nächsten Jahrtausend beabsichtigen die großen Weltraumnationen USA und Sowjetunion, den Planeten Mars zu erforschen, und zwar nicht nur mit unbemannten Sonden, sondern schließlich auch mit bemannten Raumschiffen. Dazu ist verständlicherweise zuvor ein großes Maß an physiologischer Forschung notwendig, um das Risiko so klein wie möglich zu halten.

In der westlichen Welt ist das z.Zt. nur mit sogenannten Shuttleflügen möglich, während die Sowjetunion bereits seit einigen Jahren eine permanente Raumstation in einer Umlaufbahn um die Erde stationiert hat. Ein Spaceshuttle ist ein wiederverwendbarer Raumgleiter, der mit mehreren Raketenstufen in eine Umlaufbahn (Orbit) geschossen wird, die in der Regel etwa in 365 km Höhe liegt. Der Start erfolgt wegen der Erddrehung immer in westlicher Richtung. Durch den Abschuß erhält der Raumgleiter eine hohe Anfangsgeschwindigkeit, die dafür sorgt, daß er, statt auf die Erde zurückzufallen, praktisch im freien Fall immer an der Erde vorbeifällt (Abb. 119). Die Richtung, in der er fliegt, ist bestimmt durch den Geschwindigkeitsvektor und den Schwerkraftvektor. Der jeweilige Geschwindigkeitsvektor wird durch eine Tangente an den Orbitalkreis beschrieben. Zum Landen muß der Raumgleiter durch Rückstoßraketen seine Geschwindigkeit reduzieren, danach überwiegt der Schwerkraftvektor. Sobald er eine tragfähige Lufthülle erreicht hat, gleitet er wie ein Segelflugzeug zu seiner Landebahn.

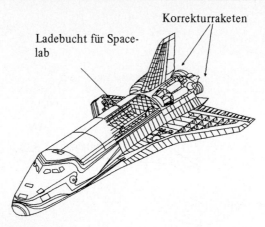

Korrekturraketen

Ladebucht für Space-
lab

Abb. 120   Spaceshuttle Columbia: Der Pfeil zeigt auf die Ladebucht des Raum-
gleiters, in der sich z. B. für physiologische Experimente das Laboratorium
„Spacelab" befindet.

Der freie Fall erzeugt also weitgehende Schwerelosigkeit, weitgehend insofern, als auch in 365 km Höhe kein absolutes Vakuum herrscht, sondern
noch wenige Luftmoleküle vorhanden sind. Man spricht deshalb in Fach-
kreisen auch von Mikrogravitation (μg). Wegen der Restreibung muß der
Kommandant auch von Zeit zu Zeit die Flugbahn durch kleine Steuerrake-
ten korrigieren.

Da der Gleiter im Weltraum frei fällt, muß er nicht − wie ein Flugzeug − immer in ei-
ner Position fliegen, sondern er wird von Zeit zu Zeit um alle Achsen gedreht, um die
Strahlungswärme gleichmäßig auf seine Außenseite zu verteilen, aber auch, um seine
Antennen in Richtung der Bodenstationen auszurichten.

Der Shuttle besitzt eine Ladebucht (Abb. 120), z. B. zum Transport von Satelliten. In
dieser Ladebucht kann aber auch das von der Europäischen Weltraumagentur (ESA)
konstruierte und in der Bundesrepublik gebaute „Spacelab" geflogen werden, ein
Raumlaboratorium, das groß genug ist und das sich apparativ so ausstatten läßt, um
komplizierte Messungen an Menschen vorzunehmen. Der Jungfernflug des Spacelab
fand 1983 unter Mitwirkung des deutschen Astronauten Ulf Merbold statt.

5.4.2. Die Auswirkungen der Schwerelosigkeit auf den Menschen

Auf der Erde lebt der Mensch von Geburt an unter den Bedingungen von
1 g (g bedeutet hier: gravity). Alle wesentlichen Funktionen sind auf die
Schwerkraft eingestellt, was uns gar nicht mehr bewußt wird. Abb. 121 zeigt
eine Übersicht über die wichtigsten Einflüsse der Schwerelosigkeit.

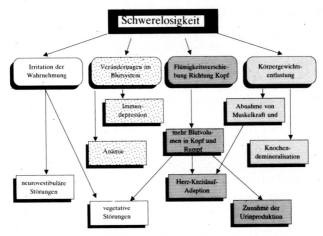

Abb. 121 Die wichtigsten Einflüsse der Schwerelosigkeit auf den Menschen. Die zusammengehörenden Auswirkungen sind jeweils mit gleichem Raster gezeichnet, das heißt aber nicht, daß nicht auch weitere Querverbindungen bestehen.

5.4.2.1. Raumkrankheit (Raumadaptationssyndrom)

Unmittelbar nach dem Erreichen des schwerelosen Zustandes wird den meisten Astro- oder Kosmonauten übel. Die Symptome sind ähnlich wie bei der Seekrankheit. Es beginnt mit Schwindelgefühl, das sich dann auf das vegetative Nervensystem mit Erbrechen, Schweißausbruch und Herzfrequenzerhöhung auswirkt.

Erklärt wird das Phänomen durch eine Nichtübereinstimmung der Informationen, die aus den verschiedenen Sinnesorganen im ZNS eintreffen (Mismatch-Theorie). Die Schwerkraftrezeptoren (S. 101) melden eine andere Information als Augen, Propriorezeptoren und andere Sinneszellen. Ähnlich wird auch die Seekrankheit erklärt. Der Seefahrer sieht in einem geschlossenen Raum die Umgebung als ruhend, während seine Schwerkraftorgane Bewegung signalisieren. Tritt er an die Reling und betrachtet den Horizont, so werden die Symptome meist verschwinden.

Man kann die Reaktionen von Raumfahrern nicht voraussagen, da es keine Korrelation zwischen Empfindlichkeit gegen Seekrankheit und Raumkrankheit gibt.

In der Regel verschwinden die Symptome der Raumkrankheit nach ein bis zwei Tagen. Offensichtlich ist das Gehirn in der Lage, sich in dieser Zeit auf den neuen Zustand einzustellen. Bei Rückkehr zur Erde treten gewöhnlich wieder die gleichen Symptome ein, die relativ schnell vorübergehen.

5.4.2.2. Körpergewichtsentlastung

Im täglichen Leben auf der Erde haben die Knochen und Gelenke der Beine im Stehen beinahe das ganze Körpergewicht zu tragen. Die Muskeln sind ständig tonisch aktiv, um das an sich labile Gleichgewicht zu stabilisieren. Es ist plausibel, daß schon allein dadurch Knochen und Muskeln trainiert werden. Beim Gehen werden Muskeln und Knochen zusätzlich belastet: Muskeln durch die Lokomotion, Knochen durch die dynamische Kraft, die sich der statischen auflagert. Der Zustand dieser Organe ist immer vom Fließgleichgewicht zwischen Aufbau und Abbau bestimmt. Der Substanzabbau findet immer statt, der Aufbau dagegen hängt immer von den gesetzten Trainingsreizen ab. Nur wenn sehr starke Reize gesetzt werden, wie beispielsweise beim Kraftsport, nimmt die Muskelsubstanz zu. Beim Normalbürger setzt die tägliche Belastung durch die Alltagsverrichtungen gewöhnlich genug Reize, um Knochen- und Muskelsubstanz auf einem bestimmten dafür notwendigen Niveau zu halten.

Im Weltraum fallen diese physikalischen Reize weg: Um von einem Bereich des Raumschiffes zu einem anderen zu schweben, bedarf es nur einer Fingerbewegung. Sie ist ausreichend, um dem Körper die notwendige Beschleunigung zu erteilen. Statische Haltearbeit entfällt völlig.

Bei einem längeren Aufenthalt ohne Gegenmaßnahmen setzt eine progressive Muskelatrophie (Substanzverlust an Myofibrillen) ein. Knochen zeigen ähnliche Dichteverluste wie bei der Osteoporose. Man kann im Röntgenbild deutlich Aufhellungen beobachten. Gleichzeitig nimmt die Ca^{2+}-Ausscheidung im Gewebe und im Harn zu. Der Knochen besteht bekanntlich aus Calciumphosphat. Man spricht von einer Demineralisation der Knochen.

Beim Weltraumaufenthalt kann man durch die damit verbundene physische Belastungsarmut deutlich die grundsätzliche Strategie des Körpers beobachten, soviel wie möglich an Substanz und damit Energie zu sparen, da er ja davon ausgehen muß, daß diese Organe offensichtlich nicht mehr gebraucht werden. Diese Strategie wäre durchaus richtig, wenn der Mensch auf einen Stern mit geringerer Masse und damit einem niedrigeren g-Wert übersiedeln würde. Zu erkennen, daß jemand sich nur vorübergehend unter diesen Bedingungen aufhält, ist offensichtlich in der Evolution nicht entwickelt worden, da Schwerelosigkeit auf dem Planeten der Menschen eben nicht natürlich vorkommt.

Schwerelosigkeit gibt damit dem Wissenschaftler die Möglichkeit, beispielsweise die Abbaugeschwindigkeit von Knochen und Muskeln zu studieren, denn auf der Erde läßt sich eine so extreme Immobilisation (im Sinne aufgewandter Kräfte) nicht erreichen. Der vielzitierte Bewegungsmangel als Risikofaktor, wobei es sich auch nicht um die Bewegung an sich, sondern den Mangel an dem Produkt aus Kraft und Weg handelt, läßt sich hier quantitativ studieren.

Wird die Muskelbelastung annähernd 0, so wird auch das Kreislaufsystem unterfordert, so daß auch hier eine Dekonditionierung eintritt.

Bei langdauernden Missionen (Dauer mehr als ein Jahr), wie sie in den Jahren 1987/88 von den Sowjets durchgeführt wurden, waren erhebliche Trainingsaktivitäten notwendig, um den Körper einigermaßen für die Rückkehr zur Erde leistungsfähig zu halten. So wird täglich etwa 2 Stunden lang auf dem Laufband trainiert, wobei die Schwerkraft durch elastische Rückhaltvorrichtungen simuliert wird, die den Kosmonauten auf die Laufbahn drücken. Ferner wird noch etwa eine Stunde lang mit dem sogenannten Pinguinanzug gearbeitet, der so steif ist, daß er der Muskelbewegung einen erheblichen Widerstand entgegensetzt. Damit wird der Kraftverlust der Muskulatur eingeschränkt und gleichzeitig der Knochen belastet. Dazu kommt noch eine Stunde Arbeit auf dem Fahrradergometer, um dem kardiovaskulären Leistungsabfall entgegenzuwirken. Eine Zukunftsaufgabe wird sein, dieses Training interessanter und effektiver zu gestalten. Man hört, daß dies das größte Problem sei, da die Kosmonauten nach einer gewissen Zeit ihre Trainingsmotivation verlören.

5.4.2.3. Flüssigkeitsverschiebung

Verursacht durch den hydrostatischen Druck, befinden sich bei einem aufrecht stehenden Menschen (s. Schema Abb. 122-1) normalerweise − je nach der Dehnbarkeit seiner Venen − 400 bis 800 ml Blut im Bereich der unteren Extremitäten. Infolge der Schwerkraft sammelt sich Blut im Bereich der Venen, die jeweils den tiefsten Punkt aufweisen. Da die Blutsäule im Liegen kürzer ist, ist auch das Volumen in den Beinvenen geringer und das intrathorakale Volumen größer. Deshalb löst Bettruhe bereits einen Teil der Reaktionen aus, die auch bei Schwerelosigkeit gefunden werden, allerdings in abgeschwächter Form. Beim Übergang vom Stehen zum Liegen kommt es also zu einer Blutverschiebung, wobei das überschüssige Blut im „zentralen Blutdepot", in der Lunge und in den Vorhöfen des Herzens, deponiert wird.

Unter den Bedingungen der Schwerelosigkeit erreicht der hydrostatische Druck den Wert Null. Ein Teil des Blutes, das sich sonst in den abhängigen Körperpartien befindet, füllt das zentrale Blutdepot auf und reizt dort die Vorhofrezeptoren in ähnlicher Weise (S. 134ff.), wie das unter physiologischen Bedingungen bei Flüssigkeitszufuhr der Fall ist (Abb.122-2). Eine Überschlagsrechnung mag verdeutlichen, wie stark dieser Reiz ist.

Man rechnet damit, daß sich in Ruhe etwa 30% des Blutvolumens im zentralen Depot befinden. Wenn wir dem zentralen Blutdepot also etwa 600 ml Flüssigkeit zuführen, so hat das dieselbe Wirkung, als ob wir 1,8 Liter Flüssigkeit zu uns nehmen. Durch die Schwerelosigkeit wird also das Blutvolumenregelungssystem falsch informiert. Die Reizung der Fühler erfolgt nicht durch eine Zunahme des Blutvolumens, sondern durch eine veränderte

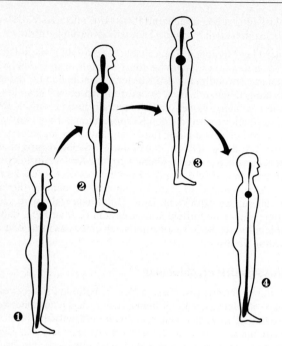

Abb. 122   Schema der Blutverschiebung innerhalb der Körpers: 1. auf der Erde in stehender Position; 2. unmittelbar nach Erreichen der Schwerelosigkeit; 3. nach Anpassung an Schwerelosigkeit ; 4. nach Rückkehr in das Schwerefeld der Erde.

Verteilung. Dieser Effekt führt deshalb über die Niere zu starker iniitialer Flüssigkeitsabgabe.

Die Anpassung an Schwerelosigkeit erfolgt nun dadurch, daß der Gesamtflüssigkeitsgehalt im Blut abnimmt (Abb.122-3). Dabei wird relativ schnell das Blutvolumen im Thoraxbereich − nämlich da, wo die Fühler liegen − auf einen ähnlichen Wert wie auf der Erde zurückreguliert, wobei natürlich jetzt nur wenig Blut sich in den Beinen befindet.

Normalerweise werden dadurch bei der Schwerelosigkeit keine funktionellen Probleme auftreten, da ein neues Gleichgewicht erreicht wird. Die grundsätliche Regulationsfunktion ist nicht gestört. Der Körper kann ohne Schwierigkeiten lange Zeit überleben. Diese treten erst nach der Landung ein, da sich jetzt zu wenig Flüssigkeit in der Blutbahn befindet (Abb.122-4). Die nun wieder wirksame Schwerkraft wird das Blut in die Beine schieben. Dadurch nimmt der venöse Rückfluß zum Herzen ab, das Herz wird nicht genügend gefüllt, um den Blutdruck im arteriellen System aufrechtzuerhalten. Als Folge davon wird das Gehirn nicht genügend durchblutet. Meist tritt dann Ohnmacht ein. Man nennt dieses Phänomen „orthostatischen Kollaps".

Wie wir schon früher gesehen haben (S. 215), hängt der Wassergehalt des Gewebes stark vom hydrostatischen Druck ab, da er die Auswärtsfiltration und damit den effektiven Filtrationsdruck verändert. Während Schwerelosigkeit wird der effektive Filtrationsdruck in den unteren Körperbereichen erniedrigt, in den oberen erhöht. Da wir von Geburt an der Schwerkraft ausgesetzt sind, ist offensichtlich die Resistenz der Gewebe gegen druckbedingte Ödeme in den unteren Extremitäten höher als im Kopfbereich. Zwar treten Ödeme nach langem Stehen auch in den Beinen auf, sie verschwinden jedoch schnell wieder, wenn man sich hinlegt. Bei Schwerelosigkeit dagegen tritt schon in der ersten Phase ein Gesichtsödem auf, das praktisch über den gesamten Raumaufenthalt anhält. Durch das Quellen des Unterhautgewebes verschwinden die Hautfalten, die Astronauten sehen dadurch jünger aus, als sie sind. Man nennt das Phänomen „puffy face".

5.4.3. Techniken der Schwerelosigkeitssimulation auf der Erde

Die Simulation der Schwerelosigkeit beruht darauf, daß man einerseits den Körper soweit als möglich immobilisiert, andererseits versucht, das Blut in Richtung zentrales Blutvolumen und Kopf zu verschieben. Dazu haben sich zwei Techniken bewährt: die Wasserimmersion (Eintauchen des Körpers in Wasser) und die Kopftieflage, bei welcher der Körper auf etwa $-6°$ gelagert wird. Bei der Wasserimmersion wird der hydrostatische Druck durch den Auftrieb im Wasser kompensiert. Der hydrostatische Druck, den das Wasser auf die oberflächlichen Venen ausübt, drückt diese Venen leer und bewirkt damit eine ähnliche Veränderung der Blutverteilung wie die echte Schwerelosigkeit.

Da der Körper infolge der gegenüber Luft unterschiedlichen Wärmeleitbedingungen im Wasser leicht überwärmt oder ausgekühlt wird, muß man exakt die Indifferenztemperatur von 35 °C einhalten, weil natürlich nur langfristige Versuche interessant sind. Die Indifferenztemperatur ist die Umgebungstemperatur, bei der der Körper weder gegen Kälte noch gegen Hitze regulieren muß. Durch die unterschiedlichen Wärmeübergangsbedingungen weicht sie von der Indifferenztemperatur in Luftumgebung (ca. 27 °C) ab.

Die Kopftieflage (Head-down tilt [HDT]) bewirkt, daß der hydrostatische Gradient innerhalb des Körpers ähnlich verändert wird wie bei Schwerelosigkeit. Sie soll die Verhältnisse besser simulieren als die Wasserimmersion. Vor allem ist sie für langfristigere Untersuchungen besser zu handhaben. So sind bereits Untersuchungen von 4 Wochen Dauer durchgeführt worden, die im Wasser kaum möglich sind.

5.4.4. Physiologische Auswirkungen der simulierten Schwerelosigkeit

5.4.4.1. Überblick

Wie oben schon dargelegt, führt Schwerelosigkeit also dazu, daß die Volumenrezeptoren des Vorhofs immer ein „Zuviel" an Blutvolumen melden, weil der Fühler nicht unterscheiden kann, ob der gesamte Kreislauf zu stark gefüllt ist, weil jemand viel Flüssigkeit getrunken hat, oder ob sich das „normale" Blutvolumen nur durch Verschwinden des hydrostatischen Druckes von den abhängigen Körperpartien in Lunge und Vorhof des Herzens verschoben hat. Nun hatten wir bereits bei der Besprechung der Regelung des Blutvolumens (S. 134) gelernt, daß eine Zunahme der Rezeptoraktivität in den Vorhöfen dazu führt, daß die Konzentration von ANF zu- und von 2 Hormonen abnimmt: ADH und Aldosteron. Alle Hormone zusammen regulieren den Wasser- und Salzhaushalt. Aldosteron greift außerdem offensichtlich noch stark in den ganzen Zellstoffwechsel ein. Bevor wir jedoch auf die Mechanismen im einzelnen eingehen, wollen wir uns zunächst die Ergebnisse einiger Versuche ansehen, die die Auswirkungen von Immersion demonstrieren sollen. Ausdauertrainierte und Untrainierte reagieren auf Schwerelosigkeit unterschiedlich, deshalb sind die Ergebnisse für beide Gruppen differenziert dargestellt.

5.4.4.2. Harnausscheidung

In den folgenden Darstellungen sind immer jeweils die Werte von 4 Untrainierten und 4 Ausdauertrainierten als Mittelwertskurven zusammengefaßt. Die Kurven der Trainierten sind durchgezogen, die der Untrainierten gestrichelt dargestellt. Die mit A bezeichnete senkrechte Linie markiert den Immersionsanfang. Abb. 123 zeigt für beide Gruppen den Verlauf der Harnausscheidung bei achtstündiger Immersion. Während der Harnfluß der Trainierten vom Beginn bis zum Ende stetig zunimmt, zeigt er bei den Untrainierten eine sehr stark überschießende Reaktion.

Trotz der stark erhöhten Harnausscheidung ändert sich der osmotische Druck des Blutplasmas während der Immersion nicht wesentlich. Dies ist zunächst erstaunlich, da bei einer erhöhten Wasserausscheidung aufgrund verminderter ADH-Abgabe mit einem Anstieg des osmotischen Druckes zu rechnen ist. Neben der verstärkten Wasserabgabe ist aber auch, wie weiter unten näher ausgeführt, die Natriumausscheidung erhöht (Abb. 124) und in Verbindung damit die Chloridausscheidung. Somit wird verständlich, daß der osmotische Druck sowohl bei den Untrainierten als auch bei den Trainierten konstant bleibt. Wenn die Trainierten mit einer langsamen Wasserausscheidung bei weitgehend konstantem osmotischem Druck reagieren, kann das nur bedeuten, daß ihr Volumenregelkreis für die Wasserausscheidung unempfindlicher reagiert. Die Ursache könnte in einer veränderten

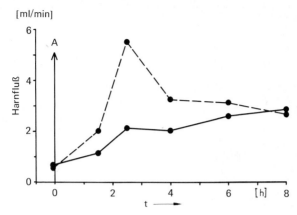

Abb. 123   Der Verlauf der Harnausscheidung während Immersion bei Untrainierten (= gestrichelte Linie) und Trainierten (= durchgezogene Linie) (aus: D. Böning et al.: Effect of a multi-hour-immersion on trained and untrained subjects. I. Renal function and plasma volume. Aerospace Med. 43 [1972] 300−305).

Herzgeometrie, einer Veränderung des Dehnbarkeitsverhaltens der Herzmuskelfasern oder im Kreislaufzentrum liegen. Ein hochgradig Ausdauertrainierter hat bei gleichem Körpergewicht ein um 10−15% höheres Gesamtvolumen. Wenn sein Regelsystem vom Beginn seines Trainings an das Blutvolumen immer auf einem festen Sollwert gehalten hätte, dann hätte er das höhere Blutvolumen niemals erreichen können. Also kann man auch hieraus schließen, daß sich während des Trainings entweder der Sollwert verstellt hat oder der Fühler selbst unempfindlicher geworden ist.

Die Wasserabnahme in der Blutbahn bedeutet für alle Substanzen, für die die Kapillarwand undurchlässig ist, eine Konzentrationssteigerung. Man kann diese Tatsache am Hämatokrit verdeutlichen (Abb. 125), der für beide Gruppen deutlich ansteigt. Unter Hämatokrit versteht man den Anteil der Blutzellen an der Gesamtblutflüssigkeit. Der Unterschied im Ausgangswert für Trainierte und Untrainierte entspricht der bekannten Tatsache, daß die Hämoglobinkonzentration bei Ausdauertrainierten erniedrigt ist (S. 316). Die Mittelwerte der Eiweißkonzentration und besonders der Albuminfraktion verändern sich nicht systematisch.

5.4.4.3. Aldosteron- und Elektrolytkonzentration und Ausscheidung bei Immersion

Abb. 126 zeigt den Verlauf der Aldosteronkonzentration im Plasma bei Immersion. Man sieht deutlich, daß sie während Immersion kontinuierlich abnimmt, und zwar bei Beginn besonders steil.

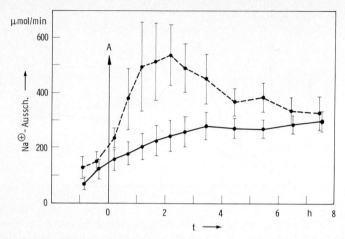

Abb. 124   Der Verlauf der Natriumausscheidung während Immersion bei Untrainierten (= gestrichelte Linie) und Trainierten (= durchgezogene Linie) (aus: D. Böning et al.: Effect of a multi-hour-immersion on trained and untrained subjects. I. Renal function and plasma volume. Aerospace Med. 43 [1972] 300–305).

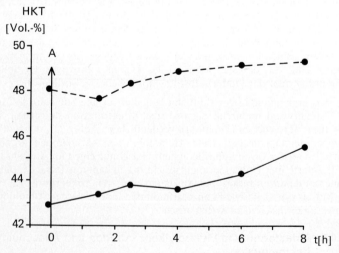

Abb. 125   Hämatokritänderungen während Immersion bei Untrainierten (= gestrichelte Linie) und Trainierten (= durchgezogene) Linie (aus: D. Böning et al.: Effect of a multi-hour-immersion on trained and untrained subjects. I. Renal function and plasma volume. Aerospace Med. 43 [1972] 300–305).

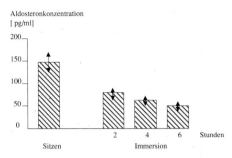

Abb. 126   Die Aldosteronkonzentration im Blutplasma vor und während einer 6stündigen Immersion (nach: Stegemann u. Skipka).

Wie aufgrund der reduzierten Aldosteronabgabe zu erwarten, nimmt die Natriumausscheidung (Abb. 124) während Immersion stark zu. Hierbei zeigt sich bei den Trainierten, ähnlich der Harnausscheidung, eine abgeschwächte Reaktion, die bei ihnen auf eine geringere Hemmung der Aldosteronsekretion schließen läßt. Da Aldosteron u.a. von den Volumenrezeptoren des rechten Vorhofs reguliert wird, spricht dies ebenfalls für eine Abschwächung der Volumenregulationsfähigkeit nach langzeitigem Ausdauertraining. Die Natriumkonzentration des Plasmas ändert sich nicht systematisch. Dies erklärt sich dadurch, daß die Wasser- und Natriumausscheidung gleichermaßen zunehmen.

5.4.4.4. Mechanismus der Aldosteronwirkung auf den Zellstoffwechsel

Wie kann nun die Aldosteronkonzentration im Plasma die Natriumausscheidung der Niere beeinflussen? Vereinfacht betrachtet, gelangt Na^+ in den Glomeruli der Niere zunächst in das Tubulussystem. Der Primärharn ist bekanntlich ein proteinfreies Ultrafiltrat des Plasmas. In den Epithelzellen des Tubulussystems wird nun ein Teil des Na^+ wieder rückresorbiert. Das Schema einer Epithelzelle ist in Abb. 127 dargestellt. Auf der linken Seite der Abbildung ist die Zelle mit dem Primärharn, auf der rechten Seite mit den Zwischenzellräumen (Interstitium) und da mit der Blutbahn in Kontakt. Na^+-Ionen werden aktiv durch die Natrium-Kalium-Pumpe (S. 34) unter Energieverbrauch aus der Zelle in das Interstitium transportiert, während das Na^+ aus den Harnwegen durch Diffusion in die Zelle gelangt. Der Natriumdurchsatz der Zellen hängt vornehmlich von der Leistung der Natrium-Kalium-Pumpe ab. Je größer die Leistung ist, desto geringer die Na^+- Konzentration in der Zelle und um so größer der Gradient für die Diffusion aus dem Harn.

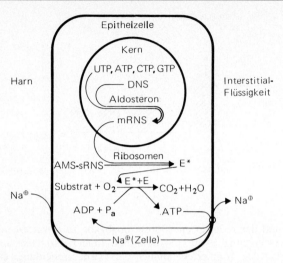

Abb. 127   Möglicher Wirkungsmechanismus des Aldosterons in der Niere. UTP, ATP, CTP, GTP: Purin- und Pyrimidintriphosphat-Derivate; mRNA: Messenger-RNA; AMS-sRNA: Aminosäure-sRNA-Komplex; E: Enzym; E*: neu synthetisiertes Enzym; P_a: anorganisches Phosphat (nach: Edelman u. Mitarb. aus: W. F. Ganong: Medizinische Physiologie. Springer, Berlin 1974).

Die Regulation des Durchsatzes erfolgt durch das Aldosteron, und zwar wahrscheinlich nach folgendem Mechanismus: Wesentlicher Energielieferant für die Pumpe ist das ATP. Im Gegensatz zur Muskelzelle (S. 34) besitzt die Epithelzelle kein Kreatinphosphat, deshalb hängt die Leistung der Pumpe unmittelbar von der ATP-Konzentration in der Zelle ab.

Der ATP-Spiegel wird dadurch reguliert, daß die Konzentration einiger Schlüsselenzyme des Zitratzyklus durch stärkere oder schwächere Enzyminduktion verändert wird. Das Programm für die Synthese der Enzyme befindet sich im Zellkern, und diese erfolgt über das DNA-RNA-System unter Mitwirkung von Aldosteron, das dadurch die Biosynthese der Enzyme fördern oder hemmen kann. Fällt − wie oben festgestellt − bei Immersion der Aldosteronspiegel ab, so werden weniger Enzyme synthetisiert, wodurch die ATP-Konzentration gesenkt wird. Damit wird der Natriumdurchsatz durch die Epithelzelle vermindert und die Natriumausscheidung im Harn erhöht. Wegen des relativ langsamen Abbaues und Aufbaues der Enzyme wird die Aldosteronwirkung erst nach ca. einer Stunde sichtbar.

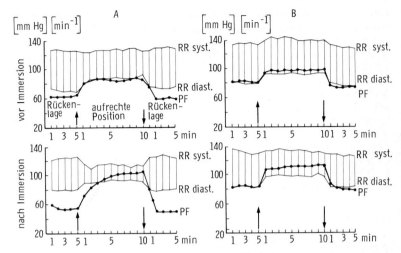

Abb. 128   Die Kreislaufreaktionen untrainierter Versuchspersonen bei passiver Lageänderung von 0 auf 90° vor und nach 6- bis 8stündiger Immersion. A = Immersion ohne Arbeit (Vpn = 4); B = Immersion mit intermittierender Arbeit (Vpn = 9); RR = nach der Methode von Riva-Rocci ermittelte arterielle Blutdruckwerte; PF = Pulsfrequenz (aus: J. Stegemann et al.: Effect of a multi-hour-immersion with intermittent exercise on urinary excretion and tilt table tolerance in athletes and nonathletes. Aviat. Space environ. Med. 46 [1975] 26–29).

Wenn die Aldosteronkonzentration im Plasma nachweisbar die Enzyminduktion für den Zitratzyklus in der Epithelzelle beeinflußt, so erhebt sich natürlich die Frage, ob sie nicht auch für die Muskelzelle von Bedeutung ist. Versuchsergebnisse lassen es plausibel erscheinen, daß die Enzyminduktion durch Aldosteron auch in den Mitochondrien des Muskels Bedeutung hat. Wenn dieses der Fall ist, könnte zusätzlich auch hierdurch die Leistungsfähigkeit negativ beeinflußt werden.

5.4.5. Orthostatische Toleranz und Schwerelosigkeit

Unter orthostatischer Toleranz versteht man die Regelungsfähigkeit des Blutdruckes bei Lagewechsel vom Liegen in die aufrechte Stellung. Hierbei wird bekanntlich ein bestimmtes Volumen Blut (400 bis 800 ml) in die unteren Extremitäten verschoben, das dem zentralen Blutdepot entnommen wird. Dadurch kommt es zu einer geringeren Füllung des Herzens mit Abnahme des Schlagvolumens, was bei zunächst unbeeinflußter Frequenz dazu führt, daß das Herzminutenvolumen kleiner wird. Als Folge davon nimmt bei zunächst noch konstantem peripherem Widerstand der mittlere arterielle Blutdruck ab. Damit setzt die Regelung über die Pressorezeptoren ein, die dazu führt, daß der Sympathikotonus sowohl am Herzen als auch an den peripheren Gefäßen zunimmt. Es wird dadurch vor allem der diastolische Druck angehoben und damit der Abfall des arteriellen Mitteldruckes teilweise kompensiert; ferner werden Herzfrequenz und Schlagvolumen gesteigert, sofern noch Reserven im zentralen Blutdepot verfügbar sind, und so wird das abgesunkene Herzminutenvolumen kompensiert. Versagt die Regelung, kommt es zum Kollaps, vor allem deshalb, weil der Blutdruck nicht in der Höhe gehalten werden kann, die ausreicht, das Gehirn genügend zu durchbluten. Dabei gibt es charakteristische Symptome, die man unter dem Begriff der „vagovasalen Synkope" zusammenfaßt.

Die Befunde, die man bei solchen Experimenten erheben kann, sind in Abb. 128 und 129 dargestellt. Betrachten wir zunächst die Darstellungen A, oben. Sie zeigen das Verhalten der Blutdruckgrößen und der Pulsfrequenz als Funktion des Lagewechsels bei Untrainierten und Trainierten. Beide Gruppen zeigen, ausgehend von unterschiedlichen Grundwerten, prinzipiell gleiches Verhalten.

Nach einer sechs- bis achtstündigen Immersion sieht man bei den Untrainierten eine starke Einengung der Blutdruckamplitude mit verstärktem Anstieg der Pulsfrequenz als Ausdruck dafür, daß der Sympathikotonus offensichtlich etwas stärker aktiviert werden muß, um die Regelabweichung noch ausgleichen zu können. Bei den Trainierten (Abb. 129, unten) stellen sich regelmäßig kurze Zeit nach dem Aufrichten die Symptome der vagovasalen Synkope mit Kollaps ein, so daß das Experiment abgebrochen werden muß.

Es ergibt sich also hieraus deutlich, daß die orthostatische Toleranz bei allen Versuchspersonen herabgesetzt war, wobei die Kompensationsmechanismen der Untrainierten offensichtlich gerade noch ausreichen, um einen Kollaps abzuwenden, während bei den Trainierten der Regelbereich offensichtlich überschritten wird.

Wahrscheinlich liegt die Ursache der orthostatischen Schwäche in einer flacheren Regelcharakteristik für die Blutdruckregelung der Trainierten (S. 125). Dazu kommt noch in erheblichem Maße der Flüssigkeitsverlust.

Die Darstellungen unter B zeigen für alle Gruppen, daß sich die orthostatische Intoleranz dadurch abschwächen läßt, daß intermittierend während der Immersion gearbeitet wird. Bei den vorliegenden Versuchen wurde jeweils zu Beginn jeder Stunde 3 Min. bis zur Erschöpfung geschwommen. Als Folge dieser Arbeit sammelt sich kleinmolekulare Milchsäure in der Muskulatur an, die offensichtlich aus osmotischen Gründen zu einer Wasserverschiebung dorthin führt und damit das zentrale Blutvolumen verkleinert und die von ihm ausgelösten Effekte abschwächt.

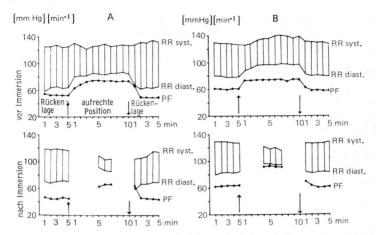

Abb. 129 Die Kreislaufreaktionen Trainierter bei Kipptischversuchen wie in Abb. 128 vor und nach 6- bis 8stündiger Immersion. A = Immersion ohne Arbeit; B = Immersion mit intermittierender Arbeit; RR = nach der Methode von Riva-Rocci ermittelte arterielle Blutdruckwerte; PF = Pulsfrequenz. Nach Immersion konnte wegen der Kollapse der ganze Versuchsablauf nicht vollständig erfaßt werden (aus: J. Stegemann et al.: Effect of a multi-hour-immersion with intermittent exercise on urinary excretion and tilt table tolerance in athletes and nonathletes. Aviat. Space environ. Med. 46 [1975] 26—29).

Den Astronauten wurde deshalb auch empfohlen, sich vor der Landung erschöpfend anzustrengen. Ferner verwendet die NASA kurz vor der Rückkehr zur Erde das sogenannte „water loading", was bedeutet, daß sie leicht gesalzenes Wasser trinken sollen. Auch damit soll die orthostatische Toleranz verbessert werden.

5.5. Physiologie des Tauchens und Schwimmens

5.5.1. Physikalische und physiologische Vorbemerkungen zum Tauchen

5.5.1.1. Gefahren des Tauchens und Definition des Drucks

Die gesamte Luftsäule über der Erde übt den gleichen Druck aus wie eine 10 m hohe Wassersäule. So ist einsehbar, wie gefährlich Tauchen bereits in scheinbar harmlosen Tiefen sein kann, wenn physikalische und physiologi-

sche Gesetze nicht beachtet werden. Die primären Gefahren liegen besonders darin, daß innerhalb des Körpers Druckdifferenzen auftreten können,
die mit dem unterschiedlichen physikalischen Verhalten von Gasen, Flüssigkeiten und festen Körpern unter Druck zusammenhängen. Weiterhin können die veränderten Blutgasdrücke zu gefährlichen Störungen führen.

Als Druck bezeichnet man den Quotienten Kraft/Fläche. Die Einheit ist
$N/m^2 = Pa$. Obwohl durch Bundesgesetz heute für den offiziellen Gebrauch
die SI-Einheiten allgemein verbindlich sind, hat der Gesetzgeber eine
Druckeinheit als Ausnahme zugelassen, die für das Tauchen besonders geeignet ist, das „bar". 1 bar = 10^2 kPa. Der Luftdruck schwankt je nach Wet-
terlage um einen Wert von 1 bar = 1000 mbar. Drücke kann man absolut
angeben (bar [absolut]) oder als Vergleichsdruck zum Luftdruck (bar
[Überdruck]).

Ein Kfz-Reifen, den man nach Herstellervorschrift auf 2 bar aufpumpt,
wird also 2 bar (Überdruck), aber 3 bar (absolut) aufweisen, da der Vergleichsdruck hierbei der aktuelle Luftdruck ist.

5.5.1.2. Boyle-Mariotte-Gesetz

Gase sind im Gegensatz zu Flüssigkeiten kompressibel, d. h., sie lassen sich
zusammenpressen, wobei ein ideales Gas dem Boyle-Mariotte-Gesetz gehorcht:

$p \cdot V = $ konstant (72)
(p = Druck, V = Volumen)

Füllen wir eine Gummiblase an der Oberfläche unter der Normalatmosphä-
re von 1 bar (absolut) mit 1 l Luft, so wirkt in 10 m Wassertiefe (2 bar [abso-
lut]) der doppelte Druck. Dabei wird das Volumen auf 0,5 l zusammengedrückt. In 20 m Tiefe finden wir nur noch 1/3, in 30 m 1/4 usw. des Ausgangsvolumens.

5.5.1.3. Partialdruck von Gasen

Als Partialdruck eines Gases bezeichnet man den Teildruck eines Gases,
der proportional seiner Konzentration am Gesamtdruck ausgeübt wird. Bei
einem trockenen Gemisch von 30% des Gases A und 70% des Gases B übt
bei 1 bar = 100 kPa das Gas A einen Teildruck von 30 kPa und Gas B einen
Teildruck von 70 kPa aus. Unter 2 bar werden auch die Teildrücke verdoppelt auf 60 kPa für A und 140 kPa für B. Für die Atemgase gelten selbstverständlich die gleichen Bedingungen mit dem Zusatz, daß sich in der Atemluft Wasserdampf befindet. Der Wasserdampf hat die Eigenschaft, einen
Druck zu entwickeln, der nur vom Grad der Wasserdampfsättigung und von
der Temperatur abhängt. Um den Partialdruck der Atemgase in der Lunge
zu bestimmen, geht man in der Regel von voller Wasserdampfsättigung und
37 °C Temperatur aus und erhält dann 6,3 kPa Wasserdampfdruck, um den

man den Gesamtdruck vermindern muß, wenn man auf „trockene Bedingungen" umrechnen will (STPD)*. Der Wasserdampfdruck als Funktion der Temperatur läßt sich aus Tabellen, z. B. Documenta Geigy, ablesen.

5.5.1.4. Löslichkeit von Gasen in Flüssigkeiten

Gase sind in Flüssigkeiten in unterschiedlichem Maße löslich. Die Konzentration eines idealen Gases ist dabei seinem Partialdruck proportional:

$$C = \alpha \cdot p \quad (73)$$

Der Proportionalitätsfaktor α ist die physikalische Löslichkeit oder der Löslichkeitskoeffizient mit der Dimension:

$$\alpha = \frac{\text{Gasmenge}}{\text{Volumen} \cdot \text{Partialdruck}} \quad (74)$$

Im medizinischen Bereich wird oft der Bunsen-Absorptionskoeffizient angegeben mit der Einheit ml Gas (STPD)/ml Flüssigkeit · 101 kPa. Die Löslichkeit hängt von der Natur des Gases, von der lösenden Flüssigkeit und der Temperatur ab.

5.5.2. Apnoisches Tauchen

5.5.2.1. Druckverhältnisse beim Tieftauchen

Als apnoisches Tauchen (apnoe = ohne Atmung) bezeichnet man das Tauchen unter die Wasseroberfläche ohne Hilfsmittel. An dieser einfachsten Form können wir uns die Probleme klarmachen, die uns später noch beim Tauchen mit Gerät beschäftigen werden. Sie liegen besonders darin, daß innerhalb des Körpers luftgefüllte Hohlräume durch Volumenveränderung an variable Drücke angepaßt werden müssen, weil sonst Druckdifferenzen innerhalb des Körpers entstehen, die zu einem Trauma (= Verletzung) führen und deshalb unter dem Sammelbegriff „Barotrauma" zusammengefaßt werden.

Der große luftgefüllte Hohlraum des menschlichen Körpers ist die Lunge. Der apnoische Taucher füllt seine Lunge − je nachdem, welche Tiefe er anstrebt − mit 75−100% ihrer Totalkapazität mit Luft an der Oberfläche. Taucht er beispielsweise 10 m tief und setzt dabei seine Lunge von außen unter einen Druck von 2 bar (absolut), so geht seine Brustkorbstellung von einer fast maximalen Einatemstellung in eine mittlere Ausatemstellung über, ohne daß dabei Luft entweicht. Der Druck in der Lunge hat sich dabei dadurch, daß das Volumen durch diesen Vorgang halbiert wurde, verdoppelt. Er hat sich also durch Kompression des Lungeninhaltes an den umgebenden Wasserdruck angepaßt (Abb. 130).

STPD = standard temperature pressure, dry (Temperatur: 0 °C, Luftdruck: 101 kPa, trocken).

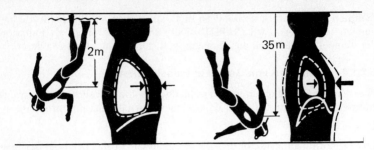

Abb. 130   Schematische Darstellung des Verhaltens des Lungenvolumens in Abhängigkeit von der Tauchtiefe. Die Luft wird bei steigender Tauchtiefe so komprimiert, daß der Thorax bei gleicher Luftmenge von der Einatem- in die Ausatemstellung übergeht (aus: O. F. Ehm : Tauchen noch sicherer. 3. Aufl. Müller, Rüschlikon, 1984).

Der arterielle Mitteldruck beträgt beim Gesunden etwa 0,13 bar (Überdruck) (100 mmHg). Das bedeutet, daß er unter normalen Bedingungen (auf der Erde) 0,13 bar (100 mmHg) größer als der umgebende Luftdruck ist. Wie groß ist er nun in 10 m Wassertiefe? Um diese Frage zu beantworten, müssen wir davon ausgehen, daß sich der Druck des Wassers gleichmäßig auf alle Gewebe fortpflanzt und daß − jedenfalls vom physikalischen Standpunkt her − die Druckdifferenzen nicht verändert werden. Der mittlere Blutdruck, der also an der Oberfläche 1 + 0,13 = 1,13 bar (absolut) beträgt, ist demnach in 10 m Wassertiefe 2 + 0,13 = 2,13 bar (absolut). In gleicher Weise kann man auch den Druck im Lungenkreislauf berechnen, der einen umgebungsbezogenen Druck von 0,7−1,3 kPa (5−10 mmHg) aufweist. In 10 m Wassertiefe verändert sich die Druckdifferenz nicht, da sowohl der Lungeninnendruck durch Kompression der Luft als auch der Druck im Lungenkreislauf im gleichen Maße angehoben werden.

Die maximale apnoische Tauchtiefe wird weitgehend von der Lungenkapazität bestimmt. Dazu einige Überlegungen, die durch Abb. 131 anschaulich gemacht werden sollen: Die Totalkapazität der Lunge läßt sich in 2 funktionell zu betrachtende Volumina einteilen, die Vitalkapazität, d. h. der Anteil an Luft, der nach maximaler Inspiration willkürlich ausgeatmet werden kann, und das Residualvolumen, das auch dann noch in der Lunge bleibt (S. 171). Dieses ist vor allem durch den knöchernen Brustraum verursacht, der nicht beliebig leergedrückt werden kann.

Für die maximale Tauchtiefe ist entscheidend, bis zu welchem Ausmaß der Druck zwischen Blutbahn und Lungeninnenraum durch Volumenverkleinerung angepaßt werden kann. Gehen wir von den Daten eines Spitzensportlers aus, bei dem die Vitalkapazität 6,8 l (Normalpersonen 4−5 l) und demnach die Totalkapazität etwa 8 l betrug, läßt sich eine maximale Tauchtiefe

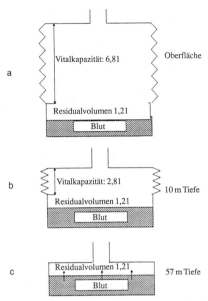

Abb. 131   Schematische Darstellung des Verhaltens des Blutvolumens, des Residualvolumens und der Vitalkapazität. a Das Verhalten an der Oberfläche. Das Blut steht unter normalem atmosphärischem Druck; Residualvolumen: Vitalkapazität verhält sich etwa wie 1:5. b 10 m Wassertiefe. Das Blut nimmt das gleiche Volumen ein, auch wenn der Druck doppelt so groß ist wie unter atmosphärischen Bedingungen, da Flüssigkeit nicht kompressibel ist. Vitalkapazität + Residualvolumen sind nach dem Boyle-Mariotte-Gesetz (p·V = konstant) auf das halbe Volumen zusammengedrückt. Deshalb besteht keine Druckdifferenz zwischen Blut und Lungeninhalt. c Höchste Tauchtiefe, die man unter den angegebenen Bedingungen ohne auftretende Druckdifferenz erreichen kann. Der Thorax steht in maximaler Ausatemstellung. Das Luftvolumen kann nicht weiter zusammengedrückt werden; aus diesem Grunde kann sich der Lungeninhalt nicht an den Druck des Blutes angleichen, wenn noch tiefer getaucht wird. Dadurch kommt eine Druckdifferenz zum Lungeninnenraum zustande, die ein Barotrauma bewirken kann.

von 57 m berechnen, ohne daß es zu einer Druckdifferenz kommt. Da offensichtlich noch Blut in den Brustraum hineinverschoben wird, kann man mit diesen Daten noch größere Tiefen ohne Schädigung erreichen, wohl auch, weil sich die Taucher nur sehr kurze Zeit in diesen Tiefen aufhalten. Der Weltrekord lag 1989 bei 107 m und wurde von der Taucherin Angela Bandini (Alter 28, Körpergröße 1,55 m, Gewicht 46 kg) erreicht.

Als weitere luftgefüllte Hohlräume spielen vor allem das Mittelohr und die Nebenhöhlen eine entscheidende Rolle beim Tauchen. Das Mittelohr kann

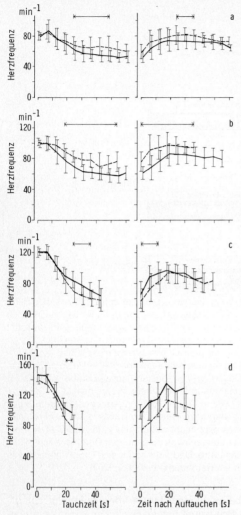

Abb. 132 Graphische Darstellung der Herzfrequenzabnahme während einfachen Atemanhaltens (gestrichelte Linien) und während des Tauchens (durchgezogene Linien). Die rechten Bildhälften zeigen das Verhalten der Herzfrequenz nach dem Ende der Apnoe. Der signifikante Unterschiedsbereich ist durch Pfeile markiert. a nach Ruhe, b–d nach Leistung vor dem Tauchen. Leistung b < c < d (aus: J. Stegemann, U. Tibes: Die Veränderungen der Herzfrequenz beim Tauchen und Atemanhalten nach körperlicher Anstrengung. Pflügers Arch. 308 [1969] 16–19).

durch die Tuba Eustachii auditiva über die Mundhöhle funktionell mit dem Lungeninnenraum verbunden werden, sofern die Durchgänge frei sind, was insbesondere durch Katarrhe mit Schleimhautschwellung verhindert sein kann. Die Tube öffnet sich normalerweise beim Schlucken. Der Druckausgleich wird damit hergestellt. Auch die Nebenhöhlen können über die Luftröhre mit dem Lungeninnenraum verbunden werden.

5.5.2.2. Kreislaufreflexe beim apnoischen Tauchen

Die Blutgasdrücke sind für unsere Betrachtung deshalb wichtig, weil nur unter ausreichendem Sauerstoffdruck Gehirn, Leber und Herz funktionstüchtig bleiben, während die übrigen Gewebe eine mehr oder weniger große Sauerstoffschuld eingehen können. Die Tauchtiere (z. B. Wal, Seehund, Ente) haben spezielle Adaptationsmechanismen entwickelt, die wir teilweise − wenn auch in wesentlich schwächerem Ausmaß − beim Menschen finden. Die wichtigsten sollen deshalb hier erwähnt werden, weil sie die Problematik aufzeigen. Sie erlauben diesen Tieren, wesentlich länger zu tauchen, als es der apnoisch tauchende Mensch kann. Beim geübten Menschen kann man mit maximalen Apnoezeiten von 3−4 Min. rechnen, während der Wal beispielsweise bis zu 60 Min. unter Wasser bleiben kann. Die meisten Tauchtiere atmen vor dem Tauchen maximal aus, wobei praktisch nur noch der Totraum mit Luft gefüllt ist. Sie haben so gut wie kein Residualvolumen mehr, weil ihr Brustkorb nicht starr ist; dadurch erreichen sie, daß bei langen Tauchzeiten, die der Mensch überhaupt nur mit Gerät erreichen kann, kein Stickstoff im Blut gelöst wird und damit keine Dekompressionskrankheit (S. 244) beim schnellen Auftauchen eintritt.

Durch einen auch beim Menschen vorhandenen, aber bei ihm schwächer ausgeprägten Tauchreflex können die Tauchtiere den gesamten Kreislauf auf Gehirn- und Herzdurchblutung konzentrieren, d. h., sie können die kleinsten Arterien in allen übrigen Gebieten so kontrahieren, daß die Durchblutung komplett gedrosselt wird. So wird der im Blut vorhandene Sauerstoff zum aeroben Betriebsstoffwechsel des Gehirns und des Herzens ausgenutzt. Die Muskulatur hat einen höheren Myoglobingehalt und damit mehr O_2-Reserve als beim Menschen. Außerdem geht sie eine größere O_2-Schuld ein. Beim Tauchen wird die Herzfrequenz extrem verlangsamt.

Die Tauchbradykardie bleibt auch während oder nach starker körperlicher Arbeit beim Menschen erhalten. Der Reflex überspielt also alle bekannten kreislaufantreibenden Mechanismen. Ein Teil des Effektes kann schon beim einfachen inspiratorischen Atemanhalten beobachtet werden.

In der Abb. 132 sind die Ergebnisse von Versuchen dargestellt, bei denen Versuchspersonen zunächst mit unterschiedlichen Intensitäten an einem Gummizug schwammen. Während der Anstrengung beim Schwimmen gegen das Gummiseil stieg die Herzfrequenz an. Die Schwimmdauer betrug dabei etwa 2−3 Min. Wenn die Versuchsperson eine gewünschte Ausgangspulsfrequenz erreicht hatte, verhielt sie sich auf Kommando etwa 10 s ruhig und zog sich dann ohne weitere Schwimmbewegungen an einem auf dem Beckenboden liegenden Gegenstand in etwa 1 m Tiefe hinunter. Das Tauchmanöver selbst bewirkt nach einer Latenzzeit von etwa 10 s einen abrupten Abfall der Herzfrequenz auf Werte, die meist unter dem Ruhewert liegen. Unmittelbar nach dem Auftauchen steigt die Herzfrequenz innerhalb von 20 s wieder an, erreicht jedoch nicht den Wert, den sie vor dem

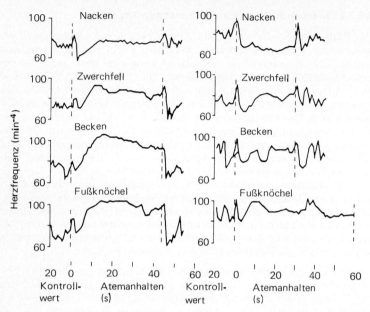

Abb. 133   Das Verhalten der Herzfrequenz bei einem Preßdruckversuch nach Valsalva bei verschieden tiefer Immersion des Körpers im Wasser (aus: A. Craig: Heart rate responses to apnoic underwater diving and to breath holding in man. J. appl. Physiol. 18 [1963] 854–862).

Untertauchen hatte, und kehrt dann langsam in der üblichen Weise auf ihren Ruhewert zurück (gestrichelte Kurven). Vergleichsexperimente, bei denen die Versuchspersonen, im Wasser liegend, den Atem anhielten, zeigen die durchgezogenen Kurven. Man kann der Abbildung entnehmen, daß die Herzfrequenz während des Tauchens nach etwa 30–40 s einen Minimalwert von etwa 50–60 pro Minute erreicht.

Man kann diese Bradykardie als eine Vaguswirkung ansehen, da sie durch die Gabe von Atropin unterdrückt werden kann. Die Tauchbradykardie ist wohl nicht die Wirkung eines einzigen Einflusses allein, sondern die Summe einer Reihe von Faktoren. Dabei spielt das im Wasser vergrößerte intrathorakale Blutvolumen, verursacht durch die Gewichtslosigkeit und den hydrostatischen Druck, ebenso eine Rolle wie die Druckverhältnisse im kleinen Kreislauf und die im Wasser veränderten venösen Rückflußbedingungen des Blutes. Ferner muß man den Sauerstoffmangel in die Überlegungen einbeziehen. Ob beim Menschen auch Rezeptoren im Gebiete des Trigeminus vorhanden sind, wie sie für den Tauchreflex der Ente gefunden wurden, konnte bisher nicht geklärt werden.

Um den Mechanismus zu verstehen, macht man sich zunächst klar, was bei einem Valsalva-Preßdruckversuch in Luftatmosphäre beobachtet werden kann. Atmet man gegen einen definierten Druck aus, so verkleinert sich die Blutdruckamplitude, und die Herzfrequenz steigt deutlich an. Gedeutet wird dieser Effekt so, daß durch den erhöhten intrathorakalen Druck die großen Venen zusammengedrückt werden und auf diese Weise der Zufluß zum rechten Herzen erheblich eingeschränkt wird. Im rechten Herzen wird nur noch wenig Blut in den kleinen Kreislauf gepumpt, so daß das linke Herz infolge seiner Pumpwirkung das intrathorakale Blutvolumen akut verkleinert. Nach wenigen Schlägen wird es nur noch ungenügend gefüllt, und der arterielle Druck im Windkessel sinkt ab. Als Folge davon wird der Sympathikotonus enthemmt. Gleichzeitig wirkt die dabei auftretende Verkleinerung der Blutdruckamplitude zusätzlich enthemmend auf den Sympathikus. Beide Einflüsse führen also zu einer Herzfrequenzsteigerung.

Die Verhältnisse liegen im Wasser jedoch anders. Der hydrostatische Druck bewirkt, daß zumindest die superfizialen Venen weitgehend leergedrückt werden und damit das zentrale Blutvolumen erhöht wird. Man konnte zeigen, daß die Valsalva-Reaktion je nach Eintauchtiefe des stehenden Körpers im Wasser unterschiedlich ausfällt (Abb. 133). Während in Luftatmosphäre beim Valsalva-Manöver die Herzfrequenz ansteigt, fällt sie ab, wenn der Körper bis zum Bauchnabel bedeckt ist.

Man neigte deshalb zunächst dazu, anzunehmen, daß das größere venöse Blutangebot jetzt zu einer Blutdrucksteigerung mit vergrößerter Amplitude führt, die über die Pressorezeptoren den Sympathikus hemmt und dadurch eine Senkung der Herzfrequenz bewirkt. Wäre diese Deutung richtig, so müßte man jedoch erwarten, daß die Hemmung des Sympathikotonus eine Senkung der Herzfrequenz, verbunden mit einer Abnahme des peripheren Widerstandes, bewirkt. Beim Tauchen bleibt jedoch der systolische Druck gewöhnlich konstant, während der diastolische Druck leicht erhöht wird. Nur durch das Zusammenwirken der Sympathikotonussteigerung mit starker Vasokonstriktion im peripheren Gefäßsystem und einer isolierten Vagotonussteigerung kann der weitgehend konstante Blutdruck bei der starken Bradykardie erklärt werden.

Man kann davon ausgehen, daß ein guter Taucher seine Lunge vor dem Tauchen mit 80% seines maximalen Zugvolumens füllt. Damit dieses Volumen nicht entweicht, schließt er seine Glottis. Dadurch herrscht in der Lunge ein geringer Überdruck, der den transmuralen Druck des gesamten Lungenkreislaufes wie auch den V. cava erhöht. Bei Luftumgebung werden bei einem Preßdruck dieser Größenordnung mechanisch offensichtlich 2 Wirkungsweisen ausgelöst: Es werden die großen Venen komprimiert, und damit wird der Zufluß zum rechten Herzen vermindert. Gleichzeitig wird der Widerstand in der Lungenstrombahn durch den erhöhten transmuralen Druck vermehrt. Unter konstanten Innervationsbedingungen kann das rechte Herz den erhöhten Widerstand durch eine höhere Druckentwicklung nur dann überwinden, wenn es sein Restvolumen erhöht. Der gedrosselte Zufluß verbietet jedoch diese Möglichkeit.

Bei Immersion im Wasser sind jedoch von vornherein das intrathorakale Blutvolumen und damit das Restvolumen des rechten Herzens erheblich höher. Zusätzlich ist auch der Druck in den intrathorakalen Venen durch die Blutverschiebung leicht erhöht. Die Inspiration vor dem Tauchen bewirkt nun über die Abnahme des intrathorakalen Druckes eine weitere Dehnung des Herzens und des Truncus arteriosus. Von diesem Gebiet gehen offensichtlich ähnliche Schutzreflexe für das rechte Herz aus, wie sie im linken durch den Bezold-Jarisch-Reflex beschrieben wurden. Die Brady-kardie wird offensichtlich nur dann ausgelöst, wenn auf das rechte Herz und den Truncus arteriosus ein starker Dehnungsreiz durch die Inspiration im Zusammenwirken mit der Immersion ausgeübt wird. Die Tauchbradykardie besteht also aus 2 Einflüssen: einmal aus einer generellen Sympathikoto-nuserhöhung, die wohl u.a. durch den Sauerstoffmangel in der Peripherie ausgelöst wird, zum zweiten aus einer isolierten Vagotonuserhöhung des Herzens, die über Druckrezeptoren in der Gegend des Truncus arteriosus induziert wird.

5.5.2.3. Blutgasdrücke beim Tauchen

Wir haben schon auf S. 187 dargestellt, mit welcher Zeitfunktion der O_2-Druck in den Alveolen abfällt, wenn der Atem angehalten wird (vgl. Abb. 99). Wir erinnern uns, daß Bewußtlosigkeit eintritt, wenn der alveoläre O_2-Druck ca. 4, der arterielle O_2-Druck 2,7 kPa unterschreitet.

Die Sauerstoffversorgung des Gehirngewebes hängt von der Druckdiffe-renz zwischen Kapillarblut und Mitochondrien, dem Ort des aeroben Stoff-wechsels, ab. Beim Tieftauchen (z.B. 10 m Wassertiefe) werden sich der Gesamtdruck und dadurch auch der Partialdruck des Sauerstoffs (pO_2) in der Lunge verdoppeln. Da schon unter Normalbedingungen in den Mitochondrien ein niedrigerer O_2-Druck als in den Kapillaren herrscht, wird die Druckdifferenz beim Tieftauchen vergrößert. Unter hohem Druck wird also generell die Versorgung der Gewebe verbessert, so daß der vor-handene Sauerstoff besser ausgenützt wird. Beim Auftauchen wird der Ge-samtdruck rapide gesenkt. Dadurch fällt schlagartig der pO_2 in der Lunge ab, so daß es sogar zu einer Umkehrung der Diffusionsrichtung kommen kann. Die Auftauchphase ist deshalb besonders gefährlich, weil es hier in-folge des Sauerstoffmangels häufig zu Schwierigkeiten wie Desorientierung oder Bewußtlosigkeit (sogenanntes Blackout) kommt.

Beim Streckentauchen, bei dem in der Regel der Wasserdruck eine unterge-ordnete Rolle spielt, sollte man darauf achten, daß – wie bereits erwähnt – dann plötzlich Bewußtlosigkeit auftreten kann, wenn der Sauerstoffdruck im arteriellen Blut den kritischen Wert unterschreitet. Der Abfall des pO_2 hängt mit dem O_2-Verbrauch zusammen.

Als Vorwarnung für den Taucher tritt schon vorher ein sehr starkes Bedürf-nis nach Atmen auf, das auf den Atemantrieben beruht. Diese stellen da-durch einen wichtigen Sicherheitsfaktor dar. Gefährlich wird es deshalb beim Streckentauchen, diese Atemantriebe, vor allem den Anteil des CO_2 und der Wasserstoffionenkonzentration, durch willkürliche Hyperventila-tion vor dem Tauchen zu unterdrücken, indem man große Mengen CO_2 ab-atmet, so daß der Sauerstoffmangel ohne Vorwarnung wirksam werden kann. Dies gilt vor allem für Ausdauertrainierte, da bei ihnen die Empfind-lichkeit des Atemzentrums gegen CO_2-Druck herabgesetzt ist.

5.5.3. Tauchen mit Hilfsmitteln

5.5.3.1. Tauchen mit Schnorchel

Beim apnoischen Tauchen ist die begrenzte Tauchzeit sehr störend. Es gibt deshalb eine ganze Reihe von Hilfsmitteln, von denen das einfachste der Schnorchel ist, der besonders im Freizeitsport viel benutzt wird. Ein Schnorchel ist ein einfaches gebogenes Rohr mit einem Mundstück auf der einen und einer freien Öffnung auf der anderen Seite. Der Schnorchel erlaubt es, Wassertiefen von maximal 35 cm zu erreichen, während durch ihn geatmet wird. Die Benutzung eines längeren (bzw. verlängerten) Schnorchels ist lebensgefährlich und kann zum Barotrauma der Lungen führen, und zwar aus einleuchtenden Gründen:

Nehmen wir einmal an, wir tauchen mit dem Schnorchel in 1 m Tiefe, so steigt der absolute Blutdruck in den Lungengefäßen um 10 kPa (75 mmHg). Auf S. 236 wurde gezeigt, daß beim apnoischen Tauchen kompensatorisch der Druck im Lungeninnenraum erhöht wird, nach dem Boyle-Mariotte-Gesetz durch Kompression der Luft. Beim Schnorcheln ist das nicht möglich, da der Lungeninnenraum durch den Schnorchel mit der äußeren Atmosphäre verbunden ist. Die Druckdifferenz zwischen Lungeninnenraum und Lungenstrombahn, die normalerweise etwa 1 kPa (7,5 mmHg) beträgt, steigt also schon bei 1 m Wassertiefe auf den zehnfachen Wert an. Damit wird die Lunge massiv mit Blut gefüllt. Atembeschwerden und Zerstörung von Gefäßen können die Folge sein. Man nennt diesen Zustand das Barotrauma der Lunge. **Dieser Zustand kann lebensgefährlich werden.**

Die oft in manchen Darstellungen von Tauchbüchern aufgestellte Behauptung, die Verlängerung eines Schnorchels sei in erster Linie wegen des dadurch vergrößerten Totraumes und der Rückatmung von CO_2 gefährlich, läßt sich durch einfache Überlegungen widerlegen. Nehmen wir einmal an, der Schnorchel habe einen Radius von 1 cm und eine Länge von 100 cm, so beträgt das Volumen $V = \pi r^2 h$, also 314 cm^3 = 314 ml. Diese Vergrößerung des Totraums läßt zwar das Atemminutenvolumen etwas ansteigen, ist aber nicht gefährlich.

5.5.3.2. Tauchen mit Lungenautomat

Lungenautomaten sind Geräte, die es erlauben, unter Wasser den Lungen die notwendige Luft zuzuführen. Im Prinzip gibt es 2 Systeme: Beim offenen System wird Luft aus Druckluftflaschen eingeatmet; die Ausatemluft wird in das Umgebungswasser abgeatmet. Beim geschlossenen System wird das Kohlendioxid absorbiert, und dabei wird der verbrauchte Sauerstoff ergänzt.

Aus den bisherigen Ausführungen geht schlüssig hervor, daß jedes Gerät so beschaffen sein muß, daß es die einzuatmende Luft an den umgebenden Wasserdruck durch Kompression anpassen muß, damit keine Druckdifferenz zwischen Lungeninnenraum und Blutbahn auftritt. Dabei ist es selbstverständlich, daß die Druckanpassungseinrichtung schnell reagieren muß, damit auch in den Übergangszuständen keine Druckdifferenz auftritt. Auf technische Details muß hier verzichtet werden.

5.5.3.3. Besondere Gefahren beim Gerätetauchen

Aus der Tatsache, daß mit Hilfe eines Gerätes länger und tiefer getaucht werden kann, ergeben sich neben dem Barotrauma besonders 2 wichtige Gefährdungen, die Dekompressionskrankheit und die Sauerstoffvergiftung. Die Dekompressionskrankheit beruht auf einer plötzlichen Dekompressionswirkung. Sie wurde früher auch als Druckabfall- oder Caissonkrankheit (von Caisson = Taucherglocke) bezeichnet. Sie tritt immer dann auf, wenn der Umgebungsdruck, auf den der Mensch eingestellt ist, plötzlich gesenkt wird. Für das hier angesprochene Gebiet ist entscheidend, daß der Körper sich eine längere Zeit unter höherem Druck befunden haben muß, da es eine bestimmte Zeit dauert, bis sich Gase unter hohem Druck im Gewebe verteilen. Besondere Bedeutung hat hierbei der Stickstoff, der nur im geringen Maße im Blut gelöst und dann durch den Kreislauf zum Gewebe transportiert wird, das damit langsam an den N_2-Druck angepaßt wird. Plötzliche Dekompression führt zum Ausperlen von Gasblasen (ähnlich wie bei einer plötzlich geöffneten Selterswasserflasche), teils im Gewebe selbst, teils aber auch im Blut. Es kommt nun darauf an, in welchem Gebiet die Gasblasen auftreten, deren Wirkung u.a. darin besteht, daß sie die Durchblutung blockieren. Ferner können lipidhaltige Zellen zerreißen. Besonders gefährlich sind die Stickstoffblasen, die selbst über Stunden nicht resorbiert werden.

Stickstoff nimmt bekanntlich nicht am Stoffwechsel teil, löst sich aber in um so höherer Menge, je größer sein Partialdruck ist. Er wird zeitabhängig mit dem Blut in die verschiedenen Gewebe transportiert. Verschiedene Gewebsstrukturen weisen unterschiedliche Löslichkeitskoeffizienten auf. So löst sich beispielsweise N_2 in Fettgewebe weit besser als in den übrigen Geweben. Außerdem spielt die Durchblutung der Gewebe eine maßgebliche Rolle. Bei der Dekompression treten deshalb die Blasen auch in unterschiedlichen Bereichen des Körpers auf.

Die Folgeerscheinungen des Durchblutungsausfalls hängen naturgemäß vom betroffenen Gebiet ab. Luftblasen im Atemzentrum führen zur Atemlähmung. Sind andere Teile des Gehirns oder des Rückenmarks betroffen, können motorische Lähmungen auftreten. Unangenehm, aber nicht lebensgefährlich sind Luftblasen in der Haut (sog. Taucherflöhe). Ist der Knochen betroffen, so kann es zu Spätschäden (Brüchen, Knochennekrosen) kommen. Fettleibige sind mehr gefährdet als Magere.

Wichtig ist, daß Tauchunfälle durch die Dekompressionskrankheit sofort therapeutisch angegangen werden, bevor durch Überschreiten der Wiederbelebungszeit des Gewebes (S. 188) bleibende Schäden entstehen. Als Mittel der Wahl soll eine Überdruckkammer angewendet werden. Das Prinzip der Therapie besteht darin, daß die Blasen auf diese Weise wieder gelöst werden. Außerdem kann man in ihr auch das zu atmende Gasgemisch festlegen, das in der Regel mehr % O_2 als die Luft haben soll, um lokale Hypoxieschäden zu vermeiden. Sind die Blasen wieder gelöst, kann danach eine langsame Dekompression eingeleitet werden.

Die „nasse Dekompression", also das Zurücktauchen in Tiefen von 9 m unter reiner O_2-Atmung, wird heute von Experten abgelehnt und nur als erste Hilfe in sehr unterbevölkerten Gebieten akzeptiert. Einzelheiten entnehme man qualifizierten Darstellungen der Tauchmedizin. Dort kann man auch die zulässigen Auftauchzeiten als Funktion von Tauchtiefe und Tauchzeit in Tabellen ablesen.

Als weitere Gefahr des Tieftauchens gilt die akute und chronische O_2-Vergiftung. Die akute O_2-Vergiftung tritt um so schneller ein, je höher der O_2-Partialdruck ist, der auf den Körper einwirkt. An der Oberfläche beträgt er unter Normalbedingungen bei Luft- oder Preßluftatmung ca. 20 kPa, in 10 m Tiefe schon 40 kPa, in 20 m 60 kPa usw. Als obere Grenze für die Verträglichkeit wird ein Sauerstoffdruck von 175 kPa angegeben, wobei die Einwirkdauer eine wesentliche Rolle spielt. Die Grenzdauer t wird nach folgender Formel geschätzt :

$$t = \frac{10^9}{p^3} \ (75)$$

(t in Min., p = Sauerstoffpartialdruck in kPa)

Für die Wassertiefe von 74 m würde das eine maximale Aufenthaltsdauer von 3 Std. bedeuten, wenn man Preßluft als Atemgas benutzt. Wird diese Grenzdauer überschritten, so kommt es zum Lungenödem.

Man unterscheidet die chronische und die akute Sauerstoffvergiftung. Bei der chronischen Vergiftung werden vor allem pathologische Veränderungen der Atemwege nachgewiesen (Lorrain-Smith-Effekt), wogegen bei einer akuten Sauerstoffvergiftung Symptome des ZNS wie z. B. Konvulsionen im Vordergrund stehen (Paul-Bert-Effekt). Für beide Vergiftungsformen ist das Produkt aus Partialdruck und Einwirkzeit in der Atemluft maßgebend.

Als weitere Gefährdung kommt der Tiefenrausch hinzu, der wiederum darauf beruht, daß sich Stickstoff unter hohem Druck im Zentralnervensystemgewebe löst und dort ähnliche Effekte hervorruft wie übermäßiger Alkoholkonsum. In der Regel soll man deshalb nicht tiefer als 40 m tauchen. Die Wassertiefe, bei der der Tiefenrausch auftritt, kann vergrößert werden, wenn man Stickstoff durch Helium ersetzt, da dieses weniger löslich ist.

Schließlich ergibt sich noch die Gefahr des Lungenrisses, wenn man schnell auftauchen muß und dabei nicht genügend ausatmet. Die Luft dehnt sich, entsprechend dem Boyle-Mariotte-Gesetz, hierbei sehr schnell aus.

Zusammenfassend kann man feststellen: **Tauchen birgt in sich Gefahren, die sich nur durch eine gute Tauchschule vermeiden lassen. Es ist lebensge-**

fährlich, ohne Ausbildung größere Wassertiefen aufzusuchen. Insbesondere sollte man nicht alleine tauchen.

5.5.4. Thermoregulation im Wasser

5.5.4.1. Körpertemperatur beim Aufenthalt im Wasser

Die Wärmekapazität des Wassers ist mit $4{,}2 \text{ J} \cdot \text{cm}^{-3} \cdot {}^{\circ}\text{C}^{-1}$, verglichen mit der von normaler Luft von $1{,}3 \cdot 10^{-3} \text{ J} \cdot \text{cm}^{-3} \cdot {}^{\circ}\text{C}^{-1}$, rund 3200mal größer. 1 l Wasser kann bei gleicher Temperaturänderung also ca. 3200mal soviel Wärme aufnehmen wie Luft. Auch die Wärmeleitfähigkeit des Wassers ist 25mal größer als die der Luft.

Die physikalischen Eigenschaften des Wassers bewirken, daß auch die Wärmeübergangsbedingungen von denen der Luft grundsätzlich verschieden sind. Aus Beobachtungen der Überlebenszeit von Seeleuten und über Wasser abgesprungenen Fliegern des 2. Weltkrieges wurde das Diagramm Abb. 134 erstellt. Es wurde die Verweildauer im Wasser gegen dessen Temperatur eingetragen. Dabei zeigte sich, daß alle Fälle, die überlebt hatten, diesseits einer Kurve lagen, die man als Erträglichkeitsgrenze bezeichnen kann. Oberhalb von 20 °C Wassertemperatur kann man also relativ lange Überlebenszeiten beobachten, während unterhalb von 20 °C die Überlebenszeit akut absinkt. Ein Aufenthalt von 1−2 Std. in Wasser von 10−15 °C führt demnach schon zum Tode. Wassertemperaturen unter 20 °C führen zu einer Hypothermie, d. h., die Wärmeproduktion kann die Wärmeabgabe nicht mehr kompensieren.

Der nackte Mensch hat bei einer Lufttemperatur von +1 °C noch nach 4 Std. eine normale Kerntemperatur, während ein Aufenthalt von 1 Std. im Wasser von 1 °C bereits die Kerntemperatur auf 25 °C absinken läßt. Bei Wasser von 15 °C sinkt die Kerntemperatur in der 1. Stunde schon um 2−3 °C, obwohl der Energieumsatz auf das 5fache der Norm gesteigert sein kann.

Man kann schätzen, daß bei 20 °C die Wärmeabgabe im Wasser rund dreimal größer als in der Luftumgebung ist, was im wesentlichen auf die größeren Temperaturgradienten zwischen Körperkern und Umgebung zurückzuführen ist, da sich die Hauttemperatur wegen der geringen Grenzschichtdicke an die des Wassers anpaßt. Schon bei einer Lufttemperatur von 20 °C ist die Wärmeabgabe rund 1,5mal größer als in thermoindifferenter Umgebung, so daß man also im Wasser von 20 °C mit einer 5fach größeren Wärmeabgabe, bezogen auf die Wärmeabgabe unter Grundumsatzbedingungen, rechnen muß. Das bedeutet aber wiederum, daß bei 20 °C im Wasser die kritische Grenze der Auskühlung liegen muß, da der Umsatz für längere Zeit auf nicht mehr als 25 kJ/min gesteigert werden kann. Wenn wir somit festgestellt haben, daß vor allem der Temperaturgradient zwischen Körperkern und Umgebung für die Wärmeabgabe maßgebend ist, so wird der Ein-

Abb. 134 Beziehung zwischen Wassertemperatur und Überlebenszeit von Fliegern oder Seeleuten des 2. Weltkrieges (nach Molnar aus: R. Thauer: Physiologie und Pathophysiologie der Auskühlung im Wasser. In: Überleben auf See, Symposium Kiel 1965).

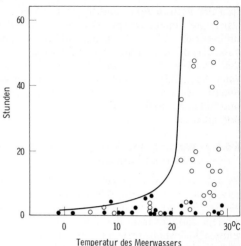

Abb. 135 Der Rektaltemperaturabfall als Funktion der Wassertemperatur bei unterschiedlich adipösen Individuen. Der Fettgehalt der Versuchspersonen nimmt von 1–8 zu (aus: R. Thauer: Physiologie und Pathophysiologie der Auskühlung im Wasser. In: Überleben auf See, Symposium Kiel 1965).

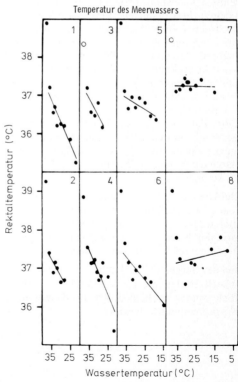

fluß der Fettisolation deutlich. Der Wärmedurchgang durch die Körperschale pro Zeiteinheit entspricht bekanntlich dem Produkt aus Temperaturdifferenz und Wärmedurchgangszahl. Eine kleinere Wärmedurchgangszahl kann also die Kältetoleranzgrenze herabsetzen. Es zeigte sich deshalb auch, daß fette Menschen niedrige Wassertemperaturen besser als magere ertragen (Abb. 135). Für höhere, über der Kerntemperatur liegende Umgebungstemperaturen ist der Isolationswert der Körperschale bei mageren und fetten Menschen praktisch gleich, da hier die Durchblutungsänderung und nicht die Fettschicht den Isolationswert bestimmt.

5.5.4.2. Wirkung des Schwimmens auf die Körperkerntemperatur im kalten Wasser

Es stellt sich nun die Frage, ob eine aktive willkürliche Erhöhung des Umsatzes, wie sie z. B. beim Schwimmen erfolgt, das Absinken der Körpertemperatur im kalten Wasser verhindern kann. Eingehende Untersuchungen zeigten, daß dies nicht der Fall ist. Im Gegenteil scheinen Schwimmbewegungen ganz ähnlich wie auch unkontrolliertes Kältezittern die Abkühlung noch zu beschleunigen. Ergebnisse von Untersuchungen, bei denen Versuchspersonen in Wassertemperaturen von 15 bzw. 5 °C 20 Min. schwammen, zeigten folgendes: Obwohl der Umsatz beim Schwimmen bei 15 °C mehr als den doppelten Wert, verglichen mit den Ruhebedingungen, hatte, sank die Rektaltemperatur stärker ab als in Ruhe. Unabhängig davon, ob der Schwimmer fett oder mager war, zeigte sich, daß die Rektaltemperatur immer absank, und zwar nicht, wie man früher glaubte, nur beim mageren, während sie beim fetten ansteigen sollte. Als Erklärung dafür wird angeführt, daß unter dem Einfluß der Arbeit die periphere Durchblutung gesteigert und dadurch die Isolation der Körperschale auch bei fetten Menschen stark reduziert wird. Die dadurch bedingte Steigerung der Wärmeabgabe ist durch die vermehrte Wärmebildung des Schwimmenden offensichtlich nicht zu kompensieren.

Bei Unglücksfällen im kalten Wasser sollte man nicht die Kleidung abwerfen, da sie auch im Wasser Schutz gegen Wärmeverlust durch Konvektion bietet. Daß nasse Kleidung den Menschen „herunterzieht", ist Unsinn, sie wird durch den Auftrieb sogar leichter. Besonders ist auf gute Isolierung im Nackenbereich zu achten, da hierdurch die Auskühlung verzögert wird.

Bei der Bergung Unterkühlter ist darauf zu achten, daß die Aufwärmung so schnell erfolgt, wie die Verhältnisse es erlauben. Besonders geeignet sind Badewannen mit heißem Wasser, da dies ein schnelles Wiederansteigen der Körpertemperatur bewirkt.

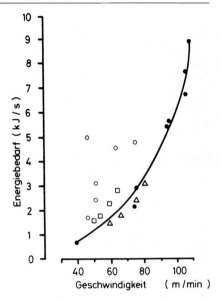

Abb. 136   Der Energiebedarf des Schwimmens als Funktion der Schwimmgeschwindigkeit. o = ungeübte Schwimmer (nach Faulkner), ● = trainierte Schwimmer (nach Faulkner), △ = Kraulschwimmer (eigene Befunde), □ = Brustschwimmer (eigene Befunde).

5.5.5. Mechanische Arbeit, Energieumsatz und Wirkungsgrad beim Schwimmen

Die mechanische Arbeit des Schwimmens besteht darin, den Wasserwiderstand zu überwinden. Dieser ist eine komplexe Größe, die sich aus dem Reibungswiderstand der Haut, dem Druckwiderstand des Wassers und dem Wellenwiderstand zusammensetzt.

Der Wasserwiderstand ist näherungsweise dadurch zu bestimmen, daß man einen Körper mit definierter Geschwindigkeit durch das Wasser zieht und die dazu aufgewendete Kraft (F) mißt. Der Widerstand wächst mit dem Quadrat der Geschwindigkeit (v):

$$F = k \cdot v^2 \ (76)$$

Die Schwimmarbeit (A) ist die über die Strecke (s) aufgewendete Kraft (F):

$$A = F \cdot s = k \cdot v^2 \cdot s \ (77)$$

Bei dieser Berechnung geht man der Einfachheit halber von einer konstanten Schwimmgeschwindigkeit aus. Des weiteren gilt sie nur für einen Geschwindigkeitsbereich von $1{,}2 - 2$ m/s; unterhalb dieses Bereiches ist die Wasserlage des Körpers stark verändert, d. h. der Wasserwiderstand erhöht.

Die beim Schwimmen erbrachte Leistung (L) ist demnach

$$L = \frac{k \cdot v^2 \cdot s}{t} = k \cdot v^3 \ (78)$$

Experimentell ermittelte Werte für die Konstante (k), welche die Dimension Masse/Strecke hat, liegen im Mittel bei 25 kg/m, und zwar für Bauch- und Rückenlage. Doch variiert dieser Wert, der vornehmlich von anthropometrischen Größen abhängt, sehr stark. Offensichtlich wird die Konstante k weitgehend von der Größe der Hautoberfläche bestimmt.

Errechnet man nach Gleichung 78 die Leistungen für Spitzenleistungen über 100 m Kraul und 100 m Brust (49,36 s bzw. 1:02,75 Min.), so kommt man beim Kraul auf 208 W und beim Brustschwimmen auf 101 W. Der rechnerisch starke Leistungsabfall beim Brustschwimmen ist auf die Annahme einer konstanten Schwimmgeschwindigkeit zurückzuführen. Bei Anwendung der Formel ist zu beachten, daß der Schwimmer in der Regel keine konstante Geschwindigkeit aufweist, sondern ständig beschleunigt und verzögert, was beim Brustschwimmen besonders ausgeprägt ist.

Eine andere Möglichkeit, Aussagen über die Vorschubkraft des Schwimmers zu gewinnen, ist das Schwimmen am Seil oder an der Stange. Ist der Schwimmer starr mit einer Kraftmeßdose verbunden, deren Anzeige weitgehend trägheitsfrei erfolgt, so kann man die Vorschubkraft (z. B. beim Armzug des Brustschwimmens) und die Rückschubkraft (beim Zurückführen der Arme in die Ausgangsstellung) messen. Mit Hilfe eines Rechners lassen sich Vorschub- und Rückschubkraft einzeln integrieren und das Integral der Vorschubkraft quantitativ berechnen.

Der Energieumsatz beim Schwimmen ist verständlicherweise nicht ohne Behinderung des Schwimmenden zu messen. Wie bei allen Sportarten, die große Koordinationsfähigkeit zur Voraussetzung haben, nimmt der Energieumsatz bei gleicher Geschwindigkeit mit zunehmender Übung ab.

Ähnliche Ergebnisse lassen sich auch aus Abb. 136 ersehen, in der der Energieumsatz als Funktion der Schwimmgeschwindigkeit aufgetragen ist. Man sieht deutlich, daß der Energieumsatz gegenüber der Geschwindigkeit überproportional anwächst, zum anderen, daß geübte Schwimmer einen für gleiche Geschwindigkeit niedrigeren Umsatz als ungeübte Schwimmer aufweisen. Darüber hinaus zeigen unsere an 10 trainierten Schwimmern gewonnenen Ergebnisse, daß beim Brustschwimmen der Energieumsatz im Vergleich zum Kraulschwimmen bei gleicher Geschwindigkeit wesentlich erhöht ist. Für geübte Schwimmer ist das Kraulschwimmen die energetisch günstigste Art der Fortbewegung. Schätzungen des Wirkungsrades ergaben, daß der Wirkungsgrad des Schwimmens von 0,5% bei Ungeübten bis 8% bei Spitzenschwimmern variieren kann.

6. Körperliche Leistungsfähigkeit

6.1. Allgemeine Grundlagen

Als körperliche Leistungsfähigkeit bezeichnet man die Fähigkeit des Menschen, mit seinen Muskeln physikalische Leistungen durchzuführen oder größeren Kräften das Gleichgewicht zu halten. Wie die tägliche Erfahrung lehrt, sind die Leistungen, die ein Mensch durchzuführen hat, so mannigfaltig, daß sich ein einheitliches Maß für die Leistungsfähigkeit des Menschen nicht aufstellen läßt. Jeder Mensch hat für eine ganz bestimmte Aufgabe eine bestimmte individuelle Leistungsfähigkeit, die sich z. B. bei gleichen Aufgaben und gleichen Umweltbedingungen quantifizieren läßt. Wenn von 2 Läufern − unter sonst gleichen Bedingungen − der eine 100 m in 11 s und der zweite 100 m in 12 s läuft, so ist die Leistungsfähigkeit des einen eben größer als die des anderen. Die individuelle Leistungsfähigkeit läßt sich auch dadurch quantifizieren, daß bei gegebener Anforderung der eine ermüdet und damit die Aufgabe abbrechen muß, während der andere die gleiche Aufgabe unbegrenzt durchhalten kann. Die individuelle körperliche Leistungsfähigkeit läßt sich eigentlich nur an gleichen Aufgaben bei gleichen äußeren Bedingungen vergleichen.

Der physikalische Begriff der Leistung beschreibt die Arbeit in der Zeiteinheit. Um die Bereiche körperlicher Leistungsfähigkeit kennenzulernen, betrachten wir Abb. 137. Bei der Darstellung finden wir auf der Abszisse die

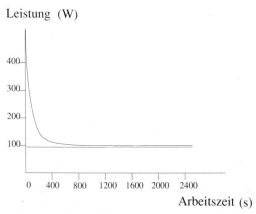

Abb. 137 Der Zusammenhang zwischen Leistung und Arbeit. Die Leistungskurve entspricht der durchschnittlichen Leistung einer untrainierten männlichen Versuchsperson; die Abbildung macht deutlich, daß die maximale Gesamtarbeit theoretisch unendlich wird, wenn die geforderte Leistung die Dauerleistungsgrenze unterschreitet.

Zeit in Sekunden (s), auf der Ordinate die Leistung in Watt (W) aufgetragen. Der Graph gibt für eine durchschnittlich leistungsfähige Versuchsperson an, welche maximale Leistung in der zugehörigen Zeit gerade durchgehalten werden konnte. Man sieht, daß die Kurve eine Hyperbel darstellt, die sich sowohl der y-Achse als auch einer der x-Achsen parallelen Geraden asymptotisch nähert. Die maximale Leistung, die unsere Versuchsperson durchführen kann, ist wegen der asymptotischen Annäherung der Kurve an die y-Achse schlecht zu erfassen. Im vorliegenden Falle läge sie zwischen 400 und 500 W und wäre nur ein rein rechnerischer Wert, da die Zeit gegen Null geht. In einer Zeit von annähernd Null ist keine Leistung mehr meßbar. Betrachten wir den rechten Teil der Leistungskurve, so stellt man fest, daß die maximal mögliche Leistung immer unabhängiger von der Zeit wird. In dem Bereich, in dem die Kurve abszissenparallel wird, ist die Leistung von der Zeitdauer unabhängig. Man nennt diesen Bereich deshalb die Dauerleistungsfähigkeit. Die Grenze, bei der gerade eine Leistung unbegrenzt durchgehalten werden kann, heißt Dauerleistungsgrenze oder auch Ausdauergrenze.

Bekanntlich stellt die physikalische Arbeit das Produkt aus Leistung und Arbeitszeit dar, und wir können uns überlegen, wie groß die Arbeit bei der jeweiligen Höchstleistung und der zugehörigen Zeit ist. Wenn man kurze Höchstleistungen durchführt, ist die Arbeit kleiner, als wenn man niedrigere Leistungen über längere Zeit verrichtet. Die Arbeitsfähigkeit ist also bei Leistungen, die unterhalb der Dauerleistungsgrenze liegen, besonders groß. Der mit dieser Kurve beschriebene Zusammenhang ist natürlich trivial, dennoch kann er uns zum Nachdenken über den Begriff der Leistungsfähigkeit und der Leistungsgrenze sowie ihre praktische Bedeutung und Problematik anregen. Wir lernen aus dieser Kurve, daß, zunächst einmal ganz eng begrenzt für den vorliegenden Versuch bei dynamischer Arbeit auf dem Fahrradergometer, die maximale Leistungsfähigkeit von der Arbeitszeit abhängig ist. Ferner verstehen wir, daß es die maximale Leistungsfähigkeit theoretisch gar nicht geben kann, weil bei diesem Wert die Zeit sich asymptotisch Null nähern muß und daß für die wirklich physikalisch geleistete Arbeit vor allem die Dauerleistungsgrenze wichtig ist.

Für die Leistung in körperlich arbeitenden Berufen kann niemals die Höchstleistung maßgebend sein. Maßgebend ist vielmehr etwas, was man in englischer Sprache die „life time efficiency" nennt, also den über das gesamte Leben gemessenen Arbeitserfolg. Diese Überlegung setzt nun voraus, daß man einerseits den Organismus nicht ständig über seine Dauerleistungsfähigkeit hinaus belastet, weil man aus Erfahrung weiß, daß dann Schädigungen auftreten, die unter dem Begriff der Abnutzungserkrankungen zusammenfaßt werden. Wie diese Schädigungen im einzelnen ursächlich mit der chronischen Überbelastung zusammenhängen, ist noch weitgehend unklar, wenn sich auch in Verbindung mit moderner gerontologischer Forschung Zusammenhänge abzuzeichnen beginnen. Wahrscheinlich liegen die Ursachen im Bereich der Molekularbiologie bei der Zellreproduktion. Ein stoffwechselmäßig oder mechanisch überbeanspruchtes Gewebe muß sehr oft regeneriert werden. Man nimmt heute an, daß bei dieser Regeneration genetische Informationen verlorengehen oder, wie man sich vereinfacht ausdrücken kann, die Matrize abnutzt. Ferner scheinen Reste von den Stoffwechselschlacken in den Zellen liegenzubleiben und damit ein vorzeitiges Altern der Zellen zu bedingen.

Auf der anderen Seite verursacht eine Unterbelastung des Organismus auch wieder Schäden, die man unter dem Oberbegriff der Zivilisationsschäden zusammenfaßt. Ihre Ursache liegt vor allem darin, daß der Organismus infolge Unterbelastung die Fähigkeit verliert, sich an plötzliche Belastungen anzupassen. Kreislauferkrankungen und Herzinfarkt sind beispielsweise Folgen dieser chronischen körperlichen Unterbelastung, wenn sie auch nicht ausschließlich darauf zurückzuführen sind. Bewegungsmangel ist nicht nur ein Mangel an Bewegung, sondern ein ungenügender leistungsbedingter Energieumsatz.

Erweitern wir diese Erkenntnisse allgemein auf die dynamische Muskelarbeit in der Industrie, so ist die geleistete Arbeit pro Schicht bei Akkordarbeit immer größer, wenn die dabei notwendige Leistung das Dauerleistungsvermögen des Arbeiters nicht überschreitet. Aus dieser Tatsache ergibt sich die Notwendigkeit, mehrere Dinge abschätzen zu können:

● die Gesamtarbeit, die pro Schicht anfällt,
● die Dauerleistungsfähigkeit dessen, der diese Arbeit verrichten soll,
● die günstigste Anordnung von Arbeitszeit und Pausen, damit die Dauerleistungsgrenze nicht überschritten wird.

Die wissenschaftliche Analyse von Arbeitsplatz und Leistungsfähigkeit des Arbeiters ist bei hohen körperlichen Belastungen vor allem für Akkordarbeit wichtig, da hier die effektiv geleistete Arbeit bezahlt wird. Deshalb versuchen Arbeiter manchmal, auch unter gesundheitsschädigendem Einsatz von Reserven, möglichst viel effektive Arbeit zu leisten. Bei Stundenlohnarbeit wird in der Regel die Dauerleistungsgrenze heute nur noch selten überschritten.

Bei sportlichen Rekordleistungen liegen die Verhältnisse ganz anders. Der Weltrekord des 100-m-Laufs liegt bei 9,9 s. Die dabei durchgeführte Leistung wäre demnach im äußersten linken Schenkel der Leistungshyperbel gelegen, während das andere Extrem, der Marathonlauf (42,5 km), mit der Zeit von 2:10 Std, schon fast auf dem abszissenparallelen Schenkel liegt. Die Messung und Beurteilung der Leistungsfähigkeit wird in der Regel auf die physikalische Leistung reduziert. Koordinative Leistungen lassen sich nur schwer mit physiologischen Methoden erfassen. Auch bei gleicher Leistungsfähigkeit muß die Maximalleistung nicht notwendigerweise interindividuell gleich sein, da psychologische Faktoren hinzukommen.

Ob die in gegebener Zeit durchgeführte maximale Leistung die zugehörige maximale Leistungsfähigkeit ausschöpft, ist zunächst eine Frage der Motivation. Bei Höchstleistungen von Leistungssportlern, besonders im Wettkampf, kann man voraussetzen, daß der optimale Leistungswille eingesetzt wird. Auch bei Akkordarbeitern kann man eine hohe Motivation voraussetzen, nicht dagegen bei Menschen, die einen Leistungsfähigkeitstest durchführen sollen. Die zur Arbeitspsychologie gehörenden Einflüsse bestimmen neben der physiologischen Leistungsfähigkeit die wirklich durchgeführte Leistung in ganz besonderem Maße.

Die Ausschöpfung der maximalen Leistungsfähigkeit hat aber noch weitere Aspekte. Selbst bei maximaler Motivation kann die Leistungsfähigkeit noch nicht voll ausgeschöpft werden. Bei psychiatrischen Fällen kann man immer wieder beobachten, daß Menschen in einen so hochgradigen motorischen Erregungszustand versetzt werden, daß mehrere Wärter sie nur mit Mühe bändigen können. Mit anderen Worten: Diese Menschen können ihre Leistung weit über ihre „normale" Leistungsfähigkeit hinaus steigern. Auch hat sich herausgestellt, daß Menschen unter lebensbedrohlichen oder sonst emotional stark wirksamen Umständen ihre Leistung erheblich erhöhen können. Der bekannte klassische Marathonläufer soll sich so verausgabt haben, daß er tot zusammenbrach, nachdem er die Nachricht vom Sieg über die Perser überbracht hatte. Unter besonderen Umständen können also offensichtlich noch Reserven freigemacht werden, die sonst dem Leistungswillen unzugänglich sind. An dieser Stelle sei auch auf den gefährlichen Einfluß von als Dopingmittel zu bezeichnenden Psychopharmaka hingewiesen (s. S. 302). Die menschliche Leistung wird also durch eine größere Anzahl von Faktoren bestimmt, wobei 2 Hauptfaktoren für die wirklich geleistete Arbeit maßgebend sind. Diese beiden Hauptfaktoren sind die Fähigkeit, eine Leistung durchzuführen, genauso wie die Bereitschaft, diese Fähigkeit auch einzusetzen.

Wir können in diesem Zusammenhang die wichtigsten Befunde arbeitspsychologischer Forschung nur kurz streifen und können sie nur so weit betrachten, wie sie zum Verständnis der Zusammenhänge notwendig sind (Abb. 138). Wir gehen bei der Analyse dieses Diagramms von einer fiktiven, nicht bestimmbaren Höchstleistungsfähigkeit aus. Wenn man 40% dieser fiktiven Höchstleistung in Anspruch nimmt, so liegt man im Bereich der automatisierten Leistungen, d. h., hier ist man praktisch ohne Willensanstrengung fähig, die geforderte Tätigkeit auszuüben. Dieser Bereich wird durch die Abszissenparallele nach oben begrenzt. Den Arbeitsantrieb, den ein Mensch normalerweise bereit ist aufzubringen, bezeichnet man als die „physiologische" Leistungsbereitschaft. Er ist durch einen Kurvenzug begrenzt, der im Mittelwert um 50% der fiktiven Höchstleistungsfähigkeit schwankt. Man kann der Kurve entnehmen, daß sich die physiologische Leistungsbereitschaft mit der Tageszeit ändert.

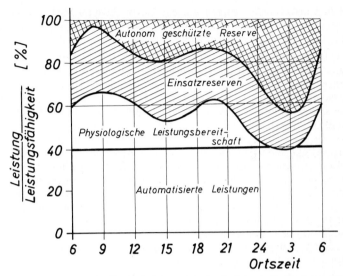

Abb. 138   Die Tagesperiodik der Leistungsbereitschaft (aus: O. Graf: Arbeitsablauf und Arbeitsrhythmus. In: Handbuch der gesamten Arbeitsmedizin, Bd. I, Arbeitsphysiologie. Urban & Schwarzenberg, München 1961).

Der Verlauf dieser Kurve entspricht der allgemeinen Erfahrung, daß die
Arbeit morgens zwischen 9 und 10 Uhr viel leichter fällt als mittags um
14 Uhr oder etwa gar nachts um 3 Uhr. Dies gilt selbst dann, wenn man um
12 Uhr kein Mittagessen zu sich genommen oder wenn man als Fahrer vor
einer Nachtfahrt ausreichend geschlafen hat. Ursache für diese Erscheinung
ist der zirkadiane Rhythmus, dem das ganze vegetative Nervensystem unterworfen ist. Diesen zirkadianen Rhythmus kann man an anderen vegetativen Größen, z. B. am 24-Std.-Verlauf der Kerntemperatur oder der Pulsfrequenz, ablesen. Seine Ursachen sind bisher weitgehend unbekannt. Der
zirkadiane Rhythmus soll durch einen inneren Zeitgeber zustande kommen, der durch äußere Einflüsse wie Tageslicht u.a. synchronisiert wird. Er
ist streng von der Ortszeit abhängig. Bei Verschiebung der Ortszeit durch
Seereisen oder durch Langstreckenflug kommt es zu einer Phasenverschie-
bung mit völliger Anpassung an die neue Ortszeit erst innerhalb einer gewissen Zeit. Dabei kann man davon ausgehen, daß die Anpassung mit etwa
2 Std. täglich korrigiert wird. Besonders ist natürlich das fliegende Personal
betroffen, bei dem sich teilweise unangenehme Reaktionen wie Schlafstö-
rungen, verminderte Leistungsfähigkeit usw. bemerkbar machen. Wenn
Athleten nicht so zeitig an Wettkampforte geflogen werden, daß sie sich anpassen können, entstehen ernsthafte Leistungsverzerrungen. Die Tatsache,

daß die Kurve von der Ortszeit abhängt, ist vor allem für Nachtschichtarbeiter wichtig, bei denen der zirkadiane Rhythmus trotz der Umstellung in den Lebensgewohnheiten erhalten bleibt.

In Abb. 138 ist ferner ein schraffierter Bereich eingezeichnet, der die Einsatzreserven zeigt, also die Reserven, die willkürlich mobilisiert werden können. Auch hier wird der Einfluß des zirkadianen Rhythmus deutlich. Bei Höchstleistungen, z. B. beim Sport, lassen sich die gewöhnlichen Einsatzreserven mobilisieren, wobei man bis zu 80% der fiktiven Leistungsfähigkeit in Anspruch nehmen kann. Die restlichen Leistungsreserven sind autonom geschützt. Sie sind dem Willen unzugänglich und können nur durch Affekte oder Emotionen (z. B. Lebensgefahr) über Adrenalinausschüttung freigesetzt werden. Pharmaka, die dem Adrenalin verwandt sind, z. B. Ephedrin, und andere Substanzen bewirken, daß diese letzten Leistungsreserven über den pharmakologischen Umweg dem Willen zugänglich gemacht werden können. In diesem im Sport als Doping bezeichneten Verfahren liegt natürlich eine große Gefahr für den Körper. Deshalb sind diese Stoffe auch auf der Dopingliste aufgeführt. Man wird sich hüten müssen, ihre Wirkung mit einer echten Steigerung der Leistungsfähigkeit, die pharmakologisch nicht möglich ist, zu verwechseln.

Ob diese Ausführungen auch für den Spitzensportler gelten, ist zweifelhaft. Wahrscheinlich kann der Spitzenathlet seine letzten Reserven mobilisieren, ohne dabei Schaden zu erleiden, da er vor der Höchstleistung seine Organe und Organsysteme genügend trainiert hat. Das würde allerdings bedeuten, daß bei ihm derartige Dopingmittel auch gar keine Wirkungen haben könnten.

Während also die Leistungsbereitschaft als Komplex psychophysiologischer Größen tagesrhythmischen Schwankungen unterliegt, ist die Leistungsfähigkeit wenigstens über kürzere Zeiträume weitgehend konstant. Kardinalproblem ist nur, wie man sie mit hinreichender Sicherheit messen kann. Es muß hier gleich betont werden, daß es ein völlig befriedigendes Verfahren noch nicht gibt. Die einfachste Methode wäre, einer Versuchsperson auf einem Fahrradergometer eine bestimmte Leistung einzustellen, von der man annehmen kann, daß sie über der Dauerleistungsgrenze liegt, und dann zu messen, wie lange sie diese Leistung durchhalten kann. Aber selbst bei diesem sehr einfachen Test ergeben sich eine Reihe von Schwierigkeiten, die schon im vorigen Abschnitt besprochen wurden. Diese so gemessene Leistungsfähigkeit wäre von der Motivation abhängig. Man müßte sicher sein, daß die Versuchsperson maximal mitarbeitet. Man ist also auf ihre Mithilfe angewiesen. Ferner müßte man immer zur gleichen Tageszeit testen, da nur dann die Leistungsbereitschaft einigermaßen konstant ist. Es ergeben sich also eine ganze Reihe von Problemen, die einen solchen Leistungsfähigkeitstest wenigstens für den Bereich der industriellen Arbeit unsicher machen, ganz abgesehen davon, daß es gefährlich ist, ältere oder latent kranke Menschen bis an die Grenze ihrer Leistungsfähigkeit zu belasten.

Es wurden deshalb Verfahren eingeführt, die Reaktionen des kardiopulmonalen metabolischen Systems auf eine Leistung als Maßstab für die körperliche Leistungsfähigkeit zu verwenden. Die Unsicherheit in der Beurteilung der körperlichen Leistungsfähigkeit hat einleuchtende Gründe: Die klassischen Verfahren, über die wir im nächsten Abschnitt sprechen werden, beruhen immer darauf, das schwächste Glied des Systems zu bestimmen. Bei einer so gleichförmigen und undifferenzierten Tätigkeit, wie sie die Fahrradergometerarbeit oder auch das Laufen darstellen, ist das schwächste Glied einfach zu ermitteln: Es ist das Sauerstofftransport- und -verarbeitungssystem innerhalb des Organismus. Je komplizierter jedoch eine Leistung wird, desto mehr treten andere Faktoren in den Vordergrund, die die Leistungsfähigkeit begrenzen. Sie sind nicht so einfach mit physiologischen Testverfahren zu ermitteln und werden selbstverständlich durch Umweltbedingungen, aber auch durch das Zentralnervensystem modifiziert.

6.2. Bestimmung der Leistungsfähigkeit

6.2.1. Überblick über die verschiedenen Methoden

Verfahren zur Bestimmung der Leistungsfähigkeit beruhen darauf, den Anteil aerober und anaerober Energiebereitstellung direkt oder indirekt abzuschätzen. Jede Methode hat dabei ihre Vor- und Nachteile. Deshalb muß man alle Testverfahren mit der notwendigen kritischen Sicht betrachten, wozu man durch genügende Kenntnis ihrer physiologischen Grundlagen befähigt wird.

Eine rein aerob durchgeführte Leistung, bei der der muskuläre Bedarf an Energie durch die aerob gelieferte Energie (S. 39) voll gedeckt wird, kann aus muskelphysiologischer Sicht theoretisch ohne zeitliche Begrenzung durchgehalten werden, da die Energiebilanz ausgeglichen ist. Wird der Energiebedarf höher, als es der aerobe Energiebereitstellungsmechanismus leisten kann, wird bekanntlich Energie anaerob bereitgestellt, wobei einerseits der Verbrauch an Substratkohlenhydrat 18mal so groß wird, andererseits auch Stoffwechselendprodukte anfallen, die in großer Konzentration das Säure-Basen-Gleichgewicht der Zelle, aber auch des Gesamtorganismus erheblich stören. Der Muskel nimmt also „Kredite" (Währungseinheit Sauerstoff) in Form einer Sauerstoffschuld auf, die begrenzt sind. Wird das Kreditvolumen zu groß, muß der Muskel wegen Erschöpfung die Leistung abbrechen.

Wir gehen einmal davon aus, daß eine bestimmte physische Leistung einen Sauerstoffbedarf von 4 l/min habe, die von 2 unterschiedlich leistungsfähigen Menschen über einen Zeitraum von 5 Min. durchgeführt werden soll (Abb. 139). Der weniger leistungsfähige A (Abb. links) soll dabei in der Lage sein, 2 l O_2/min aerob, der leistungsfähigere B (Abb. rechts) dagegen 3 l O_2/min aerob zu decken. A muß also 2 l O_2/min anaerob, B dagegen

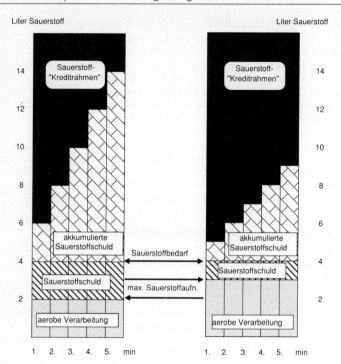

Abb. 139 Schematische Darstellung des Zusammenhangs zwischen maximaler Sauerstoffaufnahme (V'O₂max), Sauerstoffbedarf für eine Leistung und Sauerstoffschuld von 2 Menschen mit einer V'O₂max von 2 l/min (links) und 3 l/min (rechts) unter sonst gleichen Bedingungen. Der weniger Leistungsfähige geht pro Minute eine größere Sauerstoffschuld ein, die während der Arbeit akkumuliert wird und den zur Verfügung stehenden Kreditrahmen stärker in Anspruch nimmt, als das beim Leistungsfähigeren der Fall ist. Ausschöpfung des „Kreditrahmens" bedeutet körperliche Erschöpfung.

1 l O₂/min anaerob decken. B hat deshalb sein Kreditvolumen innerhalb der 5 min weniger in Anspruch genommen als A, der bereits 10 Liter O₂ kreditiert hat. Geht man vereinfacht von einer insgesamt möglichen Sauerstoffschuld von 15 l aus, so hat er bereits 2/3 seines Kreditrahmens ausgeschöpft, während B erst 1/3 in Anspruch genommen hat. Äquivalent der laktaziden O₂-Schuld (S. 52) ist das auftretende Laktat.

Der Test der maximalen O₂-Aufnahme beruht auf der Messung des maximalen Volumens/Zeit an O₂, das ein Mensch bei erschöpfender Leistung aufnehmen kann, wobei hier die ganze Kette von der Aufnahme durch die

Lunge bis zur Verarbeitung in der Muskulatur bestimmt wird. Der Test der aerob-anaeroben Schwelle geht gerade den entgegengesetzten Weg. Bei ihm wird der Leistungsbereich bestimmt, bei dem das Blutlaktat bestimmte Grenzkonzentrationen überschreitet. Der Test der Sauerstoffaufnahmekinetik bestimmt in erster Linie die Ausdauerleistungsfähigkeit der Arbeitsmuskulatur. Die Tests, die auf Veränderungen der Ventilation und der Herzfrequenz beruhen, nutzen die Kenntnisse der Regulation dieser Größen bei Muskelarbeit aus.

6.2.2. Aerobe Kapazität (maximale O_2-Aufnahme)

6.2.2.1. Die maximale O_2-Aufnahme beeinflussenden Faktoren

Wenn man eine große Leistung durchführen will, bei der viele Muskelgruppen beteiligt sind, so wird, wie früher schon gezeigt wurde, der Sauerstoffbedarf größer als das maximale O_2-Aufnahmevermögen. Wenn man diese Leistung so groß macht, daß sie in wenigen Minuten zur Erschöpfung führt, so sind 98% des maximalen O_2-Aufnahmevermögens etwa nach 3–4 Min. erreicht. Um zu verstehen, warum die aerobe Kapazität und die Höchstleistungsfähigkeit gekoppelt sind und warum z. B. durch Training die maximale O_2-Aufnahme als Ausdruck der Leistungsfähigkeitssteigerung erhöht ist, müssen wir uns klarmachen, welche Parameter das maximale O_2-Aufnahmevermögen begrenzen oder beeinflussen. Bei dieser Überlegung wollen wir uns auf gesunde Menschen beschränken. Die erste Größe, die dafür entscheidend ist, wäre das maximal mögliche Herzminutenvolumen, das selbst wieder von dem maximalen Schlagvolumen und der maximalen Herzfrequenz abhängt. Da aller Sauerstoff, der durch die Lunge in das Blut gelangt, vom Blut weitertransportiert wird, muß die Sauerstoffaufnahme stagnieren, wenn die a.v. Differenz an O_2 dieses maximalen Zeitvolumens ausgenutzt ist. Die weitere Größe ist demnach die a.v. Differenz des Blutes an Sauerstoff, auch die periphere Ausschöpfung genannt, die die maximale O_2-Aufnahme bestimmt. Diese Ausschöpfung ist von mehreren Faktoren abhängig, Faktoren, die wir im einzelnen schon in den verschiedenen Kapiteln besprochen haben. So sind die Kapillarisierung des Muskels und die Strömungsgeschwindigkeit des Blutes in den Kapillaren dafür maßgebend. Eine gute Kapillarisierung bewirkt eine größere Diffusionsoberfläche und deshalb eine bessere O_2-Ausschöpfung. Damit kommt das Blut mit verminderter O_2-Beladung wieder in der Lunge an und kann damit stärker aufgefüllt werden. Ferner wird die periphere Gesamtausschöpfung vor allem durch das Organsystem bestimmt, durch das das Blut fließt. Hier spielen Enzymbesatz und Kapillarisierung entscheidende Rollen. So wird das Blut im gut kapillarisierten Muskel weit besser ausgenützt als in der gut kapillarisierten Haut, da es im Muskel vor allem nutritiven, in der Haut jedoch wärmeregulierenden Zwecken dient. Bei gleichem maximalem Herzminutenvolumen wird die maximale O_2-Aufnahme um so niedriger, je größer die

Hautdurchblutung ist. Eine durch Training gesteigerte Kapillarisierung des Muskels, verbunden mit der Zunahme der für den aeroben Stoffwechsel notwendigen Enzyme, würde allein schon die maximale O_2-Aufnahme steigern.

Neben den genannten Einflüssen wird die maximale O_2-Aufnahme vor allem durch die Hämoglobinkonzentration im Körper beeinflußt. Dabei kann einmal die Hb-Konzentration ansteigen (Höhenanpassung), oder das Blutvolumen kann bei leicht reduzierter Hb-Konzentration zunehmen (Ausdauertraining), und zwar so, daß eine Zunahme der Gesamthämoglobinmenge erfolgt. Ein Hochtrainierter hat eine etwa um 3% des Normwertes gesenkte Hb-Konzentration, aber ein um etwa 15% erhöhtes Blutvolumen. Der zweite Weg ist effektiver, da eine zu große Hb-Konzentration wegen der Zunahme der Erythrozytenzahl die Blutviskosität so erhöht, daß die Herzarbeit größer wird und deshalb sowohl das maximale Herzminutenvolumen als auch die maximale O_2-Aufnahme wieder abnehmen.

Die mittlere Gesamtausschöpfung des Blutes bei Höchstleistung kann man mit 60% veranschlagen. Damit beträgt die a.v. Differenz bei 9,9 mmol/l (16 g%) Hb etwa 120 ml O_2/l Blut, was aber wiederum bedeutet, daß 25 l/min effektiver Durchfluß durch die Lunge eine maximale O_2-Aufnahme von $25 \cdot 0,120 = 3$ l/min bewirken kann. Wenn durch Training das Herzminutenvolumen auf maximal 35 l/min gesteigert werden könnte, dann wird allein hierdurch die maximale O_2-Aufnahme um 1,2 l/min auf 4,2 l/min anwachsen können. Wenn durch das Training die periphere O_2-Ausschöpfung um 5% auf 65% zunähme, was einer Zunahme von 10 ml O_2/l Blut der arteriovenösen Differenz entspräche, so könnte die maximale O_2-Aufnahme noch einmal um 350 ml/min gesteigert werden.

Beim Kranken kann die maximale O_2-Aufnahme noch durch andere Parameter begrenzt sein, die zumindest beim normalen jungen Menschen stets überdimensioniert sind, wie die Lungenventilation und das Diffusionsvermögen für Sauerstoff durch die Alveolarwand.

6.2.2.2. Bestimmung der maximalen O_2-Aufnahme

Die Bestimmung der maximalen O_2-Aufnahme beim Menschen setzt immer eine starke physiologische Belastung voraus, die man als Untersuchender nur dem Gesunden zumuten darf. **Man sollte eine solche Bestimmung niemals ohne vorausgegangene ärztliche Untersuchung des Probanden durchführen.** Kontraindikationen bestehen vor allem, wenn ein Herzinfarkt innerhalb der letzten 12 Monate stattgefunden hat, ferner bei Koronarinsuffizienzen, Hypertonie oder jeder anderen Art von Ruheinsuffizienz des Herzens. Abzubrechen ist die Untersuchung, wenn gehäuft Rhythmusstörungen am Herzen auftreten.

Die Technik der Messung an sich richtet sich besonders nach der Methode, wie die Sauerstoffaufnahme bestimmt wird. Einige Untersucher bestimmen die maximale O_2-Aufnahme während der Arbeit auf einem Laufband, bei der für Erwachsene ein Steigungswinkel von 10% und eine Geschwindigkeit von 10−14 km/h eingestellt wird. Je nach Leistungsfähigkeit ist eine untrainierte Versuchsperson dabei nach 4−6 Min. erschöpft. Frühestens 2 Min. nach Beginn der Arbeit wird die Ausatemluft über je eine Minute in 2 Douglas-Säcken (s. Anhang S. 329 f.) gesammelt. Die Differenz der O_2-Aufnahme, die man aus beiden Proben ermitteln kann, soll nur gering sein, da bereits nach 2 Min. bei dieser Leistung 90−98%, nach 3 Min. 95−98% der maximalen Sauerstoffaufnahme gemessen werden. Die Untersuchungsart empfiehlt sich besonders für Felduntersuchungen.

Für die Bestimmung der maximalen Sauerstoffaufnahme im Laboratorium eignet sich besser eine stufenförmige Erhöhung der Leistung. Allerdings wird die Zeitdauer der einzelnen Stufen sowie ihre Höhe in verschiedenen Instituten unterschiedlich festgesetzt, wobei häufig noch die Größe der zu erwartenden Leistungsfähigkeit einbezogen wird. Das Problem, das sich dahinter verbirgt, ist folgendes: Wird die Zeit der Stufe kurz, die Höhe der Stufe groß gewählt, wird die O_2-Aufnahme bei einem erschöpfungsbedingten Abbruch der Arbeit zu niedrig gemessen, da die O_2-Aufnahmekinetik (S. 50 ff.) zu langsam ist, um sich adäquat anpassen zu können. Bei langen Stufenzeiten tritt vor allem in höheren Leistungsbereichen schon erhebliche Ermüdung auf, die die Versuchsperson die Arbeit früher abbrechen läßt. Unter Berücksichtigung dieser Fehlerquellen gilt: Wenn die Arbeit abgebrochen wird, ist die maximale O_2-Aufnahme erreicht. Selbstverständlich ist dieser „Standardtest" auch bei der im Anhang beschriebenen fortlaufenden O_2-Bestimmungsmethode im geschlossenen System möglich. Um eine Vergleichbarkeit der Methoden zu erhalten, muß man jedoch wissen, daß man im geschlossenen System das Integral der letzten Minute mißt, während bei der Einzelatemzuganalyse der wirklich aktuelle Wert bei Erschöpfung bestimmt wird. Eine entsprechende Umrechnung ist einfach. Eine Darstellung, die den Ablauf und das Ergebnis eines Versuches zeigt, findet sich als Abb. 95 auf S. 182.

Die Bestimmung der maximalen O_2-Aufnahme bei Sportlern weist jedoch noch einige weitere Probleme auf, die man beachten sollte, wenn man eine vernünftige Aussage erhalten will. Das erste Problem hängt mit dem unterschiedlichen Trainingszustand der Muskelgruppen zusammen, die bei der Spezialdisziplin benutzt werden. Bestimmt man die maximale O_2-Aufnahme auf dem Fahrradergometer, so wird man auch bei einem Radsportler die Muskelgruppen belasten, die für seine Leistung entscheidend sind. Der Langstreckenläufer − in der gleichen Weise getestet − zeigt dagegen zu niedrige Werte an, da er teilweise nichttrainierte Muskelgruppen belastet. Man mißt hier eine maximale O_2-Aufnahme also korrekterweise auf dem Laufband. Im Idealfall müßte man also für jede einzelne Sportart einen eigenen Ergometertyp entwickeln.

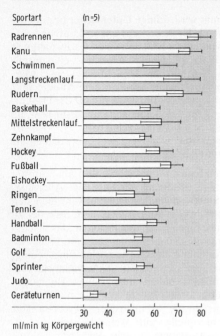

Sportart   (n=5)

Radrennen
Kanu
Schwimmen
Langstreckenlauf
Rudern
Basketball
Mittelstreckenlauf
Zehnkampf
Hockey
Fußball
Eishockey
Ringen
Tennis
Handball
Badminton
Golf
Sprinter
Judo
Geräteturnen

30 40 50 60 70 80
ml/min kg Körpergewicht

Abb. 140   Maximale O_2-Aufnahme von Spitzensportlern verschiedener Disziplinen (aus: W. Hollmann: Zentrale Themen der Sportmedizin. Springer, Berlin 1972).

Des weiteren problematisch und immer wieder diskutiert ist die Frage, ob bei Hochtrainierten möglicherweise doch die lokale Muskelausdauer den begrenzenden Faktor bei Fahrradergometerbelastung darstellt. Dieses scheint jedoch nicht der Fall zu sein, wie Versuche in unserem Institut kürzlich gezeigt haben.

6.2.2.3. Kriterien für die Auslastung des Probanden

Voraussetzung für die richtige Bestimmung der maximalen O_2-Aufnahme ist, daß sich der Proband genügend auslastet. Es gibt eine Reihe von Kriterien, um festzustellen, ob der Proband wirklich erschöpft ist oder ob er mangels Motivation die Arbeit zu früh abgebrochen hat. Eines der zuverlässigsten Kriterien ist das Atemäquivalent, unter dem man den Quotienten zwischen der Ventilation und der O_2-Aufnahme ($V'_E/V'O_2$) versteht. In Ruhe hat das Atemäquivalent den Wert von etwa 20−25. Infolge des überproportionalen Atemantriebes oberhalb der Dauerleistungsgrenze steigt es an und sollte bei Auslastung einen Wert von 40−50 erreichen, wobei der Anstieg kurz vor der Erschöpfung besonders steil ist. Der endexspiratorische CO_2-Druck sollte dabei Werte von etwa 4 kPa erreichen.

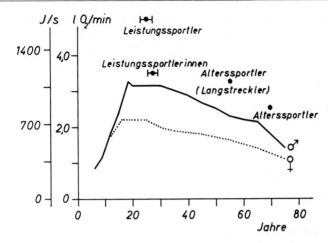

Abb. 141 Maximales Sauerstoffaufnahmevermögen untrainierter Menschen als Funktion von Lebensalter und Geschlecht (durchgezogene Kurven). Zum Vergleich sind Werte von Ausdauersportlern eingezeichnet (aus: W. Hollmann: Der Arbeits- und Trainingseinfluß auf Kreislauf und Atmung. Steinkopff, Darmstadt 1959).

Die maximale Pulsfrequenz, die bei Auslastung erreicht wird, hängt weitgehend vom Alter des Probanden ab und ist deshalb nur ein sehr relativer Maßstab. Es ist daher empfehlenswert, sich nicht nur nach einem Kriterium, sondern nach der Kombination aller zu richten. Dazu bedarf es einiger Erfahrung.

Bei der Frau liegt die maximale O_2-Aufnahme wegen des kleineren Herzens normalerweise unter der des Mannes. Sie zeigt etwa den gleichen Altersgang und die gleiche durch Training erreichbare prozentuale Zunahme.

6.2.2.4. Bereiche der maximalen O_2-Aufnahme bei beiden Geschlechtern

Man geht heute mehr dazu über, die maximale O_2-Aufnahme in ml/min · kg (kg = Körpergewicht in kg) anzugeben, da mit diesem Verfahren erhebliche Verzerrungen herausfallen. Ein kleiner, schmächtiger Läufer hat mit 4 l/min maximaler O_2-Aufnahme eine sehr große Leistungsfähigkeit im Vergleich zu einem 90 kg schweren Athleten mit dem gleichen Meßwert. Normale Werte für junge Trainierte und Untrainierte sind in Tab. 10 aufgeführt.

Daß Trainiertsein ein sehr uneinheitlicher Begriff ist, geht aus Abb. 140 hervor. Hier ist der Mittelwert von 5 Spitzenathleten der bezeichneten Sportart aufgetragen. Man kann der Abbildung entnehmen, daß die maxi-

Tabelle 10 Durchschnittswerte der maximalen O_2-Aufnahme bei Trainierten und Untrainierten (M = männlich, W = weiblich)

	Max. O_2-Aufnahme (l/min)	Max. O_2-Aufnahme/ K.-Gew. (l/min·kg)
Trainierte (M)	4,8	67
Untrainierte (M)	3,2	44
Trainierte (W)	3,3	55
Untrainierte (W)	2,3	38

male O_2-Aufnahme bei typischen Ausdauersportarten wesentlich größer als bei Koordinationssportarten ist. Abb. 141 zeigt die Altersabhängigkeit der maximalen O_2-Aufnahme für beide Geschlechter.

6.2.3. Bestimmung der Ausdauerleistungsfähigkeit mit Hilfe der Sauerstoffaufnahmekinetik

Die Grundlagen der Sauerstoffaufnahmekinetik wurden bereits auf S. 50 ff. besprochen. Das Problem, das hier dargestellt werden soll, ist, wie man sich das Verhalten der Sauerstoffaufnahme nach sprungförmigem Leistungswechsel zunutze machen kann, um die Leistungsfähigkeit zu beurteilen. Zu diesem Zweck betrachten wir Abb. 142, die schematisch für zwei Versuchspersonen darstellt, wie sich die Sauerstoffaufnahme an den Sauerstoffbedarf anpaßt, wenn die Leistung sprungförmig erhöht wird. Versuchsperson A soll leistungsfähiger sein als Versuchsperson B. Die Energie für die nun höhere Leistung muß sofort zur Verfügung stehen: Sie wird bekanntlich aerob und anaerob bereitgestellt (vgl. S. 36 ff., 39 ff.). Da bei A die Sauerstoffaufnahme schneller als bei B ansteigt, ist der Betrag der Sauerstoffschuld geringer als bei B. A schöpft also seinen „Kreditrahmen" an Sauerstoff weniger aus. Es ist einleuchtend, daß man also mit Hilfe der Sauerstoffaufnahmekinetik die Leistungsfähigkeit messen kann, wenn man sie genau genug erfassen kann.

Theoretisch ist das Verfahren also einfach zu verstehen. Meßtechnisch sind die Probleme jedoch ziemlich groß. Zunächst setzt die Kinetikmessung voraus, daß man die Sauerstoffaufnahme in möglichst kleinen Intervallen messen kann, um damit die Zeitfunktion und die zugehörige Zeitkonstante möglichst genau zu bestimmen. Das kleinste Intervall, in dem man die Sauerstoffaufnahme messen kann, wird vom einzelnen Atemzug eingenommen. Man braucht also eine Einzelatemzuganalyse, wie sie im Anhang, S. 332 ff., dargestellt ist. Die Atmung ist (vom Standpunkt des Experimentators leider) kein Sinusgenerator, d. h., jeder einzelne Atemzug ist etwas unterschiedlich. Das bewirkt, daß die Ergebnisse streuen. Der Ausdauertrainierte hat dazu noch eine sehr langsame Atemfrequenz, so daß man bei-

Abb. 142 Kinetik der Sauerstoffaufnahme von zwei unterschiedlich leistungsfähigen Versuchspersonen (A>B). Bei A ist die Energiegewinnung in Richtung aerober Stoffwechsel verschoben.

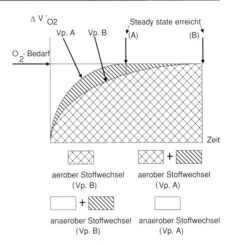

spielsweise bei einem Leistungssprung von 20 auf 100 Watt nur 6—8 Atemzüge erhält, bis die Sauerstoffaufnahme ihr neues Steady state erreicht. Durch beide Tatsachen wird die Bestimmung der Zeitkonstanten zu ungenau, um wirklich relevante Aussagen machen zu können.

Träge Systeme — wie dieses — kann man hinsichtlich ihres Zeitverhaltens auch analysieren, wenn man das System statt mit einer Sprungfunktion mit Sinusfunktionen variabler Frequenz, aber konstanter Amplitude stimuliert. Im vorliegenden Falle würden wir die Versuchsperson statt mit einem Leistungssprung von 20 auf 100 Watt mit sinusförmigen Leistungsänderungen mit der entsprechenden Amplitude belasten und wieder die Sauerstoffaufnahme atemzugweise messen. Für jede Leistungsfrequenz erhalten wir dann eine Antwortkurve der Sauerstoffaufnahme gleicher Frequenz, die um einen bestimmten Phasenwinkel verschoben ist, mit variabler Amplitude, die um so kleiner wird, je höher die Frequenz ist. Aus beiden Größen, dem Phasenwinkel zwischen Eingangs- und Ausgangsfunktion und der frequenzabhängigen Amplitudenabnahme, kann man die Zeitkonstante und damit die Kinetik bestimmen. Diese Methode wäre sehr genau, dafür aber auch sehr zeitaufwendig, da man eine Reihe von Frequenzen vorgeben muß.

Die Bestimmung von dynamischen Prozessen in Systemen spielt in den Ingenieurwissenschaften eine große Rolle. Deshalb wurden hier technische Verfahren entwickelt, welche die notwendige Untersuchungszeit abkürzen. Das Prinzip besteht darin, das Übertragungsverhalten zwischen Eingang und Ausgang nicht mit einzelnen Frequenzen nacheinander, sondern gleichzeitig zu untersuchen. Statt einer Sinusschwingung wird das System mit einem Frequenzgemisch (sog. Rauschen) stimuliert. Oft benutzt man dazu ein statistisches Rauschen, auch „pseudorandom binary sequence" (PRBS) genannt.

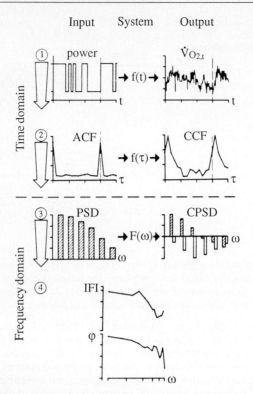

Abb. 143 Prinzip der PRBS-Methode: 1. Das Leistungsmuster des Ergometers (sog. PRBS) als Input, die Sauerstoffaufnahme $V'O_2$ (Einzelatemzuganalyse) als Output. f(t) ist die Gewichtsfunktion in der Zeitebene (time domain) des Systems. 2. Durch die Auto- (ACF) und Crosskorrelationsfunktionen (CCF) zwischen Input und Output werden zufällige Störungen eliminiert (noise-reduction). f(t) entspricht somit der Funktion f(τ). 3. Transformation in die Frequenzebene (frequency domain): Power spectral density (PSD) und Cross spectral density (CPSD) werden durch eine Fourier-Transformation von ACF und CCF berechnet. Die schraffierten Balken stellen den reellen Teil, die weißen Balken den imaginären Teil dar. Die Frequenzantwort F(ω) charakterisiert die Input-Output-Relation zwischen Eingangs- und Ausgangsfrequenz. 4. Die Frequenzabhängigkeit, dargestellt als „Bode-Diagramm". | F(ω) |: Amplitudenverhältnis (ml / min · W) ; $\Phi(\omega)$: Phasenwinkel in Grad zwischen der Leistungsfunktion, die durch das Ergometer vorgegeben ist, und der $V'O_2$-Antwort, die man erhielte, wenn die Leistung sinusförmig geändert würde. (aus: D. Eßfeld, U. Hoffmann, J. Stegemann: $V'O_2$ kinetics in subjects differing in aerobic capacity: investigations by spectral analysis. Eur. J. appl. Physiol. 56 [1987] 508–515).

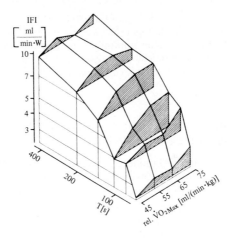

Abb. 144   Das mittlere Amplitudenverhältnis | F | und die Leistungs − V'O₂-Beziehung (Abb. 145) für die ersten 6 Harmonischen der PRBS − Zyklusfrequenz in doppelt logarithmischer Darstellung. Die Periodendauer T(s) ist hier statt der üblichen Winkelfrequenz ω(rad · s⁻¹) aufgetragen, um die errechnete sinusfömige Eingangsfrequenz zu charakterisieren (T = 2π · ω⁻¹). Die vier Gruppen für die V'O₂ max stellen gruppierte Mittelwerte dar (aus: D. Eßfeld, U. Hoffman, J. Stegemann: V'O₂ kinetics in subjects differing in aerobic capacity: investigations by spectral analysis. Eur. J. appl. Physiol. 56 [1987] 508−515).

Die Anwendung auf das Problem der Sauerstoffaufnahmekinetik zeigt Abb. 143. Das PRBS-Signal besteht aus einzelnen Leistungssprüngen zwischen z. B. 20 und 100 Watt. Die Signalsequenz enthält alle für die Untersuchung notwendigen Frequenzen. (Dazu muß man wissen, daß mathematisch Rechtecksprünge in Frequenzen zerlegt werden können.) Das Ausgangssignal − die Atemzug für Atemzug registrierte Sauerstoffaufnahme − (links abgebildet) enthält sowohl Phasenwinkel wie Amplitudenverhältnis, die man allerdings nur durch entsprechende mathematische Verfahren quantifizieren kann. Um nun alle zufälligen Störungen zu eliminieren, berechnet man die Auto- und Crosskorrelationsfunktion. Durch eine folgende Fourier-Analyse kann man das Frequenz- und Phasenverhalten für eine Grundfrequenz und die jeweiligen harmonischen Schwingungen sichtbar machen.

Abb. 144 zeigt das so bestimmte Amplitudenverhältnis von 37 Versuchspersonen unterschiedlicher Leistungsfähigkeit. Auf der x-Achse ist die Periodendauer der so errechneten Frequenz, auf der y-Achse das Amplitudenverhältnis und auf der z-Achse die unabhängig von diesem Test ermittelte relative maximale Sauerstoffaufnahme aufgetragen. Wie zu erwarten, fällt das Amplitudenverhältnis bei längerer Periodendauer T (= höherer Frequenz) um so früher ab, je geringer die Leistungsfähigkeit der Versuchspersonen ist. Die Methode ist sehr empfindlich und besonders geeignet, ohne große Belastung die Dauerleistungsfähigkeit zu beurteilen. Sie eignet sich deshalb auch für die Untersuchung von Patienten, die man nicht hoch belasten will oder darf.

6.2.4. Bestimmung der Leistungsfähigkeit mit Hilfe der aerob-anaeroben Schwelle

E. A. Müller hat schon vor 35 Jahren aufgrund des Verhaltens der Herzfrequenz (S. 145) und der O_2-Aufnahme bei unterschiedlicher Leistungsdauer und Intensität die verschiedenen Leistungsgrenzen definiert:

● Unterhalb der Dauerleistungsgrenze wird ein Fließgleichgewicht (Steady state) zwischen dem Energieverbrauch der Muskulatur und der aeroben Energiegewinnung erreicht. Man nennt sie auch Pulsfrequenzausdauergrenze. Sie ist dadurch gekennzeichnet, daß im Bereich des Steady state die Herzfrequenz konstant bleibt.

● Das „Schein-Steady-state" ist definiert als die Grenze, bei der ein Teil der Muskulatur bereits anaerob arbeitet, obwohl Laktatbildung und Utilisation (Verbrauch durch Herz und andere Organe) noch ein Gleichgewicht erreichen. In diesem Bereich bleibt die anfangs eingegangene O_2-Schuld konstant, die Herzfrequenz zeigt einen stetigen Anstieg. Das Schein-Steady-state wurde deshalb auch später als O_2-Ausdauergrenze bezeichnet.

E. A. Müller stellte für langdauernde Arbeit im Bereich des Schein-Steady-state fest, daß eine solche Leistung nur begrenzt durchgeführt werden konnte, und vermutete, daß dabei der Glykogengehalt der Muskelzelle begrenzend sei. Bei Leistungen oberhalb der Grenze des Schein-Steady-state nimmt dann die O_2-Schuld über die Dauer der Arbeitszeit ständig zu, wobei Laktat im Organismus akkumuliert wird.

Damals konnte man zumindest routinemäßig das Laktat nicht bestimmen, da man größere Blutmengen aus dem arteriellen System dazu benötigte. Heute ist die Analysentechnik so entwickelt, daß man „arterialisiertes" Blut, das praktisch dem arteriellen entspricht, aus dem Ohrläppchen entnimmt, das vorher mit einer durchblutungsfördernden Salbe eingerieben wurde. Dies ist deshalb möglich, weil man für die Analyse nur wenige µl Blut benötigt. Deshalb ist in den letzten Jahren das Konzept wiederentdeckt und wesentlich quantitativ erforscht und zu einer brauchbaren Methode, besonders für die Bestimmung der sportlichen Leistungsfähigkeit, entwickelt worden. Es scheint allerdings, daß durch den wissenschaftlichen „Laktatboom" die Methode der Bestimmung der Leistungsfähigkeit über das Verhalten der Herzfrequenz (s. Abschnitt 6.4) in Vergessenheit gerät.

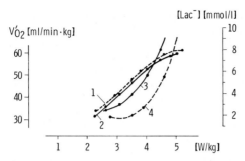

Abb. 145 Das Verhalten der relativen O_2-Aufnahme (Kurven 1 + 2) und der Laktatkonzentration im Blut (Kurven 3 + 4) bei stufenförmigem Leistungsanstieg vor (durchgezogene Linie) und nach (gestrichelte Linie) einem 6wöchigen Ausdauertraining bei einem Amateurradrennfahrer. Die Laktatkonzentration bei jeweils gleicher Leistungsstufe wird gesenkt, während die relative O_2-Aufnahme, einschließlich der max. O_2-Aufnahme, weitgehend konstant bleibt (nach: Mader et al. 1976).

Diese einfachen Herzfrequenztests sind nämlich besonders geeignet für den Praktiker, der nicht die Möglichkeiten der aufwendigen Bestimmungen des Laktats besitzt.

Wenn man die Leistung nach dem auf S. 261 beschriebenen Standardtest stufenförmig innerhalb 3 Min. um 40 W steigert, so stellt man fest, daß die Laktatkonzentration bei einer individuellen Leistungsgröße einen Wert von 2 mmol/l überschreitet. Man bezeichnet diesen Wert als aerobe Schwelle. Unterhalb dieses Bereiches wird die Leistung wohl überwiegend, abgesehen vom initialen Laktat bei Arbeitsbeginn, aerob durchgeführt. Oberhalb einer Laktatkonzentration von 2 mmol/l bis ca. 4 mmol/l befindet sich dann der aerob-anaerobe Übergangsbereich, den man etwa mit dem Schein-Steady-state gleichsetzen kann. Hier beginnen immer mehr Muskelgruppen anaerob zu arbeiten. Dabei muß man sich darüber klar sein, daß dieser Übergang fließend ist. Eine biomechanisch günstig gelegene Muskelgruppe kann hier noch voll aerob, eine andere auxiliäre Gruppe bereits partiell anaerob arbeiten. Oberhalb einer Laktatkonzentration von 4 mmol/l, der „anaeroben Schwelle", stellt sich offenbar kein Gleichgewicht mehr zwischen Laktatproduktion und Utilisation ein. Die Leistungsfähigkeit läßt sich ablesen aus der Leistungsstufe, bei der individuell die aerobe und die anaerobe Schwelle überschritten wird. In Abb. 145 ist schematisch die Änderung einer Laktatkurve im Verlauf eines Ausdauertrainings dargestellt.

Die Methode ist für praktische Zwecke durchaus brauchbar, theoretisch sind jedoch noch einige Fragen unbefriedigend beantwortet. Die Laktatkonzentration im arteriellen Blut hängt von mehreren durch Ausdauertraining veränderten Faktoren ab. Die Laktatproduktion ist eine Funktion der

Enzymaktivität der Mitochondrien und ihrer O_2-Versorgung (S. 45f.). Die Laktatausschwemmung aus den Zellen in das venöse Blut hängt von der Durchlässigkeit der Zelle gegen Laktat ab. Der Diffusionswiderstand der Zellwand gegen Laktat soll erheblich sein. Ob er sich durch Training verändern kann, ist bisher nicht erforscht. Konzentration ist bekanntlich Stoffmenge/Lösungsmittel. Die Laktatkonzentration, die man im Blut messen kann, hängt also ab von dem Flüssigkeitsgehalt des Extrazellulärraums, der Größe des Blutvolumens und der Flüssigkeitsverteilung zwischen Zelle und Extrazellulärraum. Die Laktatutilisation ist eine Funktion des Trainingszustandes des Herzens, da der Herzmuskel um so mehr Laktat verbraucht, je besser er trainiert ist, weil er mehr Mitochondrien enthält, aber auch des vegetativen Tonus, weil dieser die Regeneration von Laktat zu Glukose in Leber und Niere steuert.

Man erkennt also deutlich, daß die arterielle Laktatkonzentration multifaktoriell durch sehr viele Einflüsse bestimmt wird, die mit dem Ausdauertraining zusammenhängen. Insofern ist also diese Methode nicht spezifisch für den Trainingszustand der Skelettmuskulatur, sondern stellt eher eine Art Bruttokriterium für die Ausdauerleistungsfähigkeit dar.

Ein Vergleich mit anderen Methoden zur Bestimmung der Ausdauerleistungsfähigkeit zeigte neuerdings, daß bei Hochtrainierten die aerob-anaerobe Schwelle nicht konstant ist, sondern nach unten verschoben sein kann.

6.2.5. Bestimmung der Leistungsfähigkeit mit Hilfe des Herzfrequenzverhaltens

6.2.5.1. Bestimmung der Pulsfrequenz während und nach Arbeit

Die Herzfrequenz läßt sich ohne große Schwierigkeiten bestimmen. Für praktische Zwecke im Sport kann man mit dem Zeigefinger die Pulse der A.radialis (unterhalb des Daumenballens) oder der A.carotis am Hals fühlen. Die pro Minute bestimmte Pulszahl ist dann die Pulsfrequenz, die beim Gesunden der Herzfrequenz entspricht. Heute gibt es preiswerte Meßgeräte, die die Pulsfrequenz über Fotozellen am Ohrläppchen oder am Finger abgreifen. Für genauere Untersuchungen benutzt man die R-Zacke des EKG, die den Trigger für einen Herzfrequenzzähler liefert. Da früher meist die Pulsfrequenz bestimmt wurde, spricht man häufig von Arbeitspulsfrequenz, Erholungspulssumme etc., auch wenn die Herzfrequenz mit Hilfe des EKG bestimmt wurde.

Abb. 146 zeigt im unteren Teil das Verhalten der Herzfrequenz bei einer Arbeit unterhalb der Dauerleistungsgrenze. Die Herzfrequenz steigt mit Arbeitsbeginn an und erreicht nach kurzer Zeit das Steady state. Nach Arbeitsende fällt sie relativ schnell wieder auf den Ruhewert zurück. Liegt

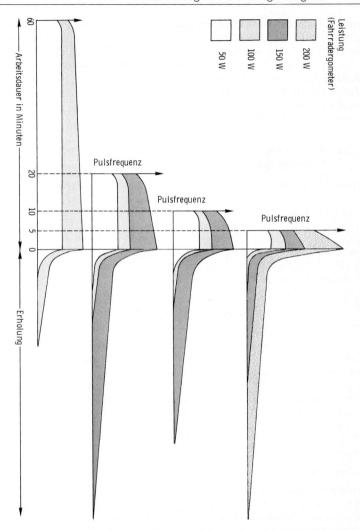

Abb. 146   Das Verhalten der Pulsfrequenz während und nach Arbeit verschiedener Intensität und Dauer (aus: G. Lehmann: Praktische Arbeitsphysiologie. Thieme, Stuttgart 1962).

eine Leistung über der Dauerleistungsgrenze, so steigt die Herzfrequenz zunächst steil an, erreicht kein Steady state und nimmt bei weiterer Arbeitsleistung kontinuierlich mit der Zeit zu. Nach Arbeitsende kehrt sie zögernd zum Ausgangswert zurück. Man kann die Dauerleistungsgrenze also aus 2 Reaktionen der Herzfrequenz bestimmen: einmal aus dem Verhalten während der Arbeit, zum anderen auch aus dem Verhalten nach der Arbeit. Dabei ist, wie wir noch im einzelnen sehen werden, ihr Verhalten während der Arbeit unter Laborbedingungen geeigneter, ihre Höhe festzulegen, während die Messung des Verhaltens der Herzfrequenz nach der Arbeit besonders dazu dienen kann, festzustellen, ob und wie weit die Dauerleistungsgrenze des Menschen überschritten wurde.

6.2.5.2. Bestimmung der Leistungsfähigkeit mit Hilfe der Erholungspulssumme

Betrachten wir Abb. 147, so erkennen wir, daß die Pulsfrequenz bei der leichten − nicht ermüdenden − Leistung innerhalb weniger Minuten wieder ihren Ruhewert erreicht hat. Sie kehrt von ihrem Arbeitsendwert in Näherung mit einer negativen Exponentialfunktion auf ihren Ausgangswert zurück. Eine nähere Analyse zeigt, daß sich ihr Verlauf zumindest durch die Summe von 2 Exponentialfunktionen annähern und ermitteln läßt. Daraus kann man schließen, daß mehrere zeitlich unterschiedlich ablaufende Restitutionsprozesse die Pulsfrequenz beeinflussen.

Die Erholungspulssumme (EPS) stellt mathematisch das Integral der Pulsfrequenzdifferenz Arbeit minus Ruhe vom Arbeitsende bis zum Wiedererreichen des Ruhewertes dar. Sie hat demnach die Einheit „Pulse".

Praktisch bestimmt man sie folgendermaßen: Zunächst mißt man die Ruhepulsfrequenz. Unmittelbar nach Ende der Leistung zählt man minutenweise die Pulsfrequenz aus, zieht jeweils die Ruhepulsfrequenz ab und summiert die so erhaltenen Werte so lange, bis die Ruhepulsfrequenz wieder erreicht ist. Problematisch ist häufig festzulegen, wann die Ruhepulsfrequenz wieder erreicht ist, da sie manchmal sogar den Ruhewert unterschreiten kann. Da summiert wird, ist am Ende wegen der geringen Abweichung von der Ruhepulsfrequenz in diesem Bereich der Fehler jedoch nicht sehr groß. Ein Beispiel zeigt Abb. 148.

Als Faustregel zur Beurteilung der Leistungsfähigkeit gilt folgendes:

Ist die EPS kleiner als 100 Pulse, war die Dauerleistungsgrenze nicht überschritten. Je größer die Ermüdung, um so größer die EPS. Sie erreicht besonders große Werte (>10000), wenn beispielsweise im Bereich der anaeroben Schwelle sehr lange Zeit gearbeitet wurde. Die Erholungspulssumme ist etwa proportional der Beziehung: (aktuelle Leistung − Dauerleistungsgrenze) · Zeit · K, wobei K eine individuelle Konstante ist.

Die Methode der EPS-Messung hat also den Vorteil, daß sie zur Beurteilung der Ausdauertrainingsintensität eingesetzt werden kann. Wie wir noch später sehen werden, ist ein Training nämlich nur wirksam, wenn die Ausdauergrenze überschritten wurde.

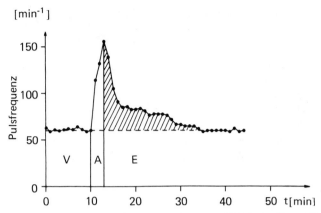

Abb. 147   Die Bestimmung der Erholungspulssumme EPS (schraffierte Fläche). V = Vorperiode zur Bestimmung der Ruhepulsfrequenz, A = Arbeit (hier mit einer Dauer von 3 Min. und einer Leistung von 240 W), E = Erholungsperiode zur Messung der EPS, -•-•-•- = Pulsfrequenz, − − − = Ruhepulsniveau (aus: D. Fassbender: Der Einfluß von Arbeitszeit und Leistung auf die physische Ermüdung, gemessen an der Erholungspulssumme. Diss., Köln 1969).

6.3. Schätzung der Leistungsfähigkeit aufgrund des Verhaltens des „Sauerstoffpulses"

Als Sauerstoffpuls bezeichnet man die Sauerstoffmenge, die pro Pulsschlag aufgenommen wird. Die Bestimmung des Sauerstoffpulses ist einfach. Man ermittelt über eine bestimmte Zeit, z.B. 5 Min., die Sauerstoffaufnahme (ml/min) und die Pulsfrequenz (Pulse/min), teilt beide Größen durcheinander und erhält so den Sauerstoffpuls. Abgesehen davon, daß Quotienten immer schwierig zu durchschauen sind, ist die Deutung des Sauerstoffpulses besonders schwierig, weil die gewonnenen Zahlen leicht dazu verführen, einfache Zusammenhänge zu komplizieren. Um dieser Gefahr nicht zu erliegen, wollen wir ganz kurz die Zusammenhänge schematisieren.

Bei der Sauerstoffpulsmethode muß man besonders den mathematischen Zusammenhang betrachten, wie er aus Abb. 148 hervorgeht. Verlängert man die lineare Beziehung zwischen Pulsfrequenzzunahme und Sauerstoffaufnahme nach links, so wird bei der Sauerstoffaufnahme 0 die y-Achse bei einem positiven Wert geschnitten, also bei einer Pulsfrequenz, die weit über 0 liegt. Es braucht nicht besonders betont zu werden, daß dieser Bereich links neben der senkrechten Linie, die den Ruheumsatz darstellen soll, nur theoretische Bedeutung hat. Aus diesem Bereich kann sogar der mathema-

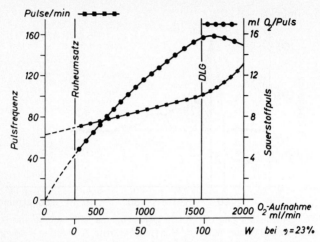

Abb. 148   Die Beziehung zwischen Pulsfrequenz als Funktion der Leistung, Sauerstoffaufnahme als Funktion der Leistung und dem sog. Sauerstoffpuls. η = Wirkungsgrad, DLG = Dauerleistungsgrenze.

tisch wenig Geübte ersehen, daß im Schnittpunkt mit der y-Achse der Sauerstoffpuls den Wert 0 haben muß. Mit steigender Sauerstoffaufnahme muß er zunehmen, eine Tatsache, die sich einfach aus dem formalen Zusammenhang ergibt. Die Quotientenbildung führt also dazu, daß aus einer linearen Funktion zwischen Pulsfrequenzzunahme und Sauerstoffmehrverbrauch eine unlineare, von der Leistung abhängige Funktion wird. Diese Tatsache erleichtert es dem Ungeübten nicht gerade, die Leistungsfähigkeit eines Probanden zu schätzen.

Die Dauerleistungsgrenze ist erreicht, wenn mit steigender Leistung der Sauerstoffpuls konstant bleibt oder abfällt.

6.4. Muskelermüdung

6.4.1. Entstehung

Jede Leistung oberhalb der Dauerleistungsgrenze führt zu einer Einschränkung der Leistungsfähigkeit, die man als Muskelermüdung oder periphere Ermüdung bezeichnet. Wie bei der Besprechung des Muskelstoffwechsels (S. 27 ff.) und der Dauerleistungsfähigkeit schon ausführlich dargestellt wurde, ist die Voraussetzung für eine durch muskuläre Faktoren unbegrenzte Leistung, daß sich noch ein Steady state (Fließgleichgewicht) zwischen aerober Energiebereitstellung und Energiebedarf einstellen kann.

Kann der Energiebedarf nicht mehr aerob gedeckt werden, so setzt die anaerobe Energiegewinnung und damit Ermüdung ein. Die Ursache der Muskelermüdung liegt also darin, daß das physikochemische Gleichgewicht so gestört wird, daß der lokale Energievorrat nach einer bestimmten Zeit erschöpft ist. Das Ausmaß der Ermüdung bezeichnet man als Ermüdungsgrad. Unter reduzierten Belastungsbedingungen oder in Ruhe erfolgt die Erholung, die in einer Wiederherstellung des Gleichgewichtes besteht. Das Ausmaß der Erholung bezeichnet man als Erholungsgrad.

6.4.2. Muskelermüdung und Pausengestaltung

Wenn wir das biochemische Ungleichgewicht mit dem Grad der Ermüdung gleichsetzen, dann ergeben sich daraus für den Rhythmus zwischen Arbeitszeit und Pause wichtige Konsequenzen. Zwei Faktoren beeinflussen im wesentlichen die Erholung: der Abtransport von Stoffwechselendprodukten und der Wiederaufbau der abgebauten Substanzen. Für die erste Reaktion gilt in Näherung das Fick-Diffusionsgesetz. Nach diesem Gesetz ist unter sonst gleichen Bedingungen die Diffusionsgeschwindigkeit der Konzentrationsdifferenz proportional. Wenn wir diese Tatsache hier berücksichtigen, ergibt sich daraus, daß unmittelbar nach Arbeitsende die Konzentrationsdifferenz zwischen Zelle, Extrazellulärraum und Kapillare ein Maximum hat, das sich mit der Zeit verringert. Würde das Blut in den Kapillaren stehen, so würde der Ausgleich mit einer Exponentialfunktion erfolgen. Auch bei fließendem Blut entspricht die Konzentrationsabnahme im Muskel in Näherung einer Exponentialfunktion. Ähnliche Gesetzmäßigkeiten gelten auch für den Wiederaufbau energiereicher Verbindungen, die nach dem Massenwirkungsgesetz erfolgen, bei dem bekanntlich die Reaktionsgeschwindigkeit unter sonst gleichen Bedingungen vom Konzentrationsprodukt der Reaktionspartner abhängt. Auch hier erfolgt der Aufbau unmittelbar nach der Arbeit schneller, da das Konzentrationsprodukt ein Maximum hat. Die Reaktionsgeschwindigkeit nimmt also mit einer Exponentialfunktion ab. Beide Größen verlaufen so, daß der Erholungswert einer Pause entsprechend einer Exponentialfunktion abnimmt. Der Pausenbeginn ist also für die Erholung viel wirksamer als das Ende einer längeren Pause.

Das Ergebnis von Experimenten bezüglich der Verteilung von Arbeitszeit und Pause auf dem Fahrradergometer zeigt Abb. 149. Die Abbildung zeigt den Verlauf der Pulsfrequenz, wobei immer mit der gleichen Leistung von 200 W auf dem Fahrradergometer gearbeitet wurde. Der obere Kurvenverlauf ergibt sich, wenn zweimal 5 Min. gearbeitet wurde, unterbrochen durch eine Pause von 7,5 Min. Die Pulsfrequenz erreicht hier recht hohe Werte. Als Maß für den Ermüdungsgrad zeigt die Erholungspulssumme bei der geleisteten Gesamtarbeit von rund 120 kWs ebenso recht hohe Werte. Günstiger ist es schon, wenn jeweils 2 Min. gearbeitet und dann 3 Min. pausiert wird. Die mögliche Gesamtarbeit, die bis zur Erschöpfung geleistet werden

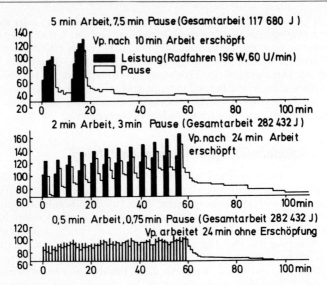

Abb. 149   Die Wirkung unterschiedlicher Verteilung von Arbeitszeit und Pause auf die Ermüdung (gemessen an der Pulsfrequenz) (aus: K. Karrasch, E. A. Müller: Das Verhalten der Pulsfrequenz in der Erholungsperiode nach körperlicher Arbeit. Arbeitsphysiologie 14 [1951] 369–378).

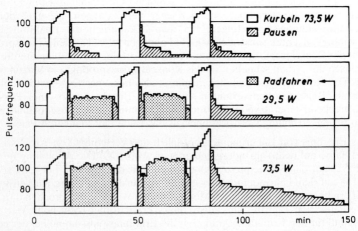

Abb. 150   Erholung nach Kurbelarbeit bei Radfahrarbeit in den Pausen (aus: E. A. Müller: Die physische Ermüdung. In: E.W. Baader: Handbuch der gesamten Arbeitsmedizin, Bd. I, Urban & Schwarzenberg, München 1961).

kann, ist mehr als doppelt so hoch. Die Erholungspulssumme ist dennoch nicht viel größer. Noch günstigere Bedingungen zeigt die untere Darstellung, bei der 1/2 Min. Arbeit mit 3/4 Min. Pause abwechseln. Bei gleicher Gesamtarbeit ist die Versuchsperson kaum erschöpft, sondern die Erholungspulssumme als Maß für den Ermüdungsgrad ist extrem niedrig. Aufgrund dieser experimentellen Befunde bestätigt sich also die theoretische Ableitung, daß kürzere Intervallpausen für die Erholung wesentlich wirksamer als länger dauernde Pausen sind.

6.4.3. Erholung beim Wechsel von Muskelgruppen bei dynamischer Arbeit

Führt man eine große Leistung mit einer kleinen Muskelgruppe so durch, daß es zur lokalen Ermüdung kommt, so beansprucht diese Muskelgruppe während der Pause einen vermehrten Blutstrom. Es ist nun interessant zu wissen, ob die Durchblutung der vorher ermüdeten Muskelgruppe beeinträchtigt wird, wenn in der Pause eine andere Muskelgruppe zu arbeiten beginnt; ferner, ob die Durchblutung der arbeitenden Muskelgruppe unter der Mehrdurchblutung der vorher ermüdeten Muskelgruppe leidet. Dazu betrachten wir Abb. 150.

Eine Versuchsperson arbeitete an einem Kurbelergometer mit den Armen mit 74 W, also der Leistung, die sie in Abständen von 25 Min. über 10 Min. ausführen konnte. Nach 10 Arbeitsminuten genügt also eine 25 Min. lange Pause zur vollständigen Erholung, was man schon daran sieht, daß die Pulsfrequenz wieder auf den Ruhewert zurückgeht. Es wurde nun in den Pausen − statt zu ruhen − 20 Min. auf einem Fahrradergometer Beinarbeit geleistet, und zwar mit 2 verschiedenen Leistungsstufen: mit 30 W und 74 W. Die Abbildung zeigt die Ergebnisse. Es ist deutlich zu sehen, daß das Gleichgewicht zwischen Ermüdung und Erholung, das bei Kurbelarbeit durch die 25 Min. lange Pause erreicht wurde, durch die Radfahrarbeit um so mehr gestört wird, je höher die Leistungsstufe des Radfahrens ist. Die Erholungspulssumme nach der 3. Periode, die im oberen Bild 137 Schläge ausmachte, steigt bei Radfahrarbeit von 30 W in den Zwischenpausen auf 224, beim Radfahren mit 74 W auf 846 Schläge. Die Pulsfrequenz während des Radfahrens addiert sich also zu derjenigen, die von der Kurbelarbeit übriggeblieben ist. Das Radfahren vermindert die Erholung vom Kurbeln, wie aus der fehlenden oder doch nur geringen Abnahme der Pulsfrequenz im Verlauf des Radfahrens ersichtlich ist und wie die steigenden Pulszahlen von Kurbelperiode zu Kurbelperiode und auch die erhöhten Erholungspulssummen nach der letzten Kurbelperiode beweisen. Die Mehrdurchblutung einer größeren arbeitenden Muskelgruppe mindert also die Durchblutung anderer Organe, darunter auch die der anderen Muskeln, die sich gerade in einer Erholungsphase mit erhöhter Ruhedurchblutung befinden. Der Körper stellt die Erholungsaufgabe also offensichtlich als weniger wichtig hinter die aktuelle Arbeitsaufgabe zurück.

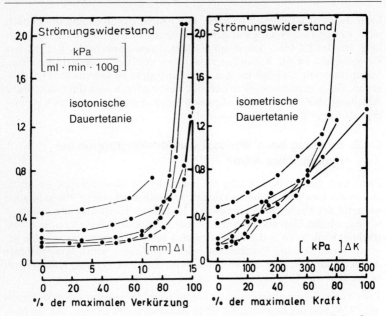

Abb. 151   Die Wirkung isotonischer und isometrischer Dauertetanie auf den Strömungswiderstand nach pharmakologisch ausgeschalteter nutritiver Durchblutung (aus: Hj. Hirche et al.: The resistance to blood flow in the gastrocnemius of the dog during sustained and rhythmical isometric and isotonic contractions. Pflügers Arch. 314 [1970] 97−112).

Sicher kann man einwenden, daß diese Untersuchungen schon ziemlich alt sind. So wurde aus der Beobachtung, daß die Laktatkonzentration während der Arbeit mit vorher nicht beteiligten Muskelgruppen sinkt, geschlossen, daß diese die Ermüdung schneller beseitigt. Sicher ist es richtig, daß der Laktatspiegel um so höher wird, je ermüdender die Muskelarbeit war. Richtig ist auch, daß die leicht arbeitenden Muskeln Laktat verstoffwechseln. Ob sich dadurch die vorher schwer arbeitenden Muskeln schneller erholen, erscheint zweifelhaft, denn es ist allein wichtig, wie der ermüdete Muskel sein Energiedefizit auffüllt und seine Stoffwechselendprodukte eliminiert. Das hat nicht unbedingt etwas mit der Laktatkonzentration im Blut zu tun.

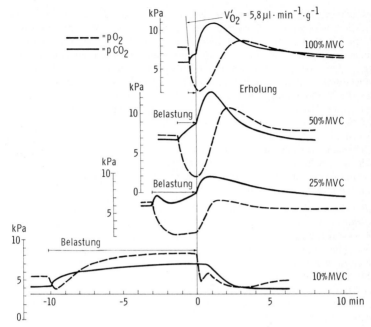

Abb. 152   Das Verhalten von pO_2 und pCO_2 im M.vastus lateralis einer Versuchsperson während isometrischer Kontraktion bei verschiedenen Prozentsätzen der
Maximalkraft (MVC = maximal voluntary contraction) während Kniestreckung. Die
Kontraktion bei 100%, 50% und 25% der Maximalkraft wurde bis zur Ermüdung
durchgehalten, während die Kontraktion bei 10% der Maximalkraft nach 10 Minuten unterbrochen wurde (aus: F. Bonde-Petersen, J. S. Lundsgaard: pO_2 and pCO_2
in human quadriceps muscle during exhaustive sustained isometric contraction.
In: F. Guba et al.: Mechanism of Muscle Adaptation to Functional Requirements.
Advanc. Physiol. Sci. 24 [1980] 143).

6.4.4. Leistungsfähigkeit und Ermüdung bei statischer Haltearbeit

Als statische Haltearbeit bezeichnet man eine Tätigkeit, bei der z. B. ein
Gewicht durch den Muskel gehalten wird. Dabei wird vermehrt Energie benötigt, ohne daß äußere Arbeit (Kraft · Weg) geleistet wird. Man kann statische Haltearbeit mit der Arbeit vergleichen, die ein Hubschrauber, der in
der Luft steht, leistet. Auch hier ist die äußere Arbeit unter Energieaufwand 0. Ein Muskel kann bei maximaler Reizung über den Nerv am isolierten Gastroknemiuspräparat eines Hundes eine Maximalkraft von 60 N/cm²
Muskelquerschnitt erreichen. Schaltet man pharmakologisch die stoffwech-

selbedingte Regulation der Gefäßweite aus, so daß die kleinsten Arterien maximal weit sind, so kann man die Strömungswiderstände bei künstlicher Perfusion als Funktion der Haltekraft messen (Abb. 151). Man sieht, daß bei isometrischer Dauertetanie der Widerstand stark mit der Haltekraft ansteigt. Der Grund liegt darin, daß die Kapillaren durch die Verdickung der Muskelfasern abgequetscht werden. Dieser Effekt ist um so größer, je größer die Vorspannung des Muskels ist. Bei rhythmischer isometrischer Arbeit ist der Hemmungseffekt wesentlich geringer. Wie bei jeder Muskelkontraktion, so steigt auch mit der isometrischen Kontraktion der Stoffwechsel des Muskels stark an; die Durchblutung kann infolge der Kompression jedoch nicht so stark zunehmen, wie es dem Bedarf des kontrahierten Muskels entspricht. Es kommt also schon bei weit niedrigerer energetischer Belastung zu einem Mißverhältnis von Bedarf und Antransport von O_2, als das bei dynamischer Arbeit der Fall ist.

Einen besonders guten Einblick in die Versorgungsverhältnisse des Muskels vermitteln die Ergebnisse von Experimenten, bei denen die Gasdrücke im M. vastus lateralis während statischer Kontraktion ermittelt wurden (Abb. 152). Die 4 Kurven zeigen von oben den Verlauf des pO_2 und des pCO_2 bei Beginn, während statischer Kontraktion (Minuswerte) bei 100%, 50%, 25% und 10% der Kraft, die man eine Minute lang halten kann, und während der zugehörigen Erholungsphase. Bei Kontraktion mit annähernd Maximalkraft betrug der O_2-Verbrauch der Muskulatur 5,8 µl/g · min. Man sieht deutlich den starken Abfall des pO_2 und den Anstieg des pCO_2, der aus dem erhöhten Stoffwechsel und dem Gefäßverschluß resultiert. Bei 10% der Maximalkraft — also unterhalb der Dauerleistungsgrenze — zeigt sich nach einem initialen Abfall des pO_2 später ein leichter Anstieg über den Ruhewert.

Untersucht man beim Menschen praktisch die Beziehung zwischen Haltezeit und Haltekraft, so ergibt sich für jeden Muskel eine einheitliche Beziehung, wie sie in Abb. 153 dargestellt ist. Auf der Abszisse ist die Haltekraft in Prozent der Maximalkraft des untersuchten Muskels aufgetragen, auf der Ordinate die maximale Haltezeit in Minuten. Man kann deutlich erkennen, daß die Haltezeit um so mehr abnimmt, je mehr die aufgewendete Kraft der Maximalkraft entspricht. Ist sie kleiner als 15% der Maximalkraft, so wird die Kraft von der Haltezeit unabhängig. Kräfte, die unter 15% der Maximalkraft liegen, können also unbegrenzt lange gehalten werden. Hier muß offensichtlich die Sauerstoffversorgung dem Sauerstoffbedarf des Muskels entsprechen.

Aufgrund der Tatsache, daß oberhalb 15% der Maximalkraft die Sauerstoffversorgung dem Sauerstoffbedarf nicht mehr entspricht, ist einerseits die Haltedauer begrenzt, andererseits bleiben auch hier wieder die Stoffwechselprodukte im Muskel liegen und wirken über die Muskelrezeptoren und das Kreislaufzentrum pulsfrequenzsteigernd.

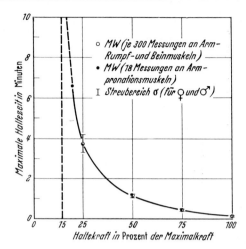

Abb. 153   Die Beziehung zwischen Haltekraft und Haltezeit (aus: W. Rohmert: Ermittlung von Erholungspausen für statische Arbeit des Menschen. Int. Z. angew. Physiol. 18 [1960] 123—164).

Statische Haltearbeit ist also wesentlich ermüdender als dynamische Arbeit und deshalb möglichst zu vermeiden. Das zeigt sich besonders an einer in Relation zur O_2-Aufnahme überproportionalen Pulsfrequenz, die immer dann gemessen werden kann, wenn eine Arbeit einen hohen Anteil an statischer Haltearbeit enthält.

6.4.5. Verminderung der Leistungsfähigkeit durch zentrale Ermüdung

Im Gegensatz zur Muskelermüdung, deren Ursache in der Abnahme der energiereichen Verbindungen oder dem Auftreten von Stoffwechselendprodukten im Muskel selbst zu suchen ist, gibt es eine Erscheinung, die man als zentrale Ermüdung bezeichnet. Sie besteht in erster Linie in einem Nachlassen der Fähigkeit, koordinierte Bewegungen in der gleichen Präzision wie im unermüdeten Zustand durchzuführen. Oft sind zentrale und periphere Ermüdung gekoppelt. Jedoch kann man auch eine reine zentrale Ermüdung z. B. bei langen Beobachtungsaufgaben, ferner bei psychischer Beanspruchung feststellen. Der Begriff der „zentralen Ermüdung" umfaßt also einen psychophysischen Symptomkomplex, der in seiner kausalen Genese bisher nur unvollkommen erkannt worden ist. Subjektiv ist die zentrale Ermüdung häufig mit einem Müdigkeitsgefühl gekoppelt. Die Arbeitspsychologie hat

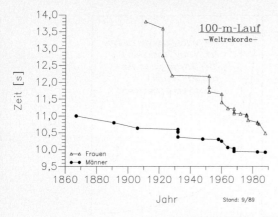

Abb. 154   Die Entwicklung der Rekorde im 100-m-Lauf.

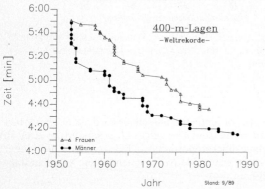

Abb. 155   Die Entwicklung der Rekorde im 400-m-Lagenschwimmen.

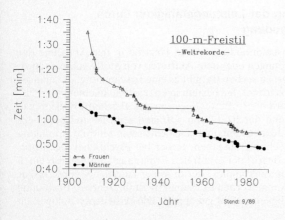

Abb. 156   Die Entwicklung der Rekorde in 100-m-Freistilschwimmen.

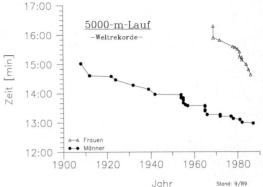

Abb. 157 Die Entwicklung der Rekorde im 5000-m-Lauf.

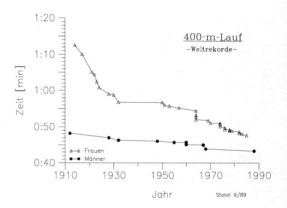

Abb. 158 Die Entwicklung der Rekorde im 400-m-Lauf.

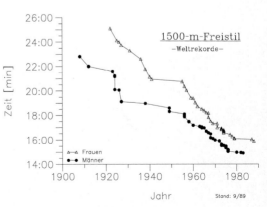

Abb. 159 Die Entwicklung der Rekorde im 1500-m-Freistilschwimmen.

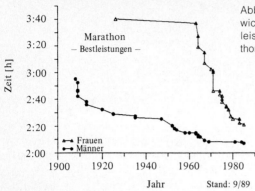

Abb. 160 Die Entwicklung der Weltbestleistungen im Marathon-Lauf (42,2 km).

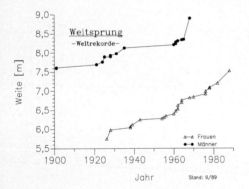

Abb. 161 Die Entwicklung der Rekorde im Weitsprung.

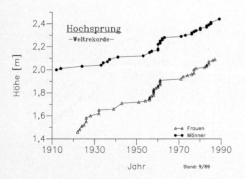

Abb. 162 Die Entwicklung der Rekorde im Hochsprung.

eine Reihe von Symptomen näher erforscht, die sich generell auf ein Nachlassen zentralnervöser Leistungen zurückführen lassen. Objektiv kann man z. B. Rezeptionsstörungen feststellen: Die Flimmerverschmelzungsfrequenz ist erniedrigt, die obere Frequenzgrenze des Hörens herabgesetzt. Visuelle Wahrnehmungsstörungen während der Ermüdung können teilweise auf mangelnde Koordination der Augenmuskeln zurückgeführt werden (Doppelbilder). Die Koordinationsstörungen in der Peripherie verstärken wiederum die periphere Ermüdung, weil die Stoffwechselgröße für die gleiche Leistung im unkoordinierten Zustand ansteigt. Ferner sind Störungen der Aufmerksamkeit, der Konzentration und des Denkens zu beobachten. Die Reaktionszeit, vor allem für mehrere Wahlmöglichkeiten, ist verlängert. Die Antriebs- und Steuerfunktionen sind herabgesetzt (Willensermüdung).

Eng verknüpft mit der zentralen Ermüdung ist die Abnahme der Leistungsfähigkeit durch zu geringe Reizwirkung (Monotonie), wie sie z. B. bei Fließbandarbeit, aber auch bei einseitigen Überwachungsaufgaben auftreten kann. Diese „Überforderung durch Unterforderung" bewirkt ganz ähnliche Symptome wie die „zentrale Ermüdung" nach anstrengender Muskelarbeit.

Über die Ursachen herrscht noch weitgehend Unklarheit. Offensichtlich ist das Müdigkeitsgefühl mit der Funktion der Formatio reticularis verbunden. Wenn Erregungen von sensorischen oder sensiblen Bahnen einlaufen, werden nicht nur spezifische Antworten in bestimmten Großhirnarealen ausgelöst, sondern gleichzeitig wird über Kollateralen die Formatio reticularis aktiviert. Dadurch wird ein Weckreiz auf das Großhirn ausgeübt. Bei Änderung der Reizform kann auch das Gegenteil, eine mehr oder weniger starke Dämpfung, ausgelöst werden. Das System der Formatio reticularis ist also nicht nur für die Tonusverteilung und Koordination der Muskulatur von Bedeutung, sondern auch durch rückläufige Verbindung mit dem Großhirn für die Bewußtseinshelligkeit und die Möglichkeit, die Aufmerksamkeit zu verbessern.

6.5. Grenzen der menschlichen Leistungsfähigkeit

6.5.1. Unterschiede bezüglich Disziplin und Geschlecht

Die Grenzen der menschlichen Leistungsfähigkeit sind heute nur aus der Entwicklung der Höchstleistungen im Sport abzulesen. Bei den unterschiedlichen Disziplinen sind fraglos unterschiedliche physiologische Systeme begrenzend, so daß man nicht von einer Leistungsfähigkeit sprechen kann. Die Anforderungen an einen Sprinter sind völlig unterschiedlich gegenüber den Anforderungen, die an einen Marathonläufer gestellt werden. Es ist also reizvoll, die Entwicklung der Rekorde in verschiedenen Sportarten zu betrachten. Früher war man der Ansicht, daß das weibliche Geschlecht für Höchstleistungen gegenüber dem männlichen erheblich physiologisch benachteiligt sei. Wie die Abb. 154–162 belegen, nähern sich die Leistungsfähigkeiten der Geschlechter jedoch rapide einander an.

6.5.2. Sprintleistungen

Wie Abb. 154 zeigt, haben bei den Männern die Sprintleistungen in den letzten 100 Jahren nicht dramatisch zugenommen. In den letzten 20 Jahren blieben sie nahezu konstant. Die Frauen haben sich jedoch in den vergangenen 50 Jahren erheblich verbessert. Es scheint, daß die absolute Grenze in der Kontraktionsgeschwindigkeit der Muskeln begründet liegt. Beim 400-m-Lauf sind bei beiden Geschlechtern Verbesserungen zu beobachten, auch hier wieder bei den Frauen ausgeprägter. Dabei (Abb. 155) spielt bereits die maximale Geschwindigkeit der Glykolyse eine wichtige Rolle. Ähnliches gilt für Kurzleistungen beim 100-m-Freistilschwimmen (Abb. 156).

6.5.3. Mittellang dauernde Leistungen

Abb. 157, Abb. 158 und Abb. 159 zeigen Rekorde in Zeitbereichen zwischen 2 und 30 Min., bei denen der Sauerstofftransport eine wesentliche Rolle spielt. Die Leistungen bei beiden Geschlechtern sind offensichtlich noch nicht in ihrem Grenzbereich angelangt.

6.5.4. Langleistungen

Abb. 160 zeigt die Bestleistungen im Marathon. Auch sie nehmen noch zu. Wenn man bedenkt, daß von sportmedizinischer Seite noch vor 20 Jahren der Marathonlauf für Frauen abgelehnt wurde, ist es erstaunlich, daß sich die Kurven für beide Geschlechter innerhalb dieses Zeitraums so angenähert haben, bei einem massiven Zuwachs der weiblichen Leistungsfähigkeit. Es scheint, daß sie sich in einigen Jahren der der Männer angleichen wird.

6.5.5. Kraftleistungen

Sowohl Weitsprung- (Abb. 161) als auch Hochsprungleistungen (Abb. 162) basieren auf der Kraft, die der Muskel in einer kurzen Zeit zu entwickeln in der Lage ist. Hier werden Frauen immer niedrigere Höchstleistungen zeigen, da hohe Muskelkraft das männliche Sexualhormon in hoher Konzentration voraussetzt. Der Zuwachs der Leistungen läuft etwa parallel, jedoch mit großem Abstand.

7. Leistungssteigerung durch Arbeitsgestaltung, Übung und Training

7.1. Leistungssteigerung durch rationelle Arbeits- und Bewegungsgestaltung

In einer an der Leistung orientierten Gesellschaft nimmt deren Steigerung einen wichtigen Stellenwert ein. Es ist nicht der Platz in diesem Buch, Vor- und Nachteile dieser Leistungsorientierung und ihre Gründe abzuhandeln. Das Streben nach Leistungssteigerung finden wir in der industriellen Arbeitswelt ebenso wie im Hochleistungssport, obwohl die Akzente ganz unterschiedlich liegen. Das Ergebnis der Leistung im industriellen Arbeitsprozeß ist das Produkt oder die Dienstleistung. Hierbei ist die unmittelbare menschliche Leistung aber in der Regel nur ein Teil des Mensch-Maschine-Systems. Wenn im industriellen Arbeitsprozeß eine Leistungssteigerung möglich ist, sollte sie den Menschen nicht mehr belasten, sondern der Schwerpunkt wird darin liegen, die Kette Mensch − Maschine zu rationalisieren, d. h. eine Mehrproduktion möglichst bei verminderter physischer oder psychischer Belastung des Menschen zu errei-chen. Das bedeutet, daß die Maschine optimal an die physiologischen und psychologischen Erfordernisse angepaßt wird. Sicher spielt dabei auch Übung und Training des Menschen eine gewisse Rolle. Besonders betonen muß man dabei, daß es nicht nur darum geht, die Arbeit energetisch zu erleichtern, sondern auch psychologisch und ökonomisch so zu gestalten, daß der Arbeitsplatz human wird, d. h. Arbeitsfreude und Interesse an der Arbeit berücksichtigt werden.

Der Mensch wird also zweckmäßigerweise da eingesetzt, wo komplizierte Aufgaben mit geringer energetischer Belastung verlangt werden. Gleichzeitig werden damit auch die humanitären Erfordernisse erfüllt, das Arbeitsleben für den Menschen interessanter und vielseitiger zu gestalten. Einseitige Belastung kann durch Betriebssport oder anderen Breitensport, möglichst unter Anleitung von Fachleuten, Ausgleich schaffen.

Im Sport, besonders aber im Hochleistungssport, steht überwiegend die Steigerung der körperlichen Leistungsfähigkeit im Vordergrund, die durch ein gezieltes Training erreicht wird. In zweiter Linie spielt dabei die optimale Anpassung des Gerätes an die Bewegungsform eine Rolle. Es ist natürlich nicht gleichgültig, ob z. B. ein Radsportler mit falscher Sattelhöhe oder Pedalumdrehungszahl oder reibenden Lagern zum Wettkampf antritt.

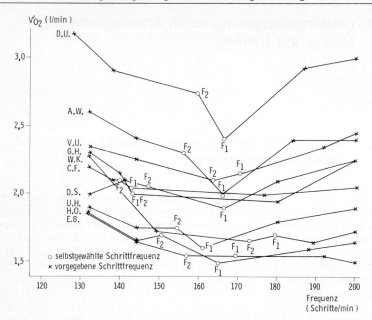

Abb. 163   Die Sauerstoffaufnahme als Funktion der Schrittfrequenz bei konstanter Geschwindigkeit von 130 m/Min.

In vielen Sportarten ist jedoch das Gerät vorgegeben oder genormt, so daß hier kein großer Spielraum übrigbleibt. Dennoch soll exemplarisch an einigen Beispielen die Problematik aufgezeigt werden, und zwar an einer „natürlichen" Bewegungsform, wie dem Laufen, und einer durch das Gerät beeinflußten, wie dem Radfahren. Man kann sich vorstellen, daß man in 3 verschiedenen Laufstilen laufen würde: nämlich man tippelt mit kurzen Schritten und hoher Frequenz, man läuft mit einer mittleren Schrittlänge und geringerer Frequenz oder mit ganz großen Schritten und kleiner Frequenz, und zwar immer so, daß die erzielte Geschwindigkeit in allen Fällen gleich ist. Die Frage ist nun: Welches Verhältnis von Schrittlänge und Schrittfrequenz ist das ökonomischste, oder, mit anderen Worten, bei welcher Relation beider Größen zeigt der Läufer den geringsten O_2-Verbrauch für die Leistung?

Das Ergebnis einer solchen Untersuchung ist in Abb. 163 dargestellt. Auf der Abszisse ist die Schrittfrequenz, auf der Ordinate der Sauerstoffverbrauch dargestellt. Die Geschwindigkeit ist dabei durch ein Laufbandergometer auf 130 m/Min. eingestellt; die Schrittfrequenz wird durch ein Metronom vorgegeben. Man kann der Darstellung entnehmen, daß fast alle Versuchspersonen ein energetisches Minimum ausweisen, das zwischen 150 und

180 Schritten/Min. liegt. Vor und nach dieser Versuchsserie hatte jede Versuchsperson die Gelegenheit, sich bei der vorgegebenen Geschwindigkeit die Frequenz (F_1 und F_2) herauszusuchen, die ihr am angenehmsten war und die sie damit spontan für Laufleistungen wählt. Es zeigt sich deutlich, daß der überwiegende Teil der Probanden mit der Frequenz läuft, bei der der O_2-Verbrauch die niedrigsten Werte aufweist.

Die Versuchspersonen bevorzugen also intuitiv Schrittfrequenzen, die sich als besonders ökonomisch erweisen. Nähere Analysen zeigten, daß die Wahl der Frequenz mit der Eigenschwingungszahl des Beines zusammenhängt. Man kann das Bein als ein physisches Pendel betrachten, bei dem die Eigenschwingungszahl im wesentlichen durch den Abstand Schwerpunkt – Drehpunkt bestimmt wird.

Ändert man die Eigenschwingungszahl zum Beispiel durch ein variables Schuhgewicht, so paßt sich der Mensch an eine neue optimale Schrittfrequenz unwillkürlich an und erreicht dabei bei einer neuen Frequenz ein Minimum an O_2-Verbrauch.

Im Radsport findet sich jedoch ein gegensätzliches Verhalten. Wie aus Abb. 34 ersichtlich ist, finden wir auch bei Radfahrern ein deutliches Minimum des Energieumsatzes für gleiche Leistung in einem Bereich von 40–60 Pedalumdrehungen/Min.

Bei Straßenrennen hat der Radsportler die Möglichkeit, mit Hilfe einer Gangschaltung die Pedalumdrehungszahl frei zu wählen, während bei Bahnrennen in der Regel eine feste, jedoch vor dem Rennen in einem gewissen Bereich frei wählbare Übersetzung vorgegeben ist. Bei allen Radrennfahrern kann man nun beobachten, daß sie meist 100–120 Pedalumdrehungen/ Min. wählen, obwohl, wie aus Abb. 34 errechnet werden kann, der Energieumsatz für die gleiche Arbeit auf das 1,5 bis 2fache gegenüber 60 Pedalumdrehungen/Min. ansteigt. Damit wird die anaerobe Reserve viel stärker in Anspruch genommen, da die Dauerleistungsgrenze, die bekanntlich vom maximalen lokalen aeroben Umsatz abhängt, erheblich gesenkt wird.

Warum fahren die Radsportler nun mit einer energetisch ungünstigen Tretfrequenz? Untersuchungen ergaben, daß ein aus der Sinnesphysiologie bekanntes Gesetz die Ursache ist. Bei psychophysischen Untersuchungen hatte man schon im vorigen Jahrhundert gefunden, daß zumindest für einen mittleren Bereich die Empfindung dem Logarithmus der Reizstärke proportional ist. Man bezeichnet diesen Befund nach den Entdeckern als das Weber-Fechner-Gesetz.

Neben den bekannten Sinnesqualitäten wie Sehen und Hören usw. hat der Mensch auch einen Kraftsinn, der auf den Rückmeldungen aus den Muskelspindeln und den Golgi-Organen beruht, aber auch von Tast- und Schmerzrezeptoren der Haut informiert wird. Legt man einem Menschen, dessen

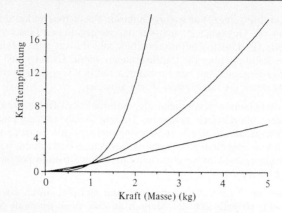

Abb. 164   Die Beziehung zwischen Kraft und Kraftempfindung bei 3 verschiedenen Versuchspersonen (aus: J. Stegemann et al. : Die Beziehung zwischen Kraft und Kraftempfindung als Ursache für die Wahl energetisch ungünstiger Tretfrequenzen beim Radsport. Int. Z. angew. Physiol. 25 [1968] 224−234).

Augen verbunden sind, ein Gewicht auf die Hand des vorgestreckten Armes, so kann er ungefähr das Gewicht schätzen. Verdoppelt man das Gewicht und damit die Reizstärke, so überschätzt er das Gewicht und hält es für mehr als doppelt so schwer, während ein leichtes Gewicht unterschätzt wird.

Abb. 164 zeigt die ermittelte Beziehung zwischen Kraft und Kraftempfindung für 3 Versuchspersonen. In unterschiedlichem Ausmaß steigt die Kraftempfindung stärker an als die Kraft. Die Beziehung kann man zweckmäßigerweise als Potenzfunktion ausdrücken, so daß sich folgende Beziehung ergibt:

$$y = x \ \frac{1}{b} \ (79)$$

Dabei ist y die Kraftempfindung und x die Kraft. Die Konstante b hat bei den dargestellten Versuchen Werte zwischen 0,91 und 0,29. Leistung ist bekanntlich das Produkt aus Kraft und Geschwindigkeit. Für die physikalische Leistung ist es gleichgültig, wie die beiden Faktoren verändert werden, wenn nur das Produkt konstant bleibt. Physiologisch aber wird eine Leistung, die mit kleinerer Geschwindigkeit, aber mit größerer Kraft ausgeführt wird, anstrengender empfunden als eine kleine Kraft bei größerer Geschwindigkeit, auch wenn das Produkt beider Größen konstant ist. Hinsichtlich des Wirkungsgrades ist die Geschwindigkeit, die durch 40−60 Pedalumdrehungen/Min. erzielt wird, optimal. Offensichtlich bestimmt also nicht die ökonomischste Geschwindigkeit, sondern die Kraftempfindung die Frequenz, die sich der Radsportler aussucht.

Durch die hohen Pedalfrequenzen bei niedrigem Krafteinsatz wird zwar für die gleiche Leistung mehr Sauerstoff als bei niedrigeren verbraucht, immerhin werden dadurch aber die Gelenke geschont, so daß sich die Radsportler möglicherweise energetisch falsch, aber „orthopädisch" richtig verhalten.

7.2. Verbesserung der Leistungsfähigkeit durch Übung

Als Übung bezeichnet man die Aktivität, die die Zunahme der Leistungsfähigkeit ohne sichtbare organische Veränderung erreicht. Der Leistungsfähigkeitsgewinn durch Übung ist in der Regel um so größer, je komplizierter die einzuübende Arbeit oder der sportliche Bewegungsablauf ist.

Die Mechanismen, die dem motorischen Lernen zugrunde liegen, wurden schon auf S. 102 ff. behandelt. Die Übung, also das stetige Wiederholen eines Bewegungsablaufes, bildet neue − sog. bedingte − Reaktionen aus, die eine weitgehende Automatisierung dieses Ablaufes bewirken. Man bezeichnet den Vorgang auch als Konditionierung. Gleichzeitig werden bedingte Reaktionen ausgebildet, die den Bewegungsablauf unterstützen. Man kann das z. B. daran ersehen, daß es eine Reihe von Radsportlern gibt, die im Laboratorium kaum eine Ruhepulsfrequenz erreichen, wenn sie ein Fahrradergometer sehen. Der Anblick des Fahrrades allein läßt die Pulsfrequenz ansteigen. Ein anderes Beispiel sind die Pulsfrequenz- und Atemsteigerung schon vor Beginn einer Leistung auf das Startkommando hin. Damit wird die Einstellzeit der Regelvorgänge verkürzt.

Einmal gelernte Programme werden auch bei längerem Nichtgebrauch kaum vergessen. Sie verschwinden zunächst scheinbar, ein psychischer Schock kann jedoch die volle Wiederherstellung der Reaktion bewirken. Autofahrer sind im allgemeinen nach kurzer Übung wieder fahrtüchtig, auch wenn sie jahrelang nicht mehr am Steuer gesessen haben.

Dieses „Nichtvergessen" von bedingten Reaktionen hat in der modernen Industrie auch seine Nachteile, vor allem dann, wenn die Bedienungsweise von Arbeitselementen verändert werden soll. Wie in der Einleitung schon erwähnt wurde, ist es unzweckmäßig, bei einem Wagen mit automatischer Kupplung mit dem gleichen Fuß Bremse und Gaspedal zu versorgen. Es wäre sicher viel besser, den linken Fuß für die Bremse und den rechten Fuß für das Gaspedal zu benutzen, da im Falle der Gefahr die Umsetzzeit wegfällt. Die Tatsache jedoch, daß in einem Notfall der früher konditionierte Reflex durchbricht, könnte zur falschen Reaktion im Ernstfall führen.

Eine besondere Verantwortung hat also der Sportlehrer, der dem Schüler den ersten Bewegungsablauf einer komplizierten Sportart beibringt. Wird zum Beispiel beim Brustschwimmen eine falsche, uneffektive Technik des Armzuges gelehrt, so bildet sich dieses Bewegungsstereotyp heraus. Wenn der Schüler Leistungsschwimmer werden will, so ist das Umlernen schwieriger als das Neulernen. Möglicherweise schlägt auch unter dem Streß eines

Wettkampfes das alte Stereotyp wieder durch. Gerade bei technisch schwierigen Sportarten – wie Skifahren – sollte man von Beginn an Unterricht nehmen. Ein selbst beigebrachter falscher Bewegungsablauf kann auf dem Wege zur Perfektion ein großes Hindernis sein.

Durch bedingte Reaktionen erworbene und angeborene Verhaltensweisen können in Widerspruch stehen. Beim Skisport verführt die angeborene Verhaltensweise bei Schrägfahrt am Steilhang den Anfänger dazu, seinen Bergski zu belasten und sich zum Hang zu legen, weil er im Falle eines Sturzes nicht so weit fällt. Er wird jedoch so unterrichtet, daß er wegen der günstigeren Schwerpunktlage den Talski belasten soll. Er muß sein Gewicht also talwärts verlagern. Der Anfänger wird sich ohne Gefahr richtig verhalten, bei Sturzgefahr jedoch falsch reagieren und dadurch stürzen.

Der Effekt der bedingten Reaktion auf die Koordination besteht besonders darin, daß der Bewegungsablauf immer ökonomischer wird. Die Ökonomisierung besteht besonders darin, daß die überflüssige Mitbewegung von Muskeln, die nicht zum Bewegungsablauf gehört, vermindert und damit Energie eingespart wird. Ferner wird auch die Spannung des Antagonisten an die des Agonisten angepaßt, so daß keine überflüssige Spannung entwickelt wird.

Im Bereich des Sports erfolgen meist Übung (Erlernen der Technik einer Sportart) und Training (Erhöhung der Ausdauer oder Kraft) parallel. Die Frage der Wechselwirkung befindet sich noch in der Diskussion. So vertreten namhafte Trainer die Ansicht, daß ein Intervalltraining, bei dem erheblich mehr Laktat als bei einem Dauerleistungstraining auftritt, für die Ausbildung der Koordination ungünstiger ist, da die Azidose die Ausbildung bedingter Reflexe hemmen soll. Da die neurophysiologische Grundlage der Ausbildung bedingter Reflexe noch nicht abgeklärt ist, muß die Frage bisher theoretisch noch offenbleiben.

7.3. Steigerung der Leistungsfähigkeit durch Training

Training ist das Bemühen, durch gezielte körperliche Aktivität die Leistungsfähigkeit über längere Zeit zu erhalten oder zu verbessern. Hierbei gilt die Roux-Regel: Geringe Reize sind zwecklos, mittlere nützen, große schaden. Erhöht wird in der Regel die Leistungsfähigkeit, für die trainiert wird. Ein Krafttraining erhöht die Muskelkraft, während ein Ausdauertraining nur die Ausdauerfähigkeit verbessert. Bewegungsmangel führt zu einer Abnahme der Leistungsfähigkeit. Die Anpassung führt also sowohl in die positive als auch in die negative Richtung.

Die heutige Arbeitswelt in den Industriestaaten ist durch Bewegungsmangel (Bürotätigkeit) oder einseitige Arbeitsbeanspruchung (Fließbandarbeit) gekennzeichnet, dem auf der anderen Seite eine durch Umweltreize (Lärm), durch psychologische Belastung (Zeitdruck) oder durch ungesunde

Freizeitbeanspruchung (lange Wochenendfahrten am Steuer) übermäßig gesteigerte Aktivierung des adrenosympathischen Systems gegenübersteht. Diese und andere Streßfaktoren, verbunden mit dem absoluten oder relativen Bewegungsmangel, führen zu den bekannten Risikofaktoren für das Herz-Kreislauf-System, die teilweise durch eine Vagotonie aufgefangen werden können, wie man sie durch ein Ausdauertraining erreicht.

Unter sportphysiologischen Gesichtspunkten hat Training besondere Bedeutung, um eine gewisse Leistungsfähigkeit zu erreichen, wobei allerdings davon ausgegangen werden kann, daß viele Bereiche des Spitzensports den gesundheitlichen Nutzen erheblich überschreiten. Training verbessert vornehmlich die Leistungsfähigkeit durch meßbare Veränderungen an Organen und Organsystemen, auf denen dann Technik, Stil und Taktik für die einzelne Sportart durch Übung aufgebaut werden, um einen möglichst ökonomischen und effektiven Bewegungsablauf zu erreichen, damit die gewonnene Kondition voll ausgeschöpft werden kann.

Die Tatsache, daß berühmte Trainer oder auch sportwissenschaftliche Schulen oft in erbitterter Fehde ihre Trainingsmethode für die alleinseligmachende halten, zeigt, daß auch in der Physiologie des Trainings noch viele Fragen unbeantwortet sind; es zeigt aber auch, daß ihre Kenntnis allein nicht ausreichend ist, ein guter Trainer zu sein. Die physiologische Trainingswissenschaft kann nur ein Teil eines komplexen Wirkens sein, bei dem man psychologische und soziologische Aspekte einschließen muß. Mangels Vorhandenseins objektiver Kriterien muß zusätzlich ein gehöriges Maß an Intuition und persönlicher Erfahrung hinzukommen.

Die zukünftige Aufgabe der Trainingswissenschaft wird sein, mehr objektive Daten zu gewinnen. Für den Breitensport und die Rehabilitation lassen sich aus dem Höchstleistungssport Daten gewinnen und nutzbar machen.

7.4. Prinzipien der langfristigen Anpassung der Leistungsfähigkeit

Sowohl für die Anpassung an die geforderte Ausdauer wie an die geforderte Kraft gelten einige Grundprinzipien, die besonders die Beziehung zwischen Reiz und Veränderung der Organstruktur betreffen. Jedes nicht benutzte Organsystem zeigt die Tendenz, seine Leistungsfähigkeit zu verlieren. An Muskeln, deren zugehörige Motoneurone aufgrund von Krankheit (z. B. Kinderlähmung) oder Verletzung (z. B. Querschnittslähmung) keine Impulse mehr abgeben, kann man eine mit der Zeit fortschreitende Atrophie beobachten, die darin besteht, daß die Muskeln zunächst dünner werden und damit die Kraft verlieren. Im Endzustand verkümmert das Muskelgewebe ganz und wird durch Bindegewebe ersetzt. Damit ist ein irreparabler Schaden gesetzt. Auch wenn jetzt die Funktion der Motoneurone wieder in Gang kommen würde, erfolgt keine Rückwandlung in spezifisches Muskelgewebe. Nicht nur die Kraft, sondern auch die Ausdauer geht bei Funktionsausfall mit der Zeit verloren.

Unter normalen Bedingungen wird die Tendenz zur Abnahme der Funktionstüchtigkeit durch funktionsverbessernde Reize kompensiert. Die resultierende Leistungsfähigkeit eines Muskels ist also durch ein Fließgleichgewicht zwischen dem natürlichen Abbau an Leistungsfähigkeit und dem Gewinn an Leistungsfähigkeit durch adäquate Funktionsreize gekennzeichnet, die allerdings sehr spezifisch eine ganz bestimmte Funktion erhalten oder verbessern. Werden Kraftreize gesetzt, so wird nur die Kraft verbessert; werden Ausdauer-reize gesetzt, nimmt nur die Ausdauer zu.

Die Muskelbewegung des täglichen Lebens und die damit gesetzten Funktionsreize bewirken nun, daß sich die Leistungsfähigkeit auf den Wert einstellt, der der mittleren Anforderung entspricht. Die Technisierung unserer Umwelt bringt es jedoch mit sich, daß die Funktionsreize in den letzten Jahrzehnten erheblich abgenommen haben. Man kann sich vorstellen, daß es für die Ausbildung der Leistungsfähigkeit nicht gleichgültig ist, ob man eine Treppe zum dritten Stockwerk hinaufläuft oder ob man einen Fahrstuhl benutzt. In allen Bereichen des Lebens wird heute dem Menschen körperliche Arbeit abgenommen, weil es einer gewissen Bequemlichkeitstendenz entgegenkommt. Rolltreppen an Unterführungen in Großstädten sind sicher für Behinderte hervorragend. Nur sollte man auch ab und zu die Treppe benutzen, um dem Bewegungsmangel entgegenzuwirken.

Für die Anpassung der Leistungsfähigkeit nach oben und unten läßt sich aus dem geschilderten Prinzip folgern, daß sie um so größer wird, je größer der Unterschied zwischen dem aktuellen Zustand der Leistungsfähigkeit und den positiven oder negativen Trainingsreizen ist. Wenn ein völlig Untrainierter starke, aber konstante Trainingsreize setzt, so wird die Zunahme der Leistungsfähigkeit im Anfangsabschnitt viel größer sein als kurz vor Erreichen des neuen Fließgleichgewichtes. Umgekehrt verliert ein Hochtrainierter in den er-sten Tagen erheblich mehr an Leistungsfähigkeit als in der darauffolgenden Periode, wenn er plötzlich nicht mehr trainiert.

Die Vorstellungen von der Trainingswirkung und deren Auslösungsmechanismen sind im ganzen noch recht dürftig. Es gibt zwar eine große Zahl von Arbeiten, die den Endzustand in einer Art von Querschnittsuntersuchungen zum Problem haben, in denen Daten einer untrainierten Gruppe denen Trainierter gegenübergestellt werden. Seltener sind dagegen vor allem für Ausdauertrainingsarten Längsschnittuntersuchungen, die systematisch den Verlauf eines Trainings verfolgen. Dennoch zeichnen sich die physiologischen Ursachen der praktisch längst bekannten Probleme ab, die mit plötzlichem Auftrainieren und plötzlichem Trainingsende eines Hochtrainierten auftreten. Beim Auftrainieren finden wir manchmal einen Zustand, den man als „Übertraining" bezeichnet. Besonders eindrucksvoll findet man diese Erscheinung beim Ausdauertraining. Der Sportler fühlt sich dabei sehr elend, und die Leistungsfähigkeit nimmt plötzlich ab. Dabei kann man häufig auch objektive Symptome wie EKG-Störungen nachweisen. Wahrscheinlich werden sie dadurch hervorgerufen, daß die verschiedenen Glieder der Kette, die die Leistungsfähigkeit als integralen Prozeß anheben, verschieden schnell an die zunehmende Leistung angepaßt werden. Beim Intervalltraining wird beispielsweise die Herzkraft mehr als die Herzausdauer trainiert, da hier besonders die Druckerhöhung wirksam ist, während man abschätzen kann, daß beim Marathontraining mehr die Ausdauer des Herzens durch Zunahme mitochondrialer Enzyme vermehrt wird. Wenn die Kraft schneller als die Ausdauer angepaßt wird, kommt es offensichtlich dazu, daß das Herz vorübergehend bei Belastung in einen relativen Sauerstoffmangel gerät, da es mechanisch mehr leistet, als es stoffwechselmäßig verkraften kann. In diesem Zustand wird die T-Welle des EKG ähnlich wie unter pathologischen Bedingungen bei Koronarinsuffizienz für einige Tage sehr flach, selbst unter Ruhebedingungen. Setzt man das Training ab, so normalisiert sich der Zustand sehr schnell wieder.

Auch die vegetative Abstimmung von Herzminutenvolumen und Durchblutung, von Durchblutung und Atemgröße usw. erfolgt offensichtlich sehr eng angepaßt. Plötzliches Auftrainieren kann diese Harmonie der Regelsysteme so stören, daß pathologische Erscheinungsbilder auftreten.

Auch bei plötzlichem Abbruch der Aktivität eines Hochtrainierten durch einen Unfall oder dadurch, daß der Sportler die Laufbahn beendet, treten ähnliche Probleme mit gleichen Ursachen auf. Deshalb soll ein Hochleistungssportler auch nicht abrupt aufhören, sondern sein tägliches Training langsam reduzieren.

7.5. Grundlagen des isometrischen Krafttrainings

7.5.1. Techniken der Kraftsteigerung

Der adäquate Reiz für die Kraftzunahme des Muskels ist die Spannung der Muskelfaser, die so stark ist, daß sie die Reizschwelle überschreitet. Im vorigen Abschnitt hatten wir festgestellt, daß der Trainingsreiz um so größer ist, je größer die Differenz gegenüber der aktuellen Dauerleistungsfähigkeit ist. Wenn man eine möglichst schnelle und effektive Zunahme der Kraft erreichen will, muß man einen möglichst großen Trainingsreiz setzen, oder, mit anderen Worten, man muß den Muskel mit seiner Maximalkraft anspannen. Es zeigte sich, daß sich ein Muskel isometrisch stärker kontrahiert als bei dynamischer (auxotonischer oder isotonischer) Kontraktionsform.

Um die Gesetzmäßigkeiten abzuleiten, wollen wir zunächst den Einfluß von maximalen isometrischen Kontraktionen auf die Muskelkraft betrachten. Probanden hatten die Aufgabe, den Muskel täglich 1 s lang mit Maximalkraft zu belasten. Die Maximalkraft stieg nun ständig an, so daß die Bela-

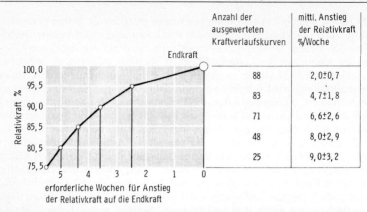

Abb. 165   Die Zunahme der Muskelkraft als Funktion der Zeit bei progressivem Training (aus: E. A. Müller, W. Rohmert: Die Geschwindigkeit der Muskelkraftzunahme bei isometrischem Training. Int. Z. angew. Physiol. 19 [1963] 403–407).

stung jeden Tag etwas größer wurde. Man nennt deshalb dieses Verfahren ein „progressives Training". Wie die Abb. 165 zeigt, nahm die Maximalkraft nun täglich zu, um sich etwa nach 5 Wochen asymptotisch einem Endwert zu nähern. Man kann den angegebenen Daten entnehmen, daß sich das untersuchte Kollektiv annähernd gleich verhielt. Dennoch ist eine solche Darstellung nicht unproblematisch, da sie immer voraussetzt, daß bei den untersuchten Muskelgruppen etwa gleiche Ausgangsbedingungen bestehen. Da im täglichen Leben einige Muskelgruppen mehr als andere beansprucht werden, findet man bei unterschiedlichen Muskelgruppen auch große Unterschiede in der Ausgangskraft und damit im Zuwachs beim progressiven Training. Vielbenutzte Muskeln des Körpers, wie z. B. die Unterarmbeuger oder -strecker, haben schon bei körperlich nicht trainierten Personen zwischen 76 und 88% der Endkraft, die ein Training mit einer täglichen Maximalkontraktion von 1 s erreichen läßt. Aus diesen Gründen sind wohl die Angaben über die Trainierbarkeit sehr uneinheitlich.

Ob eine Endkraft so wie in den gezeigten Versuchen tatsächlich existiert, oder ob durch die gleiche Trainingsart nach einer Stagnationsperiode und weiteren Trainingswochen noch weitere Kraftzunahme erfolgen kann, ist umstritten. Es ist bei langfristigem Krafttraining jedoch sehr wahrscheinlich, daß die Muskelkraft auch noch unter gleichen Bedingungen weiter gesteigert werden kann. Die Kraftzunahme ist um so größer, je größer die Differenz zwischen der aktuellen und der Endkraft ist. Auf jeden Fall ist die Endkraft aber nur für jeweils eine Trainingsart eine konstante Größe. Sie kann weiter gesteigert werden, wenn man die Anforderung anhebt, z. B., wenn man die Zeit, mit der der Muskel belastet wird, von 1 auf 5 s verlängert. Hier nimmt die Muskelkraft in der gleichen Weise wieder asymptotisch bis zu einer neuen Endkraft zu.

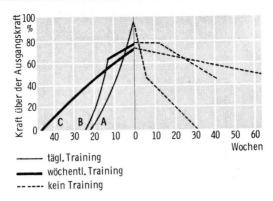

—— tägl. Training

━━━ wöchentl. Training

----- kein Training

Abb. 166   Trainingsverlauf und Trainingsfestigkeit (aus: T. Hettinger: Isometrisches Muskeltraining, 4. Aufl. Thieme, Stuttgart 1972).

Systematische Trainingsversuche haben die erstaunliche Tatsache ergeben, daß die Muskelkraft mit nur relativ wenig Aufwand gesteigert werden kann. Beträgt die Anspannung 20—30% der Maximalkraft, so bleibt die Muskelkraft erhalten. Beträgt sie weniger, so verliert der Muskel akut an Kraft (Muskelatrophie). Bei mehr als 30% der Maximalkraft steigt die Muskelkraft dann an. Die optimale Zahl der Trainingsreize liegt bei 3—5 isometrischen Kontraktionen/Tag mit Maximalkraft. Mehrere Reize dieser Form lassen die Muskelkraft offensichtlich nicht weiter ansteigen.

Wegen der praktischen Bedeutung dieser im Labor gewonnenen Untersuchung für den Kraftsport haben die Ergebnisse dort große Beachtung und Diskussion hinsichtlich ihrer praktischen Anwendung gefunden. Dabei kann man immer wieder von Kraftsportlern die persönliche Erfahrung hören, daß sie mit einem Hanteltraining bzw. an der Kraftmaschine mit dynamischer Kraftanstrengung bessere Erfolge hinsichtlich ihres Kraftzuwachses erzielen, so daß leicht der Verdacht entsteht, die Ergebnisse seien falsch. Dazu muß man jedoch, um Mißverständnisse zu vermeiden, einige Anmerkungen machen. Um reproduzierbare Ergebnisse zu erhalten, sorgt man dafür, daß die zu trainierende Muskelgruppe unter einem konstanten Winkel und auch sonst unter identischen Bedingungen trainiert wird. Getestet wird damit höchstens ein Teil einer Muskelgruppe oder eines Muskels, was wesentlich von den anatomischen Gegebenheiten abhängt. Die Ergebnisse gelten also genau genommen dann auch nur für die Muskelfasern, die bei der gegebenen Länge belastet werden. Schon eine andere Winkelstellung im Raum belastet aber andere Muskelfasern und -gruppen, die nicht trainiert wurden. Beim Hanteltraining oder an der Kraftmaschine wird dadurch, daß bei langsamer Bewegung unterschiedliche Fasern oder Muskel-

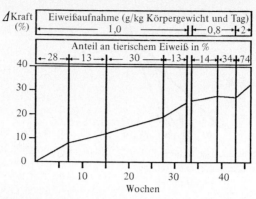

Abb. 167   Kraftzunahme bei einmal wöchentlichem Training in Abhängigkeit von der Eiweißaufnahme (nach: Kraut et al.).

gruppen quasi isometrisch kontrahiert werden, auch die Kraft für alle durchgeführten Winkelstellungen trainiert. Diese Form des Krafttrainings bezeichnet man im Sport als isokinetisch.

Die Frage nach den auslösenden Bedingungen der Muskelkraftzunahme ist noch völlig offen. Nachweisen kann man im Tierversuch eine deutliche Zunahme des Faserquerschnitts dadurch, daß die Myofibrillen dichter und zahlreicher werden. Der Muskel wird also durch Hypertrophie dicker und damit stärker. Vereinzelt wird auch über eine Hyperplasie, also eine Vermehrung der Muskelfasern, berichtet. Ob sie auch beim Menschen vorkommt, ist bisher unbekannt.

Die absolute willkürliche Muskelkraft/Querschnitt beträgt unter physiologischen Bedingungen etwa 60 N/cm^2. Sie bleibt auch bei Krafttraining konstant, da die Kraft eine lineare Funktion des Querschnitts ist. Normalerweise können etwa nur $2/3$ aller Muskelfasern gleichzeitig willkürlich innerviert werden.

Im angloamerikanischen Schrifttum nennt man die willkürlich auslösbare Maximalkraft MVC (maximal voluntary contraction).

Bei elektrischer Reizung, aber auch wenn die Kontraktion über eine äußere plötzliche Dehnung via Muskelspindelsystem (S. 88) ausgelöst wird, können sich alle Fasern gleichzeitig kontrahieren, und wir erhalten so eine absolute Kraft von 100N/cm^2. Man muß allerdings dabei betonen, daß der Querschnitt quer zum Verlauf der Muskelfasern gemessen werden muß, was besonders bei gefiederten Muskeln wichtig ist.

Man macht sich heute auch diese Tatsache zunutze, um größere Trainingswirkungen zu erzielen. Während einer maximalen, aktiven Kontraktion wird von außen durch ein Gerät eine akute Dehnung der Muskulatur aufgesetzt, die einen Eigenreflex auslöst, so daß die MVC überschritten wird. Diese Form nennt man exzentrisches Krafttraining. Weiterhin wird versucht, durch elektrische Reizung des Muskels die Maximalkraft und damit die Trainingswirkung zu erhöhen.

Ein Muskel, der durch isometrisches Krafttraining zu einer höheren Endkraft gebracht wird, spezialisiert sich auf Kraftleistung. Die dynamische Arbeitsfähigkeit des Muskels nimmt dabei gewöhnlich ab. Das liegt daran, daß durch die kurze isometrische Kraftanstrengung nur ein Reiz für die Zunahme der Faserdicke gesetzt wird. Durch Training erworbene Kraft des Muskels geht bei Inaktivität rasch wieder verloren. Abb. 166 zeigt, daß dabei die Zeit, mit der die Kraft erworben wurde, maßgebend dafür ist, wie schnell diese Kraft wieder verschwindet. Eine schnell erworbene Kraft geht viel schneller als eine langsam erworbene Kraft verloren.

7.5.2. Physiologische und pharmakologische Einflüsse auf das Krafttraining

Die Kraftzunahme durch Training ist gebunden an die Neubildung von kontraktilen Proteinen (S. 17f.). Nun sind bekanntlich die Grundbestandteile der Proteine die Aminosäuren. Beim Aufbau von Proteinen werden durch das DNA-RNA-System die einzelnen Aminosäuren bausteinartig aneinandergereiht, so daß spezifische Proteine, hier das Aktin und das Myosin, entstehen. Aufgenommen wird Protein in der Nahrung, gespalten im Verdauungsprozeß. Fehlen die notwendigen Proteine in der Ernährung, so kann kein Aufbau von Muskelgewebe erfolgen.

Für Untrainierte wird normalerweise ein täglicher Eiweißbedarf von 1 g/kg Körpergewicht angegeben. Wenn man eine Trainingswirkung größerer Muskelgruppen erreichen will, muß man erheblich über diesen Betrag hinausgehen. Aus der Studie, deren Ergebnisse in Abb. 167 dargestellt sind, geht hervor, daß bei einer Eiweißaufnahme von 1 g/kg Körpergewicht noch eine Zunahme der Muskelkraft bei einem progressiven Training erzielt wurde. Während der ersten 33 Wochen wurde lediglich der Anteil an tierischem Eiweiß variiert. Das Problem, das erfaßt werden sollte, war, ob der Anteil an essentiellen Aminosäuren (S. 76), der bekanntlich im tierischen Eiweiß größer ist, die Zunahme der Muskelkraft wesentlich beeinflußt. Eine genaue Analyse zeigte, daß das nicht der Fall ist. Bei Fortsetzung des Trainings und Gabe von 0,8 g/kg Körpergewicht stagnierte die Kraftzunahme, während sie bei 2 g/kg Körpergewicht wieder deutlich wurde. Es zeigt sich also, daß ohne Eiweißüberschuß keine Kraftzunahme zu erreichen ist.

Die Synthese bzw. die Abbaurate der Proteine wird durch die Androgene (männliche Sexualhormone) gesteuert. Aus diesem Grunde ist die Trainierbarkeit der Muskeln eng mit der Konzentration des Testosterons, des wichtigsten Vertreters der Andro-

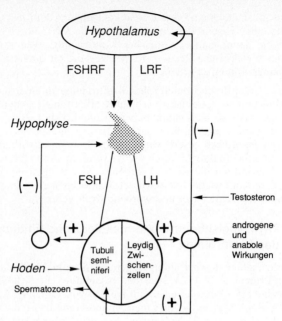

Abb. 168   Postulierte Regulationsvorgänge zwischen Hypothalamus, Hypophysenvorderlappen und Hoden. Stimulierende Effekte = (+); hemmende Effekte = (−). FSH = follikelstimulierendes Hormon; LH = luteinisierendes Hormon; FSHRF = Releasing Factor des FSH; LRF = Releasing Factor des LH.

gene, gekoppelt. Da chemisch leicht verändertes Androgen häufig dazu benutzt wird, anabole Wirkungen beim Krafttraining zu erzielen − was natürlich unter den Begriff Doping fällt − soll zunächst auf die physiologische Regulation des Testosteronspiegels und seiner Wirkungen eingegangen werden.

Testosteron ist chemisch ein C-19-Steroid mit einer OH-Gruppe an C 17. Es wird aus Cholesterin in den Leydig-Zwischenzellen des Hodens synthetisiert. Die Testosteronsekretion beträgt beim normalen Mann 4−9 mg/Tag. Sie wird durch das Luteinisierungshormon (LH) des Hypophysenvorderlappens gesteuert. Auch bei der Frau werden geringe Mengen von Testosteron möglicherweise im Ovar gebildet. Bei beiden Geschlechtern findet eine Synthese des Hormons in geringem Umfang in der Nebenniere statt.

Etwa 60−70% des Testosterons im Plasma sind an Eiweiß gebunden. Seine Konzentration (frei und gebunden) beträgt beim jungen Mann 0,6 µg/100 ml. Die Werte können allerdings zwischen 0,5 und 0,8 streuen. Bei der normalen Frau finden wir 0,1 µg/100 ml. Mit zunehmendem Alter nimmt die Testosteronkonzentration um 20−30% ab. Vor der Pubertät weisen beide Geschlechter etwa die gleiche Konzentration auf, die beim Knaben dann in der Pubertät auf etwa den 10fachen Wert zu-

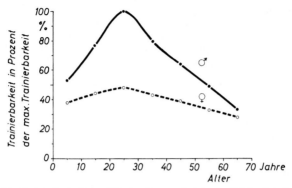

Abb. 169   Die Trainierbarkeit der Gliedmaßenmuskulatur in Abhängigkeit von Alter und Geschlecht (aus: T. Hettinger: Isometrisches Muskeltraining, 4. Aufl. Thieme, Stuttgart 1972).

nimmt. Damit werden die sekundären Geschlechtsmerkmale ausgebildet. Ein großer Teil des Testosterons wird ständig in der Leber zu 17-Ketosteroiden umgebaut und im Harn ausgeschieden. Auch sie haben noch eine schwache androgene Wirkung. Produktion und Abbau erfolgen also relativ schnell. Die Hälfte des gebildeten Testosterons ist in etwa 4 Min. abgebaut.

Die Konzentration des Testosterons wird über einen Regelkreis (s. Anhang, S. 322 ff.) konstant gehalten, wie in Abb. 168 dargestellt ist. Der Fühler des Regelkreises befindet sich im Hypothalamus. Nimmt z. B. die Testosteronkonzentration ab, werden 2 Substanzen vermehrt ausgeschieden, der Freisetzungsfaktor (Releasing-Faktor) für LH (LRF) und für das follikelstimulierende Hormon (FSHRF). Beide Faktoren bewirken eine Zunahme der Abgabe von FSH und LH aus der Hypophyse. Solange das LH erhöht ist, werden über den Blutweg die Leydig-Zwischenzellen informiert, die mehr Testosteron ausschütten. Gleichzeitig wird aber auch über diesen Weg die Bildung von Spermien durch FSH gefördert. Zuviel Testosteron bewirkt ein gegensätzliches Verhalten. Tierexperimente ergaben, daß die Einpflanzung kleinster Mengen von Testosteron in den Hypothalamus die Spermiogenese so stark hemmt, daß die Tubuli seminiferi atrophieren und damit der spermienbildende Apparat auf die Dauer funktionsuntüchtig wird. Damit resultiert bleibende Unfruchtbarkeit.

Die Trainierbarkeit von Muskeln hängt also sehr stark von der Testosteronkonzentration ab. Daraus ergeben sich vor allem die Unterschiede der Trainierbarkeit als Funktion von Alter und Geschlecht. In Abb. 169 ist die Trainierbarkeit in Prozent der maximalen Trainierbarkeit des Mannes für beide Geschlechter als Funktion des Alters aufgetragen. Vor der Pubertät ergeben sich nur geringe Unterschiede, die nach der Pubertät sehr deutlich werden, sich dagegen im Alter wieder annähern. Als Maß für die Testosteronproduktion ist die Ausscheidung der 17-Ketosteroide in Abb. 170 dargestellt. Wenn man beide Abbildungen vergleicht, fällt die Parallelität ins Auge.

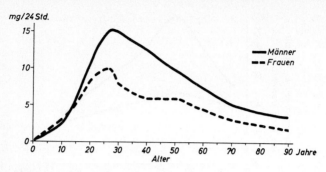

Abb. 170   17-Ketosteroid-Ausscheidung in Abhängigkeit von Alter und Geschlecht (aus: T. Hettinger: Isometrisches Muskeltraining, 4. Aufl. Thieme, Stuttgart 1972).

Die pharmazeutische Industrie hat seit längerer Zeit Substanzen mit Wirkungen entwickelt, die dem Testosteron ähnlich sind. Man faßt sie unter dem Sammelbegriff „Anabolika" zusammen. In der Medizin verwendet man sie zur Therapie von Eiweißmangelschäden nach schweren Infektionen oder aufgrund von Stoffwechselstörungen oder Karzinomerkrankungen. Im Sport werden diese Substanzen leider häufig entgegen den Dopingbestimmungen dazu benutzt, ein Krafttraining zu unterstützen und wirksamer zu machen. Chemisch liegt bei den Anabolika die Strukturformel des Testosterons zugrunde, nur wird durch leichte Veränderung am Molekül, z. B. die Anlagerung von Hydroxyl- oder Methylgruppen an das C-19-Steroid, die sexualspezifische Komponente abgeschwächt und die anabole Komponente verstärkt. Zu warnen ist vor dem Mißbrauch der Anabolika im Sport vom medizinischen Standpunkt aus mehreren Gründen: Sicher ist ein unkontrollierter Eingriff in den Hormonhaushalt nicht so harmlos, wie mancher Sportler meint, und bis heute ist nicht klar erwiesen, ob nicht doch eine bleibende Sterilität aus den o.a. Gründen als Spätfolge bestehenbleiben kann. Ferner ist die Testosteronwirkung eng mit psychischen Reaktionen gekoppelt, die sich nicht immer vorteilhaft auswirken müssen. Endlich bleibt noch ein ganz wichtiger Punkt zu erwähnen: die Gefahr unangenehmer Sportverletzungen durch Sehnenabrisse, Bänderzerrungen und Knochenschäden. Im Grunde sind sowohl Sehnen, Bänder als auch Knochenstrukturen trainierbar, aber sehr viel langsamer als die Muskelkraft. Die Sehnen besitzen keine Gefäße, sie werden durch Diffusion ernährt. Deshalb ist der Mittelabschnitt der Sehne besonders schlecht oder überhaupt nicht trainierbar. Als Regel kann etwa gelten, daß die Trainierbarkeit eines Gewebes seiner Stoffwechselgröße in Ruhe proportional ist. Wenn die Kraftzunahme mit Anabolikaunterstützung zu schnell zunimmt, haben die genannten Gewebe keine Chance, sich auch nur annähernd an die Belastung anzupassen.

7.5.3. Grundlagen des Trainings der Schnelligkeit

Schnelligkeit läßt sich einerseits durch Krafttraining, andererseits durch Verbesserung der Koordination mittels Übung verbessern. Für die Kontraktionsgeschwindigkeit eines einzelnen Mannes gilt, daß sie um so langsamer wird, je größer seine Belastung ist. Die absolute Kontraktionsgeschwindigkeit hängt demnach von der Kraftreserve ab, d.h. dem Unterschied zwischen der maximalen und der aktuell aufgewandten Kraft. Für die gleiche nach außen abgegebene Kraft ist demnach die Kraftreserve für die Geschwindigkeit der Kontraktion maßgebend.

Für die Schnelligkeit einer sportlichen Aktivität, z.B. eines 100-m-Sprints, ist die Anfangsbeschleunigung entscheidend, die beim Abstoßen des Körpers auftritt. Da Kraft = Masse · Beschleunigung ist, wird der Einfluß der Kraft evident.

7.6. Grundlagen des Trainings der Ausdauer

7.6.1. Überblick über Muskelbelastungsarten und Wirkungen

Die lokale muskuläre Ausdauer wird begrenzt durch das Verhältnis zwischen aerober und anaerober Energiegewinnung (S. 36ff.). Voraussetzung für einen Trainingseffekt ist, den Muskel möglichst lange so zu belasten, daß er die Grenze der anaeroben Energiegewinnung gerade überschreitet. Man kann dieses auf 2 Arten bewerkstelligen: Entweder man belastet den Muskel so, daß die Dauerleistungsgrenze geringfügig überschritten wird – dadurch kann man den Muskel relativ langzeitig belasten, bevor er ermüdet –, oder man trainiert ihn mit wechselnder Intensität, bei der Ermüdungsphasen und Erholungsphasen einander abwechseln.

Bis vor wenigen Jahren schrieb man die dabei verbesserte Ausdauer nur einem Faktor zu, dem deshalb auch in älteren Darstellungen des Ausdauertrainings sehr viel Raum gewidmet ist: der Kapillarisierung. Heute wissen wir, daß ihr nicht die Bedeutung zukommt, die man vermutete. Vielmehr liegt nach heutiger Auffassung der Schwerpunkt bei der Adaptation der zellulären Stoffwechselvorgänge durch vermehrte Bildung von Enzymen in den Mitochondrien der Muskeln.

7.6.2. Wirkung eines Ausdauertrainings auf die zelluläre Funktion und Struktur des Muskels

Systematische Ausdauertrainingsversuche zur Klärung der zellulären Adaptation wurden zunächst an Ratten durchgeführt. Untersuchungen am Menschen jedoch zeigten nahezu gleiche Ergebnisse. Die Schwierigkeit beim Humanversuch liegt darin, daß man bei jeder Untersuchung eine etwa

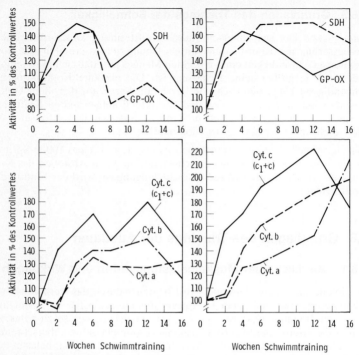

Abb. 171   Die Wirkung von 16wöchigem Schwimmtraining auf die Enzymaktivitätsgehalte (mmol/min ×g Mitochondrienprotein) und die Zytochromgehalte (mmol/g Mitochondrienprotein) von Skelettmuskelmitochondrien der Ratte (linke Spalte). In der rechten Spalte sind die Enzymaktivitätsgehalte angegeben. Bezugsgröße ist hier das Feuchtgewicht des Muskels. GP-OX = Glyzerin-1-phosphatoxidase; SDH = Sukzinatdehydrogenase; Zyt = Zytochrome (aus: H. Kraus et. al.: Die Wirkung von Schwimm- und Lauftraining auf die zelluläre Funktion und Struktur des Muskels. Pflügers Arch. 308 [1969] 57—59).

4 mm starke Kanüle in den Muskel stechen muß, um damit Proben aus ihm zu entnehmen (Muskelbiopsie). Es ist nicht ganz leicht, repräsentative Fasergruppen zu erhalten, da die Zahl der Muskelproben aus verständlichen Gründen limitiert ist. Der Tierversuch gibt hierbei deshalb oft eine umfassendere Information.

Beim Kaninchen beispielsweise kann man besonders gut 2 Typen von Muskelfasern unterscheiden: die „schnellen" (phasischen, weißen) Fasern und die „langsamen" (tonischen, roten). Die schnellen sind besonders für anaerobe, die langsamen vornehmlich für Ausdauerleistungen geeignet. Beim

Tabelle 11   Beispiele prädominanter phasischer bzw. tonischer Muskeln beim Menschen (aus: J. Keul et al: Muskelstoffwechsel. Barth, München 1969)

synerg. Muskelgruppe	phasische Muskelgruppen	tonische Muskelgruppen
M. quadriceps femoris	M. vastus med. et lat.	M. rectus femoris
M. triceps surae	M. gastrocnemius int. et ext.	M. soleus
Flexoren des Kniegelenks	M. semimembranosus	M. semitendinosus
M. triceps brachii	Caput ulnare et radiale	Caput longum
Fixatoren des Schultergelenks	M. latissimus dorsi	M. infraspinatus
		M. rectus abdominis
		M. erector spinae
	M. tibialis ant.	
M. biceps brachii		
M. adductor digiti minimi		
M. deltoideus		
M. flexor digitorum prof.		

Kaninchen findet man nämlich Muskeln, die überwiegend aus weißen Fasern, und andere Muskeln, die überwiegend aus roten Fasern bestehen. Beim Menschen findet man diese Differenzierung innerhalb eines Muskels. Häufig liegen rote und weiße Muskelfasern benachbart.

Tab. 11 gibt Auskunft über die Verteilung der roten und weißen Fasern in verschiedenen Muskeln. Diese Einteilung gilt in erster Linie für untrainierte Menschen; denn es zeigte sich, daß sich unter Ausdauertraining weiße in rote Muskelfasern umwandeln können.

Für die primäre Ausbildung roter und weißer Muskelfasern, die schon im embryonalen Zustand nachweisbar sind, soll die Innervation eine große Rolle spielen. Bei den roten Fasern soll über die neuromuskuläre Synapse möglicherweise von den zugehörigen Motoneuronen immer eine größere (trophische) Entladungsfrequenz erfolgen. Denervierte Muskeln zeigen einen Übergang vom roten zum weißen Typ, während langfristige Beanspruchung den umgekehrten Weg bewirkt.

Analysiert man die verschiedenen Energiebereitstellungssysteme in den phasischen und tonischen Muskeln im einzelnen, so kommt man zu dem Schluß, daß bei den weißen Muskeln die glykolytische Aktivität − also die Fähigkeit, auf anaerobem Wege Energie bereitzustellen − wesentlich größer ist. Offensichtlich können sie auch besser Glykogen in der Zelle mobilisieren. Die roten Fasern sind nach ihrem Enzymbesatz besonders geeignet, die oxidative Energie bereitzustellen, was man an der wesentlich höheren

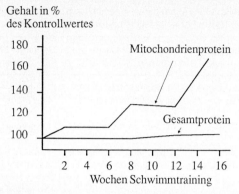

Abb. 172   Das Verhalten des Gesamt- und des Mitochondrienproteins während eines Schwimmtrainings von Ratten. (aus: H. Kraus et al.: Die Wirkung von Schwimm- und Lauftraining auf die zelluläre Funktion und Struktur des Muskels. Pflügers Arch. 308 [1969] 57−59).

Tabelle 12   Die Wirkung von Training auf die Schwimmleistung von Ratten (aus: H. Kraus et al.: Die Wirkung von Schwimm- und Lauftraining auf die zelluläre Funktion und Struktur des Muskels. Pflügers Arch. 308 [1969] 57−79).

Schwimmdauer (Wochen)	Zahl der Tiere	Angehängtes Gewicht g/100g K.-Gewicht	Mittlere Schwimm- zeit täglich (Min.)
2	12	3,5	16,7
4	12	4,5	24,7
8	12	4,9	32,8
12	9	5,3	39,3
16	6	5,9	41,5

Enzymaktivität für den Zitratzyklus und die Atmungskette ablesen kann. Besonders ist ihre Fähigkeit entwickelt, Fettsäuren zur Energiebereitstellung heranzuziehen, was besonders für langdauernde Arbeit wichtig ist.

Mechanisch zeigen weiße Muskeln eine kürzere Kontraktionszeit als rote. Sie haben ferner ein negativeres Membranpotential und stärkere Erregbarkeit. Sie sind deshalb besonders für die Entwicklung von Schnellkraft geeignet.

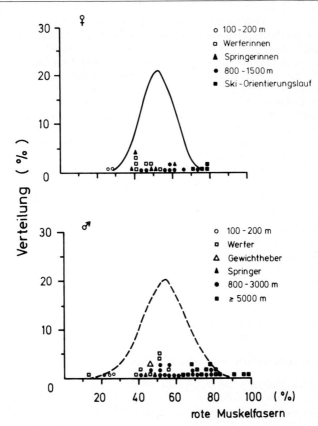

Abb. 173   Der relative Anteil an roten Muskelfasern bei Athleten und Athletinnen verschiedener Sportarten (aus: B. Saltin. et al.: Fiber types and metabolic potentials of sceletal muscle in sedentary man and endurance runners. Ann. N.Y. Acad. Sci. 301 [1977] 3−29).

Um nun den Effekt des Ausdauertrainings auf die Enzymaktivität zu untersuchen, wurde bei Ratten ein ausgiebiges Schwimmtraining durchgeführt, wie es in Tab. 12 dargestellt ist. Damit das Training die notwendige Intensität erreichte, wurden die Tiere zusätzlich progressiv mit Gewichten belastet.

Als Ergebnis zeigte sich, daß die Enzyme für die Glykolyse nur gering verändert wurden. Das Glykogen in der Muskulatur nahm auf 150% des Kontrollwertes zu. Untersucht wurden ferner die Konzentrationen von 5 im aeroben Stoffwechsel gebrauchten Enzymen (Abb. 171). Die Zytochrome a, b und c zeigen einen Anstieg auf etwa 140%, wenn man ihren Gehalt auf die Menge des Mitochondrienproteins bezieht. Die Sukzinatdehydrogenase (SDH), wieder bezogen auf den Mitochondrienproteingehalt, steigt zunächst an, fällt dann weitgehend auf den Kontrollwert zurück. Ähnliches gilt für die Glycerin-1-phosphatoxidase (GP-OX), die am Ende sogar etwa 20% unter dem Kontrollwert liegt. Betrachtet man jedoch dazu Abb. 172, so zeigt sich, daß der Gehalt an Mitochondrienprotein ab der 12. Woche besonders stark zunimmt, so daß sich für alle untersuchten Werte insgesamt eine beträchtliche Erhöhung ergibt. Elektronenmikroskopische Untersuchungen ergaben zusätzlich, daß die Zahl der Mitochondrien vermehrt und die mitochondrialen Cristae deutlich verdickt werden. Der Konzentrationsanstieg ist also offensichtlich auf eine echte Neubildung durch Enzyminduktion zurückzuführen.

Am Menschen zeigten sich prinzipiell gleiche Ergebnisse. Ausdauertraining ist also offensichtlich in der Lage, nicht nur die oxidative Kapazität der Muskeln zu erhöhen, sondern auch weiße Muskelfasern in rote umzuwandeln. Abb. 173 zeigt den Anteil von roten Muskelfasern im M. vastus lateralis bei Sportlern unterschiedlicher Disziplinen. Es ist demnach sicher falsch, einen Sprinter oder Hochspringer durch zusätzliche Ausdauerleistung zu trainieren, da er damit die Fasern in rote umwandelt, die für die Schnellkraft verantwortlich sind.

7.6.3. Ausdauertraining und Kapillarisierung

Viele Jahre hindurch galt der Effekt der Kapillarisierung des Muskels als Folge von Ausdauertraining als der Faktor, der allein die lokale Muskelausdauer bestimmen sollte. Heute weiß man jedoch, daß die im letzten Abschnitt geschilderten zellulären Anpassungsprozesse einen weiteren entscheidenden Faktor darstellen. Die Auffassung, daß die Kapillarisierung des Muskels die Ausdauer bestimmt, geht auf die klassischen Kapillarbeobachtungen des dänischen Physiologen Krogh zurück, der zeigen konnte, daß es Muskeln mit unterschiedlicher Kapillardichte gibt. Heute weiß man, daß in Ruhe nur ein Teil der Kapillaren durchblutet ist; die übrigen sind blutfrei. Bei Arbeit wird der periphere Widerstand im arbeitenden Muskel herabgesetzt, da die zuführenden kleinsten Arterien erweitert werden (S. 119). Damit wird je nach Stoffwechsellage ein Teil oder alle der in Ruhe blutfreien Kapillaren passiv erweitert. Sie führen damit dem Muskel vermehrt Blut zu.

Eine nichtdurchblutete Kapillare stellt einen hauchdünnen Endothelschlauch dar. Um die Zahl der Kapillaren zu zählen, die eine Muskelfaser versorgen, benutzt man das Lichtmikroskop. Voraussetzung dafür, daß man die Kapillaren erkennen kann, ist jedoch, daß sie gefüllt sind. Im Tierversuch füllt man beim noch lebenden Tier die

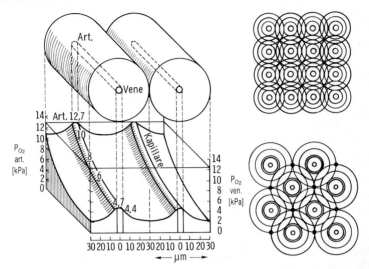

Abb. 174 Schema der Sauerstoffversorgung des Gewebes als Funktion der Kapillarlänge und des O₂-Druckes. In den toten Winkeln fällt der O₂-Druck stark ab. Rechts: die Verkürzung der Diffusionsstrecken, wenn die Kapillarisierung durch Training zunimmt (aus: M. Schneider: Einführung in die Physiologie des Menschen, 16. Aufl. Springer, Berlin 1971).

Kapillaren mit einer Farbstoffflüssigkeit, stellt, nachdem das Tier getötet wurde, Querschnitte der Muskulatur her und zählt die Kapillaren aus. Nun zeigt sich, daß man bei optimaler Fülltechnik eine viel größere Zahl von Kapillaren sieht als bei mangelhafter Füllung. Da man beim Menschen aus verständlichen Gründen keine prämortale Füllungstechnik anwenden kann, muß man offensichtlich alle früher publizierten Ergebnisse anzweifeln, so daß manche Autoren heute nicht mehr ernsthaft überzeugt sind, ob es überhaupt eine echte Neubildung von Kapillaren durch Ausdauertraining gibt.

Ein großer Teil unseres physiologischen Wissens stammt aus Untersuchungen am Tier. Aber gerade bei dieser Fragestellung sind Ergebnisse aus Tierversuchen besonders unsicher, da verschiedene Tierspezies auf ganz unterschiedliche Leistungen spezialisiert sind. Der Hund beispielsweise ist ein ausgesprochenes Lauftier, was schon daraus hervorgeht, daß er, bezogen auf sein Körpergewicht, ein zumindest doppelt dimensioniertes Herz aufweist. Wenn man bei Hunden also eine größere Kapillardichte findet, braucht das für den Menschen nicht ohne weiteres zuzutreffen.

Es gibt jedoch einige Tierarten, bei denen unter optimaler Technik ein echtes Neuwachstum von Kapillaren durch Ausdauertraining beobachtet werden kann. Der Mensch hat zumindest die Fähigkeit, auf Entzündungsreize neue Kapillaren einsprossen zu lassen. Die Hornhaut des Auges wird normalerweise durch Diffusion versorgt. Kapillaren befinden sich dort nicht. Bei einer Hornhautentzündung durch Infektion wachsen aber Kapillaren in die Hornhaut ein. In Analogie zu diesem Vorgang kann man sich vorstellen, daß auch im Muskel eine Einsprossung von Kapillaren möglich ist.

Im Verlauf eines wirksamen Ausdauertrainings kann man alle Symptome der Entzündung nachweisen. Die klassischen Erscheinungsformen „Kalor, Tumor, Rubor, Dolor" der Entzündung kann fast jeder Sportler ab und zu an sich feststellen, wenn er hart trainiert hat. Kalor = Hitze zeigt sich einmal in Form von leichtem Fieber und anhaltender höherer Temperatur in der beanspruchten Muskelgruppe. Tumor = Schwellung läßt sich durch Abtasten der Muskelgruppe feststellen, während Rubor = Rötung sich nicht durch die Haut beobachten läßt. Sie läßt sich durch eine stärkere Blutfüllung des Organs objektivieren. Dolor = Schmerz ist jedoch jedem Sportler unter dem Phänomen des Muskelkaters bekannt.

Sicher hat der Muskelkater direkt nichts mit der Konzentration an Milchsäure zu tun, wie man oft hört, sonst müßte er kurze Zeit nach Trainingsende, wenn die Milchsäure abgebaut ist, vorbei sein. Auch die übrigen dem Arzt bei Entzündung bekannten Erscheinungsformen lassen sich feststellen: eine Zunahme der Leukozytenzahl und gewisser Eiweißkörper im Blut. Möglicherweise wird die „sterile" Entzündung durch die starke Säuerung und Mikrotraumen des Gewebes hervorgerufen.

Obwohl wir also nicht sicher sind, ob es eine Kapillarisierung durch Zunahme der Kapillarzahl pro Muskelfaser gibt, werden wir uns mit der Wirkung einer Kapillarisierung beschäftigen müssen, und zwar aus folgenden Gründen: Der Ausdauertrainierte erreicht ein wesentlich höheres maximales Herzminutenvolumen und hat einen größeren Bereich der Verstellmöglichkeit für den Sympathikotonus. Beide Effekte führen dazu, daß der arbeitende Muskel maximal mehr durchblutet wird. Ob sich nun mehr Kapillaren gebildet haben oder ob bisher funktionell verschlossene Kapillaren durchblutet werden, ist für den Versorgungsmechanismus der Gewebe letztlich gleichgültig. Wesentlich ist, daß in beiden Fällen die Diffusionsstrecken erheblich verkürzt werden.

Der Effekt der Kapillarisierung besteht darin, daß die Strömungsgeschwindigkeit in der einzelnen Kapillare bei gleicher Druckdifferenz am Eingang und Ausgang des Kapillarbettes erniedrigt ist, ferner, daß die Austauschfläche zunimmt. Beide Wirkungen führen zu einer größeren Fähigkeit der Abgabe von O_2 aus dem Blut, so daß die maximale arteriovenöse Differenz (AVD) des O_2 zunimmt. Nach dem Fick-Diffusionsgesetz ist die Menge an Sauerstoff der Druckdifferenz zwischen Blut und Mitochondrien proportional, dagegen dem Diffusionswiderstand umgekehrt proportional (S. 153). Von jeder Kapillare wird ein Gewebszylinder (Abb. 174) mit O_2 versorgt. Wenn die Kapillarisierung dürftig ist, entstehen in den schlecht versorgten Gebieten zwischen den Gewebszylindern möglicherweise Orte mit so niedrigem O_2-Druck, daß dort in Ruhe ein geringer Anteil der Energie anaerob

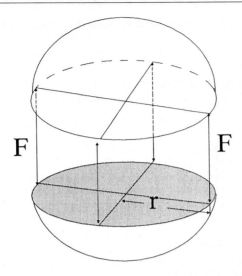

Abb. 175 Das Herz ist als Hohlmuskel von Kugelform gedacht. Der Innendruck $p = \pi\, r^2 \cdot F$ sucht die beiden Halbkugeln auseinanderzutreiben mit der Kraft F. Dem wirkt die Summe der Kräfte aller Muskelfasern rings um die Schnittfläche entgegen.

bereitgestellt wird. Jedenfalls gibt der Skelettmuskel beim Untrainierten in Ruhe immer größere Mengen von Milchsäure ab als der des Trainierten.

Die Angaben über die Ruhedurchblutung des Skelettmuskels streuen etwas. Sie liegen bei etwa 3–5 ml Blut/Min. · 100 g Muskulatur, so daß man von einem Mittelwert von 4 ml Blut/ Min. · 100 g Muskulatur ausgehen kann. Entgegen früheren Auffassungen ist die Ruhedurchblutung beim Trainierten eher etwas höher als niedriger, was auf den kleineren Sympathikotonus und damit den geringeren Tonus der kleinsten Arterien zurückzuführen ist. Der O_2-Verbrauch der ruhenden Muskulatur wird mit etwa 0,15 ml/Min. · 100 g Muskulatur angegeben, so daß sich daraus eine AVD von etwa 5 Vol.-% O_2 entsprechend 23 Sättigungsprozenten ergibt. Auch hier sind die Werte für Trainierte und Untrainierte etwa gleich.

Der Effekt des Ausdauertrainings zeigt sich besonders in der Höhe des Muskelstoffwechsels, der gerade noch aerob gedeckt werden kann. Beim Untrainierten liegt die maximale Durchblutung etwa bei 130 ml Blut/ Min. · 100 g Muskulatur, beim Trainierten bei 180 ml Blut/Min. · 100 g Muskulatur, sie ist also um etwa 40% höher als beim Untrainierten. Der O_2-Verbrauch im maximalen Steady state wird beim Untrainierten mit

20 ml O_2/Min. · 100 g Muskulatur, beim Trainierten mit 35 ml O_2/Min. · 100 g Muskulatur angegeben. Bei beiden Gruppen nimmt also die AVD als Ausdruck der höheren Ausschöpfung bei maximaler Belastung zu.

7.6.4. Wirkung eines Ausdauertrainings auf die Förderkapazität des Herzens

Die Wirkung eines Herztrainings besteht, ähnlich wie bereits für den Skelettmuskel geschildert wurde, in einer Zunahme der Kraft der einzelnen Herzmuskelfasern und der Steigerung ihrer Ausdauer. Wie wir bei der Besprechung des Herzens gesehen haben (S. 113 ff.), besteht die Herzrevolution teilweise aus isometrischen, teilweise aus auxotonischen Kontraktionen. Je nach Belastungsart des Herzens überwiegt deshalb auch die Komponente, die zur Hypertrophie des Herzmuskels führt, oder diejenige, die mehr die Ausdauer des Herzens verbessert.

Die Zunahme der Herzkraft ist ähnlich wie beim Skelettmuskel besonders auf die Spannung der Faser, gegen die das Herz sich kontrahiert, zurückzuführen. Wir müssen uns deshalb überlegen, von welchen Größen die Kraft der einzelnen Muskelfaser abhängt.

Stellen wir uns vereinfacht den Herzmuskel als Hohlkugel vor (Abb. 175), so können wir die Kraftentwicklung der einzelnen Muskelfasern in Näherung berechnen. Zwischen dem Druck der Flüssigkeit in der Hohlkugel und der Kraft aller Muskelfasern besteht immer ein Gleichgewicht. Die Hohlkugel würde an der Schnittfläche auseinandergedrückt, wenn nicht die Summe aller Muskelfasern eine gleich große Gegenkraft entwickeln würde, die das verhinderte.

Es gilt also:

$$p \cdot \pi \cdot r^2 = n \cdot F \quad (80)$$

Dabei ist p der Innendruck, πr^2 die Schnittfläche der Kugel, F die Kraft der einzelnen Muskelfaser und n ihre Anzahl. Nach F aufgelöst, ergibt diese Gleichung die Kraft der einzelnen Muskelfasern:

$$F = \frac{p \cdot \pi \cdot r^2}{n} \quad (81)$$

Man kann dieser Beziehung entnehmen, daß die Kraft der einzelnen Muskelfaser unter sonst gleichen Bedingungen mit dem Quadrat des Herzradius zunimmt. Ferner zeigt die Beziehung, daß die Kraftentwicklung der einzelnen Fasern direkt proportional dem Innendruck ist.

Demnach gibt es auch 2 Arten, die Herzmuskelkraft zu trainieren: durch Steigerung des Druckes und durch Steigerung des Volumens. Somit wird die Herzkraft also durch das Produkt beider Größen trainiert, das bekanntlich einen Teil der Herzarbeit darstellt. Beide Faktoren können bei gleicher Herzarbeit ungleich groß sein. Einen besonders hohen Blutdruck und damit auch einen hohen systolischen intraventrikulären Druck erhalten wir bei hohen Arbeitsleistungen, wie wir auf S. 142 ff. gesehen haben. Kontinuierlich kann man jedoch hohe Arbeitsleistungen nicht durchhalten, da sie schnell zur Ermüdung des arbeitenden Muskels führen. Intervallbelastung führt zu einer besonders starken Zunahme der Herzkraft, da sie für den Herzmuskel ein isometrisches Training darstellt. Notwendigerweise braucht dabei die Ausdauer nicht gesteigert zu werden, die auch hier vom Enzymbesatz der Mitochondrien abhängt. Da das Herz sehr geringe Möglichkeiten hat, Energie auf anaerobem Wege glykolytisch zu gewinnen, arbeitet es in der Regel aerob. Gerät die Herzmuskelzelle in ein Energiedefizit, dann treten häufig Rhythmusstörungen, erhebliche Schmerzen und charakteristische Veränderungen des EKG auf, die zum Abbruch der Arbeit zwingen. Genau wie es auf S. 259 f. für den Muskel geschildert wurde, hängt auch beim Herzen die maximale aerobe Energiegewinnung vom Enzymbesatz und von der Sauerstoffversorgung ab. Die Sauerstoffversorgung des Herzens wird besonders kritisch, wenn die Koronararterien durch arteriosklerotische Prozesse verengt sind. **Vor dem Herztraining muß man also das Herz klinisch auf Gesundheit prüfen lassen.**

Bei einem Marathontraining, d. h. also bei einem Training mit gleichbleibender, langzeitiger Ausdauerbelastung, die leicht oberhalb der Dauerleistungsgrenze liegt, wird die Herzkraft auch trainiert, aber offensichtlich nicht so stark, dafür aber mehr die enzymatischen Faktoren. Man kann der Beziehung, die in Gleichung 81 dargestellt ist, entnehmen, daß die Kraft der einzelnen Muskelfasern unter sonst gleichen Bedingungen mit dem Quadrat des Herzradius zunimmt, sofern das Herz vereinfacht als Kugel angenommen wird. Wenn unter diesen Bedingungen der Radius um 20% zunähme, so entspräche das etwa einer Volumenzunahme von $^2/_3$ des Ausgangsvolumens. Die Zunahme der Kraft der einzelnen Muskelfaser betrüge unter sonst gleichen Bedingungen etwa 44% der Ausgangskraft. Die Volumenzunahme hängt eng mit der Zunahme des Blutvolumens zusammen. Bei gleichem peripherem Blutdruck wird durch die Vergrößerung des Volumens die Kraft der einzelnen Faser zunehmen.

Bei Volumenbelastung des Herzens durch ein Marathontraining wird der periphere Blutdruck nur mäßig erhöht. Das bedeutet nun, daß sich das Herz bei höherem Schlagvolumen auf Kosten des Restvolumens verkleinert; dabei würde gerade während des systolischen Maximums die Faserlänge ein Minimum aufweisen. Deshalb ist die maximale Kraftentwicklung kleiner, als wenn sich das Herz gegen Druck kontrahiert. Hinzu kommt noch, daß bei Volumenarbeit die isometrische Phase kleiner, dagegen die auxotonische Phase länger als bei Druckarbeit ist. Bei Volumenarbeit wird also das Herz weniger kraft-, aber mehr ausdauertrainiert.

Ein gut ausdauertrainiertes Herz zeichnet sich vor allem durch die Fähigkeit aus, auch während der Leistung große Mengen von Laktat zu oxidieren und dabei Energie zu gewinnen. Das Herz sorgt also dafür, daß das bei anaerober Arbeit in den Skelettmuskeln gebildete Laktat während der Arbeit verbraucht wird. Dadurch wird das Säure-Basen-Gleichgewicht des Blutes nicht so stark belastet. Das ausdauertrainierte Herz weist eine erhöhte Zahl und Größe der Mitochondrien gegenüber dem des Untrainierten auf.

Bei Untersuchungen über 43 Tage an schwimmenden Ratten ließ sich der Trainingseffekt auf die Mitochondrien des Herzmuskels verfolgen. Ein Teil der Tiere wurde jeweils in regelmäßigen Zeitabständen getötet, nachdem sie an 6 Tagen in der Woche jeweils 5−6 Std. geschwommen hatten. In den ersten Tagen konnte das Bild einer akuten Mitochondrienschwellung beobachtet werden, mit einer Auflösung der Cristae mitochondriales (S. 38) und einer Aufhellung der Matrix der meisten Mitochondrien. Zusätzlich ergab sich das Bild einer hypoxischen Schädigung an den Herzmuskelzellen. Bei länger dauerndem Schwimmtraining nahm die Mitochondrienmasse zu, die man als Mitochondrienwert ausdrückt, indem man den Quotienten zwischen Mitochondrien- und Myofilamentprotein bestimmt. Diese Relation stieg von 0,59 auf 1,6 an und ging dann langsam auf einen Wert von 1,07 zurück.

Offensichtlich ist am Anfang des Trainings also der Herzmuskel überlastet. In den Zeiten zwischen dem 5−6 Std. dauernden Schwimmtraining geht die Belastung auf den Normwert zurück. Die Erholung scheint dabei die Vergrößerung des Mitochondriensystems zu begünstigen. Ähnliche Verhältnisse gelten auch für das trainingsbedingte Sportherz, dessen physiologische Leistungsfähigkeit erhöht und das infolgedessen nicht durch hypoxische Schädigungen bedroht ist.

Hier unterscheidet es sich von dem pathologisch überlasteten Herzen, das durch Hypertonie (Bluthochdruck verschiedener Ursache), durch Klappenstenosen und Klappeninsuffizienzen überbelastet ist und deshalb ständig hohe Leistungen erbringen muß. Man kann davon ausgehen, daß der durchschnittliche Querdurchmesser einer Herzmuskelfaser 16,2 μm beträgt und durch Hypertrophie bis auf 25 μm anwachsen kann. Damit nimmt das ganze Herzgewicht zu. Hypertrophiert die Faser weiter, wird die Diffusionsstrecke für den Sauerstoff zu lang, so daß der Sauerstoffdruck zur Versorgung der Mitochondrien nicht mehr ausreicht.

Das kritische Herzgewicht, bei dem dieser Zustand auftritt, wird mit 500 g angegeben. Als Folge dieser extremen Hypertrophie tritt eine Insuffizienz der Faser ein. Das Sportherz erreicht diesen Zustand niemals. Es überschreitet das kritische Gewicht von 500 g nicht. Man spricht deshalb auch von einer lupenreinen oder konzentrischen Vergrößerung. Das aufgrund von chronischer Druck- oder Volumenbelastung aus pathologischen Gründen vergrößerte Herz, das diesen Wert überschreitet, bildet offensichtlich neue Muskelfasern (Hyperplasie) und neue Kapillaren, so daß für ein vorübergehendes Stadium die Versorgung des Herzens wieder gewährleistet ist, bis auch diese Fasern wieder an der Grenze der Versorgung angekommen sind.

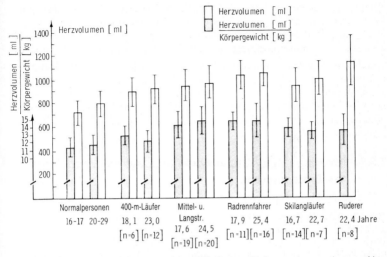

Abb. 176   Absolute und relative Herzgröße jugendlicher und erwachsener Normalpersonen, 400-m-Läufer und Ausdauersportler (aus: W. Kindermann et al.: Grundlagen der Bewertung leistungsphysiologischer Anpassungsvorgänge. Dtsch. med. Wschr. 99 [1974] 1372–1379).

Für den Bereich des Sportes ist wichtig zu wissen, daß man sehr vorsichtig sein muß, pathologisch hypertrophierte Herzen durch körperliche Aktivität weiter zu belasten. **Hier ist unbedingt vorher eine kardiologische Untersuchung und Beratung notwendig.**

Ein vielbenutztes Maß zur Beurteilung der Herzgröße war das röntgenologisch bestimmte Herzvolumen. Das Herz wurde dabei in 2 Ebenen geröntgt, und dabei wurden die angegebenen Maße ermittelt. Aus diesen Maßen ließ sich dann mit Hilfe von Formeln (Klepzig und Frisch) das Herzvolumen abschätzen. Heute wird wegen der allgemein verbreiteten Angst vor Strahlenschäden diese Methode an Gesunden nur noch wenig benutzt. Die Werte, die man für Normalherzen erhält, hängen wesentlich davon ab, ob sie im Liegen oder Stehen gewonnen werden. Eine im Wachstumsalter zwischen 14 und 18 Jahren durchgeführte Ausdauerbelastung führt besonders schnell zu einer Größenzunahme des Herzens, wobei das Endergebnis nach einer gewissen Trainingszeit gleich dem des Erwachsenen ist. Abb.176 zeigt eine Übersicht über die Herzvolumina jugendlicher und erwachsener Sportler verschiedener Disziplinen. Daneben befindet sich eine Darstellung des relativen Herzvolumens (Herzvolumen/Körpergewicht) im Vergleich zu einer untrainierten Kontrollgruppe. Die höchsten Herzvolumina zeigen die

Ruderer als Ausdruck dafür, daß bei dieser Sportart eine besonders große Muskelmasse eingesetzt wird. Das relative Herzvolumen ist jedoch kleiner als bei den Radrennfahrern, da die Gewichtszunahme durch das Muskelwachstum bei Radrenn-fahrern nur auf die Beinmuskulatur beschränkt ist. Durch ein Ausdauertraining wird das Herzminutenvolumen in Ruhe nur unwesentlich verändert. Die verminderte Herzfrequenz wird durch eine Zunahme des Schlagvolumens kompensiert. Bei Höchstleistungen kann je nach Trainingszustand, Trainingsart und Körpergewicht das Herzminutenvolumen von ca. 15−20 l/Min. beim Untrainierten auf 25−35 l/Min. beim Trainierten gesteigert werden.

7.6.5. Wirkung eines Ausdauertrainings auf die Vermehrung des Blutvolumens

Im Verlauf eines Ausdauertrainings wird das Blutvolumen erhöht. Man findet eine enge Beziehung zwischen dem Wert der maximalen O_2-Aufnahme und dem Wert des Blutvolumens einerseits und der Hb-Menge andererseits. Wird ein lang andauerndes Ausdauertraining auf Meereshöhe durchgeführt, so ist am Ende der Trainingsperiode das Blutvolumen um 10−15% erhöht, die Hb-Konzentration dagegen um 3% geringer. Ein vergrößertes Blutvolumen bei nahezu konstanter Hb-Konzentration bedeutet eine Zunahme des Gesamthämoglobins. Beim Ausdauertraining in der Höhe nehmen dagegen beide Größen zu. Allerdings wird durch das Training die Zunahme der Hb-Konzentration nur wenig beeinflußt. Maßgebend für die Zunahme der Hämoglobinkonzentration ist allein die Höhe.

Es ist natürlich auch hier wieder reizvoll, über den Mechanismus der Blutvolumenvermehrung und der Hb-Zunahme durch Training zu spekulieren. Eine anstrengende körperliche Arbeit führt im akuten Versuch immer zu einer Einschränkung des zirkulierenden Blutmenge mit einem meßbaren Anstieg des Hämatokrits. Diese Tatsache wird dadurch verständlich, daß die kleinmolekularen Metaboliten Laktat, Pyruvat usw. im Muskelgewebe zunehmen und aus osmotischen Gründen zu einer Wasserverschiebung in das Gewebe führen. Das Blut verliert also Wasser, und deshalb wird sein Volumen kleiner.

Aus Immersionsversuchen in thermoindifferentem Wasser (S. 226 ff.) wissen wir, daß ein scheinbares Zuviel an intravasalem Volumen zu einer Wasser- und Natriumausscheidung führt und damit das Plasmavolumen abnehmen läßt. Zurückzuführen ist dieser Befund auf die Dehnung der Vorhofrezeptoren durch die Erhöhung des zentralen Blutvolumens (Gauer-Henry-Reflex) mit Hemmung der ADH- und Aldosteronausschüttung. Bei Ausdauerleistungen mit vermindertem Blutvolumen könnte jetzt der umgekehrte Effekt auftreten, nämlich eine Zunahme der ADH- und Aldosteronausschüttung mit einer Zunahme der Wasser- und Natriumretention und Normalisierung des Plasmavolumens bei länger andauernder Arbeit. Nach der Arbeit werden die Metaboliten schnell wieder abgebaut, das Wasser tritt also wieder in die Blutbahn ein, und diese Zunahme des Blutvolumens bleibt noch 1−2 Std. bestehen. Diese Erhöhung des Blutvolumens nach der Arbeit könnte zu einer langsamen Verstellung der Rezeptorenempfindlichkeit an den Vorhöfen führen, so daß sich schrittweise das Blutvolumen immer um einen geringen Wert erhöht. Man kann tatsächlich feststellen, daß durch ein Ausdauertraining die Hb-Konzentration im Blut in den Ruheperioden in den ersten 14 Tagen deutlich abfällt. Das bedeutet aber, daß die Zunahme des Plasmavolumens der erste Schritt ist; erst sekundär wird offensichtlich die Hb-Konzentration wieder annähernd auf die Norm erhöht.

Man muß sich nun weiter fragen, wie es sekundär zu einer Normalisierung der Hb-Konzentration und der Erythrozyten-zahl kommt. Beide Größen werden durch O_2-Mangel reguliert. Wahrscheinlich wirkt dieser O_2-Mangel aber nicht direkt auf das Knochenmark, sondern über humorale Faktoren (Erythropoetin), die durch den lokalen O_2-Mangel freigesetzt werden. Injektionen von Plasma von in der Höhe lebenden Menschen bewirken am Menschen auf Meereshöhe eine stetige Neubildung von Erythrozyten und Hämoglobin.

Bei Höhenaufenthalt beginnt die Erythropoese oberhalb von 2000 m, wenn also der pO_2 in der Einatemluft 15 kPa unterschreitet. Das bedeutet, daß die Alveolarluft dann einen pO_2 von etwa 11 kPa aufweist. Bei normaler O_2-Bindungskurve sinkt dabei die Sättigung von 98 auf 95% ab. Die Transportkapazität an O_2 ist dabei von 21 auf 20 Vol.-% eingeschränkt.

Die gleiche Einschränkung der Transportkapazität von 100 ml Blut auf Meereshöhe würden wir erhalten, wenn das Blutvolumen durch höheren Wassergehalt bei gleichem Hb-Gehalt um etwa 7% zunähme, weil dann die Hämoglobinkonzentration von 9,9 mmol/l (16 g%) auf 9,3 mmol/l (15 g%) sinken würde. Geht man davon aus, daß die Fühler für die Erythropoese die O_2-Belastung des Blutes messen, so kann man sich einfach vorstellen, daß sekundär nach der Erhöhung des Blutvolumens die Blutbildung ansteigt, jedoch nur solange, bis der Sollwert wieder erreicht ist.

Wie der Fühler, der die Beladung des Blutes mit O_2 messen soll, konstruiert ist, kann man bisher nicht entscheiden. Er könnte jedoch hinter einem Gewebe mit konstanter Durchblutung und konstantem O_2-Verbrauch liegen und dort den O_2-Druck messen. Die Niere wäre dazu in der Lage.

7.6.6. Wirkung eines Ausdauertrainings auf vegetative Funktionen

Eine der auffallendsten Erscheinungen steigenden Trainiertseins ist eine niedrige Ruhepulsfrequenz. Während beim Untrainierten etwa 70−80 Pulse/Min. gemessen werden, findet man an ausdauertrainierten Hochleistungssportlern Frequenzen von 35 Pulsen/Min und weniger. Dabei kann

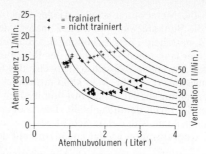

Abb. 177   Die Beziehung zwischen Atemhubvolumen und Atemfrequenz bei Ausdauertrainierten und Untrainierten (+), wenn die Ventilation in Ruhe durch Kohlendioxid stimuliert wird. Man beachte, daß Trainierte die gleiche Ventilation mit niedrigerer Atemfrequenz und größerem Hubvolumen ausführen (aus: J. Stegemann et al.: A mathematical model of the ventilatory control system to carbon dioxide with special reference to athletes and nonathletes. Pflügers Arch. 356 [1975] 223–236).

der Vagotonus in Einzelfällen so überwiegen, daß es zu blockartigen Erscheinungen im EKG kommt, d. h. also, daß das sekundäre Automatiezentrum im Atrioventrikularknoten anspringt. Unter Belastung übernimmt wegen der sympathikusbedingten Frequenzstimulation der Sinusknoten wieder die dominierende Rolle.

Der arterielle Blutdruck ist unter Ruhebedingungen bei Trainierten und Untrainierten etwa gleich groß. Die Regelungseigenschaften des Blutdruckkes werden dagegen durch Ausdauertraining deutlich abgeschwächt. Abb. 63 zeigt die Mittelwerte der Blutdruckcharakteristik von 25 ausdauertrainierten (durchgezogen) und 25 untrainierten (gestrichelt) Versuchspersonen. Man kann deutlich erkennen, daß die Gegenregelung gegen Blutdruckabfall besonders ausgeprägt vermindert wird. Der Blutdruckregelkreis kann in Näherung als PD-Regelkreis (s. Anhang S. 325) aufgefaßt werden. Berechnet man den Verstärkungsfaktor, so kann man feststellen, daß er im gesamten Bereich etwa auf die Hälfte des Wertes von Untrainierten reduziert wird. Unter teleologischen Gesichtspunkten ist dieser Befund durchaus sinnvoll. Wir können davon ausgehen, daß der Sympathikotonus bei Arbeit von Muskelrezeptoren aus erhöht wird (S. 147 ff.), wodurch der Blutdruck ansteigt. Als Folge davon senken die Pressorezeptoren den Sympathikotonus wieder. Sie sind also „gegenkoppelnd" tätig. Wird ihre Wirkung dadurch abgeschwächt, daß der Verstärkungsfaktor herabgesetzt wird, resultiert folglich ein höherer Sympathikotonus und damit eine größere Einstellbreite des gesamten integrierten Systems. Erkauft wird diese Anpassung des Systems an Leistung durch schlechtere Regelgüte in Ruhe. Dadurch ist wohl auch zu erklären, daß Trainierte sehr viel kollapsempfindlicher als Untrainierte sind.

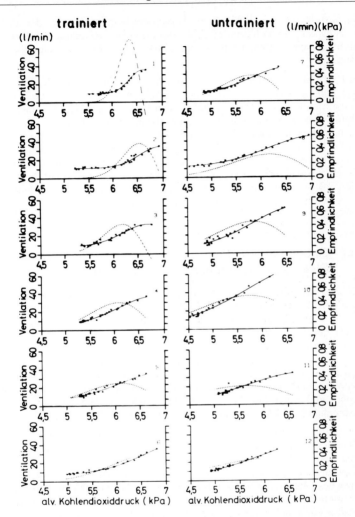

Abb. 178   Die Beziehung zwischen alveolarem CO_2-Druck und Ventilation für 6 ausdauertrainierte und 6 untrainierte Menschen unter Ruhebedingungen. Bei Trainierten ist die Antwort in der Regel kleiner als bei Untrainierten. Ferner ist im Mittel eine Rechtsverschiebung der Schwelle zu beobachten (durchgezogene Linie = Atemantwortskurve, gestrichelte Kurve = Empfindlichkeit) (aus: J. Stegemann et al.: A mathematical model of the ventilatory control system to carbon dioxide with special reference to athletes and nonathletes. Pflügers Arch. 356 [1975] 223−236).

Der Vorteil eines sehr hohen Sympathikotonus liegt vor allem in der stärkeren Fähigkeit, die kollaterale Vasokonstriktion zur Verteilung des Herzminutenvolumens zwischen arbeitenden Muskeln und inaktivem Gewebe einzusetzen.

Auch das Atemzentrum wird durch Ausdauertraining beeinflußt. Abb. 177 zeigt, daß die gleiche Ventilation bei Trainierten und Untrainierten in Ruhe in einem unterschiedlichen Verhältnis von Frequenz und Hubvolumen ausgeführt wird, wenn in Ruhe das Atemzentrum durch CO_2 gereizt wird. Das gleiche gilt auch für die Arbeitsventilation des Trainierten, der dadurch für gleiche Ventilation weniger O_2 verbraucht. Wie Abb. 178 deutlich macht, ist auch die Form der CO_2-Antwortkurve der beiden Gruppen unterschiedlich. Hochtrainierte zeigten in der Regel eine reduzierte Antwort der Ventilation auf gleichen alveolären CO_2-Druck. Ferner weisen sie eine deutliche Schwelle auf, die teilweise sogar außerhalb des physiologischen CO_2-Druckes liegt.

7.6.7. Einfluß des Ausdauertrainings auf das Säure-Basen-Gleichgewicht und den Mineralhaushalt

Die Tatsache, daß der partiell anaerob arbeitende Muskel ständig Milchsäure bzw. Laktat und damit H^+-Ionen an das venöse Blut abgibt, bedingt, daß die Pufferfähigkeit des Blutes und damit der Mineralhaushalt in Anspruch genommen wird. Für gleiche Leistungen, die Ausdauertrainierte und Untrainierte durchführen, richtet sich der Einfluß auf das Säure-Basen-Gleichgewicht danach, wieweit die aktuelle Leistung oberhalb der individuellen Dauerleistungsgrenze liegt. Genaugenommen ist natürlich nicht die Leistung, sondern der dafür notwendige Muskelstoffwechsel und dessen aerober und anaerober Anteil dafür maßgebend, da die der Anaerobiose entsprechenden Milchsäureäquivalente an das Blut abgegeben werden.

Nun gibt es eine Reihe von Mechanismen, die die auftretenden H^+-Ionen teils über die im Blut vorhandenen Puffersubstanzen, teils über die Atmung durch vermehrte Kohlendioxidabgabe kompensieren können (S. 162 ff.). Bei einer hohen Leistung benötigt die Atemarbeit schon einen erheblichen Anteil des Gesamtsauerstoffverbrauchs. Wenn die Atmung zusätzlich noch eine metabolische Azidose (S. 164) kompensieren muß, dann wird der Kreislauf zusätzlich durch den Antransport von Sauerstoff an die Atemmuskulatur belastet. Dieser Anteil fehlt aber bei der Durchblutung und setzt folglich die Dauerleistungsgrenze des Muskels herab. Bei der Besprechung der Ausdauerwirkungen auf das Herz hatten wir bereits festgestellt, daß das trainierte Herz besonders große Mengen von Laktat oxidieren kann; dasselbe gilt auch für den inaktiven Teil der Muskulatur.

Die Ursachen für die unterschiedliche Laktatproduktion sind multifaktoriell. Zunächst ist sicher die auf S. 304 beschriebene veränderte Enzymaktivität beim Trainierten dafür bestimmend. Weiterhin besteht eine enge Beziehung zum Sauerstoffdruck im Femoralvenenblut, der ein örtliches Integral der einzelnen kapillären O_2-Drücke darstellt. Der Zusammenhang zwischen Laktatkonzentration und pO_2 ist jedoch offensichtlich für verschiedene Trainingszustände gleich. Allerdings ist gerade im Bereich niedriger O_2-Drücke die Durchblutung höher, so daß sich damit das gebildete Laktat in mehr Blut löst.

Für die Sauerstoffversorgung der Mitochondrien ist nach dem Fick-Gesetz unter sonst gleichen Bedingungen die Druckdifferenz zwischen dem Blut und den Mitochondrien maßgebend. Bei hohem Umsatz ist ein höherer pO_2 in den Kapillaren deshalb wichtig. Der Ausdauertrainierte weist eine nach rechts verschobene O_2-Bindungskurve auf, die zu einem höheren O_2-Druck im Gewebe bei gleicher Sättigung führt. Es zeigte sich, daß gerade im entscheidenden Bereich niedrigerer Sättigung der Einfluß der flüchtigen Säure H_2CO_3 auf die Rechtsverschiebung der O_2-Bindungskurve (Bohr-Effekt s. S. 155) stärker als der der fixen Säure ist, wenn man beide auf gleiche $[H^+]$ bezieht. Die in den Kapillaren beim Trainierten auftretende respiratorische Azidose ist also für die O_2-Versorgung des Muskels wirksamer als die metabolische der Untrainierten. Man kann jedoch weder durch den Bohr-Effekt noch durch Änderung des Gehaltes an 2,3-DPG (S. 156f.) die ganze Rechtsverschiebung der O_2-Bindungskurve der Trainierten erklären, so daß ein noch unbekannter Zusatzfaktor angenommen werden muß. Die Rechtsverschiebung unterstützt die Ausdauerleistung.

Die Elektrolytkonzentrationen im femoralvenösen Blut bei Fahrradergometerarbeit weisen auch erhebliche Unterschiede zwischen Trainierten und Untrainierten auf. Man muß sich allerdings klarmachen, daß die Definition der Konzentration immer die Menge eines Stoffes, geteilt durch das Volumen des Lösungsmittels, betrifft. Wenn beispielsweise das Lösungsmittel bei gleicher Stoffmenge geringer wird, steigt die Konzentration an, ohne daß die Stoffmenge an sich zugenommen hat.

In der arbeitenden Muskelzelle tritt eine Reihe kleinmolekularer Substanzen (Laktat, Glukosezerfallsprodukte) auf, für die die Zellmembran ein Permeationshindernis darstellt. Aus osmotischen Gründen wandert deshalb Wasser aus der Blutbahn in die Zelle, so daß das Blut und damit auch alle seine Bestandteile stärker konzentriert werden.

8. Anhang

8.1. Grundbegriffe biologischer Regelung (biologische Kybernetik)

Wenn auch das Denkschema, auf dem die biologische Regelungstheorie beruht, in seinen Ansätzen schon im vorigen Jahrhundert Eingang in die Physiologie gefunden hat, so ist doch die formale Betrachtung erst etwa 50 Jahre alt und hat sich in den letzten Jahrzehnten voll entwickelt. Der Begriff Kybernetik leitet sich von dem griechischen Wort „κυβερνητησ" (Steuermann) ab und wurde von dem amerikanischen Wissenschaftler Norbert Wiener geprägt. Die biologische Kybernetik umfaßt allerdings außer dem Gebiet der biologischen Regelung noch die Informationsverarbeitung im Organismus, auf die in diesem Zusammenhang nicht eingegangen werden kann.

Die Anwendung der Regelungstheorie im Organismus hat mehrere wesentliche Aufgaben: eine wissenschaftliche, da die für die Technik entwickelten Untersuchungsmethoden und mathematischen Auswertungsverfahren übernommen werden können und damit die Eigenschaften eines biologischen Systems einer quantitativen Untersuchung zugänglich sind; ferner eine didaktische, da sich komplizierte Zusammenhänge in systemunabhängigen, abstrakten Blockschaltbildern darstellen lassen, wobei die Eigenschaften eines Blocks nur in ihren Eingangs-Ausgangs-Beziehungen bekannt sein müssen. So gewinnt derjenige, der sich mit dem System befaßt, zunächst einen allgemeinen Überblick, ohne sich gleich im Detail verlieren zu müssen. Weiterhin hat der biologische Regelkreis einen heuristischen Wert, wobei die Frage nach Systemteilen aufgeworfen wird, ohne die das bisher bekannte System nicht funktionieren kann. Im weiteren Sinne ist der biologische Regelkreis also eine vereinfachte abstrakte Widerspiegelung der biologischen Realität.

8.2. Aufbau eines Regelkreises

Der Aufbau eines Regelkreises mit der in der Regeltechnik üblichen Nomenklatur ist in Abb. 179 gegenständlich dargestellt. Aufgabe der Einrichtung ist es, den Wasserstand − die Regelgröße X − im Behälter unabhängig von einer variablen Zuflußmenge − Störgröße Z − auf konstantem und

Abb. 179   Handregelung eines Flüssigkeitsstandes. w = Führungsgröße, x = Regelgröße, y = Stellgröße, z = Störgröße.
(aus: W. Oppelt: Kleines Handbuch der Regelungstechnik. 5. Aufl. Verlag Chemie,
Weinheim 1972).

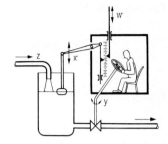

Abb. 180   Automatische Regelung eines
Flüssigkeitsstandes (aus: W. Oppelt: Klei-
nes Handbuch der Regelungstechnik, 5.
Aufl. Verlag Chemie, Weinheim 1972).

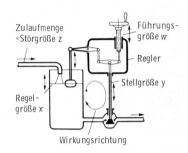

vorgegebenem Niveau zu halten. Voraussetzung dafür ist, daß der Wasserstand kontinuierlich gemessen wird. Die Messung erfolgt durch den Fühler.
Die Information über die Stellung des Fühlers, d. h. über den aktuellen
„Ist"-Wert der Regelgröße, wird dem Regelzentrum, symbolisiert durch
den Bedienungsmann, mitgeteilt. Das Regelzentrum vergleicht den Ist-
−Wert mit dem „Soll"-Wert, der durch die Führungsgröße W vorgegeben
wird. Dabei kann die Führungsgröße konstant sein (Halteregler) oder nach
einer vorgegebenen Funktion variiert werden (Folgeregler). Entspricht der
Ist-Wert dem Soll-Wert, so erfolgt keine Reaktion. Sobald eine Ist-Soll-
Wert-Differenz (Regelabweichung) auftritt, wird das Stellglied des Reglers
bewegt, der die Stellgröße Y und damit den Abfluß aus dem Behälter verändert. Hierbei tritt eine negative Verpolung ein: Nimmt der Ist-Wert zu, so
dreht der Regler den Abfluß weiter auf. Den bisher beschriebenen Teil des
Regelkreises nennt man den Regler. Er besteht aus dem Fühler, dem Kraftschalter (Regelzentrum) und dem Stellglied. Der Anteil, an dem der Regler
angreift, heißt Regelstrecke. Sie beschreibt also die Wirkung des Stellglie-
des auf den Eingang des Reglers.

Abb. 180 zeigt eine Regeleinrichtung, die ohne menschliche Hilfe automatisch arbeitet. Charakteristisch für einen Regelkreis ist, daß die Information
in einer Richtung durchläuft. Die weitere und endgültige Abstraktion stellt

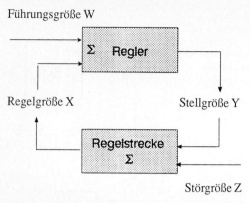

Führungsgröße W

Abb. 181   Blockschaltbild eines Regelkreises

Regelgröße X   Stellgröße Y

Störgröße Z

das Blockschaltbild (Abb.181) dar, in dem Regler und Regelstrecke nur noch in Form von Kästchen dargestellt werden.

Der obere Block stellt den Regler dar, dessen Eingang die Summe aus der Fühlerinformation (X) und der Führungsgröße (W) darstellt, wobei X und W sowohl negative als auch positive Werte annehmen können. Der Regler verarbeitet die Eingangssumme nach einer bestimmten mathematischen Funktion, wie wir sie in der Besprechung der Regelkreisdynamik noch kennenlernen werden. Wichtig ist hierbei, daß die Ausgangsinformation negativiert wird, daß das Stellglied immer entgegengesetzt zum Vorzeichen des Eingangs bewegt wird. Es tritt damit eine negative Rückkopplung ein (negatives Feedback), ohne die der Regelkreis nicht funktionieren kann. Ein positives Feedback würde zu dem führen, was man in der Medizin einen Circulus vitiosus (Teufelskreis) nennt, nämlich eine ständig größere Abweichung vom Soll-Wert.

Zur Ausgangsinformation des Regelkreises wird bei der formalen Behandlung der Einfluß der Störgröße Z addiert, die ausgeregelt werden soll. Die Regelstrecke folgt einer weiteren mathematischen Funktion, die von ihrem physikalischen Aufbau abhängt. Über diese Funktion wird die Ausgangsinformation des Reglers auf seinen Eingang gekoppelt.

8.3. Eigenschaften technischer Regler

Technische Regler werden in 3 Hauptgruppen eingeteilt (Abb. 182). Jede dieser Reglergruppen weist Vor- und Nachteile auf. Ihr Einsatz richtet sich wesentlich nach der Regelaufgabe, also auch nach den physikalischen Eigenschaften der Regelstrecke. Auch in der Biologie sind die gleichen Meßprinzipien bei verschiedenen biologischen Regelkreisen verwirklicht. Die Hauptgruppen sind gekennzeichnet durch die mathematische Beziehung zwischen dem Eingang des Regelkreises, der Regelgröße X und der Stellgröße Y.

8.3.1. P-Regler

P-Regler steht für Proportionalregler. Bei diesem Typ ist die Änderung der Regelgröße proportional. Damit besteht ein proportionaler Zusammenhang zwischen Meßgröße Y und Stellgröße Y. Dieser Reglertyp, in einen Regelkreis eingebaut, führt zu einem konstanten Fehler, der vom Proportionalitätsfaktor zwischen X und Y abhängt.

8.3.2. PD-Regler

PD-Regler steht für Proportional-Differential-Regler. Dieser Regelkreis verhält sich im Beharrungszustand wie ein P-Regler; während des Verstellzustandes sind für die Stellgröße eine Regelabweichung und die Geschwindigkeit der Regelabweichungsänderung maßgebend.

8.3.3. I-Regler

I-Regler steht für Integralregler. Das Stellglied (meist ein Servomotor) verstellt sich mit einer Geschwindigkeit, die der Regelabweichung proportional ist. Der Wert der Stellgröße entspricht also dem Zeitintegral der Regelabweichung. Dieser Reglertyp ist komplizierter zu bauen, zeigt keine Regelabweichung. Bei nichtadäquater Einstellung neigt er zum Schwingen.

Zusätzlich gibt es noch Mischformen wie PI und PID.

8.3.4. Übergangsfunktion des aufgeschnittenen Regelkreises

Man kann einen Regelkreis an einer beliebigen Stelle aufschneiden. Man erhält auf diese Weise am Eingang und am Ausgang die gleiche Dimension, so daß man das statische (Steady-state-Beziehung) und das dynamische Verhalten des aufgeschnittenen Regelkreises beurteilen kann. Es besteht vor allem die Möglichkeit, bei den meisten linearen Systemen vom Verhalten des aufgeschnittenen Kreises auf das Verhalten des geschlossenen − also funktionierenden − Regelkreises zurückzuschließen. Betrachten wir zunächst einen einfachen aufgeschnittenen Regelkreis, bestückt mit einem P-Regler. Wie Abb.182 zeigt, wäre nun das ideale Verhalten, das zu jedem Zeitpunkt gilt:

$$X_{a(t)} = V_o \cdot X_{e(t)} \quad (82)$$

Man testet dies mit einer Sprungfunktion von X_e und registriert die Größe X_a. In Wirklichkeit besteht der Regler aber aus physikalischen oder biologischen Bauelementen, die mehr oder weniger träge reagieren. Zusätzlich kommt häufig eine kleinere oder größere Totzeit dazu. Dies bedeutet, daß die Laufzeit der Information eine bestimmte Zeit benötigt (z. B. Nervenleitungsgeschwindigkeit, Informationstransport auf dem Blutweg), so daß in Wirklichkeit die Gleichung 82 eine andere Form annimmt. Für $t \rightarrow \infty$ geht die Regelkreisfunktion in die Idealfunktion von Gleichung 82 über.

Eingangsfunktion

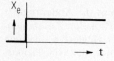

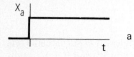

a

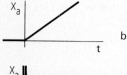

b

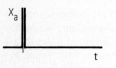

c

Abb. 182   Übertragungsverhalten von Regelkreisgliedern. a P-Glieder: Sie geben ein Ausgangssignal (X_a) proportional zum Eingangssignal (X_e). b I-Glieder: Sie integrieren den zeitlichen Verlauf des Eingangssignals. c D-Glieder: Sie differenzieren den Verlauf der Eingangsgröße nach der Zeit, bilden also die Änderungsgeschwindigkeit. d: Verzögerungseinflüsse: Sie bewirken, daß der Eingangsverlauf verzögert am Ausgang abgebildet wird. (aus: W. Oppelt: Kleines Handbuch der Regelungstechnik. 5. Aufl. Verlag Chemie, Weinheim 1972).

d

Die Form der Übergangsfunktion gibt uns also Auskunft über das dynamische Einstellverhalten. Für den eingeschwungenen Zustand ($t \rightarrow \infty$) läßt sich der Verstärkungsfaktor V_o des offenen Kreises („open loop gain") bestimmen:

$$V_o = \frac{X_a}{X_e} \quad (83)$$

Daraus ergibt sich der Regelfaktor nach folgender Beziehung:

$$R = \frac{1}{(1 + V_o)} \quad (84)$$

Hieraus kann man die Genauigkeit des geschlossenen Regelkreises bestimmen, da die Störgröße Z, die es auszuregeln gilt, nur mit dem Produkt RZ ausgeregelt wird. Aus Gleichung 82 ist zu ersehen, daß der statische Regelfaktor Werte zwischen Null ($V_o = \infty$) und 1 ($V_o =$ Null) annehmen kann. Bei R = 1 bleibt die volle Störgröße wirksam, bei R = Null wird die Störgröße voll ausgeregelt; praktisch tritt jedoch Instabilität ein, wie wir noch sehen werden.

8.3.5. Ortskurve des aufgeschnittenen Regelkreises

Die Ortskurve kann man erhalten, wenn man den aufgeschnittenen Regelkreis an X_e statt mit einem Sprung mit sinusförmigen Eingangsfrequenzen konstanter Amplitude stimuliert. Der Ausgang X_a ist bei einem linearen System ebenfalls sinusförmig und würde nur für den Fall der Idealgleichung 82 eine Funktion mit einem Phasenwinkel 0 und einer konstanten Amplitude sein. Totzeit und Verzögerungszeit eines einfachen P-Systems ergeben jedoch für jede Frequenz einen charakteristischen Phasenwinkel und eine charakteristische Amplitude. Man trägt sie zweckmäßigerweise in eine Gauß-Zahlenebene ein, wie das in Abb. 183 dargestellt ist. Dabei wird der Phasenwinkel, ausgehend von der reellen positiven Achse, im Uhrzeigersinn mit einer Pfeillänge eingetragen, die der Amplitude entspricht. Man erhält so die Ortskurve.

Aus der Form der Ortskurve kann man ersehen, um welche Art von Regler es sich handelt und ob das System Totzeit aufweist, ferner, ob der geschlossene Regelkreis stabil ist.

Einfacher zu verstehen ist das Bode-Diagramm (s. auch S. 266). Man trägt das Verhältnis zwischen der Amplitude bei einer bestimmten Frequenz und der Amplitude bei der Frequenz = Null (statischer Wert)

(Betrag des Amplitudenverhältnisses: $\left| \dfrac{A}{A_0} \right|$)

gegen die Kreisfrequenz (ω) doppelt logarithmisch auf. In einem zweiten Diagramm wird der Phasenwinkel φ als Funktion der Kreisfrequenz (ω) gezeichnet. Dazu verwendet man einen halblogarithmischen Maßstab. Bode-Diagramm und Ortskurve enthalten also identische Informationen.

8.3.6. Biologische Regelkreise

Grundsätzlich arbeiten technische und biologische Regelkreise nach den gleichen Prinzipien. Der maßgebende Unterschied aus der Sicht der Biologie liegt jedoch darin, daß der Techniker nach den Erfordernissen der Aufgabe zunächst den Regler konstruiert und damit seine Eigenschaften schon im vorhinein im wesentlichen kennt, während der Biologe vorhandene Regelkreise analysieren muß, um ihre Eigenschaften zu verstehen. Die Regeltheorie ist wesentlich für lineare Systeme ausgearbeitet, während der Biologe überwiegend mit nichtlinearen Systemen kämpfen muß.

8.4. Methoden der Energieumsatzmessung

Wir hatten bereits erwähnt, daß die direkte Kalorimetrie keine praktische Rolle spielt, sondern daß wir uns auf eine der heute gebräuchlichen Methoden der indirekten Kalorimetrie beschränken können. Der theoretische Zusammenhang zwischen O_2-Aufnahme und Energieumsatz wurde auf S. 57 ff. abgehandelt.

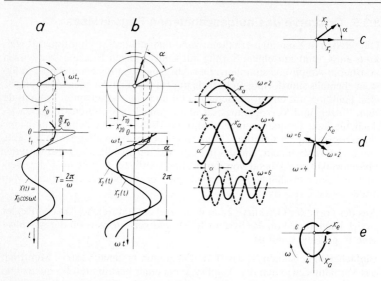

Abb. 183   Entstehung der Ortskurve aus dem Zeigerbild harmonischer Schwingungen. T = Schwingungsdauer. ω = Kreisfrequenz (aus: W. Oppelt: Kleines Handbuch der Regelungstechnik. 5. Aufl. Verlag Chemie, Weinheim 1972).

8.4.1. Offene Systeme

Als offene Systeme bezeichnet man Anordnungen, bei denen die Versuchsperson Luft der Umgebung über ein Ventil einatmet und über ein anderes Ventil in eine Auffangvorrichtung ausatmet, so daß Menge und Zusammensetzung der Ausatemluft bestimmt werden können. Die klassische Auffangvorrichtung stellt der Douglas-Sack dar (Abb. 184). Der Douglas-Sack selbst ist aus gummiertem Leinwandgewebe, vereinzelt auch aus Kunststoffmaterial gefertigt.

Die gebräuchlichsten Größen liegen bei Fassungsvolumina zwischen 100 und 250 l. Der direkt am Sack befindliche Hahn ist gewöhnlich als Dreiwegehahn konstruiert, so daß in der Vorperiode der Sack geschlossen ist, die Versuchsperson aber schon durch den zuführenden Schlauch ausatmet. Bei Beginn der Messung werden die Uhrzeit festgestellt und der Dreiwegehahn gedreht, so daß jetzt die Ausatemluft quantitativ im Sack gesammelt wird. Am Ende der Versuchsperiode wird wieder die Uhrzeit festgestellt, anschließend wird der Sack geschlossen.

Unmittelbar nach dem Versuch wird der Inhalt des Douglas-Sackes gut durchmischt und durch eine Gasuhr mit Temperaturanzeiger ausgedrückt.

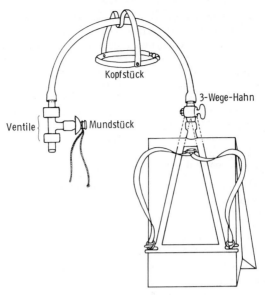

Abb. 184   Douglas-Sack zur Sammlung der Ausatemluft (nach: Douglas).

Durch den Seitenschlauch wird, nachdem etwa die Hälfte des Gases durch die Gasuhr gelaufen ist, eine Probe zur chemischen Gasanalyse entnommen. Das durch die Gasuhr gemessene Volumen, dividiert durch die Versuchszeit, gibt ein Zeitvolumen, das auf Normalbedingungen (0 °C; trocken; 101 kPa) reduziert werden muß, um die „ reduzierte Ventilation " zu erhalten. Man muß das gemessene Gasvolumen zu diesem Zwecke mit einem Korrekturfaktor (f) multiplizieren. Er wird nach folgenden Beziehungen ermittelt:

$$f \text{ (feucht)} = \frac{p - pH_2O}{101 \cdot (1 + \alpha \cdot t)} \quad (85)$$

(p, t = Druck und Temperatur in kPa und 0 °C innerhalb des gemessenen Luftvolumens, pH_2O = Druck des Wasserdampfes bei der Temperatur t, α = kubischer Ausdehnungskoeffizient der Luft = 0,00367).

Man kann die Korrekturfaktoren auch in Tabellen (z. B. Documenta Geigy) nachschlagen, um die Ausrechnung zu vermeiden.

Die chemische Gasanalyse ergibt die prozentuale Zusammensetzung der Exspirationsluft, die angenommen 2,86 Vol.-% CO_2 und 17,64 Vol-% O_2 beträgt. Diese Analyse wird heute gewöhnlich mit dem Gerät von Scholander durchgeführt. Um den O_2-Verbrauch zu erhalten, muß folgende Berechnung angestellt werden: Da bei einem R.Q., der kleiner als 1 ist, weniger CO_2 ausgeatmet als O_2 eingeatmet wird, ist das Volumen der Ausatemluft kleiner als das der Einatemluft. Diese „Schrumpfung" der Atemluft kommt in der Zunahme des N_2-Prozentgehaltes zum Ausdruck, da die N_2-Menge ja unverändert wieder ausgeschieden wird. Zieht man die Summe der O_2- und CO_2-Prozente von 100 ab, so findet man den N_2-%-Gehalt der Ausatemluft. Man kann nun berechnen, wie hoch der O_2-%-Gehalt durch die Schrumpfung der Atemluft gestiegen wäre, wenn kein O_2 im Körper zurückgehalten worden wäre, indem man das feste Verhältnis von O_2 zu $[N_2 +$ Edelgase$] = 0{,}265$ in der Außenluft zugrunde legt und den N_2-Gehalt der Ausatemluft mit 0,265 multipliziert.

Ein Beispiel soll den Rechengang noch einmal verdeutlichen:

Die gemessenen Werte sollen betragen:
1. reduzierte Ventilation/Min. 14 l/Min.
2. Konzentration an O_2 in der Ausatemluft 17,64%
3. Konzentration von CO_2 in der Ausatemluft 2,86%
Die Summe von 2 und 3 beträgt 20,50%

Demnach ist die Konzentration an Stickstoff + Edelgasen in der Ausatemluft
$100\% - 20{,}5\% = 79{,}5\%$

Die scheinbare Konzentration an O_2 der Einatemluft ist
$79{,}5 \cdot 0{,}265 = 21{,}07\%$

Verbrauchte O_2-Prozente:
$21{,}07\% - 17{,}64\% = 3{,}43\%$

Der R.Q. ist $= \dfrac{2{,}86}{3{,}43} = 0{,}83$

Verbrauchter O_2 (ml/Min.) $= \dfrac{3{,}43 \cdot 14000}{100} = 480 \ \dfrac{\text{ml}}{\text{Min.}}$

Abgegebenes CO_2 (ml/Min.) $= \dfrac{2{,}86 \cdot 14000}{100} = 400 \ \dfrac{\text{ml}}{\text{Min.}}$

Aus dem R.Q. kann man mit Hilfe der Tab. 2, S. 59 das kalorische Äquivalent ablesen. Es beträgt bei dem gefundenen R.Q 20,31 kJ/ l O_2. Der Umsatz hat also den Wert 480 ml O_2/Min. $\cdot$ 20,31 kJ/l $O_2 = 9{,}75$ kJ/Min.

Eine Verbesserung der Methode des offenen Systems stellt die Respirationsgasuhr des Max-Planck-Institutes für Arbeitsphysiologie in Dortmund dar (Abb. 185). Hier atmet die Versuchsperson wie bei einem Douglas-Sack über ein Atemventil direkt in die Gasuhr aus. Ein von der Gasuhr selbst betriebenes Pümpchen zweigt einen aliquoten Anteil (wahlweise 3 oder 6% des ausgeatmeten Volumens) zur späteren Analyse in eine Fußballblase ab. Aliquot hat dabei folgende Bedeutung: Da das Analysevolumen durch das Pümpchen proportional zur Ausatmungsgeschwindigkeit abgesaugt wird, ist damit der Anteil an Totraum-, Misch- und Alveolarluft prozentual in der gleichen Konzentration in der Fußballblase wie in der Exspirationsluft vor-

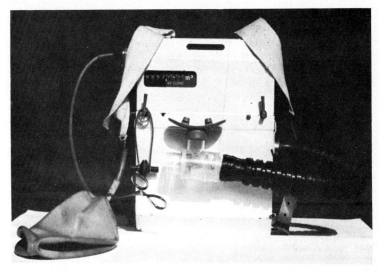

Abb. 185 Respirationsgasuhr des Max-Planck-Institutes für Arbeitsphysiologie in Dortmund.

handen. Das Gasvolumen wird also durch die Gasuhr, die auch ein Thermometer enthält, direkt gemessen, die prozentuale Zusammensetzung der Ausatemluft an der Fußballblase chemisch ermittelt. Die Berechnung des Energieumsatzes erfolgt in der gleichen Weise wie beim Douglas-Sack-Verfahren.

Das offene System wird zweckmäßigerweise immer da eingesetzt, wo Energieumsätze außerhalb von Laboratorien ermittelt werden sollen, da sowohl der Douglas-Sack als auch die Respirationsgasuhr getragen werden können. Die Respirationsgasuhr ist dem Douglas-Sack schon deshalb überlegen, da der Platzbedarf geringer ist. Zudem kann man am Arbeitsplatz die Gasmenge direkt ablesen. Bei beiden Methoden ist jedoch zu beachten, daß sich die Gaskonzentration in gummierten Lein-wandsäcken wie auch in der Fußballblase mit der Zeit ändert, da CO_2 durch Gummi diffundiert. Bei Plastiksäcken ist die CO_2-Diffusion stark von der Konzentration des verwendeten Weichmachers abhängig. Es empfiehlt sich also in allen Fällen, die Gase möglichst schnell zu analysieren oder, falls dies nicht möglich ist, Gasproben in evakuierte Glasampullen zu übernehmen, die bis zur Analyse zugeschmolzen aufbewahrt werden.

Falsche Energieumsatzwerte können beim offenen System gemessen werden, wenn sich die Zusammensetzung der Einatemluft unbemerkt verändert. In der Zimmerluft entspricht der Sauerstoffgehalt gewöhnlich dem der Außenluft. Werden aber Energieumsatzmessungen bei Sauerstoffmangel oder in der Nähe von Verbrennungsöfen o.ä. durchgeführt, so muß gleichzeitig auch die Einatemluft analysiert werden, um Fehler zu vermeiden. Auch bei Untersuchungen, z. B. an Forstarbeitern im Walde, muß man daran denken, daß bei intensiver Sonnenbestrahlung der Sauerstoffgehalt vor allem bei geringer Luftbewegung höher als normal sein kann.

8.4.2. Umsatzmessungen mit dem geschlossenen System

Die Umsatzmessungen mit Hilfe des geschlossenen Systems sollen anhand des Krogh-Spirometers anschaulich gemacht werden (Abb. 186). Die Spirometerhaube H schließt mit dem Wassermantel, in den sie ringsherum eintaucht, einen Luftraum ein, dessen Volumenänderung bei Atembewegung durch Drehung der Haube um den Drehpunkt (D) registriert wird. Durch die Atemventile wird der Luftstrom so gelenkt, daß er aus dem Spirometer in die Lunge der Versuchsperson und dann durch eine Kohlendioxid absorbierende Masse AK hindurch dem Spirometer wieder zugeführt wird. Die Volumenabnahme an Sauerstoff in der Zeit wird abgelesen und auf Normalwerte reduziert. Da das CO_2 in dieser Anordnung nicht bestimmt werden kann, wird, um den Energieumsatz zu berechnen, ein Durchschnitts-R.Q. von 0,85 angenommen.

Geräte, die den Umsatz im geschlossenen System messen, werden wegen ihrer einfachen Handhabung gern im klinischen Betrieb gebraucht. Perfektioniert wurden diese Verfahren besonders durch Fleisch sowie Knipping. Ein Prinzipschaltbild des Knipping-Apparates zeigt Abb. 186 (rechts). Einleuchtend ist, daß Umsatzmessungen mit dem geschlossenen System nur in festeingerichteten Laboratorien durchgeführt werden können. Nachteile des geschlossenen Systems liegen besonders darin, daß jede Änderung der Atemmittellage als scheinbare Änderung der Sauerstoffaufnahme registriert wird. Bei einem Teil der geschlossenen Systeme wirkt störend, daß die Gaszusammensetzung der Einatemluft nicht konstant ist, was jedoch bei besonders teuren Geräten durch einen Sauerstoffstabilisator angestrebt wird.

8.4.3. Rechnergesteuerte Spiroergometrie nach der Methode der Einzelatemzuganalyse

Die Entwicklung der Meßtechnik erlaubt es heute, klassische Verfahren so zu überarbeiten, daß das Ergebnis schneller, präziser und auch mit mehr signifikanten Parametern gleich-zeitig gewonnen werden kann. Für Routine- oder Vorsorgeuntersuchungen spielen wegen der Kostenexplosion im Gesundheitswesen zunehmend wirtschaftliche Gesichtspunkte eine Rolle, wobei Personalkosten, die bei der manuellen Auswertung und Darstellung der Ergebnisse auftreten, besonders ins Gewicht fallen.

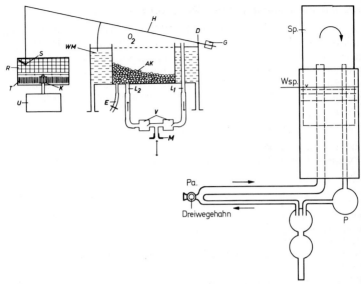

Abb. 186 Schematische Darstellungen von Respirationsapparaten. Links das Spirometer nach Krogh. Die Haube (H) ist um einen Drehpunkt (D) beweglich, welcher ein Gewicht (G) kompensiert. Die Stellung der Haube, die über einen Kymographen fortlaufend registriert wird, gibt den Inhalt des Spirometers an. Rechts Prinzip des Spirographen nach Knipping. WM = Wassermantel, AK = Atemkalk, V = Ventil, E = Einlaßstutzen für O_2-Gas, P = Pumpe, Sp = Spirographenglocke, L = Einlaß- bzw. Auslaß der Atemluft aus dem Spirometer, M = Mundstück, K = Kymographentrommel, R = Registrierpapier, S = Schreibfeder, T = Antrieb, U = Uhrwerk, Wsp = Wasserspiegel.

Für den Bereich der Trainingsforschung und -beratung ist es nötig, möglichst viele Sportler untersuchen zu können und dabei den Aufwand für die einzelne Untersuchung sowohl für den Probanden als auch für das ausführende Personal möglichst gering zu halten. Als Mittel der Wahl bietet sich hier die elektronische On-line Datenverarbeitung mit Hilfe von Prozeßrechnern an, wobei Versuchsablauf und Auswertung vom Rechner weitgehend automatisch gesteuert werden. Solche Automatisierung bedeutet gleichzeitig die Anwendung vergleichbarer und standardisierter Methodik, so daß eine bessere Vergleichbarkeit der Resultate von verschiedenen Untersuchungszentren gewährleistet ist. Als weiterer Gesichtspunkt kommt hinzu, daß die Dokumentation der Daten ohne Zwischenschaltung von manuell erstellten Datenträgern und die Mühe, sie herzustellen, direkt auf Magnetplatte erfolgen kann. Deshalb können die Daten mit den früheren Ergebnissen verglichen werden. Ferner können sie auch für statistische und epidemiologische Zwecke leichter aufgearbeitet werden.

Theoretische Grundlagen des Verfahrens:

Wenn man die Ausatemluft in gleiche Volumenfraktionen einteilt, so enthält jede eine andere Gaskonzentration als die vorangehende. Die erste Fraktion entspricht praktisch der Einatemluft. Sie hat, da sie nur den Totraum füllte, am Gasaustausch nicht teilgenommen. Mit jeder weiteren Fraktion nähert sich die Gaskonzentration der Alveolarluftkonzentration. Teilt man das Ausatemvolumen (V_e) in n gleiche Untervolumina ein (ΔV_i; i = 1, 2, ... n):

$$V_e = \Delta V_1 = \Delta V_2 + \Delta V_2 + \ldots \Delta V_n \ (86),$$

so ist das während dieses Atemzugs abgegebene CO_2-Volumen, wenn die momentane Konzentrationsdifferenz zwischen Ein- und Ausatemluft C_i beträgt:

$$V_{CO_2} = \Delta V_1 \cdot \frac{c_1}{100} + \Delta V_2 \cdot \frac{c_2}{100} + \ldots \Delta V_n \cdot \frac{c_n}{100} \ (87)$$

$\dfrac{C}{100}$ bezeichnet man auch als Fraktion F.

Da die abgeleitete Beziehung grundsätzlich für jedes Atemgas gilt, kann man den speziellen Index CO_2 durch „Gas" ersetzen. Um aus den Volumenfraktionen gleiche, technisch einfacher zu beherrschende Zeitabschnitte zu erhalten, erweitert man jedes Glied in Gleichung 87 mit Δt und erhält:

$$V_{Gas} = \frac{\Delta V_1}{\Delta t} \cdot F_1 \cdot \Delta t + \frac{\Delta V_2}{\Delta t} \cdot F_2 \cdot \Delta t + \ldots \frac{\Delta V_n}{\Delta t} \cdot F_n \cdot \Delta t \ (88)$$

oder mit $t \to 0$

$$V_{Gas} = \frac{d V_1}{dt} \cdot F_1 \cdot dt + \frac{d V_2}{dt} \cdot F_2 \cdot dt + \ldots \frac{d V_n}{dt} \cdot F_n \cdot dt \ (89)$$

oder unter Verwendung des Summenzeichens:

$$V_{Gas} = \sum_{i=1}^{n} \left(\frac{dV_i}{dt} \cdot F_i dt \right) \ (90)$$

Die Atemstromstärke $\dfrac{dV_i}{dt}$ wird zweckmäßigerweise mit dem Pneumotachographen nach Fleisch registriert. Es gibt auch andere Verfahren. Neuerdings (seit 1989) ist ein Gerät auf dem Markt, daß die Stromstärke mit Hilfe von Ultraschall registrieren kann. Das Meßprinzip des Fleisch-Pneumotachographen beruht darauf, daß der Atemluftstrom durch ein System von Lamellen laminarisiert wird und damit dem Hagen-Poiseuille-Gesetz gehorcht (S. 110). Da die Viskosität stark von der Temperatur abhängt, werden die Lamellen auf einen konstanten Wert aufgeheizt. Dadurch wird gleichzeitig vermieden, daß Flüssigkeit kondensiert und damit der definierte Atemwiderstand verändert wird. Gemessen wird über einen elektrischen Druckwandler der Differenzdruck vor und hinter dem Widerstand.

Bei diesem Meßprinzip wird das Volumen V durch Integration der Stromstärke

$$\frac{dV_i}{dt} = V'$$

die Zeit gewonnen. Sie erfolgt heute entweder analog über einen Meßverstärker (Integrator) oder digital über einen Prozeßrechner.

8.4.4. Praktische Ausführung der Messung mit Hilfe eines Prozeßrechners, eines Massenspektrometers und eines Pneumotachographen

8.4.4.1. Erforderliche Geräte

Im folgenden soll die Methode der Einzelatemzuganalyse geschildert werden, wie wir sie im Physiologischen Institut der Deutschen Sporthochschule Köln entwickelt haben. Sie hat sich über Jahre bewährt, allerdings wurde sie ständig an die Computerentwicklung angepaßt und dabei verbessert. Als Massenspektrometer verwenden wir ein Respirationsmassenspektrometer, bei dem 3 Kanäle benutzt werden, um die O_2-, CO_2- und N_2-Konzentration fortlaufend messen zu können. Es ließen sich natürlich auch andere trägheitsarme Konzentrationsmeßgeräte verwenden. Die Atemstromstärke registrieren wir mit einem Pneumotachographen. Als Rechner kann man heute einen schnellen Personalcomputer verwenden.

Da sowohl das Massenspektrometer als auch der Pneumotachograph kontinuierliche, analoge (= dem Meßvorgang proportionale) Spannungen abgeben, ist der erste Schritt, diese Spannungen in Zahlenwerte zu überführen (= digitalisieren). Dies geschieht programmiert über einen Analog-Digital-Wandler. Beim Pneumotachographen ist das analoge Signal der Atemstromstärke, bei jedem Kanal des Massenspektrometers dem jeweiligen Gaspartialdruck proportional. Aus Gleichung 90 ist zu ersehen, daß ein ganz bestimmter Takt notwendig ist, der dt entspricht. Um die notwendige Genauigkeit der Summation zu erhalten, wird eine programmierbare Quarzuhr benutzt, die den Wandler in jeweils gleichem Zeitabstand dt veranlaßt, die am Eingang liegenden Signale zu digitalisieren. Im vorliegenden Falle handelt es sich dabei um 4 Kanäle. Die Wandeldauer beträgt jeweils 16 µs pro Kanal. Die Intervalldauer dt haben wir zu 10 ms gewählt. Sie ergibt sich daraus, daß der Rechner in der Zwischenzeit nicht nur die Zahlenwerte verwandeln, sondern bis zum nächsten Intervall bereits die Zahlen weiterverarbeitet haben muß, sofern das Ergebnis pro Atemzug dargestellt werden soll.

8.4.4.2. Eichung der einzelnen Meßwerte

Um die Gaskonzentration zu eichen, verwendet man Testgase für N_2, O_2 und CO_2 mit einem Reinheitsgrad von 99,99% und mischt sie mit einer festeingestellten Gasmischpumpe, die 4% und 8% CO_2 in N_2 und 14% O_2 in N_2 liefert. Die Gemische werden nacheinander trocken in das Massenspektrometer eingesaugt und vom Rechner registriert. Da der Einlaß der Gase über Magnetventile erfolgt, die vom Rechner gesteuert werden, braucht der Benutzer nicht für ausreichende Äquilibrierungszeit Sorge zu tragen. Sie ist bereits in das Programm eingearbeitet.

Da die Anzeige jedes Kanals linear zum Partialdruck erfolgt, lassen sich die Eichkonstanten a und b jeweils aus einer Gleichung der Form

$$y = a \cdot x + b \quad (91)$$
(x = Anzeigewert, y = geeichter Wert)

berechnen und damit der entsprechende Partialdruck oder mit Hilfe des aktuellen Luftdrucks die Konzentration des betreffenden Gases. Die verschiedenen Eichkonstanten a und b werden für jedes Meßgas vom Eichprogramm bestimmt und abgespeichert. Um vom Wasserdampfdruck der Ausatemluft unabhängig zu werden, der bekanntlich beim Massenspektrometer immer ein besonderes Problem darstellt, da er inspiratorisch und exspiratorisch ungleich ist, verwenden wir folgenden Algorithmus: Die Summe der Partialdrücke der Gase N_2, O_2 und Argon ergibt trocken praktisch den Gesamtdruck oder auf Konzentrationen berechnet den Wert 100%. Wenn man das Argon nicht berücksichtigt, erhält man einen Summenwert von 99,94%. Kommen keine Fremdgase oder Wasserdampf hinzu, so bleibt diese Summe konstant. Der Einfluß des Wasserdampfdruckes wird dadurch eliminiert, daß jeder Gaspartialdruck immer mit folgendem Faktor (K) multipliziert wird:

$$K = \frac{0,9906}{F_{O2} + F_{N2} + F_{CO2}} \quad (92)$$

Dabei stellt F den fraktionellen Anteil des Gasvolumens dar. Man erhält so fortlaufend die Gasdrücke bzw. Konzentrationen unter „trockenen" Bedingungen angezeigt.

Die Eichung des Pneumotachographen erfolgt dadurch, daß mit Hilfe eines Stempels von genau 1 l Fassungsvermögen Gas unter Zimmertemperatur durch den Meßkopf gedrückt wird, während die auftretende Stromstärke (als Druckdifferenz in cm H_2O) über den Analog-Digital-Wandler in gleichen zeitlichen Intervallen abgespeichert wird. Die Eichkonstante in ml/Min. ist dann der Wert, mit dem die Summe aller Speicherwerte multipliziert werden muß, um die Zahl 1 zu erhalten.

In einer Dialogabfrage über einen Bildschirm (Display) werden sowohl Name wie Alter, Gewicht usw. der Versuchsperson und in einer weiteren der Barometerdruck und die Raumtemperatur ermittelt und zu den Daten gespeichert, so daß die Werte auf dem Magnetträger später leicht wiederzufinden sind.

8.4.4.3. Bestimmung der apparativen Verzögerungszeit

Die weiterhin auftretenden Probleme klarzumachen, soll Abb. 187 dienen. Hier ist die im Rechner über zwei Atemzüge gespeicherte Information in einem Diagramm sichtbar gemacht. Man sieht 3 Kurven, wobei die mit Flow bezeichnete Kurve die Atemstromstärke anzeigt. Die mit pO_2 und pCO_2 bezeichneten Kurven geben den Verlauf der entsprechenden Gasdrücke wieder, die sich in der üblichen Weise in Konzentrationen umrechnen lassen. Aus Gleichung 86 wurde klar, daß immer zeitsynchrone Abschnitte des Pneumotachogramms und der Gaskonzentration miteinander multipliziert und aufsummiert werden müssen. Nun ist der Pneumotachograph technisch ein Druckdifferenzfühler, der nahezu verzögerungsfrei arbeitet, während der Transport der Gase von der Absaugstelle bis zu dem Analysator des Massenspektrometers je nach Absaugstärke und Länge der Leitung zwischen 300 ms und 1 s benötigt, wobei die Form der Signals nicht verändert wird. Um nun die Verzögerung zwischen beiden Geräten (Delay) zu finden, geht man am besten davon aus, daß bei Beginn der Einatmung die angezeigten Konzentrationen sprungförmig auf die Einatemwerte zurückfallen müssen. Gleichzeitig muß die Atemstromstärke einen Nulldurchgang aufweisen. Um die Verzögerung auszugleichen, werden deshalb die Werte für die Atemstromstärke auf eine bestimmte, aber verstellbare Verzögerungszeit abgespeichert und zur weiteren Verwendung abgerufen. Der Verzögerungswert läßt sich durch eine Senkrechte graphisch bestimmen, indem der Konzentrationsabfall mit dem Nulldurchgang der Stromstärkekurve synchronisiert wird, wie in der Abb. 188 dargestellt ist. Die Verzögerung zeigt dann inkonstante Werte, wenn z. B. bei schwerer körperlicher Leistung die Ausatemluft warm wird, da dann die Viskositätsverhältnisse in dem Teflonschlauch und in der Massenspektrometerkapillare verändert werden.

Das von uns entwickelte Programm korrigiert automatisch die Verzögerungszeiten während der Versuche.

8.4.4.4. Messung und Berechnung der spiroergometrischen Größen

Der eigentliche Meßvorgang läuft folgendermaßen ab: Jeder in dem Intervall von 10 ms gewandelte Wert für die Atemstromstärke wird fortlaufend abgespeichert. Betrüge der vorher festgestellte Delay 480 ms, so würde die um 48 Werte zurückliegende Speicherstelle benutzt, um ihren Inhalt auf ein Register aufzuaddieren, das bei Beginn des Atemzuges den Wert Null hatte. Der gleiche Inhalt der 48 Werte zurückliegenden Speicherstelle wird mit dem Wert der gleichzeitig gewandelten O_2-Konzentration minus der inspiratorischen Konzentration nach Korrektur mit den Eichfaktoren multi-

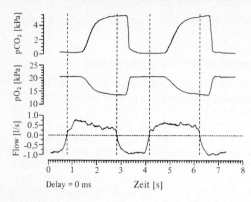

Abb. 187 Registrierung von 2 Atemzügen. Die mit pO_2 und pCO_2 bezeichneten Kurven geben den Verlauf des entsprechenden Gaspartialdruckes wieder. Flow (Atemstromstärke) bezeichnet das Pneumotachogramm (ohne Korrektur des Delays, das hier einen Wert von 480 ms aufweist).

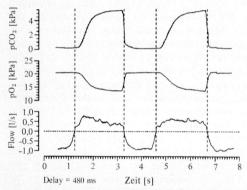

Abb. 188 Synchronisation von Gasdruckkurven und Pneumotachogramm. Die Flow-Werte werden in diesem Fall 480 ms lang abgespeichert, so daß die Multiplikation und anschließende Summation der Werte korrekte Resultate ergibt (die Korrektur des Delays beträgt hier also 480 ms).

pliziert und auf einem weiteren Speicherregister aufaddiert. Das gleiche geschieht mit dem CO_2- und dem N_2-Wert. Dieser Vorgang wiederholt sich im Abstand von 10ms, bis die verzögerte Pneumotachographenkurve wieder einen Nulldurchgang zeigt. Dabei wird geprüft, ob es sich bei diesem Nulldurchgang um den Beginn oder das Ende der Ausatemkurve handelt.

Der Inhalt des betreffenden Summenregisters zeigt also immer bei jedem Nulldurchgang entweder das ein- oder das ausgeatmete Atemvolumen oder die ein- oder ausgeatmete O_2-, CO_2- oder N_2-Menge an. Die fortlaufende digitale Integration erübrigt also die komplizierte Berechnung der Schrumpfung der Einatemluft, wie sie bei rein exspiratorischer Messung notwendig ist. Das eingeatmete Volumen, vermindert um das aus-geatmete Volumen, ergibt also für jeden Meßwert den Verbrauch oder die Ausscheidung. Bevor die Werte jedoch in den Displayspeicher gelangen oder ausgedruckt werden, müssen sie noch auf BTPS- bzw. STPD- Bedingungen und in die richtige Dimension umgerechnet werden.

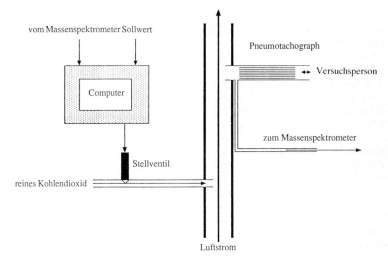

Abb. 189 Einstellung der inspiratorischen Gasdrücke (gezeigt für CO_2). Der Sollwert ist durch das Programm vorgegeben. Der Istwert wird durch den inspiratorischen Gasdruck gemessen. Die Elektronik, die das CO_2-Ventil einstellt, wird in ihrer Geschwindigkeit und Richtung von der Istwert-Sollwert-Differenz eingestellt.

Der Vorteil der Integration über den gesamten Atemzug liegt darin, daß Aufnahme oder Ausscheidung von Gasvolumina unabhängig von der Außenluftkonzentration des entsprechenden Gases berechnet werden kann.

Neben diesen Berechnungen für das „On-line monitoring" wird der ganze Satz der Analog-Digital-Wandler-Daten auf Festplatte zur späteren Offline-Analyse und Weiterverarbeitung gespeichert.

8.4.4.5. Bestimmung der in- und endexspiratorischen Gasdrücke

Der exspiratorische CO_2-Druck wird dadurch gemessen, daß nach fortlaufender Digitalisierung und Abspeicherung der Massenspektrometeranzeige über einen Atemzug der Maximalwert für das CO_2 herausgesucht und nach Multiplikation mit den adäquaten Eichkonstanten als endexspiratorischer Druck ausgegeben und abgespeichert wird, während der Minimaldruck den inspiratorischen CO_2-Druck darstellt.

Für den O_2-Druck wird sinngemäß verfahren, nur daß hierbei der Maximalwert der inspiratorische und der Minimalwert der endexspiratorische Druck ist.

Um die Reaktionen des Körpers auf Hyper- oder Hypoxie bzw. Hyperkapnie in Ruhe oder bei Leistung zu testen, können die Einatemkonzentrationen von O_2 oder CO_2 oder auch anderen Gasen, die massenspektrometrisch bestimmt werden können, geregelt variiert werden. Sie können dabei mit einem konstanten Wert vorgegeben, aber auch nach berechenbaren Funktionen verändert werden. Das Regelprinzip ist in Abb. 189 dargestellt. Ein einstellbarer Kompressor liefert eine variable Luftmenge, die mittels eines T-förmigen Rohrs an der inspiratorischen Seite des Pneumotachographen vorbeigeführt wird. Etwa 1 m vor dem Pneumotachographenkopf weist der Schlauch ein weiteres T-Stück auf. Hier wird z. B. bei gewünschter Hyperkapnie eine bestimmte Menge reinen CO_2-Gases zugemischt. Die Menge wird durch ein elektronisch gesteuertes Ventil bestimmt, das durch programmgesteuerte Signale eingestellt wird. Der aktuelle Sollwert wird durch das Programm bestimmt, der Istwert ist die bei jedem Atemzug gemessene inspiratorische Gaskonzentration. Beträgt z. B. der Sollwert 4% CO_2 inspiratorisch, der Istwert jedoch nur 2%, so wird das Ventil zunächst schnell, dann, je mehr er sich der geforderten Konzentration nähert, um so langsamer den Gasstrom einstellen. Überschwingungen werden durch dieses Prinzip vermieden. Jede zu regelnde Gaskonzentration erfordert eine eigene Steuereinrichtung.

8.4.4.6. Programmierbare Leistungseinstellung

Zur Leistungsvorgabe verwenden wir ein Fahrradergometer, dessen Leistungsvorgabe vom Rechner aus gesteuert wird, wobei üblicherweise mit 60 Pedalumdrehungen/Min. gearbeitet wird. Die maximale Verstellgeschwindigkeit ist > 400 W/s, so daß mit Hilfe des Programms nicht nur sehr scharfe Sprungfunktionen der Leistung, sondern auch z. B. Sinusfunktionen, PRBS-Signale (S. 266) usw. vorgegeben werden können. Der aktuelle Belastungswert wird kontinuierlich auf dem Display angezeigt. In einer Abfragetafel werden die Sprunghöhe und die Belastungsdauer eingegeben. Die Einrichtung erlaubt damit auch, dynamische Antworten des kardiopulmonalen Systems zu registrieren.

8.4.4.7. Off-line-Darstellung von Ergebnissen

Die Versuchsergebnisse können entweder digital (in Zahlen) oder analog (als Kurven) ausgegeben werden. Die Ausgabe der Zahlenwerte kann schon während des Versuchs so erfolgen, daß Atemzug für Atemzug die oben genannten Werte ausgedruckt werden. Unmittelbar nach dem Versuchsende können die Ergebnisse auch über einen Plotter als Kurven mit Abszissen- und Ordinatenbeschriftung − also publikations- oder archivfertig − gezeichnet werden. Abb. 95 zeigt einen Versuch an einem Sportstudenten, bei dem stufenweise die Leistung bis zur Erschöpfung erhöht wurde. Jede Stufe hat eine Zeitdauer von 3 Min. und eine Höhe von 40W. Die Pedalumdrehungszahl betrug 60/Min. Die Sauerstoffaufnahme erreichte einen maximalen Wert von 5 l/Min. Die übrigen Teilbilder zeigen das typische Verhalten der begleitenden Meßgrößen.

Abb. 190 Beispiel für eine Prozeßsteuerung, bei der automatisch der endexspiratorische pO_2 durch den Rechner linear in 30 Min. von 13 kPa auf 5,3 kPa gesenkt wurde. Der endexspiratorische pCO_2 wird auf den konstanten Wert von 5,4 kPa geregelt. Die Leistung betrug 100 W.

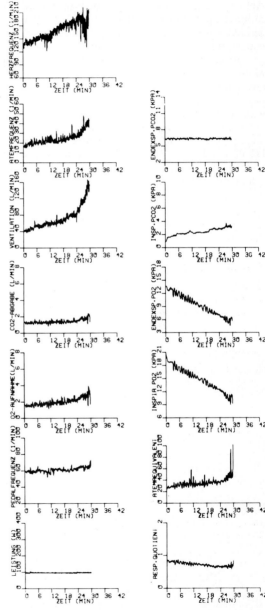

Abb. 190 zeigt ein Beispiel für eine Prozeßsteuerung, bei der der endexspiratorische pO_2 durch den Rechner linear in 30 Min. von 13 kPa auf 5,3 kPa gesenkt wurde mit der Technik, wie sie auf S. 339 f. beschrieben wurde. Der endexspiratorische pCO_2 wurde auf den konstanten Wert von 5,4 kPa geregelt, wobei die Leistung konstant 100 W betrug. Man kann z. B. mit dieser Methode den isolierten Einfluß von pO_2 auf die Ventilation und Herzfrequenz während Arbeit untersuchen. Ohne Regelung würde eine Abnahme des endexspiratorischen O_2-Druckes (s. S. 193) eine Hyperventilation bewirken, die zu einer Abnahme des CO_2-Druckes und damit zu einer Senkung des Atemreizes führte. Auf der zweiten Tafel von rechts oben erkennt man, daß der Regler durch vermehrte Zumischung von CO_2 zur Einatemluft diesem Effekt entgegenwirkt. Da die Registrierung nur als Beispiel für Untersuchungsmöglichkeiten mit dieser Methode dienen soll, werden Einzelheiten nicht besonders erörtert.

Glossar

Absorption: Aufnahme von Gasen in Flüssigkeiten oder festen Körpern, gleichbedeutend mit der Bildung einer echten Lösung des Gases. Auch gebraucht als Ausdruck für die Aufnahme von sichtbarer Strahlung durch Materie, wobei die Licht- und Strahlungsenergie in chemische Energie und Wärmeenergie verwandelt wird
Absorptionskoeffizient: auch Löslichkeitskoeffizient
Adaptation: Anpassung − in der Physiologie insbesondere die zeitliche Verringerung der Erregung eines Rezeptors oder einer Synapse bei einem konstanten Reiz
adäquater Reiz: Reiz, der für den entsprechenden Rezeptor spezifisch ist, im Gegensatz zu dem inadäquaten Reiz: Auch bei einem Faustschlag auf das Auge vermittelt der inadäquate Reiz die Sinnesempfindung Licht
Adenosintriphosphat (ATP): energiereiches Phosphat, das die Primärenergie für die Muskelkontraktion abgibt und u.a. die Ionenpumpen antreibt
Adrenalin: Hormon des Nebennierenmarks; in das Blut abgegeben, bewirkt es ähnliche Reaktionen wie Sympathikuserregung
adrenosympathisch: Einflüsse, die das Nebennierenmark und der Sympathikus gemeinsam ausüben
aerob: Stoffwechselvorgänge, die nur in Anwesenheit von Sauerstoff ablaufen
afferent: Erregungsübertragung in Richtung Zentralnervensystem
Agonist: derjenige Muskel, der mit dem Antagonisten eine Wechselwirkung ausübt
Akklimatisation: Anpassung an die Höhe (Höhenakklimatisation) und an Klimabedingungen
Aktin: spezifisches Muskelprotein
Aktionsstromfrequenz: Zahl der Aktionspotentiale (Spikes) pro Zeiteinheit, die über eine Nerven- oder eine Muskelfaser laufen
Aktomyosin: spezifisches Protein, das bei der Muskelkontraktion aus den Muskelproteinen Aktin und Myosin gebildet wird
alaktazid: ohne Bildung von Milchsäure
Aldosteron: Hormon der Nebennierenrinde, das vorzugsweise den Elektrolythaushalt des Körpers beeinflußt
Alkalose: Abnahme der Wasserstoffionenkonzentration im Blut
alveoläre Konzentration: Gaskonzentration im Bereich der Lungenbläschen

Alveolen: Lungenbläschen

Aminosäuren: organische Säuren, in deren Kohlenstoffgerüst ein oder mehrere Wasserstoffatome durch die Aminogruppe $- NH_2 -$ ersetzt sind

Aminosäuresequenz: charakteristische Aneinanderreihung verschiedener Aminosäuren. Sie ist proteinspezifisch

Ampholyte: chemische Verbindungen, die je nach der Wasserstoffionen-konzentration sowohl H^+- als auch OH^--Ionen abspalten, d. h. als Säure oder Base dissoziieren können

anaerob: Stoffwechselvorgänge, die ohne Beteiligung von Sauerstoff ablaufen

Anastomosen: Querverbindungen von Blutgefäßen, auch zwischen Arterie und Vene, auch zu beobachten an Lymphgefäßen, ebenso Verbindung zwischen 2 Nerven

Androgene: männliche Geschlechtshormone

Anionen: negativ geladene Ionen

Anoxie: absoluter Sauerstoffmangel im Blut oder im Gewebe

Antagonist: s. unter Agonist. Auch die Reaktion, die eine Gegenwirkung auslöst, wird als antagonistisch bezeichnet

antidiuretisches Hormon (ADH): Hormon, das im Hypothalamus gebildet und über die Hypophyse freigesetzt wird, beeinflußt die Rückresorption des Wassers in der Niere

Apathie: psychische Teilnahmslosigkeit

apnoisches Tauchen: Tauchen mit Atemanhalten ohne Gerät

äquilibrieren: ins Gleichgewicht setzen

Äquivalent: Gleichwertigkeit, physikalisch: Das mechanische Wärmeäquivalent bedeutet, daß 1 W einem J/s entspricht; chemisch: Molekular- bzw. Atomgewicht (in Gramm)/Wertigkeit) = mol/Wertigkeit) = Grammäquivalent = val

Arrhythmie: unregelmäßige Schlagfolge des Herzens

Arteriolen: Blutgefäße im Bereich der Endstrombahn, die zwischen den kleinsten Arterien und den Kapillaren liegen. Sie weisen keine vollständige Gefäßmuskulatur auf

arteriovenöse Differenz: Unterschied von Meßgrößen zwischen der Arterie und der Vene

Aspiration: in der Regel Ansaugen von Fremdstoffen in die Luftröhre

Assimilation: Überführung der von einem Lebewesen aufgenommenen Stoffe in Körpersubstanz (Anabolismus, Aufbaustoffwechsel)

Atemäquivalent: Ventilation (Atemminutenvolumen), geteilt durch den Sauerstoffverbrauch

Atmungskette: Enzymsystem im Gewebe, das die Reaktion von gebildetem Wasserstoff mit Sauerstoff ermöglicht

Atrium: Vorhof des Herzens

Atrophie: Gewebeschwund

Atropin: Gift der Tollkirsche $-$ lähmt den Parasympathikus

Autogenes Training: Verfahren zur willkürlichen Beeinflussung vegetativer Reaktionen

autonom: selbsttätig

Autoregulation: Regulation der Durchblutung ohne nervalen Einfluß. Sie erfolgt aufgrund der Tatsache, daß die glatte Muskulatur ihren Spannungszustand verändert, wenn sie gedehnt wird

auxotonisch: Kontraktionsform, bei der Länge und Kraft gleichzeitig gesteigert werden

Axialstrom: zentraler Strom bei laminarer Strömung

Azetylcholin: Gewebshormon, das überwiegend die Wirkungen des Parasympathikus überträgt

Azidose: Zunahme der Wasserstoffionenkonzentration im Blut

Bainbridge-Reflex: ein von F. A. Bainbridge beschriebener Reflex, der bei extremer Dehnung des rechten Vorhofes eine Zunahme der Herzfrequenz bewirkt

Barotrauma: Druckverletzungen, wie sie beim Tauchen auftreten können

Bathmotropie: Veränderung der Erregungsschwellen des Herzmuskels

Bewegungsstereotyp: automatisierter Bewegungsablauf

Biomechanik: Wissenschaft von der Anwendung mechanischer Gesetze auf den Organismus

Biopsie: Beobachtung und Analyse von Gewebeproben, die dem lebenden Organismus entnommen sind

Blutdruckamplitude: Unterschied zwischen dem systolischen und dem diastolischen Druck

Bradykardie: niedrige Herzfrequenz

Dekompression: plötzlicher Druckabfall in der Umgebung des Organismus

Delirium: seelische Störung; die Kranken verkennen ihre Umgebung, sind desorientiert und stehen unter dem Einfluß von Sinnestrug, der sie zu unverständlichen Handlungen verleitet

Depolarisation: Zusammenbruch des Membranpotentials als Ausdruck der Erregung

Depression: Schwermut

Diaphragma: Zwerchfell

Diastole: Zeit des Herzzyklus, in der das Herz nicht kontrahiert ist

Disaccharid: Zweifachzucker, z. B. der Rübenzucker

Dissimilation: Gesamtheit der Stoffwechselvorgänge, durch die aus höheren organischen Verbindungen einfachere oder Endprodukte des Stoffumsatzes gebildet werden (Gegensatz: Assimilation)

distal: in Richtung Peripherie

Dromotropie: Beeinflussung der Überleitungszeit des Herzens

Effektivtemperatur: Klimasummenmaß, das aus Temperatur, Windgeschwindigkeit und Luftfeuchtigkeit gebildet wird

Effektor: Erfolgsorgan, z. B. ein Muskel, eine Drüse usw.

efferent: Übertragung einer Erregung vom Zentralnervensystem in Richtung Peripherie

Elastizität: Fähigkeit, Formänderungsarbeit in umkehrbarer Weise zu speichern

elektromechanische Koppelung: biologischer Vorgang, der von der Erregung der Muskelfaser zu ihrer Kontraktion führt

Embolie: Verschleppung eines Blutgerinnsels, Fremdkörpers, Fruchtwassers, Fetttröpfchens oder von Luft durch den Blutstrom und die Folgezustände der dadurch hervorgerufenen Gefäßverstopfung in einem oft weit entfernten Organ

empirisch: auf Erfahrung begründet: im wissenschaftlichen Gebrauch Ergebnisse, die auf Beobachtung, Messung oder Experimenten basieren

Emulsion: Gebilde aus 2 nicht mischbaren Flüssigkeiten, bei denen die eine Flüssigkeit die disperse Phase in Form kleiner Tröpfchen von $1-50\mu m$ Durchmesser darstellt, die in der anderen Flüssigkeit (geschlossene Phase) suspendiert ist

endogen: von innen heraus

Endolymphe: Flüssigkeit im häutigen Labyrinth des Ohres

Endothel: sehr dünner, einschichtiger Belag aus Plattenzellen auf der Innenseite der Blut- und Lymphgefäße

Enzyme: von lebenden Zellen erzeugte besondere Eiweißstoffe, die an sich langsam verlaufende chemische Reaktionen des Abbaues und des Aufbaues zu beschleunigen und zu lenken vermögen

Ergometer: Geräte zur Messung der Arbeit bzw. der Leistung

Ergonomie: Wissenschaft von der Arbeit

Erythropoese: Bildung von roten Blutkörperchen

Erythrozyten: rote Blutkörperchen

essentielle Aminosäuren: Aminosäuren, die zur Eiweißsynthese notwendig sind, aber nicht im Körper aus anderen Aminosäuren gebildet werden können

essentielle Fettsäuren: Fettsäuren, die im Körper nicht hergestellt werden können, deshalb von außen zurückgeführt werden müssen

Exspiration: Ausatmung

extrazelluläre Flüssigkeit: Flüssigkeit außerhalb der Zellen

Fließgleichgewicht: englisch = Steady state; ein Gleichgewicht zwischen Zufluß und Abfluß bzw. zwischen Assimilation und Dissimilation

Formatio reticularis: Nervenzellengeflecht zwischen Medulla oblongata und Thalamus

Glomerulusfiltrat: Flüssigkeit, die von den Glomeruli der Nieren abfiltriert wird: Im Verlaufe der Harnbildung wird der größte Teil der abfiltrierten Substanzen und Wasser rückresorbiert

Glomus aorticum bzw. caroticum: Geflechte in der Nähe des Karotissinus und im Aortenbogen, die für die Atmungsregelung (Sauerstoffmangel und Veränderung der Wasserstoffionenkonzentration) im Blut von Bedeutung sind

Glottis: Stimmritze

Glykogen: tierische Stärke

Glykolyse: Abbau von Glukose und Glykogen

Hämatokrit: Prozentanteil der Blutkörperchen am Gesamtblut

Hämodynamik: Lehre von den Gesetzen der Blutbewegung, im wesentlichen der die Dynamik des Herzens und Gefäßfunktionen umfassenden Teile

Heparin: gerinnungshemmende Substanz

homoiotherm: mit konstanter Temperatur: gilt bei sog. Warmblütern für die Kerntemperatur (Gegensatz: poikilotherm = wechselwarm)

humoral: Wirkung über die Körperflüssigkeit

hybrid: wörtlich: Zwitter; Zusammenschaltung von analogen und digitalen Elementen in einem Rechenelement

Hydrolyse: Spaltung von chemischen Verbindungen unter Wasseraufnahme

hydrostatischer Druck: Druck, der von einer Wassersäule ausgeübt wird

Hyperkapnie: Steigerung des alveolären und arteriellen CO_2-Druckes

Hyperplasie: Vermehrung des Muskelquerschnittes durch Bildung neuer Muskelfasern

Hyperpolarisation: Zunahme des Membranpotentials

Hypertonie: Bluthochdruck

Hypertrophie: Kraftzunahme des Muskels aufgrund der Querschnittszunahme einzelner Muskelfasern

Hyperventilation: Ventilationsgröße, die den CO_2-Druck im arteriellen Blut absinken läßt

Hypokapnie: Verminderung des alveolären und arteriellen CO_2-Druckes

Hypophyse: Hirnanhangsdrüse

Hypothermie: Unterkühlung

Hypoventilation: Ventilationsgröße, die den CO_2-Druck im arteriellen Blut ansteigen läßt

Immersion: Eintauchen

Indifferenztemperatur: Temperatur, bei der der Körper keine zusätzlichen Regulationsmechanismen braucht, um Kälte- oder Wärmeeinflüsse zu kompensieren

Inotropie: Einwirkung auf die Kontraktionskraft des Herzens

Inspiration: Einatmung

Insuffizienz: ungenügende Funktion, bezogen auf den Zweck

insufflieren: Einblasen gasförmiger, flüssiger oder pulverförmiger Mittel in Körperhöhlen und Gefäße

Interferenz: Überlagerung

intermediärer Stoffwechsel: Zwischenstoffwechsel

interstitieller Raum = Interstitium: Zwischenzellraum

Intoxikation: Vergiftung

intrafusal: zwischen den Fasern gelegen

intravasal: innerhalb der Blutgefäße

Isobare: Linie gleichen Druckes

isoelektrischer Punkt: H^+-Konzentration, bei der Säure und basische Gruppen eines Moleküls gleich stark dissoziiert sind

Isohydre: Linie gleicher Wasserstoffionenkonzentration
isometrisch: Kontraktion unter konstanter Länge
Isotherme: Linie gleicher Temperatur
isotonisch: Kontraktion unter konstanter Kraftentwicklung
isotrop: mit gleichen optischen Brechungseigenschaften
Kalorie (kcal): diejenige Wärmemenge, die notwendig ist, um 1 l Wasser von 14,5 auf 15,5 °C zu erwärmen
Kalorimetrie: Messung der Wärmeproduktion bzw. -abgabe
Karboanhydrase: Enzym, das die Hydratisierung der Kohlensäure beschleunigt
Karotissinus: Ausbuchtung der A. carotis interna in der Nähe der Teilungsstelle der A. carotis communis in A. carotis interna und externa. Hier liegen die Dehnungsfühler, die den Blutdruck melden
kaudal: zum Schwanz (Kauda) gehörig − nach dem Schwanz gelegen. Von der Tieranatomie abgeleiteter Begriff. Gegensatz: kranial, d. h. scheitelwärts gelegen
Kinetose: Bewegungskrankheit, z. B. Seekrankheit
Kollaps: Zusammenbruch, insbesondere durch Versagen des Blutkreislaufes
kollaterale Vasokonstriktion: Mehrdurchblutung in arbeitenden Gebieten, Minderdurchblutung in ruhenden Gebieten
kolloidosmotischer Druck: auch onkotischer Druck genannt. Anteil des osmotischen Druckes, den die Eiweißkörper im Blut bewirken
Kompressibilität: Zusammendrückbarkeit, Flüssigkeiten sind inkompressibel, Gase folgen dem Boyle-Mariotte-Gesetz ($p \cdot V$ = konst.)
Konvektion: Mitführung, besonders die Übertragung von Energie, die von kleinsten Teilchen einer Strömung mitgeführt wird
Konvulsion: Krämpfe des Gesamtkörpers
Konzentration: Menge einer Molekülart je Raumeinheit in einer bestimmten Phase
Korpuskel: Körperchen, Partikel, Teilchen
Kupula: Sinnesorgan in den Bogengängen, dessen adäquater Reiz die Drehbeschleunigung ist
Kybernetik: in der Biologie die Lehre von biologischen Regelkreisen und von Informationsübertragungen im menschlichen Körper
laktazid: unter Bildung von Milchsäure
laminare Strömung: Strömungsform, bei der die Stromfäden parallel zur Stromrichtung verlaufen, wobei der Axialstrom schneller als der Randstrom verläuft. Laminare Strömung zeigt in der Regel ein parabolisches Geschwindigkeitsprofil und gehorcht dem Hagen-Poiseuille-Gesetz
Larynx: Kehlkopf
Latenzzeit: Zeit zwischen Reiz und Reizerfolg
limbisches System: Beim Menschen ein wie ein Saum (Limbus) den Hirnstamm umgebender kortikaler und subkortikaler Bezirk mit Faserverbindungen zu Kernen des Zwischen- und Mittelhirns. Das limbische System

weckt die mit jeder emotionellen Erregung (wie Affekt und Gefühl) verbundenen vegetativen Regulationen, ist auch beteiligt bei Aktionen zur Vorbereitung von Triebbefriedigungen

Lipase: fettspaltendes Enzym

Liquor cerebrospinalis: Gehirn-Rückenmarks-Flüssigkeit

Massenwirkungsgesetz: Grundgesetz, nach dem eine chemische Reaktion in der Gasphase oder in Lösung niemals vollständig abläuft, sondern schon vorher stehenbleibt, sobald das chemische Gleichgewicht erreicht ist

Medulla oblongata: verlängertes Mark, der Sitz wichtiger vegetativer Zentren wie Atem- und Kreislaufzentrum

Metabolismus: Stoffwechsel

Migräne: anfallsweise und häufig halbseitig auftretende Art von Kopfschmerzen

Monosaccharid: Einfachzucker, z. B. Traubenzucker

Morphologie: Wissenschaft vom Bau und der Organisation der Lebewesen und ihrer Bestandteile. Sie umfaßt vor allem Anatomie, Histologie und Zytologie

Myoglobin: Muskelfarbstoff, der ähnlich wie das Hämoglobin im Blut Sauerstoff übertragen kann

Nekrose: Zelltod

Neurit: gewöhnlich sehr langer Fortsatz einer Nervenzelle. Viele Neuriten bilden den peripheren Nerv

Neuron: Nervenzelle mit ihren Fortsätzen

Nomogramm: in der Regel eine Darstellung von Funktionen durch Kurven in einer Ebene. Diese kann man dazu benutzen, um rechnerische Aufgaben, deren Behandlung sonst einen großen Aufwand erfordern, zeichnerisch zu lösen

Noradrenalin: Substanz, die die Sympathikuswirkung überträgt; wird vorwiegend an den sympathischen Nervenendigungen gebildet

normoxisch: unter normalen Sauerstoffdruckbedingungen

Observation: Beobachtung

off-line: Datenverarbeitung, die später aus Rohdaten erfolgt

onkotisch: = kolloidosmotisch, s. dort

on-line: unmittelbar erfolgende Datenverarbeitung

orthostatische Toleranz: besonders die Toleranz des Kreislaufes, dem Lagewechsel entgegenzuregulieren

Oxidation: Verbindung mit O_2, Entzug von H_2, Elektronenentzug

Parasympathikus: Teilsystem des vegetativen Nervensystems, auch trophotropes System genannt, das vor allem in der Erholungsphase aktiviert wird

parenteral: unter Umgehung des Darmes

Partialdruck: Teildruck – ideale Gase haben den Anteil am Gesamtdruck, der ihrer Konzentration in dem Gasgemisch entspricht

PD-Fühler: Proportional-Differential-Fühler – in der Biologie Rezeptoren, die durch Reiz und Reizänderung gleichzeitig erregt werden

Perfusion: Durchströmung

permeabel: durchgängig

Perspiratio insensibilis: Feuchtigkeit, die aufgrund der Wasserundichtigkeit der Haut verdunstet

Perspiratio sensibilis: Verdunstung nach Schweißabgabe als Funktion der Schweißdrüsen

phänomenologisch: dem Erscheinungsbild nach

Pharmakologie: Lehre von den Wirkungen der Arzneimittel

pH-Wert: negativer dekadischer Logarithmus der Wasserstoffionenkonzentration (Beispiel: $[H^+] = 10^{-7}$ mol/l entspricht pH = 7)

plastisch: Eigenschaft eines Materials, seine Form zu verändern, ohne aber die Formänderungsarbeit dabei zu speichern

Pleura: Brust- bzw. Lungenfell

Pneumotachograph: Meßgerät zur Bestimmung der Atemstromstärke

Polysaccharid: Vielfachzucker, z.B. Stärke

polysynaptisch: über viele Synapsen laufend

prämortal: vor dem Tode

Pressorezeptoren: Dehnungsrezeptoren im Bereich der Aorta und des Karotissinus, die die Dehnung der Gefäßwand messen und damit eine Information über den Druck übertragen

Propriorezeptoren: Rezeptoren, durch die organ- und systemeigene Reflexe ausgelöst werden

proximal: Gegensatz von distal (s. dort)

Pulmonalvenen: Lungenvenen

Refraktärzeit: auf eine Erregung folgende Zeitdauer, in der die Membran nicht oder weniger erregbar ist

Regression: statistischer Zusammenhang zwischen einer unabhängigen und einer abhängigen Variablen

Rehabilitation: Wissenschaft von der Wiederherstellung und der Eingliederung in den Arbeitsprozeß nach körperlichen und seelischen Erkrankungen

Renshaw-Zelle: hemmendes Zwischenneuron, beteiligt bei mono- und polysynaptischen Reflexen

Resorption: Aufnahme von Substanzen, vorwiegend aus dem Darm in das Blut

respiratorisch: die Atmung betreffend

Retention: Zurückhaltung

Retina: Netzhaut des Auges

Rezeptor: biologische Einrichtung zur Umwandlung eines Reizes in biologische Erregung

Schwellenreiz: Größe eines Reizes, die gerade eine Erregung auszulösen vermag

selektive Permeabilität: Die Membran stellt unter diesen Bedingungen für eine Ionenart ein großes Hindernis, für andere ein geringes Hindernis dar

simultan: gleichzeitig

Spezies: Tierart

spezifische Wärme: Die spezifische Wärme des Wassers ist 1 (s. unter kcal).

Spezifische Wärme anderer Stoffe wird als Verhältniszahl in bezug zu der des Wassers angegeben

Spinalnerven: Das Rückenmark besitzt 31 Paar Spinalnerven. Jeder einzelne Nerv entsteht durch die Vereinigung der aus etwa 5–10 einzelnen Nervenfaserbündeln bestehenden vorderen und hinteren Wurzeln. Vor der Vereinigung zum Stamm der Spinalnerven besitzt die hintere Wurzel im Zwischenwirbelkanal eine eiförmige Anschwellung, das Spinalganglion. Jeder so gebildete Spinalnerv enthält sensible, motorische und vegetative Fasern

Splanchnikus-Gebiet (von splanchnos = Eingeweide): das Gebiet, das vom N.splanchnicus versorgt wird. Dies sind insbesondere die vegetativen Fasern, die Drüsen und Eingeweidemuskeln versorgen, und die aus diesem Gebiet ankommenden sensiblen Fasern

Standardbikarbonat: Bikarbonatkonzentration im Plasma von Blut, das mit einem Gemisch von Sauerstoff und 40 Torr pCO_2 bei 37°C äquilibriert wurde. (Der Begriff ist veraltet.)

statische Haltearbeit: diejenige physiologische Arbeit, die verrichtet wird, wenn ein Gewicht gehalten wird. Dabei ist die äußere physikalische Arbeit = 0

Steady state: s. Fließgleichgewicht

Stenose: Verengung

Stöchiometrie: Lehre von der mengenmäßigen Zusammensetzung der chemischen Verbindungen und den Mengenverhältnissen bei chemischen Reaktionen. In der Stöchiometrie werden Massen oder bei Gasen und Lösungen Volumina der reagierenden Substanzen miteinander in Beziehung gesetzt

Störgrößenaufschaltung: regeltechnischer Begriff. Um langsame Reaktionen eines Reglers zu überbrücken, wird der Ist-Wert für kurze Zeit ungeregelt in Richtung Soll-Wert bewegt. Nach Abklingen der Störgrößenaufschaltung übernimmt der Regler wieder die Steuerung

Streß: Sammelbegriff für die Belastung eines Organismus durch äußere und innere Reize, die das normale Maß übersteigen, sowie die Gesamtheit aller dabei auftretenden körpereigenen und spezifischen Anpassungs- und Schutzreaktionen

subkortikal: wörtlich unterhalb der Hirnrinde. Als subkortikale Reaktionen werden die Reaktionen verstanden, die ohne Beteiligung der Hirnrinde verlaufen

sukzessiv: nacheinander

Sympathikus: Teilsystem des vegetativen Nervensystems, auch ergotropes (leistungssteigerndes) System genannt, da es vor allem durch Leistung, Stress usw. aktiviert wird

Synapsen: Verbindungsstellen zwischen 2 erregbaren Zellen, z.B. 2 Neuronen, aber auch zwischen Nerven- und Muskelzellen

Systole: Zeit, in der der Herzmuskel kontrahiert ist

Tachykardie: Herzjagen – hohe Herzfrequenz

teleologisch: in der Biologie ein naturphilosophischer Begriff, der die Erklärung von Naturvorgängen nach Sinn und Zweck anstrebt

terminal: am Ende gelegen

Testosteron: männliches Sexualhormon, gehört zur Gruppe der Androgene

Tetanus: im physiologischen Sprachgebrauch die zusammengesetzte normale Zuckungsform des Muskels. Sie wird erzeugt durch die Summierung von aufeinanderfolgenden Einzelzuckungen (Superposition), bei denen sich eine zweite Muskelzuckung auf die erste aufsetzt, wenn der zeitliche Abstand der beiden auslösenden Reize kleiner als die Zuckungsdauer ist

Thorax: Brustkorb

Tonus: Spannung

Torr: Druckmaß, identisch mit mmHg (Quecksilber), 750 Torr = 100 kPa

Trachea: Luftröhre

Transmitter: Überträgerstoff

transmuraler Druck: Differenz zwischen Innen- und Außendruck eines Gefäßes

turbulente Strömung: Strömung unter Wirbelbildung, Gegensatz: laminare Strömung, s. dort

vagovasale Synkope: charakteristisches Kreislaufversagen bei orthostatischer Fehlregulation

Vasodilatation: Gefäßerweiterung

Vasokonstriktion: Gefäßverengung

Vasomotoren: Gefäßnerven, die die kleinsten Arterien versorgen

vegetatives System: Teil des Nervensystems, das in der Regel für die unwillkürlichen Reaktionen verantwortlich ist. Es besteht aus dem Sympathikus (s. dort) und dem Parasympathikus (s. dort)

Ventrikel: Kammer

Viskosimeter: Gerät zur Messung der Zähigkeit einer Flüssigkeit

Viskosität: Zähigkeit

zerebral: zum Gehirn (Zerebrum) gehörend

Zytochrome: wichtige eisenhaltige Hämproteine. Sie ermöglichen als Katalysatoren der Zellatmung in allen Geweben die Ausnutzung des Sauerstoffes durch Elektronenübertragung

Literaturauswahl

Adolph, E.F.: Physiology of Man in the Desert. Interscience, New York 1947

Ahlborg, B., J. Brohult: Immediate and delayed metabolic reactions in well-trained subjects after prolonged physical exercise. Acta Med. Scand. 182 (9167) 41−54

Ahlborg B., J. Bergström, L. G. Ekelund, E. Hultman: Muscle glycogen and muscle electrolytes during prolonged physical exercise. Acta Physiol. Scand. 70 (1967) 129−142

Alam, M., F. H. Smirk: Observations in man upon a blood pressure raising reflex arising from the voluntary muscles. J. Physiol. (Lond.) 89 (1937) 372−377

Andrew, C., C. Guzman, M. Becklake: Effect of athletic training on exercise cardiac output. J. Appl. Physiol. 21 (1966) 603−608

Antoni, H.: Funktion des Herzens. In: R. F. Schmidt, G. Thews: Einführung in die Physiologie des Menschen, 23. Aufl. Springer, Berlin 1987

Appell, H.J, C. Stang-Voss: Funktionelle Anatomie. I.F. Bergmann, München 1986

Asmussen, E., M. Nielsen: Cardiac output during muscular work and its regulation. Physiol. Rev. 35 (1955) 778−800

Asmussen, E., M. Nielsen: Experiments on nervous factors controlling respiration and circulation during exercise. Acta Physiol. Scand. 60 (1964) 103−11

Asmussen, E., M. Nielsen, K. Wieth-Pedersen: Cortical or reflex control of respiration during muscular work. Acta Physiol. Scand. 6 (1943) 168−175

Asmussen, E., S. H. Johansen, M. Jorgensen, M. Nielsen: On the nervous factors controlling respiration and circulation during exercise. Acta Physiol. Scand. 63 (1965) 343−350

Åstrand, L.: Blood pressure during physical work in a group of 221 women and men 48−63 years old. Acta Med. Scand. 178 (1965) 41−46

Åstrand, P. O.: Human physical fitness with special reference to sex and age. Physiol. Rev. 36 (1956) 307−335

Åstrand, P. O.: Die körperliche Leistungsfähigkeit in der Höhe. In: Zentrale Themen der Sportmedizin (Hrsg.: W. Hollmann), 3. Aufl. Springer, Berlin 1986

Åstrand, P. O., K. Rodahl: Textbook of Work Physiology. McGraw-Hill, New York, 2nd edition 1977

Åstrand, P. O., T. E. Cuddy, B. Saltin, J. Stenberg: Cardiac output during submaximal and maximal work. J. Appl. Physiol. 19 (1964) 268−274

Astrup, P.: A simple electrometric technique for the determination of carbon dioxide tension in blood and plasma, total content of carbon dioxide in plasma, and bicarbonate content in „separated" plasma at a fixed carbon dioxide tension (40 mmHg). Scand. J. clin. Lab. Invest. 8 (1956) 1−16

Atzler, E.: Körper und Arbeit. Thieme, Leipzig 1927

Auchincloss, J. H., R. Gilbert, G. H. Baule: Effect of ventilation on oxygen transfer during early exercise. J. Appl. Physiol. 21 (1966) 810−818

Bader, H.: Morphologische, physikalische und chemische Grundlagen der Zellmembran. In: Gauer O, K. Kramer, R. Jung: Physiologie des Menschen, Bd. I, Bioenergetik. Urban & Schwarzenberg, Berlin 1972

Bainbridge, F. A.: The physiology of muscular exercise. Green, London 1929

Ballreich, R., W. Baumann, H. Haase, H. V. Ulmer, U. Wasmund, H. Bodenstedt: Trainingswissenschaft. Limpert, Bad Homburg 1982

Barcroft, H., J. L. E. Millen: The blood flow through muscle during sustained contractions. J. Physiol. (London) 97 (1939) 17−31

Barnard, R. J., V. R. Edgerton, J. B. Peter: Effects of exercise on skeletal muscle. I.

Biochemical and histochemical properties. J. Appl. Physiol. 28 (1970a) 762–766

Barnard, R. J., V. R. Edgerton, J. B. Peter: Effects of exercise on skeletal muscle. II. Contractile properties. J. Appl. Physiol. 28 (1970b) 767–770

Bartels, H.: Gaswechsel (Atmung). In: W. D. Keidel: Kurzgefaßtes Lehrbuch der Physiologie. 5. Aufl. Thieme, Stuttgart 1979

Baskin, R. J.: The variation of muscle oxygen consumption with velocity of shortening. J. gen. Physiol. 49 (1965) 915

Becklake, M. R., H. Frank, C. R. Dagenais, G. I. Ostiguy, C. A. Guzman: Influence of age and sex on exercise cardiac out-put. J. Appl. Physiol. 20 (1965) 938–947

Benjamin, F. B., L. Peyser: Physiological effects of active and passive exercise. J. Appl. Physiol. 19 (1964) 1212–1214

Berggren, G. E., H. Christensen: Pulsfrequenz und Körpertemperatur als Indices der Stoffwechselgröße während Arbeit. Arbeitsphysiologie 14 (1950) 255–260

Berry, C. A.: Medical legacy of Apollo. Aerospace Med. 45 (1974) 1046–1057

Bevegård, B. S., J. T. Shepherd: Circulatory effects of stimulating the carotid arterial stretch receptors in man at rest and during exercise. J. clin. Invest. 45 (1966) 132–142

Bevegård, B. S., J. T. Shepherd: Regulation of the circulation during exercise in man. Physiol. Rev. 47 (1967) 178–213

Bevegård, B. S., U. Freyschuss, J. Strandell: Circulatory adaptation to arm and leg exercise in supine and sitting position. J. Appl. Physiol. 21 (1966) 37–46

Blair, D., A. Glover, J. C. Roddic: Vasomotor responses in the human arm during leg exercises. Circ. Res. 9 (1961) 264–274

Blinks, J. R., R. Rüdel, S. R. Taylor: Calcium transients in isolated amphibian skeletal muscle fibres: Detection with aequorin. J. Physiol. 277 (1978) 291–323

Böning, D., H. V. Ulmer, U. Meier, W. Skipka, J. Stegemann: Effect of a multi-hour-immersion on trained and untrained subjects: I. Renal function and plasma volume. Aerospace Med. 43 (1972) 300–305

Böning, D.: Änderungen der Blutzusammensetzung nach Rückkehr von mehrwöchigen Bergtouren und einige Überlegungen über ihre Bedeutung für den Sauerstofftransport. Sportarzt u. Sportmed. 23 (1972) 305–309

Böning, D., U. Schweigart, U. Tibes, B. Hemmer: Influence of exercise and endurance training of the oxygen dissociation curve of blood under in vivo and in vitro conditions. Eur. J. Appl. Physiol. 34 (1975) 1–10

Bonde-Petersen, F.: Human Cardiovascular adaptation to Zero Gravity. Proceedings of a Symposium at August-Krogh-Institute, University of Copenhagen, Denmark. 20–21 April 1979. ESA publications SP-1033, Paris 1981

Bonde-Petersen, F., A. L. Mork, E. Nielsen: Local muscle blood flow and sustained contractions of human arm and back muscles. Eur. J. Appl. Physiol. 34 (1974) 43–50

Bonde-Petersen, F., J. S. Lundsgaard: pO_2 and pCO_2 im human quadriceps muscle during exhaustive sustained isometric contraction. In: Guba F. , G. Marechal, O. Takacs: Mechanism of muscle adaptation to functional requirements. Advanc. Physiol. Sci. 24 (1980) 143–149

Bonde-Petersen, F., C. H. Robertson, Jr.: Blood flow in „red" and „white" calf muscles in cats during isometric and dynamic exercise. Acta Physiol. Scand. 112 (1981) 243–251

Boothby, W. M., J. Berkson, W. L. Dunn: Studies of the energy metabolism of normal individuals: A standard for basal metabolism with a nomogram for clinical application. Am. J. Physiol. 116 (1936) 468–473

Bouhuys, A., J. Pool, R. A. Binnhorst, R. van Leewen: Metabolic acidosis of exercise in healthy males. J. Appl. Physiol. 21 (1966) 1040–1046

Bourne, G. H.: The Structure and Function of Muscle, Bd. I–III. Academic Press, New York 1960

Boutellier, U., O.Dériaz, P.E. di Prampero, P.Ceretelli: Aerobic performance at altitude: Effects of acclimatisation and hematocrit with reference to training. Int. J. Sports Med. 11 (1990) 21–26

Braunwald, E., E. H. Sonnenblick, J. Ross, G. Glick, S. E. Epstein: An analysis of the cardiac response to exercise. Circ. Res. 20, Suppl. 1 I (1967) 44–58

Brecht, K.: Muskeltonus. Fortschr. Zool. 9 (1952) 500–536

Brecht, K.: Muskelphysiologie. In: W. D. Keidel: Kurzgefaßtes Lehrbuch der Physiologie. 5. Aufl. Thieme, Stuttgart 1979

Brenner, B. M., B. J. Ballermann, M. E. Gunning, M. L. Zeidel: Diverse biological actions of atrial natriuretic peptide. Physiol. Rev. 70 (1990) 665−699

Bücher, Th., D. Pette: Über die Enzymaktivitätsmuster im Bezug zur Differenzierung der Skelettmuskulatur. Verh. dtsch. Ges. inn. Med. 71 (1966) 104−124

Büchner, F., S. Oniski: Herzhypertrophie und Herzinsuffizienz in Sicht der Elektronenmikroskopie. Urban & Schwarzenberg, München 1970

Buess, C., P. Pietsch, W. Guggenbühl, E. A. Koller: A pulsed diagonalbeam ultrasonic airflow meter. J. Appl. Physiol. (1986) 1195−1199

Buess, C., P. Pietsch, W. Guggenbühl, E. A. Koller: Design and construction of a pulsed ultrasonic air flow meter. IEEE Transact. Biomed. Eng. BME-33 (1986) 768−773

Burkhardt, D.: Die Sinnesorgane des Skelettmuskels und die nervöse Steuerung der Muskeltätigkeit. Ergebn. Biol. 20 (1958) 27−66

Burton, A. C.: Relation of structure to function of tissue of the wall of blood vessels. Physiol. Rev. 34 (1954) 319−329

Casaburi R., Th. Barstow, T. Robinson K. Wasserman: Influence of work rate on ventilatory and gas exchange kinetics. J. Appl. Physiol. 67 (1989) 547−555

Caspers, H.: Zentralnervensystem. In: W. D. Keidel: Kurzgefaßtes Lehrbuch der Physiologie, 5. Aufl. Thieme, Stuttgart 1979

Cerretelli, P., I. Brambilla: Cinetica della contrazione di un debito di O_2 nell'uomo. Boll. Soc. ital. Biol. Sper. 34 (1958) 679−682

Cerretelli, P., D. Pendergast, W. C. Paganelli, D.W.Rennie: Effect of specific muscle training on $V'O_2$, on response and early blood lactate. J. Appl. Physiol. 47 (1979) 761−769

Ceretelli, P., D. W. Rennie, D. P. Pendergast: Kinetics of metabolic transients during exercise. Int. J. Sports Medicine 1 (1980) 171−180

Ceretelli, P., P.E. di Prampero: A multidisciplinary study of the effects of altitude on muscle structure and function. Int. J. Sports Med. 11 (1990) 1−2

Ceretelli, P., T. Binzoni: The energetic significance of lactate accumulation in blood at altitude. Int. J. Sports Med 11 (1990) 27−30

Chwablinskaja-Moneta,J., R. A. Robergs,D. Costill, W. Fink: Threshold for muscle lactate accumulation during progressive exercise. J. Appl. Physiol.66 (1989) 2710−2716

Clausen, J. P.: Muscle blood flow during exercise and its significance for maximal performance. In: Limiting factors of physical performance, Hrsg.: J. Keul. Thieme, Stuttgart 1973.

Clode, M., T. J. Clark, E. J. M. Campbell: The immediate CO_2 storage capacity of the body during exercise. Clin. Sci. 32 (1967) 161−165

Cogswell, R. C., W. J. Browner: Effects of non-voluntary, electrically stimulated, muscular activity on pulse rate, blood pressure and O_2 uptake. J. Appl. Physiol. 8 (1955) 19−21

Comroe, J. H.: Physiologie der Atmung. Schattauer, Stuttgart 1968

Costill, D. L., P. D. Gollnick, E. D. Jansson, B. Saltin, E. M. Stein: Glycogen depletion pattern in human muscle fibers during distance running. Acta Physiol. Scand. 89 (1973) 374−383

Craig, A.: Heart rate responses to apnoic underwater diving and to breath holding in man. J. Appl. Physiol. 18 (1963) 854−862

Cunningham, D. J. C.: Regulation of breathing in exercise. Circ. Res. 20−21, Suppl. I (1967) I-122−131

Damato, A. N., J. G. Galante, W. M. Smith: Hemodynamic response to treadmill exercise in normal subjects. J. Appl. Physiol. 21 (1966) 959−966

Davies, C.: Limitations of the prediction of maximum oxygen intake from cardiac frequence measurements. J. Appl. Physiol. 24 (1968) 700−706

Diamant, B., J. Karlsson, B. Saltin: Muscle tissue lactate after maximal exercise in man. Acta Physiol. Scand. 72 (1968) 383−384

Dudel, J.: Funktion der Nervenzellen. In: R. F. Schmidt, G. Thews: Physiologie des Menschen, 20. Aufl. Springer, Berlin 1980

Edholm, O. G.: The Biology of Work. World Univ. Library, London 1967

Ehm, O. F., K. Seemann: Sicher tauchen. Müller, Zürich 1965

Ehm, O.F.: Tauchen noch sicherer: Müller Rüschlikon, Zürich, Stuttgart, Wien, 3.Aufl. (1984)

Ekblom, B., L. Hermansen: Cardiac output in

athletes. J. Appl. Physiol. 25 (1968) 619–625

Ekblom, P., P. Astrand, B. Saltin, J.Stenberg, B.Wallstroem: Effect of training on circulatory response to exercise. J. Appl. Physiol. 24 (1968) 382–396

Ekelund, L. G.: Circulatory and respiratory adaptation during prolonged exercise in the supine position. Acta Physiol. Scand. 68 (1966) 518–528

Ekelund, L. G., A. Holmgren: Circulatory and respiratory adaptation during longterm, non steady state exercise in the sitting position. Acta Physiol. Scand. 62 (1964) 240–255

Ekelund, L. G., A. Holmgren: Central hemodynamics during exercise. Circ. Res. 20. Suppl. I (1967) 33–43

Ekelund, L. G., A. Holmgren, C. O. Ovenfors: Heart volume during prolonged exercise in the supine and sitting position. Acta Physiol. Scand. 70 (1967) 88–98

Eklund, B.: Influence of work duration on the regulation of muscle blood flow. Acta Physiol. Scand., Suppl. 411 (1974) 1–64

Eriksson, B. O., P. D. Gollnick, B. Saltin: Muscle metabolism and enzyme activities after training in boys 11–13 years old. Acta Physiol. Scand. 87 (1973) 485–497

Eßfeld, D., J. Stegemann: CO_2-H^+ stimuli and neural muscular drive to ventilation during dynamic exercise. Int. J. Sports Med. 4 (1983) 215–222

Eßfeld, D., J. Stegemann U.Hoffmann: VO_2 kinetics in subjects differing in aerobic capacity: investigations by analysis. Eur. J. Appl. Physiol 56 (1987) 508–515

Fassbender, D.: Der Einfluß von Arbeitszeit und Leistung auf die physische Ermüdung, gemessen an der Erholungspulssumme. Med. Diss., Köln 1969

Faulkner, J. A.: Physiology of swimming and diving. In: Falls: Exercise Physiology. Acad. Press, New York 1968

Fischer, A., J. Parizkova, Z. Roth: The effect of systematic physical activity on maximal performance and functional capacity in senescent men. Int. Z. angew. Physiol. 21 (1965) 269–304

Fleckenstein, A.: Aktuelle Probleme der Muskelphysiologie und ihre Analyse mit Isotopen. In: Künstliche radioaktive Isotopen in Physiologie, Diagnostik und Therapie, 2.Aufl. Springer, Berlin 1961

Fleisch, A.: Der Pneumotachograph: ein Apparat zur Geschwindigkeitsmessung der Atemluft. Pflügers Arch. 209 (1925) 713–722

Fleisch, A.: Neue Methoden zur Untersuchung des Gasaustausches und der Lungenfunktion. Thieme, Leipzig 1956

Floyd, W. F., A. T. Welford: Symposium on Fatigue. Lewis, London 1953

Ganong, W. F.: Medizinische Physiologie. Springer, Berlin 1974

Gauer, O. H.: Kreislauf des Blutes. In: Gauer,O., K. Kramer, R. Jung: Physiologie des Menschen, Bd. III, Herz und Kreislauf. Urban & Schwarzenberg, München 1972

Gilles, J. A.: Textbook of Aviation Physiology. Pergamon Press, New York 1965

Goldber, J.H., J.W. Alred: Prediction of physical workload in reduced gravity. Aviat. Space Environ. Med. 59 (1988), 1150–1157

Goldstone, B. W.: Cardiac adaptation to exercise. Pflügers Arch. ges. Physiol. 295 (1967) 15–29

Gollnick, P. D., D. W. King: Effect of exercise and training on mitochondria of rat skeletal muscle. Am. J. Physiol. 216 (1969) 1502–1509

Graf, O.: Arbeitsablauf und Arbeitsrhythmus. In: Handbuch der gesamten Arbeitsmedizin. Bd. I, Arbeitsphysiologie. Urban & Schwarzenberg, München 1961

Granit, R.: Receptors and Sensory Perception. Yale University Press, New Haven 1955

Granit, R.: Muscular Afference and Motor Control. John Wiley, New York 1966

Greanleaf, C.E., G. Leftherosis: Orthostatic responses following 30-day bed rest deconditioning. Aviat. Space Environ. Med. 60 (1989) 537–542

Greanleaf, C.E. R.Bulbulian, E. M. Bernauer, W. L. Haskell, T. Moore: Exercisetraining protocols for astronauts in microgravity. J. Appl. Physiol. 67 (1989), 2191–2204

Grimby, G., N. J. Nilson, B. Saltin: Cardiac output during submaximal exercise and maximal exercise in active middleaged athletes. J. Appl. Physiol. 21 (1966) 1150–1156

Guyton, A. C.: Venous return. In: Handbook of Physiology, Bd. III, American Physiological Society, Washington D. C. 1963, S. 1099–1133

Haddy, F. J., J. B. Scott: Metabolically linked vasoactive chemicals in local regulation of blood flow. Physiol. Rev. 48 (1968) 688−707

Hammersen, F.: Anatomie der terminalen Strombahn. Urban & Schwarzenberg, München 1971

Hansen, J. W.: The training effect of repeated isometric muscle contractions. Int. Z. angew. Physiol., Sect. 2, 18 (1961) 474−477

Hasselbach, W.: Muskelphysiologie. Fortschr. Zool. 15 (1962) 1−91

Heinrich, K. W., H.-V. Ulmer. J. Stegemann: Sauerstoffaufnahme, Pulsfrequenz und Ventilation bei Variation von Tretgeschwindigkeit und Tretkraft bei aerober Ergometerarbeit. Pflügers Arch. ges. Physiol. 298 (1968) 191−199

Henry, F. M.: Aerobic oxygen consumption and alactic debt in muscular work. J. Appl. Physiol. 3 (1951) 427−438

Henry, F. M.: Lactic and alactid oxygen consumption in moderate exercise of graded intensity. J. Appl. Physiol. 8 (1956) 608−614

Hensel, H.: Temperaturregulation. In: W. D. Keidel: Kurzgefaßtes Lehrbuch der Physiologie, 5. Aufl. Thieme, Stuttgart 1979

Hesser, C. M.: Energy cost of alternating positive and negative work. Acta Physiol. Scand. 63 (1965) 84−93

Hesser, C. M., G. Matell: Effect of light and moderate exercise in alveolararterial O_2-tension difference in man. Acta Physiol. Scand. 63 (1965) 247−256

Hettinger, Th., E. A. Müller: Muskelleistung und Muskeltraining. Arbeitsphysiol. 15 (1953) 111−126

Hettinger, T.: Isometrisches Muskeltraining. 5. Aufl. Thieme, Stuttgart 1983

Heymans, C., E. Neil: Reflexogenic Areas of the Cardiovascular System. Churchill, London 1958

Higgs, B. E., M. Clode, G. J. R. McHardy, N. T. Jones, E. J. M. Campbell: Changes in ventilation, gas exchange and circulation during exercise in normal subject. Clin. Sci. 32 (1967) 329−337

Hirche, Hj., H. D. Langohr, U. Wacker: Lactic acid accumulation in working skeletal muscle. In: Limiting Factors of Physical Performance, hrsg. von J. Keul. Thieme, Stuttgart 1973

Hirche, Hj., W. K. Raff, D. Grün: The resistance to blood flow in the gastrocnemius of

the dog during sustained and rhythmical isometric and isotonic contractions. Pflügers Arch. 314 (1970) 97−112

Hollmann, W.: Der Arbeits- und Trainingseinfluß auf Kreislauf und Atmung. Steinkopff, Darmstadt 1959

Hollmann, W.: Die Höchst- und Dauerleistungsfähigkeit des Sportlers. Barth, München 1963

Hollmann, W. (Hrsg): Zentrale Themen der Sportmedizin. 3. Aufl. Springer, Berlin 1986

Hollmann, W., Th. Hettinger: Sportmedizin − Arbeits- und Trainingsunterlagen. Schattauer, Stuttgart 1980

Hollmann, W., H. Liesen: Die Beurteilung der Lauf-Ausdauerleistungsfähigkeit im Labor. Leistungssport 5 (1973) 369−373

Holloszy, J. O.: Biochemical adaptations in muscle. Effects of exercise on mitochondrial oxygen uptake and respiratory enzyme activity in skeletal muscle. J. biol. Chem. 242 (1967) 2278−2289

Holloszy, J. O., L. B. Oscay, P. A. Mole, I. J. Don: Biochemical adaptations to endurance exercise in skeletal muscle. In: Muscle Metabolism During Exercise. Plenum Press, New York 1971

Holmgren, A.: Circulatory changes during muscular work in man. Scand. J. clin. Lab. Invest. 8 (1956) 1−97

v. Holst, E.: Das Muskelspindelsystem der Säuger. Fortschr. Zool. 10 (1956) 381−390

Hoppeler, H., P. Lüthi, H. Claassen, H. Howald, E.R. Weibel: Mitochondrienvolumen und -oberflächen im menschlichen Skelettmuskel mit hoher aerober Kapazität. In: Sport in unserer Welt − Chancen und Probleme, hrsg. von O. Grupe. Springer, Berlin 1973

Hudlicka, A.: Muscle Blood Flow. Swets & Zeitlinger, Amsterdam 1973

Hultman, E.: Physiological role of muscle glycogen in man, with special reference to exercise. Circ. Res. 20 (1967) 99−114

Huxley, A. F.: Electrical processes in nerve conduction. In: Ion Transport Across Membranes. Academic Press, New York 1954

Huxley, A. F., R. Simmons: Proposed mechanism of force generation in striated muscle. Nature 233 (1971) 533−535

Ismail, A. H., H. B. Falls, D. F. Maclead: Development of a criterion for physical fitness tests from factor analysis results. J. Appl. Physiol. 20 (1965) 991−999

Johnson, R. H., M. J. K. Spalding: The role of a central temperature receptor in shivering in man. J. Physiol. (Lond.) 184 (1966) 733–740

Jokl, E.: Physiology of Exercise. Thomas, Springfield/Ill. 1964

Jokl, E.: The acquisition of skill. In Biomechanics. Karger, Basel 1968

Jokl, E.: Bericht über die sportärztlichen Untersuchungen bei den Olympischen Spielen in Mexico City 1968. 5.Gymnaestrada, Basel 1969 (Wiss. Symposium) 165–168 (1969)

Jokl, E., P. Jokl: The Physiological Basis of Athletic Records. Thomas, Springfield/Ill. 1968

Kao, F. F., S. Lahiri, C. Wang, S. S. Mei: Ventilation and cardiac output in exercise. Circ. Res. 20 I (1967) 179–191

Karrasch, K., E. A. Müller: Das Verhalten der Pulsfrequenz in der Erholungsperiode nach körperlicher Arbeit. Arbeitsphysiologie 14 (1951) 369–378

Keidel, W. D.: Kurzgefaßtes Lehrbuch der Physiologie, 5. Aufl. Thieme, Stuttgart 1979

Keul, J.: Limiting Factors of Physical Performance. Thieme, Stuttgart 1973

Keul, J., E. Doll, D. Keppler: Zum Stoffwechsel des Skelettmuskels. I. Pflügers Arch. ges. Physiol. 301 (1968) 198–213

Keul, J., E. Doll, D. Keppler: Muskelstoffwechsel. Barth, München 1969

Keul, J., E. Doll, D. Keppler: Energy Metabolism of Human Muscle. Karger, Basel 1972

Keul, J. E. Witzigmann: Die Olympia-Diät. Heyne, München (1989)

Kiens, B.,B. Saltin, L.WallOe, J. Wesche: Temporal relationship between blood flow changes and release of ions and metabolites from muscles upon single weak contractions. Acta Physiol. Scand. 136 (1989) 551–559

Kindermann, W., J. Keul, H. Reindell: Grundlagen zur Bewertung leistungsphysiologischer Anpassungsvorgänge. Dtsch. Med. Wschr. 99 (1974) 1372–1379

Kindermann, W., A. Schnabel: Möglichkeiten der aeroben und anaeroben Leistungsdiagnostik unter Laborbedingungen. Tagungsbericht: Neue Aspekte in der Leistungsmedizin. Graz 1980

Kjellmer, I.: On the competition between metabolic vasodilatation and neurogenic vasoconstriction in skeletal muscle. Acta Physiol. Scand. 63 (1965) 450–459

Klepzig, H., P. Frisch: Röntgenologische Herzvolumenbestimmung in Klinik und Praxis. Thieme, Stuttgart 1965

Kogi, K., E. A. Müller, W. Rohmert: Die relative Wirkung isometrischen und dynamischen Trainings auf die Ausdauer bei dynamischer Arbeit. Int. Z. angew. Physiol. 20 (1965) 465–481

Korner, P. I.: Circulatory adaptation in hypoxia. Physiol. Rev. 39 (1959) 687–730

Korner, P. I.: Integrative neural cardiovascular control. Physiol. Rev. 51 (1971) 312–367

Kraus, H., W. Raab: Krankheiten durch Bewegungsmangel. Barth, München 1964

Kraus, H., R. Kirsten, J. Wolff: Die Wirkung von Schwimm- und Lauftraining auf die zelluläre Funktion und Struktur des Muskels. Pflügers Arch. ges. Physiol. 308 (1969) 57–79

Kraut, H., E. A. Müller, H. Müller-Wecker: Die Abhängigkeit des Muskeltrainings und des Eiweißansatzes von der Eiweißaufnahme und vom Eiweißbestand des Körpers. Biochem. Z. 324 (1953) 280–294

Krogh, A., J. Lindhard: The regulation of respiration and circulation during the initial stages of muscular work. J. Physiol. (Lond.) 47 (1913) 112–127

Lamb, D. R.: Physiology of exercise. MacMillan, New York 1978

Lambertsen, C. J.: Underwater Physiology. Williams & Wilkins, Baltimore 1967

Lang, K., O. Ranke: Stoffwechsel und Ernährung. Springer, Berlin 1950

Lehninger, A. L.: Bioenergetik, 3. Aufl., Thieme, Stuttgart 1982

Liesen, H., W. Hollmann: Ausdauersport und Stoffwechsel. Hofmann, Schorndorf 1981

Lind, A. R., G. W. McNicol: Muscular factors which determine the cardiovascular responses to sustained and rhythmic exercise. Canad. Med. Ass. J. 96 (1967) 706–713

Lind, A. R., G. W. McNicol: Cardiovascular responses to holding and carrying weights by hand and by shoulder harness. J. Appl. Physiol. 25 (1968) 261–267

Lind, F.G.: Respiratory drive and breathing pattern during exercise in man. Acta Physiol. Scand. Suppl. 533 (1984) Linnarsson, D.: Dynamics of pulmonary gas exchange and heart rate changes at start and end of exercise. Act. Physiol. Scand. 425 (1974) 1−68

Linzbach, A. J.: Die Struktur und Funktion des gesunden und kranken Herzens. In: Die Funktionsdiagnostik des Herzens. 5. Freiburger Symposium. Springer, Berlin 1958

Liu, C. T., R. A. Huggins, H. E. Hoff: Mechanisms of intra-arterial K^+-induced cardiovascular and respiratory responses. Am. J. Physiol. 217 (1969) 969−973

Löffler, G., P. E. Petrides, L. Weiss, H. A. Harper: Physiologische Chemie, 2. Aufl. Springer, Berlin 1979

Loeschcke, H. H.: Homoiostase des arteriellen CO_2-Druckes und Anpassung der Lungenventilation an den Stoffwechsel als Leistungen eines Regelsystems. Klin. Wschr. 38 (1960) 366−376

Luft, U. C.: Aviation Physiology − the effects of altitude. In: Handbook of Physiology, Respiration II. American Physiological Society, Washington D. C. 1965

Lullies, H.: Peripherer Nerv. In: W. D. Keidel: Kurzgefaßtes Lehrbuch der Physiologie, 5. Aufl. Thieme, Stuttgart 1979

McHardy, G. J., N. L. Jones, E. J. M. Campbell: Graphical analysis of carbon dioxyde transport during exercise. Clin. Sci. 32 (1967) 289−297

McKerrow, C. B., A. B. otis: Oxygen cost of hyperventilation. J. Appl. Physiol. 9 (1956) 375−379

Mader, A., H. Liesen, H. Heck, H. Philippi, R. Rost, P. Schürch, W. Hollmann: Zur Beurteilung der sportartspezifischen Ausdauerfähigkeit im Labor. Sportarzt u. Sportmed. 27 (1976) 109−112

de Marées, H., K. Barbey: Veränderungen der peripheren Durchblutung durch Ausdauertraining. In: Verh. 24. Tagung Deutscher Sportärztebund Würzburg 1971, hrsg. von K. Stucke. Demeter, Gräfelfing 1973

de Marées, H.: Sportphysiologie, 6. Aufl., Tropon, Köln 1990

Margaria, R., H. T. Edwards, D. B. Dill: The possible mechanism of contracting and paying the oxygen debt and the role of lactic acid in muscular contraction. Am. J. Physiol. 106 (1933) 689−715

Mellerowicz, H.: Ergometrie. Urban & Schwarzenberg, München 1962

Mellerowicz, H.: Training. In: Zentrale The-men der Sportmedizin, Hrsg.: W. Hollmann. 3. Aufl., Berlin 1986

Meyerhoff, O., K. Lohmann: Über die Vorgänge bei der Muskelermüdung. Biochem. Z. 168 (1926) 128−165

Milvy, P.: The Marathon: Physiological, medical, epidemiological and psychological studies. Ann. N. Y. Acad. Sciences, Vol. 301. N. Y. Academy of Sciences, New York 1977

De Moor, I.: Individual differences in oxygen debt curves related to mechanical efficiency and sex. J. Appl. Physiol. 6 (1975) 440−466

Müller, E. A.: Ein Leistungspulsindex als Maß der Leistungsfähigkeit. Arbeitsphysiologie 14 (1950) 271−279

Müller, E. A.: Energieumsatz und Pulsfrequenz bei negativer Muskelarbeit. Arbeitsphysiologie 15 (1953) 196−202

Müller, E. A.: Regulation der Pulsfrequenz in der Erholungsphase nach ermüdender Muskelarbeit. Int. Z. angew. Physiol. 16 (1955a) 25−34

Müller, E. A.: Wirkungsgrad und Leistungsfähigkeit bei Arbeit mit dem Wadenmuskel. Int. Z. angew. Physiol. 16 (1955b) 35−43

Müller, E. A.: Die physische Ermüdung. In: Handbuch der gesamten Arbeitsmedizin, Bd. − (Hrsg.: E. W. Baader). Urban & Schwarzenberg, München 1961

Müller, E. A.: Physiological methods of increasing human physical work capacity. Ergonomics 8 (1965) 409−424

Müller, E. A., H. Franz: Energieverbrauchsmessungen bei beruflicher Arbeit mit einer verbesserten Respirationsgasuhr. Arbeitsphysiologie 14 (1952) 499−504

Müller, E. A., W. Rohmert: Die Geschwindigkeit der Muskelkraftzunahme bei isometrischem Training. Int. Z. angew. Physiol. 19 (1963) 403

Müller, E. A., K. Kogi: Die Arbeitspulsfrequenz als Indikator für langfristige Muskelermüdung. Int. Z. angew. Physiol. 20 (1965) 493−503

Müller, R. A., H. Michaelis, A. Müller: Der Energieaufwand für die Atmung beim Menschen. Arbeitsphysiologie 12 (1942) 192−196

Newsholme, E. A., C. Start: Regulation des Stoffwechsels. Chemie, Weinheim 1977

Novikoff, A. B., E. Holtzmann: Cells and Organells. Holt, Rinehart & Winston, New York 1970

Nicogossian, A. E,. C. L Huntoon, S. Pool: Space Physiology and Medicine, 2.Ed. Lea & Febiger, Philadelphia 1989

Norsk, P,.: Influence of low- and high-pressure baroreflexes on vasopressin release in humans. Act. endocr. 121 Suppl.1 (1989) 1−32

Opitz, E.: Über akute Hypoxie. Ergebn. Physiol. 44 (1941) 315−424

Oppelt, W.: Kleines Handbuch der Regelungstechnik, 5. Aufl. Chemie, Weinheim 1972

Osnes, J. B., L. Hermansen: Acid-base balance after maximal exercise of short duration. J. Appl. Physiol. 32 (1972) 59−63

Otis, A. E.: The work of breathing. In: Handbook of Physiol-ogy, Sect. 3, Vol. I. Am. Physiol. Soc., Washington, D. C. 1964

Pichotka, J.: Der Gesamtorganismus im Sauerstoffmangel. In: Handbuch der allgemeinen Pathologie. Bd. IV/2. Springer, Berlin 1957, S.497−568

Pichotka, J.: Stoffwechsel der Organismen. In: W. D. Keidel: Kurzgefaßtes Lehrbuch der Physiologie, 5. Aufl. Thieme, Stuttgart 1979

Powers, S.K., J. Lawler, S. Dodd, R. Tulley, G. Landry, K. Wheeler: Fluid replacement drinks during high intensity exercise: effects on minimizing exercise-induced disturbances. J.Appl. Physiol. 60 (1990) 54−60

di Prampero, E., R. Margaria: Relationship between O_2 consumption, high energy phosphates and the kinetics of the O_2 debt in exercise. Pflügers Arch. ges. Physiol. 304 (1968) 11−19

di Prampero, P.E.: Energetics of muscular exercise. Rev. Physiol. Biochem. Pharmacol. 89 (1981) 143−222

Precht, H., J. Christophersen, H. Hensel: Temperatur und Leben. Springer, Berlin 1955

Pugh, L., M. Gill, S. Lahiri, J. S. Milledge, M. Ward, J. West: Muscular exercise at great altitude. J. Appl. Physiol. 19 (1964) 431−440

Rahn, H., A. B. Otis: Alveolar air during simulated flights to high altitudes. Am. J. Physiol. 150 (1947) 202−221

Rahn, H., T. Yokoyama: Physiology of breath hold diving and the Ama of Japan. National Academy of Science, National Research Council, Washington 1965

Rapoport, S. M.: Medizinische Biochemie. VEB Volk und Gesundheit, Berlin 1965

Rasmussen, B., K. Klausen, J. P. Clausen, J. Trap-Jensen: Oxygen tension and saturation in venous blood from the working muscles before and after training. In: Physical Fitness, hrsg. von V. Seliger. Universita Karlova. Prag 1973.

Reichel, H.: Muskelphysiologie. Springer, Berlin 1960

Reichmann, H., H. Hoppeler, O. Mathieu-Costello, F.v. Bergen, D. Pette: Biochemical and ultrastructural changes of sceletal muscle mitochondria after chronic electrical stimulation in rabbits. Pflügers Arch. 404 (1985) 1−9

Reindell, H., K. König, H. Roskamm: Funktionsdiagnostik des gesunden und kranken Herzens. Thieme, Stuttgart 1967

Richardson, D. W., K. Wasserman, J. L. Patterson, Jr.: General and regional circulatory responses to change in blood pH and carbon dioxide tension. J. clin. Invest. 40 (1961) 31−43

Robinson, B. F., S. Epstein, G. Beiser, E. Braunwald: Control of heart rate by the automatic nervous system. Studies in man on the interrelation between baroreceptors mechanism and exercise. Circ. Res. 19 (1966) 400−411

Robinson, S.: Work capacity in acute exposure to altitude. J. Appl. Physiol. 21 (1966) 1168−1176

Röcker, L.: Der Einfluß körperlicher Aktivität auf das Blut. Zentrale Themen der Sportmedizin. 3. Aufl. (Hrsg.: W. Hollmann), Springer, Heidelberg 1986

Roskamm, H.: Grenzen und Altersabhängigkeit der Anpassung des Herzens an körperliche Belastung. In: Sport in unserer Welt − Chancen und Probleme. Springer, Berlin 1973

Roskamm, H., H. Reindell, M. Müller: Herzgröße und ergometrisch getestete Ausdauerleistungsfähigkeit bei Hochleistungssportlern aus 9 deutschen Nationalmannschaften. Z. Kreisl.-Forsch. 55 (1966) 2−14

Rowlands, D. J., D. E. Donald: Sympathetic vasoconstrictive responses during exercise or drug-induced vasodilatation. Circ. Res. 23 (1968) 45−60

Ruegg, J. C.: Mechanochemical energy coupling. In: Limiting factors of physical performance (Hrsg.: J. Keul). Thieme, Stuttgart 1973

Ruegg, J. C.: Muskel. In: R. F. Schmidt, G. Thews: Physiologie des Menschen, 23. Aufl. Springer, Berlin 1987

Ruff, S., H. Strughold: Grundriß der Luftfahrtmedizin. Barth, München 1957

Rulcker, C.: Influence of physical training and short time physical stress on colour fluid loss, pH, Adenosintri-phosphate and glycogen of gracilis muscle in pigs: An experimental study. Acta vet. Scand., Suppl. 24 (1968) 1–43

Rummel, I. A., E. L. Michel, C. A. Berry: Physiological response to exercise after space flight – Apollo 7 to Apollo 11. Aerospace Med. 44 (1973) 235–238

Rummel, I. A., C. F. Sawin, M. C. Buderer, D. G. Mauldin, E. L. Michel: Physiological response to exercise after space flight – Apollo 14 through Apollo 17. Aviat. Space Environ.Med. 46 (1975) 679–683

Rushmer, R. F., O. A. Smith Jr.: Cardiac control. Physiol. Rev. 39 (1959) 46–68

Saltin, B., A. P. Gagge, J. A. Stolwijtz: Muscle temperature during submaximal exercise in man. J. Appl. Physiol. 25 (1968) 679–688

Saltin, B., J. Henrikson, E. Nygaaro, P. Andersen: Fiber types and metabolic potentials of sceletal muscles in sedentary man and endurance runners. Ann. N. Y. Acad 301 (1977) 3–29

Sawin, C. F., S. A. Rummel, E. Michel: Instrumented personal exercise during long duration space flights. Aviat. Space Environ. Med. 46 (1975) 394–400

Schäfer, K.-E.: Atmung und Säure-Basen-Gleichgewicht bei langdauerndem Aufenthalt in 3% CO_2. Pflügers Arch. ges. Physiol. 251 (1949) 689–715

Scher, A. M., A. C. Young: Servoanalysis of carotic sinus reflex effects on peripheral resistance. Circ. Res. 12 (1963) 152–162

Scherrer, J.: Physiologie du travail, Bd.1 u. 2, Masson, Paris 1967

Schmidt, R. F.: Grundriß der Neurophysiologie, 3. Aufl. Springer, Berlin 1974

Schmidt, R. F., G. Thews: Einführung in die Physiologie des Menschen, 23. Aufl. Springer, Berlin 1987

Schmidtke, H.: Die Ermüdung. Huber, Bern 1965

Schmidtke, H.: Ergonomie I und II. Hauser, München 1973 u. 1974

Schneider, E. G., S. Robinson, J. L. Newton: Oxygen debt in aerobic work. J. Appl. Physiol. 25 (1968) 56–62

Schneider, M.: Einführung in die Physiologie des Menschen, 16. Aufl. Springer, Berlin 1971

Schoedel, W.: Alveolarluft. Ergebn. Physiol. 39 (1937) 450–488

Seliger, V.: Physical Fitness. Universita Karlova, Prag 1973

Shephard, R. J.: The maximum sustained voluntary ventilation in exercise. Clin. Sci. 32 (1967) 167–176

Simonson, E.: Physiology of Work Capacity and Fatigue. Thomas, Springfield/III. 1971

Sjöstrand, T.: Volume and distribution of blood and their significance in regulating the circulation. Physiol. Rev. 33 (1953) 202–228

van Slyke, D. D., J. Sendroy, Jr., A. B. Hastings, J. M. Neill: Studies of gas and electrolyte equilibria in blood. X. The solubility of carbon dioxide at 38° in mater, salt solution, serum and blood cells. J. biol. Chem. 78 (1928) 765–799

Smirnov, K. M.: Sportphysiologie. VEB Volk und Gesundheit, Berlin 1973

Smith, J. J., J. P. Kampine: Circulatory physiology – the essentials. William & Wilkins, Baltimore 1980

Stebbins, C.L. B. Brown, D. Levin, J. Longhurst: Reflex effect of sceletal muscle mechanoreceptor on the cardiovascular system. J. Appl. Physiol. 65 (1988) 1539–1547

Stegemann, J.: Der Einfluß sinusförmiger Druckänderungen im isolierten Karotissinus auf Blutdruck und Pulsfrequenz beim Hund. Verh. dtsch. Ges. Kreisl.-Forsch. 23 (1957) 392–395

Stegemann, J.: Zum Mechanismus der Pulsfrequenzeinstellung durch den Stoffwechsel I, II, III, IV. Pflügers Arch. ges. Physiol. 276 (1963) 481–537

Stegemann, J.: Zur kausalen Beziehung zwischen Muskelstoffwechsel, Pulsfrequenz und Leistungsfähigkeit. Ergonomics 2 (1964) 23–28

Stegemann, J.: Der Einfluß von Kohlendioxiddrucken auf das interstitielle pH des isolierten Rattendiaphragmas. Pflügers Arch. ges. Physiol. 279 (1964) 35–49

Stegemann, J.: Rechnergesteuerte Spiroergometrie nach der Methode der Einzelatemzuganalyse. Sportarzt u. Sportmedizin 27 (1976) 1–7

Stegemann, J., D. Böning: Die Wirkung erhöhter Metabolitkonzentrationen im Muskel auf die Ventilation. Pflügers Arch. ges. Physiol. 294 (1967) 214–226

Stegemann, J., K. Geisen: Zur regeltheoretischen Analyse des Blutkreislaufes IV. Pflügers Arch. ges. Physiol. 287 (1966) 276–285

Stegemann, J., K. W. Heinrich: Studien über den respiratorischen Totraum bei körperlicher Arbeit und bei künstlicher Beatmung. Westdeutscher Verlag, Köln 1967

Stegemann, J., T. Kenner: A theory on heart rate control by muscular metabolic receptors. Arch. Kreisl.-Forsch. 64 (1971) 185–214

Stegemann, J., M. Maggio: Die additive Wirkung der Führungsgrößen Hypoxämie und Muskelleistung auf die Regulierung des Kreislaufs. Pflügers Arch. ges. Physiol. 265 (1958) 541–549

Stegemann, J., H. Müller-Bütow: Zur regeltheoretischen Analyse des Blutkreislaufes I. Pflügers Arch. ges. Physiol. 287 (1966) 249–256

Stegemann, J., U. Tibes: Sinusoidal stimulation of carotid sinus baroreceptors and peripheral blood pressure in dogs. Ann. N. Y. Acad. Sci. 156 (1969) 787–792

Stegemann, J., U. Tibes: Die Veränderungen der Herzfrequenz beim Tauchen und Atemanhalten nach körperlicher Anstrengung. Pflügers Arch. 308 (1969) 16–24

Stegemann, J., A. Busert, D. Brock: Influence of fitness on the blood pressure control system in man. Aerospace Med. 45 (1974) 45–48

Stegemann, J., H. Framing, M. Schiefeling: Der Einfluß einer mehrstündigen Immersion auf Leistungsfähigkeit, Blutdruck und Pulsfrequenzverhalten. Pflügers Arch. ges. Physiol. 312 (1969) 129–138

Stegemann, J., H.-V. Ulmer, D. Böning: Auslösung peripherer neurogener Atmungs- und Kreislaufantriebe durch Erhöhung des CO_2-Druckes in größeren Muskelgruppen. Pflügers Arch. ges. Physiol. 293 (1967) 155–164

Stegemann, J., H.-V. Ulmer, K. W. Heinrich: Die Beziehung zwischen Kraft und Kraftempfindung als Ursache für die Wahl energetisch ungünstiger Tretfrequenzen beim Radsport. Int. Z. angew. Physiol. 25 (1968) 224–234

Stegemann, J., P. Seez, W. Kremer, D. Böning: A mathematical model of the ventilatory control system to carbon dioxide with special reference to athletes and nonathletes. Pflügers Arch. 356 (1975) 223–236

Stegemann, J., U. Meier, W. Skipka, H. Hartlieb, B. Hemmer, U. Tibes: Effect of a multi-hour-immersion with intermittent exercise on urinary excretion and tilt table tolerance in athletes and nonathletes. Aviat. Space Environ. Med. 46 (1975) 26–29

Stegemann, J., D. Eßfeld, U. Hoffmann: Effects of a 7-day head-down-tilt ($-6°$) on the dynamics of oxygen uptake and heart rate adjustment in upright exercise. Aviat. Space Environ. Med. 56 (1985) 410–414

Stein, E.: Erkrankungen im Bereich des peripheren Kreislaufes. In: R. Groß, H. Jahn: Lehrbuch der inneren Medizin. Schattauer, Stuttgart 1966

Stenberg, J., B. Ekblom, R. Messin: Hemodynamic response to work at simulated altitude. J. Appl. Physiol. 21 (1966) 1589–1594

Strydom, N. B., C. H. Wyndham, C. G. Williams, J.F.Morrison, G. A. G. Bredell, A. J. S. Benade, M. v. Rahden: Acclimatization to humid heat and the role of physical conditioning. J. Appl. Physiol. 21 (1966) 636–642

Suutarinen, T.: Cardiovascular response to changes in arterial carbon dioxide tension. Acta Physiol. Scand. 67, Suppl. 266 (1966) 1–76

Ten Harkel, A. D., J.J. van Lieshout, E.J. van Lieshout, W. Wieling: Assessment of cardiovascular reflexes: influence of posture and period of preceding rest. J. Appl. Physiol 68, (1990) 147–153

Thauer, R.: Physiologie und Pathophysiologie der Auskühlung im Wasser. In: Überleben auf See, Symposium Kiel (1965) 25–43

Thews, G.: Atemtransport und Säure-Basen-Status des Blutes. In: Schmidt, R. F. , G. Thews: Physiologie des Menschen, 20. Aufl. Springer, Berlin 1980

Thews, G.: Lungenatmung. In: Schmidt, R. F., G. Thews: Physiologie des Menschen, 20. Aufl. Springer, Berlin 1980

Thimm, F., M. Carvalho, M. Babka: Changes

in pulse rate mediated by metabolic muscle receptors on rat hind leg isolated except for nerve connections. Proc. int. U. Physiol. Sci. 14 (1980) 743

Thörner, W.: Biologische Grundlagen der Leibeserziehung. Dümmler, Bonn 1959.

Tibes, U., J. Stegemann: Das Verhalten der endexspiratorischen Atemgasdrucke, der O_2-Aufnahme und CO_2-Abgabe nach einfacher Apnoe im Wasser, an Land und apnoischem Tauchen. Pflügers Arch. 311 (1969) 300−311

Tibes, U., B. Hemmer, U. Schweigart, D. Böning, D. Fortescu: Exercise acidosis as cause of electrolyte changes in femoral venous blood of trained and untrained men. Pflügers Arch. ges. Physiol. 347 (1974) 145−158

Tibes U.: Reflex inputs of the cardiovascular and respiratory centers from dynamically working canine muscles. Circ. Res. 42 (1977) 332−341

Ulrich, K. J.: Wasserhaushalt. In: W. D. Keidel: Kurzgefaßtes Lehrbuch der Physiologie, 5. Aufl. Thieme, Stuttgart 1979

Ulmer, H.-V.: Zur Methodik, Standardisierung und Auswertung von Tests für die Prüfung der körperlichen Leistungsfähigkeit. Deutscher Ärzteverlag, Köln 1975

Varnauskas, E., P. Björntorp, M. Fahlén, I. Prekovsky, J. Stenberg: Effects of physical training on exercise blood flow and enzymatic activity in skeletal muscle. Cardiovasc. Res. 4 (1970) 418−422

Vøllestad, N.K., P.C.S. Blom, O. Grønnerød: Resynthesis of glycogen in different muscle fiber types after prolonged exhaustive exercise in man. Acta Physiol.Scand. 137 (989) 15−21

Wasserman, K., G. G. Burton, A. L. v. Kessel: Excess lactate concept and oxygen debt of exercise. J. Appl. Physiol. 20 (1965) 1299−1306

Wasserman, K., B.J. Whipp, R. Casaburi: Respiratory control during exercise: Handbook of Physiology, Am. Physiol. Soc. II (1986) 559−619

Weber, H. H.: Die Rolle des Adenosintriphosphates und die Kontraktions-und Erschlaffungsphase der Bewegungen von Muskeln und Zellen. Nova Acta Leopoldina, N. F. 25 (1962) 1−24

Weber, H. H., H. Portzehl: Kontraktion, ATP-Zyklus und fibrilläre Proteine des Muskels. Ergebn. Physiol. 47 (1952) 369−468

Wenzel, H. G.: Die Wirkung des Klimas auf den arbeitenden Menschen. In: Handbuch der gesamten Arbeitsmedizin. Bd.I, Arbeitsphysiologie. Urban & Schwarzenberg, München 1961

West, J. B.: Human physiology at extreme altitudes on Mount Everest. Science 223 (1984) 784−788

Wildenthal, K., D. S. Mierzwiak, N. S. Skinner, Jr., J. H. Mitchell: Potassium- induced cardiovascular and ventilatory reflexes from the dog hindlimb. Am. J. Physiol. 215 (1968) 542−548

Wyndham, C. H., N. B. Strydom, J. F. Morrison, C.G.Williams, A. C. Bredell, J. Peter: Fatigue of the sweat gland response. J. Appl. Physiol. 21 (1966) 107−110

Sachverzeichnis

A

A-Alpha-Fasern 85, 88f
A-Bande 18
Abnutzungserkrankungen 252
Absoluter Nullpunkt 27
Absorptionszahl 203
Abwehrreflexe 103
Acetyl s. Azetyl
Adaptation, Ortszeitverschiebung 255
Adenosindiphosphat s. ADP
Adenosinmonophosphat s. AMP
Adenosintriphosphat s. ATP
ADH (antidiuretisches Hormon = Adiuretin), Ausschüttung, adäquater Reiz
– – – – Blutvolumenzunahme 134f, 217
– – – – osmotischer Druck 134f, 217
– – Rezeptoren 135, 217
– Schwerelosigkeit 226
– – Ursachen 135f
– Bildung und Transport 217
– Einstellzeit 135f
– Niere 135f
– Wirkungszeit 135f
Adiadochokinese 98
Adiuretin s. ADH 134
ADP (Adenosindiphosphat) 33ff, 47

Adrenalin 85, 106, 256
Adrenerge Übertragung, Sympathikus 106f
– Synapse 85
Aerobe Energiegewinnung 36ff
– – Wirkungsgrad 43
– Kapazität 259ff
– Leistungsfähigkeit, Training 303ff
– Schwelle 268ff
– – Training 268ff
Afferente Leitung 83
A-Gamma-Fasern 85, 88
Akklimatisation (s. auch Höhenakklimatisation), Behaglichkeitsgefühl 212f
– Schweißsekretion 209ff
– – Salzkonzentration 213ff
Akkordarbeit 253
Aktinfilamente 16, 20
Aktinmolekül 21
Aktionspotential 14, 17, 24f
Aktionsstromfrequenz 25, 84
Aktivierte Essigsäure (s. auch Azetyl-CoA) 40f
Aktomyosinkomplex 20f
Alaktazide O_2-Schuld 52f
Albumin 152
Aldosteron 136
– ATP-Restitution 230f
– Einstellzeit 136
– Immersion 227ff
– Leistungsfähigkeit 229
– Na-K-Haushalt 34, 136, 229ff

– Niere 229ff
– Schwerelosigkeit 226
– Wirkung 136
– Wirkungsmechanismus 229f
– Zellstoffwechsel 227ff
– Zitratzyklus 230
Alkaliionen (Na^+ und K^+) 12f
Alkalische Lösung, Definition 162f
Alkalose, metabolische 164f
– pH-Wert 162ff
– respiratorische 165f
Alles-oder-nichts-Regel, Muskelfasermembran 24
Allosterische Enzyme 31
– Kontrolle, Energiegewinnung 46
Allosterischer Regelkreis 31
– – negative Rückkoppelung 31
– – positive Rückkoppelung 31
Alpha-(α-)Motoneurone 85
Alveoläre Gaskonzentration, Ursachen für Schwankungen 172f
– Ventilation, Berechnung 174f
– – Definition 175f
Alveolärer pCO_2, Exspirationsphase 173
– – Inspirationsphase 172
– Wirkungsgrad 176f
– – Leistung 176

Aminosäuren, essentielle 75
– Oxidation 73
– Proteine 75 f
AMP (Adenosinmono-phosphat) 34, 47
Ampholytcharakter, Definition 152
Anabolie 32
Anabolika s. Doping
Anaerobe Energie-gewinnung 35 ff
– – Wirkungsgrad 36
– Schwelle 269 f
– – Training 269 f
Anastomose, arteriove-nöse 131
Androgene 299 ff
Anfangsdepolarisation (lokale Erregung) 14
Anspannungszeit 114 ff
Antidiuretisches Hormon 134 ff, 217, 226
Aortendruck 116
Aortenrezeptoren 124 f
Apnoezeit, maximale 239
Apnoisches Tauchen 235 ff
– – Kreislaufreflexe 239 ff
– – maximale Tiefe 236
– – – Zeit 239
Äquivalent, kalorisches 57 ff
Arbeit (Kraft × Weg) 2, 3, 10, 64
– Atemarbeit 168 f
– Blutdruck 142
– Blutverteilung 136, 138
– Dehnungsarbeit 8 f
– dynamische 117
– erschöpfende 144, 146
– H+-Konzentration 139
– Herzfrequenz 143 ff
– Herzfrequenzsteue-rung 144 ff
– Herzminutenvolumen 143

– Kurve 251
– Laktat 54, 166
– Muskeltemperatur 157 f
– Pausengestaltung 275
– Sauerstoffaufnahme 50 f
– statische 279 f
– Sympathikotonus 106
– unterhalb Ausdauer-grenze 144 f
– Wärmeabgabe 209 f
– Wirkungsgrad 62 ff
Arbeitsgestaltung 287 ff
Arbeitshygiene 3
Arbeitsmedizin 3
Arbeitsphysiologie 1 ff
– Akkordarbeit 253
– Arbeitsgestaltung 287 ff
– Arbeitsplatz, Faktoren 253 f
– Arbeitsplatzgestal-tung, optimale 287 f
– Arbeitswelt 292
– chronische Über-belastung 253 f
– Dauerleistung 253
– langes Stehen und Sit-zen, Gefahren 133 f
– Leistungsfähigkeit, Tageszeit 254 f
– „life time efficiency" 252 f
– Monotonie 285
– Muskelarbeit, Wirt-schaftlichkeit 287
– Pausengestaltung, optimale 275 f
– psychophysischer Bereich 3
– Streßfaktoren, Gesundheit 292 f
– Tagesperiodik 254 f
– Technik 4, 291 f
– Wirtschaftswissen-schaft 5
– zentrale Ermüdung 281 f
Arbeitsplatz 253 f, 287 f

Arbeitspsychologie, Lei-stungsbereitschaft 254 f
Arbeitspulsfrequenz, Einstellung 147 ff
Arbeitspulssumme 145
Arbeitsumsatz 64, 206
Arbeitswissenschaft, Aufgaben 287 f
Arrhytmie, Herz 111 f
Arteria carotis, Rezeptor 124, 126
Arterialisiertes Blut, De-finition 268
Arterieller Mitteldruck, Sauerstoffaufnahme (Arbeit) 140
Arterielles System 108 ff
– – Druck- und Volu-menverhältnisse 119 f
– – Funktionen 120 ff
– – morphologische Eigenschaften 119
– – peripherer Gesamt-widerstand 120
Arteriolen, Funktion 119
Arteriovenöse Anasto-mose (AVA) 131
– Differenz (AVD), Aufnahme, Arbeit 131 f
– – Ausdauertraining 310 f
– – Berechnung für O_2 (Fick-Prinzip) 310, 166 f
– – in Ruhe 311
– – Kapillarisierung 308 ff
– maximale Belastung 312
– – Muskeldurchblu-tung 166 f
– – O_2-Aufnahme 259
Ataxie 98
Atemantrieb, neuroge-ner 183 ff
– O_2-Mangel 181
– pCO_2 177, 179
– pH-Senkung 181

Atemantrieb
– Rezeptoren 180ff, 185
– stärkster 183f
Atemantwortskurve,
   Ausdauertraining 320
Atemäquivalent 183f
Atemarbeit, Sauerstoff-
   verbrauch bei Arbeit
   169f
– – in Ruhe 168f
– Wirkungsgrad 170
Atemform, Definition
   184
– Einstellung 184
– Reflexbogen 184
Atemfrequenz, Aus-
   dauertraining 320f
Atemluftschrumpfung,
   Berechnung 330
Atemmechanik 181ff
Atemmittellage 172
Atemmuskulatur, Auf-
   gaben 169
– Sauerstoffverbrauch
   170
– Wirkungsgrad 170
Atemzentrum, Auto-
   rhythmie 184
Atemzugvolumen, Aus-
   dauertraining 320
– maximales (Vitalkapa-
   zität) 171ff
– normales 171f
Atmung, äußere 154
– Einzelatemzuganalyse
   332ff
– Mechanik 181ff
– Ökonomie, alveolärer
   Wirkungsgrad 176f
– – Atemarbeit 169
– – höherer Leistungs-
   bereich 183f
– Regelung 177ff
– – Schema 178
Atmungskette, oxidative
   Phosphorylierung 40ff
– Prinzip 41
ATP (Adenosintriphos-
   phat), Arbeit 52
– Aufgaben 33
– Energiegehalt 34

– Hydrolyse, Definition
   33
– Konzentration 33
– – allosterische Kon-
   trolle und Rege-
   lung 47f
– Restitution 230f
– – aerobe 43
– – Aldosteron 227ff
– – anaerobe 36
– – Kreatinphosphat 35
– Spaltung 34
– – ATPasen (Ca-, K-,
   Na-) 34
– Vorrat 33, 35
Atrionatriuretischer Fak-
   tor (ANF) 134f
Atrioventrikularknoten
   110f
– Ausdauertraining 317f
Atrium (Vorkammer)
   108, 113
Ausdauergrenze, Dauer-
   leistungsgrenze 252f
Ausdauerleistung, Er-
   nährung 78ff
Ausdauertraining, aero-
   ber Muskelstoffwech-
   sel 311f
arteriovenöse Differenz
   310f
– Atemantwortskurve
   320
– Atemfrequenz 320
– Aufbau 303
– Blutdruck 317ff
– Blutvolumen 134, 316f
– Einfluß auf Atemform
   184
– Elektrolytkonzentra-
   tion 320f
– Enzymaktivität 307f
– Enzymbesatz 305, 308
– Glykogenkonzentra-
   tion 305ff
– Grundlagen 303ff
– Herz, Förderkapazität
   312ff
– – Mitochondrien 314
– – Wirkungen 312,
   313

– Herzfrequenz 317f
– Höhe 316
– Ionenkonzentration
   320f
– Kapillarisierung 308ff
– Kohlendioxidantworts-
   kurve 320
– Laktatoxidation, Herz
   313f
– Laktatproduktion 320f
– maximale Durchblu-
   tung 311
– maximales HMV 316f
– – O_2-Steady-state 311
– Mineralhaushalt 320f
– Mitochondrien 308
– Muskelfaser 307f
– Muskelstruktur 304f
– O_2-Bindungskurve
   303ff, 321
– Pufferung 320f
– Ruhedurchblutung 311
– Säure-Basen-Gleichge-
   wicht 320f
– Sinusknoten 317ff
– Sympathikotonus 310,
   318, 320
– vegetative Funktionen
   317ff
– Vorhofrezeptoren 316f
– zelluläre Funktion
   303f
Ausschöpfung, periphere
   259f
Äußere Atmung 154
Austreibungszeit 114ff
Auswärtsfiltration 132
Autogenes Training 103
Automatisierte Leistung
   254
Autonom geschützte Re-
   serven 255
Autonomes Nervensy-
   stem s. Nervensystem
Autoregulation, Gefäß-
   muskeln 137
Autorhythmie, inspirato-
   rische und exspiratori-
   sche Neurone 184
Auxotonische Kontrak-
   tion 9f

AVA s. arteriovenöse
    Anastomose
AVD s. arteriovenöse
    Differenz
AVD-O$_2$ s. arteriovenöse
    Differenz
AV-Knoten (Atrioventri-
    kularknoten) 110 f,
    317 f
Axon (Achsenzylinder,
    Neurit), Aufbau 83
Axonmembran 83
Azetyl 40
Azetylcholin 22, 106, 111
– Herzmuskel 110 f
Azetyl-Koenzym A
    (Azetyl-CoA, akti-
    vierte Essigsäure) 40 f
Azidose, akute respirato-
    rische 165
– Ausdauertraining 320 f
– metabolische 164 f
– – Kompensation 165
– – nicht kompensierte
    165
– pH-Wert 162 ff
– respiratorische 164 f

B

Bahnen, extrapyramidale
    96 f
– nichtpyramidale 96 f
– – Aufgaben 96
– – Ursprung und Ver-
    lauf 96
Bainbridge-Reflex 147
Barotrauma, Tauchen
    235 f, 243, 249 f
Basalmembran 130
Base excess (BE = Ba-
    senüberschuß) 165 f
Bathmotropie 111
BE (Base excess) 165 f
Behaglichkeitstempera-
    tur (s. auch Indiffe-
    renztemperatur), Defi-
    nition 211
– körperliche Arbeit 211

Behaviour-Thermoregu-
    lation 212
Bergkrankheit s. Höhen-
    krankheit
Beschleunigung, Makula
    und Kupula 99 f
Beschleunigungsarbeit,
    Herz 117 f
Beta-(β-)Oxidation 44
Betriebsstoffwechsel 73
– notwendiges Mini-
    mum, Fett 73
– – – Kohlenhydrate 73
Bewegungsfertigkeit 104
Bewegungsgestaltung,
    optimale 287 ff
– psychophysiologische
    Beeinflussung 287 ff
Bewegungsmangel, Risi-
    ken 252
Bewegungsökonomie, in-
    tuitive, Laufen 288 f
– – Radfahren 287 f
Bezold-Jarisch-Reflex
    242
Bikarbonatpuffer 163 ff
Bilanzminimum (Min-
    destzufuhr), Eiweiß 75
Biologische Energieüber-
    tragung 28 f
– Regelung (Kyberne-
    tik) 322
– Wertigkeit für Eiweiß
    76
Biosynthese 32
Blackout, Tauchen 242
Blut, arterialisiertes, De-
    finition 268
– Aufgaben 151 ff
– Eiweiße 152
– Glukosekonzentration
    78, 166, 268 f
– pH-Wert, Alkalose
    162 f
– – Azidose 165
– – normaler 160
– – Sauerstoffbindungs-
    kurve 321 f
– Sauerstoffkapazität
    191 ff

– Wärmekapazität 166
Blutdepot, zentrales
    223 f
Blutdruck 119 ff
– Altersabhängigkeit
    128 f
– arterielles und venöses
    System 119 f
– Ausdauertraining
    317 ff
– Effektoren 124
– Hochtrainierte 127
– Hypertonie 127 f
– körperliche Arbeit 142
– mittlerer, Arbeit 136 f
– Regelung, Druckabfall
    126 f
– – Prinzip 122 f
– Rezeptoren 122 ff
– Ruhe 128 f
– statische Haltearbeit
    142
– störende Einfluß-
    größen 123 f
Blutdruckamplitude 119
– Immersion 232 f
Blutdruckregelkreis,
    Ausdauertraining
    126 ff
– Effektivität 126 f
– Eigenschaften 125 ff
– Erforschungsmetho-
    den 125 ff
– PD-Regler 318
– Rezeptorfelder 124 f
Blutfarbstoff, roter, s.
    Hämoglobin
Bluthochdruck, schäd-
    liche Wirkung 127
Blutkreislauf, arterielles
    System 108 ff
– Aufgaben 108
– Niederdrucksystem
    108
– schematische Darstel-
    lung 109
Blutplasma 152
– Ionenverteilung 214
Blutplättchen (Thrombo-
    zyten) 152 f

Blutverschiebung, Lage-
veränderung 223 ff
Blutvolumen, ADH 209
– Ausdauertraining 134,
316 f
– Erhöhung, Ursache
316 f
– Höhe 191 ff
– Niere 134 ff
– Regelung 134 ff
– – Schema 134
– Rezeptoren, Einstell-
zeit 135
– – Empfindlichkeit
und Training 316
– – Wirkung 134 ff
– Störgrößen 134
– Trainierter 227
– Verteilung 120
Blutzellen 152 f
Bode-Diagramm 266,
327
Bogengänge 100 f
Bohr-Effekt 155
Bohr-Formel 174 f
Boyle-Marionette-Gesetz
234 f
Bradykardie, Tauchen
239 f
Breitensport 6
– Life-time-Sportart 6
– Roux-Regel 6
Brennwert, Nährstoffe,
physikalischer 72 f
– – physiologischer 73
Brenztraubensäure
(s. auch Pyruvat) 37
Brustfell (Pleura parie-
talis) 168 f
Bruttowirkungsgrad 64,
66
BTPS-Bedingungen 175
Bunsen-Absorptionsko-
effizient 159, 235

C

Ca^{2+}-Ionen s. Kalziumionen

Ca^{2+}-Pumpe s. Kalzium-
pumpe
Caisson-Krankheit 244 f
– Therapie 245
Carotis (s. auch Karotis)
communis, Rezeptor
124
Cerebellum (Kleinhirn)
s. Zerebellum
Chemische Koppelung
28
Cholin 22
Cholinerge Synapse 22,
85
– – Umschaltung, Para-
sympathikus 106 f
Cholinesterase 22
Chronotropie 111
CO$_2$ s. Kohlendioxid
Coenzym A (CoA) s.
Koenzym A
Cristae 39
Cupula s. Kupula

D

Dauerleistungsfähigkeit
252 f
Dauerleistungsgrenze
252 f
– Bestimmung 257 ff
– Definition 144
– Herzfrequenz 146
– Klima 209
– Sauerstoffpuls 273
– statische Haltearbeit
146, 279 f
Dehnungsarbeit 8 f
Delta-Faser 85
Depolarisation 14
Diastole 113
Diffusion 131
2,3-Diphosphoglyzerat s.
DPG
Dissoziationskonstante
K′, scheinbare 159
Doping 256, 299 ff
– Auswirkungen 302
– Testosteron 299 ff

– – Unfruchtbarkeit
301
Douglas-Sack 328 ff
2,3-DPG (Diphospho-
glyzerat) 157 f
– Höhe 189 ff
– Höhenakklimatisation
191 ff
– O$_2$-Bindungskurve
154 ff
Drehbeschleunigung,
Kupulaorgane 100
Dromotropie 111
Druck, Definition 109
– im Körper, hydrody-
namischer 215
– – hydrostatischer
215, 223
– – onkotischer 132 f,
215
– – osmotischer 215 f
– transmuraler 126 f
Druckabfallkrankheit
(Caisson-Krankheit)
244 f
Druck-Volumen-Arbeit,
Herz 117
Ductus thoracicus 132
Durchblutung, Arbeit
136 ff
– maximale 310 f
– Muskel, in Ruhe 311
– Sauerstoffdruck 148 ff
– statische Haltearbeit
279
– Sympathikus 104 f
Durchblutungsregler, ad-
äquater Reiz 138 f
Durstgefühl, osmotischer
Druck 136
– Rezeptor 217
– Ursache 217
Dynamische Arbeit,
Herzförderleistung 117
Dynamisches Stereotyp
102

E

Early lactate 48, 54
Effektivtemperatur 200 f
– Dauerleistungsgrenze
  209
Efferente Leitung 83
Eigenreflex (monosynap-
  tischer Reflex) 84, 87
– physiologische Bedeu-
  tung 91
Eigenreflexbogen 87
Einsatzreserven 254 f
Einzelatemzuganalyse
  183, 332
– apparative Verzöge-
  rungszeit (Delay) 337
– Atemzugdauer 337 f
– Bedeutung 53
– Berechnung 337 ff
– Ergebnisse, Off-line-
  Darstellung 340 f
– Gasdrücke, Vorgabe
  bzw. Bestimmung
  339 f
– Leistungseinstellung
  340
– Meßergebnisse 183,
  340 f
– Messung 337 f
– Meßwerteichung 336
– Störfaktoren 53
Einzelwiderstand, Arte-
  rien 120
Einzelzuckung 24 f
Eiweiß, Aminosäuren
  74 f
– Bedarf 74 ff
– – Training 299
– – körperliche Arbeit
  76
– Bilanzminimum (Min-
  destzufuhr) 75
– – Kraft, Hochlei-
  stungssportler 76
– – nach Krankheit 76
– – Säugling 75
– – Urlaub 76
– biologische Wertigkeit
  76
– Blut 152

– Brennwert 73
– Harnstoff 58
– kalorisches Äquivalent
  des O_2 57
– Körperflüssigkeit
  213 ff
– Mangel, Folgen 132
– Oxidation von Protei-
  nen 45
– Umsatz 75
EKG s. Elektrokardio-
  gramm
Elastizität, Definition 8
Elektrokardiogramm
  111 f
– Ableitungen 111 f
– Aufgaben für Lei-
  stungsphysiologie 112
– Deutung 112 f
– typische Form 112 f
Elektrolytkonzentration,
  Ausdauertraining 320 f
– Immersion 227
Elektromechanische
  Koppelung, Grundla-
  gen 24
Elektromyogramm 24
Elektronentransport 41,
  42
Emissionszahl 293
Endkraft, Muskel 296
Endolymphe 100
Endplatte, motorische
  22, 24, 84
Endstrombahn (Mikro-
  zirkulation) 129 ff
Energie, Definition 26
– freie 23, 36, 43
– kinetische 26
– potentielle 26
Energiebedarf s. Ener-
  gieumsatz
Energiebereitstellung (s.
  auch Energiegewin-
  nung), ATP und KrP
  34 f
Energiedefizit, Herz,
  Folgen 312 f
Energieformen 26 f
Energiegewinnung,

  aerobe (oxidative)
  36 ff
– – allosterische Kon-
  trolle 46
– – Atmungskette 40 ff
– – Reaktionsgleichung
  43
– – Wirkungsgrad 43
– – Zitratzyklus 40 f
– anaerobe (Glykolyse)
  35 ff
– – allosterische Kon-
  trolle 46 f
– – initiale Laktatbil-
  dung 48
– – Prinzip 38 ff
– – Wirkungsgrad 36
– extrazelluläre 47 f
– Fette 43 ff
– Glukose, stöchiometri-
  sche und energetische
  Bilanz 40 ff
– Glykogen 49 ff
– intrazelluläre 47 f
– Mitochondrien 38 ff
– Regelung und Steue-
  rung 45 ff
– Zitratzyklus und
  Atmungskette 40 ff
Energiereiche Verbin-
  dungen, Wiederaufbau
  33 ff
Energietransformation
  (s. auch biologische
  Energieübertragung)
  26, 29
Energieumsatz, Arbeits-
  umsatz 60 ff
– Gesamtumsatz 61
– Grundumsatz 60
– maximaler 69
– Ruheumsatz 61
– Schwimmen 249 f
– Sport 68
Energieumsatzmessung
  56 ff
– geschlossene Systeme
  56, 332
– – – Knipping-Spiro-
  meter 332 f

Energieumsatzmessung,
geschlossene Systeme
– – – Krogh-Spirometer
332 f
– – – Probleme 332
– Methoden 327 ff
– offene Systeme 328 ff
– – – Douglas-Sack
328 f
– – – Fehlerquellen 330
– – – Respirations-
gasuhr 330 f
Entropie 26 f
Entzündung, sterile 310
Entzündungszeichen 310
Enzyme, allosterische
31 f
– ATPasen (Ca-, Na,
K-) 34
– Ausdauertraining 307 f
– Bezeichnung 30
– biologische Oxidation
30
– Cholinesterase 22
– Definition 30
– Funktionen 30
– Herztraining 313 f   ·
– Karboanhydrase 160
– Kreatinphosphokinase
34
– phasische Muskeln
304 f
– Phosphofruktokinase
47
– Schlüsselenzyme 31
– tonische Muskeln 304 f
– Wirkungsmechanismus
31
Enzymketten 31
Enzymkonzentration 32
Epithelzelle, Schema 230
EPS s. Erholungspuls-
summe
Ergometer 62
– Fahrradergometer 62
– Kurbelergometer 63
– Tretbahn 63
Ergonomie s. Arbeits-
wissenschaft
Ergotropes System 106

Erholungsgrad 55
– Faktoren 275
Erholungspulssumme
(EPS)
– Bestimmung 272 f
– Leistungsfähigkeit 272
– Pausengestaltung,
optimale 269 f, 275 ff
Erholungszeit 188
Erholungszuschlag, stati-
sche Haltearbeit 278 f
Ermüdung (s. auch Mus-
kelermüdung), stati-
sche Haltearbeit 278 ff
– zentrale, Auswirkun-
gen 281
– – Ursache 281
Ermüdungsgrad 55, 274 f
Ermüdungsrückstand 55
Ernährung, Grundlagen
70 ff
– Nährstoffe 70
– sportliche Ausdauer-
leistung 78 ff
– Vitamine und Spuren-
elemente 77 ff
Erregung, Ablauf 22 f
– allgemeine Grundla-
gen 11 f
– fortgeleitete 14, 24, 85
– Funktion 11
– – Synapsen 84 f
– lokale 14
– Skelettmuskel 22 ff
– Strömchentheorie 14
– Überträgerstoff
(Transmitter) 22
– unterschwellige 14
Erregungsausbreitung,
saltatorische 83 f
Erregungsmechanismus,
Herzmuskel 110 f
Erschlaffungszeit 114 ff,
116
Erträglichkeitsgrenze,
Wasser 246
Erythropoese 316 f
Erythrozyten 152 ff
– Anzahl, geschlechts-
spezifische 152

– – Höhenakklimatisa-
tion, Grenze 195
– Aufbau 152
– Eigenschaften 152
– Höhenakklimatisation
191 ff
– Ionenzusammenset-
zung 159 f
– Kohlendioxidtransport
158 ff
– Lebensdauer 152
– Neubildung 317
– Sauerstofftransport
153
Essentielle Aminosäuren
75
Essigsäure 22
– aktivierte 40 f
Exspiratorisches Reser-
vevolumen 171 f
Extrafusale Muskelfasern
88
Extrapyramidale Bahnen
96 f
– – Aufgaben 96
– – Ursprung und Ver-
lauf 96
Extrazellulärraum,
Ionenverteilung 12, 13
Exzentrisches Krafttrai-
ning 298 f

F

FAD (Flavin-Adenin-
Dinukleotid), Funk-
tion 40 f
FADH$_2$ (= hydrierte
Form des Kations
FAD$^+$) 41
– Funktion 40 f
Fahrradergometer 62
Fermente s. Enzyme
Fett, Abbau (Lipolyse)
43 f
– Bedarfsminimum 73
– Bedeutung für Dauer-
leister 44
– Brennwert 73

– Energiegehalt 44
– Energiegewinnung (Spareffekt) 42 f, 49
– Neutralfette 43
Fettsäuren, essentielle 73
– kalorisches Äquivalent des O_2 57
– Oxidation 41
Feuchttemperatur 199 f
Fibrillenstruktur 16 f
Fick-Diffusionsgesetz 153
Fick-Prinzip 166 f
Filament, Aktin 16 ff
– Myosin 16 ff
Filtration 131 ff
– Druck 132
Flavin-Adenin-Dinukleotid s. FAD
Fließgleichgewicht (Steady state) 51
Folgeregler, Definition 323
– Muskelspindel 90
Formatio reticularis
– – Bedeutung 285
Frank-Starling-Straub-Gesetz 117
Freie Energie 23
– – ATP 36, 43
Fremdreflex (polysynaptischer Reflex) 92 f
– Bahnungs- und Hemmungsmöglichkeit 93 f
– gekreuzter Streckreflex 92
– Summation 93
– vegetative Funktionen 103
Fremdreflexbogen, Schema 94
Füllungszeit 114 ff, 116
Funktionelle Residualkapazität 171 f

G

G s. freie Energie
Gamma-Motoneurone 85 ff
Ganglion 105 f
Gas, Löslichkeit 235

– – Bunsen-Absorptionskoeffizient 159, 235
– Partialdruck, Boyle-Mariotte-Gesetz 234 f
Gasaustausch 170 ff
– Antrieb 170 f
– Kohlendioxid 158 ff
– Sauerstoff 153 ff
Gaskonzentration, alveoläre 172 f
– Ruhebedingungen, Alveolarluft 177
– – Exspirationsluft 177
– – Frischluft 177
Gauer-Henry-Reflex 134, 136
Gefäßmuskeln, Autoregulation 137
Gefäßsystem, morphologische Eigenschaften 119 f
– Vasomotoren 120
Gefäßwandhypertrophie, Hypertonie 128
Gehirn 95 ff
– Wiederbelebungszeit 188
Gekreuzter Streckreflex 93 f
Gesamtkörperwasser, Berechnung 214 f
Gesamtumsatz 60 f
Geschlechtsspezifische Unterschiede, Erythrozyten 152
– – Hämoglobin 142
– – Herzgröße 142
– – Schlagvolumen 142
– – Testosteron 299 f
– – Trainierbarkeit 301
Getränke, isotonische 82, 216
Gewebsfaktor (Opitz) 194
GFR (glomeruläre Filtrationsrate) 134
Glanzstreifen 110 f
Gleichgewicht 163 f
Gleichgewichtskonstante, chemische Reaktion 30

Gleichgewichtsorgan, Aufgaben 98 ff
– Einfluß auf die Motorik 99 f
– Kupulaorgane 100
– Makulaorgane 99
– Reflexe 99 f
Gleitfilamenttheorie 19 ff
Globulin 152 f
Glomus aorticum 181 f
– – Rezeptor 181, 192 f
– caroticum 181
– – Rezeptor 181, 192 f
Glukose, Abbau 35 f
– Energiegewinnung (Regelung) 40 ff
– kalorisches Äquivalent des O_2 57 f
– Konzentration, Blut 78, 166, 268 f
Glykogen, Abbau 35 f
– Ausdauertraining 305 f
– Energiegewinnung (Regelung) 49 ff
– Konzentration, Muskel 78, 268 f, 307 f
– Wiederauffüllung nach Leistung 78 ff
Glykogenneogenese 35 f
Glykolyse, anaerobe Energiegewinnung 35 ff
– Geschwindigkeit, Regelung 36 ff
Golgi-Sehnenorgane 89
– Kraftsinn 289 f
Greif-Loslaß-Zyklus 20
Grenzdauer, Tauchen 245
Grenzstrang (Sympathikus) 104 ff
Großhirnrinde, O_2-Mangel 188 f
Grundumsatz 60 f, 206
– Abhängigkeiten 60 f

H

Hagen-Poiseuille-Gesetz 110

Hagen-Poiseuille-Gesetz
– Einzelwiderstand 110
– Stromstärke 109
Haldane-Effekt 162
Haltearbeit, statische, s.
  statische Haltearbeit
Halteregler, Definition
  323
– Muskelspindel 90 f
Hämatokrit 152 f
– Höhenanpassung 153
– Immersion 227
Hamburger-Shift 136,
  161
Hämoglobin (roter Blut-
  farbstoff), Ampholyt-
  charakter 152
– Aufbau und Funktion
  152
– geschlechtsspezifische
  Unterschiede 142, 152
– Höhenakklimatisation
  191 ff, 317
– – Grenze 195
– Höhentraining 316
– maximale O_2-Bindung
  152
Haut, Thermorezeptoren
  211 f
Hautdurchblutung, Wär-
  meabgabe 207 ff
Hb s. Hämoglobin
Hemmendes Zwischen-
  neuron 92
Hemmung, Synapsen 86,
  88 ff
Henderson-Hasselbalch-
  Gleichung 159
Hering-Breuer-Reflex
  184
Herz, Arbeitsweise 113 ff
– Arrhythmie 111 f
– Aufbau 110 f, 113 f
– Azetylcholin 111
– Beschleunigungsarbeit
  117 f
– Druck-Volumen-
  Arbeit 117 f
– Energieaufwand,
  -umsatz 118

– Energiedefizit, Folgen
  313
– Erregungsmechanis-
  men 110 f
– Förderkapazität 312 ff
– Gewicht, kritisches
  314
– Größe, geschlechts-
  spezifische Unter-
  schiede 142
– Hyperplasie 314
– Hypertonie 314
– Hypertrophie, Ursa-
  chen 314
– Laktatoxidation 270,
  313 f
– Muskelkraft, Berech-
  nung 312
– – Training, Faktoren
  313
– Noradrenalin 110 f
– Phasen 113 ff
– Restvolumen 117
– Schutzreflex 241 f
– Überlastung, patholo-
  gische 314 f
– – Trainingsanfang 314
– Ventilebenenmecha-
  nismus 114
– Wirkungsgrad 117 f,
  144
Herzblock 113
Herzfrequenz, Arbeit
  143 ff
– – schematisches Ver-
  halten 145
– Arbeitsende 270 ff
– Ausdauertraining 317 f
– Dauerleistungsgrenze
  146
– Erholungspulssumme
  270 ff
– erschöpfende Arbeit
  144, 146
– Höhenakklimatisation
  192 f
– Immersion 225
– Kontrollmechanismen
  147 ff
– Laktat 151

– perakuter O_2-Mangel
  187
– Rezeptor 147 ff
– Sauerstoffaufnahme
  Arbeit 140 f
– Schein-Steady-state
  144
– statische Haltearbeit
  143 ff
– Steady state 144
– Stoffwechselendpro-
  dukte 147 ff
– Sympathikotonusbe-
  stimmung 143 f
– Tauchen 239 ff
– venöser Rückstrom
  147
– Zunahme, anaerobe
  Arbeit 146
Herzklappen 108, 113
Herzminutenvolumen
  (HMV), Definition
  116
– Ausdauertraining 310,
  316 f
– Arbeit 139 f, 143
– Berechnungsmöglich-
  keiten 167
– Bestimmung, Fehler-
  quellen 141 f
– Höhe 192 f, 196
– in Ruhe 139
Herzmuskel, Aufbau
  und Funktionsweise
  110
– Durchblutung 118
– Kontraktionskraft,
  Aortendruck 117
– – Sympathikuseinfluß
  118
– – Vordehnung 118
– Noradrenalin 110 f
– O_2-Mangel 198 f
– parasympathisches
  System 111
– Repolarisation 110
– Ruhepotential 110
– Schrittmacherzellen
  110 f
– Spontandepolarisation
  111

– sympathisches System
  111
Herznerven, Wirkungen
– – Bathmotropie 111
– – Chronotropie 111
– – Dromotropie 111
– – Inotropie 111
Herzphasen 113 ff
– Anspannungszeit 114 ff
– Austreibungszeit 114 ff
– Drücke und Volumen
  114 ff
– Erschlaffungszeit 114 ff
– Füllungszeit 114 ff
Herztöne 116
Herztraining, Arten 312 f
– Ausdauertraining 313
– – Enzyme 313
– Intervalltraining 313
– Wirkung 312, 313 f
Herzvolumen, Bestim-
  mung 315
– relatives 315
– Sportart und Alter
  315 f
Herzzyklus 113 ff
Hinterhorn, Rücken-
  mark 106
H^+-Ionen s. Wasserstoff-
  ionen
His-Bündel 111
HMV s. Herzminuten-
  volumen
Hochdrucksystem 109
Hochleistungssport 6
Hochtrainierte, Streß
  127
Höhe, Basensparmecha-
  nismus 193
– Blutvolumen 194
– 2,3-DPG 193
– Erythropoese 317
– Erythrozytenzahl 193,
  195
– Hämoglobingehalt
  194, 195
– HMV 192 f
– maximale 189 f
– – reine O_2-Atmung
  189 f

– O_2-Kapazität 194 f,
  317
– O_2-Partialdruck 189 f
– O_2-Sättigung 194 f, 317
– Ventilation 192 f
Höhenakklimatisation
  191 ff, 316 f
– Gewebsfaktor (Opitz)
  194
– Grenze 195
– Hämotokrit 152 f
– Hämoglobin 191 ff,
  317
Höhenanpassung s.
  Höhenakklimatisation
Höhenkrankheit (Berg-
  krankheit) 191
Höhentraining, Auswir-
  kungen 316 f
Hooke-Gesetz 8 f
Hormone, ADH 134 ff,
  217, 226
– Adrenalin 85, 106, 256
– Aldosteron 136, 226,
  227 ff
– Androgene 299 ff
– Katecholamine s.
  Adrenalin und Norad-
  renalin
– Noradrenalin 85, 106 f,
  111
– Testosteron 299 ff
H-Streifen 16 ff
Hydrodynamischer
  Druck 215
Hydrostatischer Druck
  215, 223
Hypertonie 314
– Gefahren 127 f
Hyperventilation,
  Gründe 60
– Tauchen 242
Hypophyse, ADH-Aus-
  schüttung 135
Hypothalamus, ADH-
  Bildung 217
– Rezeptor, Durstgefühl
  217
– Testosteron 301
– Thermoregulation
  211 f

Hypothermie, Wasser
  246
Hypoxie (s. auch Sauer-
  stoffmangel), akute
  191
– – Folgen 191

I

I s. Stromstärke
I-Bande 16 ff
Immersion 225 ff
– ADH 226
– Aldosteron 226, 229 ff
– Blutdruckamplitude
  232 f
– Blutverschiebung
  226 ff
– Bradykardie 239 ff
– Elektrolyte 227 ff
– Erklärung 225
– Hämatokrit 227 f
– Harnausscheidung
  226 f
– intermittierende
  Arbeit 231 ff
– Natriumausscheidung
  225 ff
– orthostatische Tole-
  ranz 231 ff
– – – Arbeit 232 f
– – – Trainingszustand
  232 f
– osmotischer Druck
  226
– physiologische Wir-
  kungen, Trainingszu-
  stand 226 f
Indifferenzpunkt, hydro-
  statischer 133
Indifferenztemperatur (s.
  auch Behaglichkeits-
  temperatur), Defini-
  tion 225
– Luft 225
– Wasser 225
Informationsübertra-
  gung, Bauelemente 82
Innervationsverhältnis 84
Inotropie 111

Inspiratorisches Reserve-
volumen 171 ff
Integralregler 325 f
Intentionstremor 98
Interstitium, Druck 132
– Durchspülung 132,
214
– Ionenverteilung 214
Intervalltraining, Herz-
kraft 313 f
– Übung 292
Intrafusale Muskelfasern
88
Intrapleuraspalt 168
Intravasales Volumen
Intrazellulärraum, Ionen-
gehalt 214
Ionenpumpenfunktion 12
Ionenverteilung 12, 214
– Extrazellulärraum 214
– – Blutplasma 214
– – Interstitium 214
– Intrazellulärraum 214
I-Regler 325 f
Isokinetisches Krafttrai-
ning 208 f
Isometrisches Krafttrai-
ning 295 ff
Isotonische Getränke 82,
216
Isotrop 18
Isozitratdehydrogenase
48

J

Johannson-Regel 65 f

K

K' (scheinbare Dissozia-
tionskonstante) 159
Kalium, Körperflüssig-
keit 214
Kaliumbikarbonat, CO_2-
Transport 160
Kaliumdiffusionspoten-
tial (Ruhepotential) 13

Kaliumionen, Durchblu-
tung 139
Kaliumpumpe 13
Kalorimetrie, direkte 56
– – Fehlerquellen 56
– indirekte 58 ff
– – Fehlerquellen,
metabolische 59
– – – respiratorische
59 f
Kalorisches Äquivalent,
Sauerstoff 57
– – – Eiweiße 57 ff
– – – Fettsäuren 57
– – – Glukose 57
Kalzium, ATP-Zerfall 34
– elektromechanische
Koppelung 24
– Ionen 21 f
Kalziumpumpe 24 f, 34
Kapazitätssystem 108 f
Kapillarbett 109
Kapillare 119
– Anordnung 130 f
– Druck 119
– Feinstruktur 129 f
– Permeabilität 131
– Volumen 119
Kapillarisierung, Aus-
dauertraining 308 ff
– Effekte 310
– Messung 308 f
– – Problematik 309 f
– Ursache 310
Karbaminoverbindung,
O_2-Transport 161
Karboanhydrase 159 f
Karotissinusnerv 124 ff
Karotissinusrezeptoren
124
Katabolie 32
Katecholamine 85, 106 f,
111, 256
Ketosteroide, Wirkung
300 f
Kinderlähmung, Folgen
293 f
Kleinhirn (Zerebellum)
91, 98
– Aufbau 98

– Aufgaben 98
– Ausfallerscheinungen
98
Klima, Akklimatisation
212 f
– Dauerleistungsgrenze
209
– Definition 198
– Einfluß auf Menschen
212 ff
– entscheidende Größen
198
Klimasummenmaß,
Effektivtemperatur
199 ff
Knipping-Spirometer
332 f
Kochsalzlösung, hyper-
tone, Wirkung 216
– hypotone, Wirkung
216
– isotone, Wirkung 216
Koenzym A (CoA) 40
Kohlendioxid, Abgabe,
Berechnung 330
– Konzentration, Alka-
lose 164 f
– – Alveolarluft 177
– – Azidose 164 f
– – Exspirationsluft
177, 329 f
– – Frischluft 171, 177
– O_2-Bindungskurve 321
– physikalisch gelöster
Anteil 160 f
– Transport, Ablauf
158 ff
– Transportsubstanzen
161 f
Kohlendioxid-Antworts-
kurve 179 ff
– Ausdauertraining 320
– Einflüsse, O_2-Mangel
181
– – pCO_2 179 f
– – pH-Senkung 183
Kohlendioxidbindungs-
kurve, Definition 161
– desoxigeniertes Blut
162

- Einflüsse, Haldane-Effekt 162
- Gewinnung (s. auch O$_2$-Bindungskurve) 154
- oxigeniertes Blut 162
Kohlendioxiddruck (pCO$_2$) 155 f, 158
- alveolärer 172 f, 176
- Einfluß auf Atemform 184
- O$_2$-Bindungskurve 154 ff
- Rezeptor 180 f
- - Verhalten 179 ff
- schematischer Regelkreis 178 ff
- statische Haltearbeit 280
Kohlenhydrate (s. auch Glukose und Glykogen), Abbau 35 ff
- Bedarfsminimum 73
- Brennwert 72
- Oxidation 40 ff
Kohlensäure, O$_2$-Bindungskurve 155 ff
Kollaps, orthostatische Toleranz 232 f
Kollaterale Vasokonstriktion 138 f
Kolloidosmotischer (onkotischer) Druck 132
Kompensierte metabolische Azidose 165
Konditionierung, Übung 291
Kontraktion, Ablauf 19 ff
- auxotonische 9 f
- Gleitfilamenttheorie 19 ff
- Wirkungsgrad 64 f
Kontraktionsformen, Muskel 9 f
Kontraktionskraft 117
Kontraktur 25
Konvektion, erzwungene 201 f

- - Luft und Wasser 201 f
- freie 201 f
- - Luft und Wasser 201 f
Koordination, bedingte Reaktion 291 f
Koppelung, chemische 28
- elektromechanische 22 ff
Koronararterien 118
Körperflüssigkeit, Zusammensetzung 213 ff
Körpertemperatur, Aufenthalt im Wasser 246 ff
- Körperkern 205
- Körperschale 205
- Wärmebilanz 205 f
Korrelationskoeffizient, Dauerleistungsgrenze 270 ff
Kraft, Kraftempfindung 290 f
Krafttraining, Eiweißbedarf 299
- exzentrisches 298 f
- geringster Aufwand, Reizdichte 297
- - - Reizintensität 297
- isokinetisches 208 f
- isometrisches 295 ff
- - Wirkung 299
- pharmakologische Einflüsse 392
- physiologische Einflüsse 299 ff
- Schnelligkeit 303
Kraftzunahme, adäquater Reiz 295
Krampfadern 133 f
Kreatinphosphat (KrP) 34 f
- Lohmann-Reaktion 34 f
- Vorrat 34
Kreatinphosphokinase 34 f

Kreislauf, Arbeitseinstellung 136 ff
Kreislaufsystem, Druck- und Volumenverhältnisse 119
Kreislaufzentrum 124
Krogh-Spirometer 332 f
KrP s. Kreatinphosphat
Kupulaorgan, Aufbau 100
- Funktionsweise 100
- inadäquate Reizung 100 f
Kybernetik 322 ff

L

Laktat, Bildung 36
- Einfluß auf Lipolyse 49
- Herzfrequenz 151
- initiales („Early") 48, 54
- Konzentration, aerobe Schwelle 269
- - anaerobe Schwelle 269
- - Arbeit 54, 166
- - Ausdauertraining 320 f
- - maximale 166
- - Ruhe 166
- O$_2$-Bindungskurve 155
- Oxidation, Herz 270, 313 f
- Utilisation 270
Laktazide O$_2$-Schuld 52, 54
Laminare Strömung 110, 169 f, 173 f
Laplace-Gesetz 128
„Learning by doing" 102
Leistung (Kraft × Geschwindigkeit) 65
- äußere, Berechnung 64
- automatisierte 254
- maximale 252
- Meßmethoden, Ergometer 62 ff

Leistung
– produzierte Wärme-
  menge/Zeit 206
Leistungsbereitschaft,
  physiologische 254 ff
– Tagesperiodik 254 ff
Leistungsfähigkeit,
  aerobe, Training 303 ff
– Bestimmung 257 ff
– – aerob-anaerobe
    Schwelle 268 ff
– – Herzfrequenz, Ver-
    halten 270 ff
– Erholungspulssumme
  272 f
– körperliche, allge-
  meine Grundlagen
  251 ff
– – Definition 251
– langfristige Anpassung
  293 ff
– maximale, leistungs-
  begrenzende Faktoren
  254, 257
– Messung, Probleme
  256 f
– Sauerstoffpuls 273 f
– Spurenelemente 77 f
– statische Haltearbeit
  279 f
– Tagesperiodik 254 f
– Training 292 f
– Übung 291 f
– Vitamine 77
Leistungsphysiologie 8
– Arbeitsphysiologie 1 ff
– Sportphysiologie 5 ff
Leistungsreserven 255 f
– Mobilisation, Affekte
  256
– – Pharmaka 256
Leistungssport 6
Leistungssteigerung,
  Arbeitsgestaltung
  287 ff
Leitung, afferente 83
– efferente 83
– postganglionäre 106
– präganglionäre 106
– Wärme 201
Leitungsgeschwindigkeit,
  Nerv 83

Lernen, motorisches
  102 ff
– sensomotorisches 102
Leukozyten 152 f
„Life time efficiency"
  252
Life-time-Sportart 6
Limbisches System 101
Linearbeschleunigung,
  Makulaorgan 99
Lipolyse 44
– Hemmung und Förde-
  rung 49
Lohmann-Reaktion 34 f
Lokale Antwort 24
– Erregung (Anfangsde-
  polarisation) 14
Longitudinal-(L-)System
  24 f
Lorrain-Smith-Effekt 245
Luft, Indifferenztempe-
  ratur 225
– Wärmekapazität 246
Lunge, Anordnung im
  Thorax 168
– Druckverhältnisse 168
– – Entstehung 168 f
– – Gasaustausch 153 f,
    158 ff, 170 ff
– Totraum 173 ff
– Volumina und Kapa-
  zität 170 ff
– – – Altersabhängig-
    keit 172
Lungenautomat, Tau-
  chen 243 f
Lungenfell (Pleura vis-
  ceralis) 168
Lungenödem, Tauchen
  245
Lungenriß, Tauchen 245
Lymphsystem 132
– täglicher Durchfluß
  132

M

Makulaorgan, Aufbau 99
– Funktionsweise 99 f
– Reflexe 101

Manifestationszeit, Zell-
  tod 188 f
Marathontraining, Herz-
  ausdauer 295
Mark, verlängertes 95 f
Markscheide 83
Massenwirkungsgesetz
  28 f, 46
Matrix 38 f
Maximal voluntary con-
  traction 298
Medulla oblongata 95 f,
  124
Membran, postsynapti-
  sche 86
– terminale 84
Membranpermeabilität
  12 f
– selektive Änderung 14
Membranpotential 13
– Meßmethode 14
– Skelettmuskelfaser 22
Metabolische Alkalose
  164 f
– Azidose 164 f
Mikrozirkulation 129 ff
Milchsäure (s. auch Lak-
  tat) 36 f
Mismatch-Theorie 221
Mitochondrien 36
– Aufbau 39 ff
– Ausdauertraining 308
– Funktion 39 ff
– Herz, Ausdauertrai-
  ning 312 ff
– innere Membran 38
– Matrix 38 f
– Zitratzyklus und
  Atmungskette 40 ff
mol, Definition 36
Motoneurone 85
Monosynaptischer Reflex
  87
Motorik, Definition 82
– Extrapyramidalbahnen
  96
– Gleichgewichtsorgan
  98
– Kleinhirn 98
– Pyramidalbahnen 95 f

Motorische Einheit 84
- Endplatte 24, 84
Motorisches Lernen
102 ff
- - Ablauf 102 ff
- - „Learning by
doing" 102
- - leistungsbegren-
zende Faktoren 104
Muskel, Aktomyosin-
komplex 20 f
- asynchrone Erregung
206
- Eigenreflex 84
- Einzelzuckung 25
- elastische Rückstell-
kraft 9
- elastisches Verhalten 8
- Endkraft 296
- energieliefernde Pro-
zesse 35 ff
- Energiequellen 32 f
- Erholung, Faktoren
275 f
- Erregung 11 ff, 22 ff
- Fibrille 16
- Filamente 16
- Fließgleichgewicht
274, 294
- glatter, autonomer 8
- Gleitfilamenttheorie
19 ff
- Greif-Loslaß-Zyklus
20
- initiale Laktatbildung
48, 54
- Innervationsverhältnis
84
- Kontraktion 19 ff
- Kontraktionsformen 9
- Kraftabstufung, Mög-
lichkeiten 84
- Kraftzunahme,
adäquater Reiz 295
- maximale Durchblu-
tung 310 f
- O₂-Mangel 185 ff
- plastisches Verhalten 9
- quergestreifter 8, 16
- Refraktärzeit 14, 17

- Ruhedurchblutung 311
- Sauerstoffverbrauch
310 f
- Struktur 17 f
- Superposition 25
- Tetanus 25
- Trainierbarkeit 295 ff
Muskelarbeit, Wirt-
schaftlichkeit 287
Muskelbiopsie 304
Muskeldurchblutung
136 ff, 166 f
Muskelerholung 55
Muskelermüdung 55
- Pausengestaltung,
optimale 275 ff
- Ursache 274 f
Muskelfaser, Aufbau 17
- Enzymbesatz 305 ff
- Erregung 22 ff
- extrafusale 88
- Hyperplasie 298
- Hypertrophie 298
- intrafusale 88
- lokale Antwort 24
- - Erregung 14
- Longitudinal-(L-)
System 24 f
- Membranpotential 22
- Mitochondrien 36
- rote, langsame, toni-
sche 8, 304 ff
- - - - Ausdauertrai-
ning 307 f
- terminale Zisternen 23
- Transversal-(T-)System
24 f
- Verteilung, rote und
weiße 8, 304 ff
- weiße, schnelle, pha-
sische 8, 304 ff
- - - - glykolytische
Aktivität 305
- - - - Umwandlung
in rote 305, 308
Muskelfasermembran
(Sarkolemm), Erre-
gung 22
- Alles-oder-nichts-Re-
gel 24

Muskelglykogen, Ener-
giegewinnung 49
Muskelkater 310
Muskelkraft, absolute,
willkürliche 298
- Abstufung 84
- Aufgaben 103
- elektrische Reizung
298
- Endkraft 296
- Herz 312 f
- Inaktivität 293 f
- isometrisches Kraft-
training 295 ff
- Kontraktion 295 f
- maximale 295 f
- - isometrische 295 f
- progressives Training
296 f
- Steigerung, geringster
Aufwand 297
- Trainingsfestigkeit 297
- Zunahme, auslösender
Reiz 295 ff
- - Alter und
Geschlecht 301
Muskelkrampf 25
- Massage 25
Muskelpumpe 134
Muskelrezeptoren,
adäquater Reiz 138 f
Muskelspindel, Aufbau
88 ff
- Aufgabe 89 f
- Folgeregler 90
- Funktion 87 ff
- Halteregler 90 f
- Kraftsinn 289 f
- PD-Fühler 91
- Vorkommen 87
- Muskeltätigkeit 8
- willkürliche 8
Muskeltemperatur,
Arbeit 157 f
Muskelzittern 206
MVC s. maximal volun-
tary contraction
Myofibrille, Aufbau 16
Myoglobin 185 f
Myokard s. Herzmuskel

Myosinfilament 16
– Myosinmolekül, Aufbau 20

N

NAD, Funktion 40
NADH (NADH+H$^+$ = hydrierte Form des Kations NAD) 40 f
Nährstoffe 70
– Brennwert, physikalischer 72
– – physiologischer 72
– Eigenschaften 71
– empfohlene durchschnittliche Zufuhr 72
– kalorisches Äquivalent 57 ff
– respiratorischer Quotient 59
– Verbrennungswärme 58
Nahrungsmittel, Ausnutzbarkeit 70
– Nährstoffe 70
– Vitamine und Spurenelemente 77
Natrium, Aldosteron 136, 229 ff
– Ausscheidung 136, 229
– – Immersion 226 ff
– Verteilung 214
Natriumbikarbonat, CO$_2$-Transport 161
Natrium-Kalium-ATPase 34
Natrium-Kalium-Pumpe, Aldosteron 34, 229 ff
– Wasserstoffionen 139
Natriumpumpe 12
Nebennierenmark, Hormone 107
Nerven, Innervationsverhältnis 84
Nervenfaser, Arten 82, 85, 88 f
– Funktion 83
– Leitungsgeschwindigkeit und Faserdicke 83

Nervenleitung, Prinzip 83
– – markhaltige Nervenfasern 83
Nervensystem, schematische Übersicht 104 f
– Sympathikus und Parasympathikus 104 ff
– vegetatives (autonomes) 104 ff
– – Definition 104
– – zirkadianer Rhythmus 255 f
Nervenzelle 82 f
Nervus cardiacus 111
– depressor 124
– vagus 105 f, 111
Nettowirkungsgrad 64 f
– Maximum 66
Neurit (Achsenzylinder, Axon), Aufbau 82 f
Neurogener Atemantrieb 183 ff
Neurolemm 83
Neurone, Aufbau 82 f
– Definition 82
– Funktion 83
– inspiratorische und exspiratorische 184
Nichtvergessen, bedingte Reaktion 291 f
Niederdrucksystem 108
Niere, Aldosteron 229 ff
– Basensparmechanismus 164 f
Nikotinamid-Adenin-Dinukleotid s. NAD
Noradrenalin 85, 106 f, 111
– Herzmuskel 110 f
Normalbedingungen s. STPD-Bedingungen 175
Nullpunkt, absoluter 27

O

O$_2$-Bindungskurve s. Sauerstoffbindungskurve 154 ff

Ödem, Lunge (Tauchen) 245
– Ursachen 132
Ohm-Gesetz 120
– Analogie 153
Onkotischer (kolloidosmotischer) Druck 132 f, 215
Orthostatische Toleranz, Definition 231
– – Immersion 231 ff
– – – Arbeit 231 ff
– – Trainierte 232 f
Ortszeitverschiebung, Adaptation 255
Osmotischer Druck 215 f
– – Durstgefühl 136
– – Regelung 134 ff
– – Wert 152
Oxidation, biologische 28, 44
– – Enzyme 30
Oxidationswasser, Menge, gesamt 217
– – pro kJ 217

P

p s. Druck
Parasympathikotonus 107
Parasympathikus 104
– Transmitter 106
– Wirkungen 106 f
Parasympathisches System, Herzmuskel 111
Partialdruck, Boyle-Mariotte-Gesetz 234
– Definition 154
– O$_2$, Höhe 189 f
Patellarsehnenreflex 87
Paul-Bert-Effekt 245
Pausengestaltung, EPS 269 f, 275 ff
Pawlow-Reflexe 102 f
pCO$_2$ s. Kohlendioxiddruck
PD-Regler 325
– Blutdruck 318

– Blutdruckrezeptoren 124
Pedalumdrehungszahl, intuitive 289 f
– ökonomische 67, 289 f
Periphere Ausschöpfung, Enzymbesatz 259
– – Kapillarisierung 259 f
– Ermüdung 55 f
Permeabilität, Zellmembran 12 ff
Perspiratio insensibilis 209
– sensibilis 209
Pharmaka s. Doping
Phonokardiogramm 115 f
Phosphofruktokinase 47
Phosphorylierung, oxidative 40 ff
pH-Wert, Blut 160
– CO_2-Antwortkurve 183
– Erklärung 162 f
– normaler 155, 165
– O_2-Bindungskurve 155 ff
– Regulation 162 ff
– Störungen 165
– – Kompensation 165
– Streubreite 165
Pinozytose 130 ff
pK'-Wert 160
Plasma, Ionenkonzentration 214
Pleura parietalis (Brustfell) 168
– visceralis (Lungenfell) 168
Pneumotachograph 334 ff, 350
– Eichung 336
pO_2 s. Sauerstoffdruck 153 ff
Polysynaptischer Reflex 92 ff, 103
Postganglionäre Leitung 106
Postsynaptische Membran 86

Potential (Spannungsunterschied) 13
Potentialänderung, Erregung 17
Präganglionäre Leitung 106
Präkapillärer Sphinkter 130 f
PRBS (pseudorandom binary sequence) 266
Preferential channel 130 f
p-Regler 325
Preßatmung s. Preßdruck
Preßdruck, Valsalva-Versuch 241
– Wirkung 241 f
Pressorezeptor 124
Primärharn 229
Progressives Training 296
Proportional-Differential-Regler 325
Proportionalitätskonstante (α) 159
Proportionalregler 325
Proteine s. Eiweiß
Proteinpuffer 163 f
Pufferbasen, Normalkonzentration 164 f
Puffersysteme 163 ff
– Bikarbonatpuffer 163 ff
– Proteinpuffer 163 f
Pufferung, Ausdauertraining 320 f
Pulsfrequenz s. Herzfrequenz
Pulsfrequenzausdauergrenze s. Dauerleistungsgrenze
Pulsmessung 270
Purkinje-Fasern 111
Pyramidenbahn 95
– Aufgaben 96
– Ursprung und Verlauf 95 f
Pyruvat 40

Q
Querschnittslähmung, Folgen 293 f

R
Radfahren, Wirkungsgrad 289
Ranvier-Schnürring 83
Raumfahrtphysiologie 7
Reaktion, bedingte 102
– – autogenes Training 103
– – Entstehung 103
– – Koordination 292
– – Nichtvergesser 291 f
– chemische, Gleichgewichtskonstante 30
– – Regelung und Steuerung (Energiegewinnung) 45 ff
Redoxreaktion 40
Reduktion, Definition 28
Reflex, bedingter 102
– Definition 87
– Eigenreflex 84, 87
– Fremdreflex 92
– – kontralateraler Streckreflex 92 f
– – motorischer 92
– – Schutzfunktion 94
– – vegetative Funktion 94
– Gleichgewichtsorgan/Vestibularorgan 98 f
– monosynaptischer 87
– polysynaptischer 92 ff, 103
Reflexbogen 87
– Atemform 184
Refraktärzeit, Muskel 14
Regelkreis, Aufbau 322 ff
– aufgeschnittener 325 f
– – Ortskurve 327
– – Übergangsfunktion 325 f
– biologischer 327

Regelkreis,
- Schema 324
- Zeitverhalten 50
Regelung, biologische,
Grundbegriffe 322 ff
- Kohlendioxiddruck
179 f
Regler, technische 324 ff
- - Integral-(I-)Regler
325
- - Proportional-(P-)
Regler 325
- - Proportional-Diffe-
rential-(PD-)Regler
325
Regulation, Energiege-
winnung, extrazellu-
läre 47 f
- - intrazelluläre 47 f
Rehabilitationsforschung
4
Renshaw-Zelle 92
Repolarisation 17, 24
- Herzmuskel 110
Reserven, autonom ge-
schützte 255
Reservevolumen, exspi-
ratorisches 171 f
- inspiratorisches 171 ff
Residualkapazität, funk-
tionelle 171 f
Residualvolumen 172
- Altersabhängigkeit
172
Respirationsgasuhr 330
Respiratorische Alkalose
165 f
- - Höhenakklimatisa-
tion 192 f
- Azidose 164 ff
Respiratorischer Quo-
tient (R.Q.) 58 f
- - höherer Leistungs-
bereich 184
- Totraum 173 ff
Restvolumen, Herz 117
Retikulum, sarkoplasma-
tisches 18
Rezeptor, Atemantrieb
180 ff, 185

- Atemform 184
- Blutdruck 122 ff
- Blutdruckabfall 125 ff
- Blutvolumen 134 f,
216, 226, 316
- CO_2-Druck 180 f
- Durstgefühl 217
- H^+-Konzentration 181
- Herzfrequenz 147 ff
- Kraftsinn 290
- Muskellänge 87
- Muskelspannung 90
- O_2-Druck 181
- Schutzbradykardie 242
- Testosteronkonzentra-
tion 300
- Thermoregulation
211 f
- Vorhof 134 f, 223 f
- Wasserstoffionen 181
Rhythmus, zirkadianer
255
Rote Blutkörperchen s.
Erythrozyten
Roux-Regel 6, 292
R.Q. (respiratorischer
Quotient) 58
Rückenmark 95, 106
Ruhe, Sauerstoffver-
brauch 60, 64, 168 f
Ruheblutdruck, Defini-
tion 128 f
Ruhepotential (Kalium-
diffusionspotential)
12 f
Ruheumsatz 60
- durchschnittlicher 68

S

Saltatorische Erregungs-
ausbreitung 83 f
Salzhaushalt (s. auch
Natrium) 213 ff
Sarkolemm 17
Sarkomer, Aufbau 16,
18
Sarkoplasma, Ionenkon-
zentrationen 214, 17

- sarkoplasmatisches
Retikulum 18
Sauerstoff, Aufgabe 46
- chemische Bindung
153
- Partialdruck 154
- physikalische Bindung
153 ff
- Transport 152
- Vol.-%, Mann und
Frau 154
Sauerstoffaufnahme,
aerobe Arbeit, Kine-
tik 50 ff
- Arbeit 140 f
- Arbeitsbeginn 50
- Arbeitsende 50
- Kinetik, Einzelatem-
zuganalyse 53
- - Zeitkonstante 50,
53
- körperliche Arbeit
50 ff, 54 f
- maximale 168, 257 ff
- - begrenzende Fakto-
ren 259 f
- - Durchschnittswerte
262 ff
- - Immersion 225 ff
- - Lebensalter und
Geschlecht 263 f
- - Messungen, Pro-
bleme 257 ff
- - Sportarten 261 f
- - Standardtest 260 f
- - Trainierbarkeit
260 ff/287 ff
- Ruhewert 168, 185
- Schlagvolumen 139 ff
- Steady state 51
Sauerstoffausdauer-
grenze, Schein-Steady-
state 268 f
Sauerstoffbindungskurve
154 ff
- Ausdauertraining
303 ff, 321
- Bedeutung einer Ver-
schiebung 157
- Bohr-Effekt 155

– – 2,3-DPG 157f
– – pCO$_2$ 155ff
– – pH-Wert 155ff
– – Temperatur 155ff
– Gewinnung 154
– Höhe 191ff
Sauerstoffdruck (pO$_2$)
153ff
– Durchblutung 148ff
– Höhenabhängigkeit
189ff
– im Körper, maximaler
170f
– – minimaler 185f
– inspiratorischer,
Atemantrieb 181f
– Luft 189
– Rezeptoren 181
– statische Haltearbeit
279f
– Tauchen 242
Sauerstoffgehalt, Luft
189
– Reserven, arterielles
System 185f
– – Myoglobin 185f
– – venöses System
185f
Sauerstoffkapazität, Blut
192ff
– – Höhe 191ff
Sauerstoffkonzentration,
Alveolarluft 177
– Exspirationsluft 177
– Frischluft 177
Sauerstoffmangel, akuter
185, 191ff
– – Gefahren 206
– chronischer 185, 191ff
– Erythropoese 316f
– Leistungsfähigkeit
196f
Neurogener Atemantrieb
181
– perakuter 185f
– – Folgen 186f
– – Wiederbelebung
187f
– Skelettmuskel 187
Sauerstoffnachatmung 52

Sauerstoffpartialdruck s.
Sauerstoffdruck
Sauerstoffpuls, Bestim-
mung 273
– Definition 273
– Leistungsfähigkeit
273f
Sauerstoffreserven s.
Sauerstoffgehalt
Sauerstoffsättigung,
Höhe 193f
Sauerstoffschuld 51ff
– alaktazide 52f
– ATP und KrP 51f
– laktazide 52, 54
– leichte Arbeit 52
– schwere Arbeit 55
Sauerstofftransport
153ff, 161
– Höhenaufenthalt 317
Sauerstoffverbrauch,
Berechnung 330
– Arbeit 169f
– Ruhe 60, 64, 168f
– ruhender Muskel 310f
Sauerstoffvergiftung,
akute 244f
– chronische 244f
Sauerstoffversorgung,
Kapillarisierung 308ff
– Schema 309
– statische Haltearbeit
279f
Säure-Basen-Gleichge-
wicht, Störungen 162ff
– – Kompensation 163
Schein-Steady-state 144f
– Laktat 268f
Schlagvolumen,
geschlechtsspezifische
Unterschiede 142
– Sauerstoffaufnahme,
Arbeit 139ff
Schnelligkeitstraining 303
– Krafttraining 295ff
– Übung 291f
Schnorchel, Gefahren
243f
Schrittfrequenz, intuitive
288f

Schrittmacherzellen 110f
Schutzreflex, Herz 241f
Schweißsekretion 207ff
– Akklimatisation 212
– körperliche Arbeit
209f
Schwellenpotential 14
Schwerelosigkeit (s. auch
Immersion)
– ADH-Ausschüttung
226
– Definition 218
– physikalische Vorbe-
merkung 218f
– physiologische Wir-
kungen 220ff
– Simulation im Alltag
218
– – Immersion 225
– Trainingseffekte 220ff
Schwimmen, Arbeit,
Energiebedarf 249ff
– Kerntemperatur 248
– Leistung 249
– mechanische Arbeit
249f
– Thermoregulation
246ff
– Vorschubkraft 249
– Wasserwiderstand,
Berechnung 249
– Wirkungsgrad 250
Segelklappen 108, 113
Seitenhorn, Rückenmark
106
Sensomotorisches Ler-
nen 102
Sinnesphysiologie,
Weber-Fechner-Gesetz
289
Sinusknoten 110
– Ausdauertraining
317ff
Skelettmuskel 8, 22ff
– O$_2$-Mangel 187
Skelettmuskelfaser s.
Muskelfaser
Spannungsfühler, Sehnen
88ff
Sphinkter, präkapillärer
130f

Spindel s. Muskelspindel
Spiroergometrie, Einzel-
   atemzuganalyse 332 ff
Spontandepolarisation,
   Herzmuskel 111
Sport, Training 292 ff
– Übung 291 f
Sportphysiologie 5 ff
– Aufgaben 6
Spurenelemente, emp-
   fohlene tägliche
   Zufuhr 77 f
– körperliche Leistungs-
   fähigkeit 77
Statische Haltearbeit,
   Blutdruck 146
– – Dauerleistungs-
   grenze 146, 279 f
– – Definition 279 f
– – Durchblutung 279 f
– – Erholungszuschlag
   280
– – Ermüdung 279 f
– – Folgen 279 f
– – Haltezeit 280
– – Herzförderleistung
   116
– – Herzfrequenz 143 ff
– – Kohlendioxiddruck
   280
– – Pausenlänge 280 f
– – Sauerstoffdruck
   279 f
– – Strömungswider-
   stand 279 f
Steady state (Fließgleich-
   gewicht) 51
– – Sauerstoffaufnahme
   51
Stefan-Boltzmann-Gesetz
   203
Stereotyp, dynamisches
   102
Stoffaustausch, Möglich-
   keiten 129 ff
Stoffwechsel, aerober
   und anaerober 36 ff
– initiale Laktatbildung
   48
– Regelung und Steue-
   rung 45 ff

Stoffwechselendpro-
   dukte, Herzfrequenz
   147 ff
Stoffwechselgleichge-
   wicht, gestörtes 56
Stoffwechselprodukte,
   Wasserbewegung 215 f
STPD-Bedingungen 175
Strahlung, Absorptions-
   zahl 202 f
– Definition 202
– Emissionszahl 203
– Stefan-Boltzmann-Ge-
   setz 203
Streckreflex 92 ff
Streßfaktoren, Gesund-
   heit 292 f
Strömchentheorie 17
Stromstärke, Definition
   109
Strömung, laminare 110,
   169 f, 173 f
– turbulente 170
Strömungsgeschwindig-
   keit 109
– Kapillarisierung 308 ff
Strömungswiderstand
   110, 119 f
– statische Haltearbeit
   279 f
Summation, Synapse 27,
   86
Superposition 25
Sympathikotonus 106
– Arbeit 142
– Ausdauertraining
   310 f, 318, 320
– Bestimmung 143 f
– Hemmung durch
   Arbeit 138 f
– Herzfrequenz 143 f
– perakuter O_2-Mangel
   185 ff
– Steigerung, Effekte
   142
Sympathikus 104 ff
– adrenerge Übertra-
   gung 106 f
– Durchblutung 138
– hemmende Einflüsse
   durch Arbeit 138 f

– Strömungswiderstand
   121
– Transmitter 106 f
– Verstellungsmechanis-
   men 107
– Wirkungen 106 f
– – Kontraktionskraft
   118
Sympathisches System,
   Herzmuskel 111
Synapse 84 ff
– adrenerge 85
– Aufbau 84 ff
– cholinerge 22, 85,
   106 f
– fortgeleitete Erregung
   85
– Funktion 84 ff
– Hemmung 86, 88 ff
– motorische Endplatte
   22, 24, 84
– räumliche und zeitli-
   che Summation 27, 86
– Transmitter (Überträ-
   gerstoffe) 84 ff
Synkope, vagovasale
   232 f
Systemdruck 126
Systole 113 f

T

Tagesperiodik, Lei-
   stungsfähigkeit 254 f
Tagesumsatz 68
Taschenklappen 108, 113
Tauchbradykardie 239 f
– Ursachen 239
Tauchen, Adaptations-
   mechanismen, Mensch
   239 ff
– – Tauchtiefe 239 f
– apnoisches 235 ff
– Aufenthaltsdauer 245
– Auftauchphase,
   Gefahr 242
– Barotrauma 235, 243,
   249 f
– Blackout 242

– Caisson-Krankheit 244 f
– – Therapie 244 f
– Druckabfallkrankheit 244
– Druckverhältnisse 233 ff
– Gerät 244 f
– Grenzdauerberechnung 245
– Herzfrequenz 239 ff
– Hyperventilation 242
– Lungenautomat 243
– Lungenödem 245
– Lungenriß 245
– Mittelohr 237 f
– Nebenhöhlen 237 f
– O_2-Partialdruck 242
– O_2-Vergiftung, akute 244 f
– – chronische 244 f
– physikalische Vorbemerkungen 233 ff
– Schnorchel 243
– Tiefenrausch 245
Taucherflöhe 244
Tauchreflexe 239 ff
Tauchtiefe, apnoische, maximale 235 ff
Temperatur, O_2-Bindungskurve 155 ff
Terminale Membran 84
– Zisternen 23, 24
Testosteron, Abbauprodukt 299 ff
– Alter 301
– Doping 299 ff
– Konzentration, Frau 300
– – Mann 300
– Medizin 300 f
– Regelkreisfühler 301
– Wirkung 300 ff
Tetanus, Muskel 25
Thalamus 95 f
Thebesische Venen 177
Thermodynamik
– Hauptsätze 26 f, 31
Thermoregulation (s. auch Wärmeaus-

tausch), Rezeptoren 211 f
– – Haut 211 f
– – höhere Zentren 211 f
– – Hypothalamus 211 f
– Thiokinase 44
– Wasser 246 ff
Thrombozyten 152 f
Tiefenrausch 245
Toleranz, orthostatische 231 f
Totalkapazität 172
– Altersabhängigkeit 172 f
Totraum, Definition 173 ff
– anatomischer 174
– funktioneller (physiologischer) 174
– – Berechnung, Bohr-Formel 174 f
– – Ventilations-Perfusions-Verhältnis 177
– respiratorischer 173 ff
Totraumluft, Zusammensetzung 173 f
Tractus corticospinalis s. Pyramidenbahn
Trainierbarkeit 295
– Alter und Geschlecht 301
– Sehnen, Bänder, Knochen 302
Training, Ausdauer 303 ff
– autogenes 103
– Blutdruckregelung 232
– Definition 292
– exzentrisches 299
– Herzmuskel 312 f
– isokinetisches 297 f
– isometrisches 295 ff
– Kraftraining 295 ff
– orthostatische Toleranz 127, 232
– progressives 296
– Roux-Regel 6, 292
– Schnelligkeit 303
– Übertraining 294 f
– Volumenregelkreis 226 ff

– Wirkung 292
– Trainingsanfang, Herzüberlastung 314
Trainingsfestigkeit 297
Trainingsforschung 7
Trainingswirkung, Biosynthese 32
– Eiweißzufuhr 299
Trainingswissenschaft 292 f
Transmitter, Synapsen 84 ff
Transmitterbläschen 84
Transmuraler Druck 126 f
Transportkapazität, O_2, Höhenaufenthalt 317
Transportsystem, Pinozytose 130
Transversal-(T-)System 24
Triglyzeridlipase 49
Trockentemperatur 199
Trophotropes System 106
Tropomyosinfaden 21 f
Troponinmolekül 21 f
Turbulente Strömung 170

U

Überbelastung, chronische, Folgen 252 f
Überlebenszeit 187 f
– Wasser 246 ff
Überträgerstoffe s. Transmitter
Übertraining 294 f
Übung, Definition 291
– Intervalltraining 291 f
– Konditionierung 291
– Koordination 292
– Leistungsfähigkeit 293
Umsatz s. Energieumsatz und Tagesumsatz
Unterstützungskontraktion 10

V

Vagovasale Synkope
232
Valsalva-Preßdruckver-
such 241
Valsalva-Reaktion, Was-
ser 241 f
Vasokonstriktion, kolla-
terale 138 f
Vasomotoren 120
– Hemmung, sympathi-
sche, Durchblutung
138 ff
Vegetative Funktionen,
Ausdauertraining
318 ff
Vegetatives Nervensy-
stem (s. auch Nerven-
system), Übertra-
gungsmechanismen
104 ff
Venen, morphologische
Eigenschaften 119
– thebesische 177
Venolen 119
Venöser Rückstrom,
Herzfrequenz 147
Venöses System 119,
132 ff
– – Druck- und Volu-
menverhältnisse
119 f
– – Eigenschaften 132
– – hydrostatischer
Druck 133
– – – – Indifferenz-
punkt 133
– – morphologische
Eigenschaften 119
– – Muskelpumpe 134
– – Schädigungen 135 f
Ventilation (s. auch
Atmung), alveoläre
174 ff
– Antriebe 179 ff
– Ausdauertraining 320
– Höhe 192 f
– reduzierte 330
Ventilations-Perfusions-
Verhältnis 177

Ventilebenenmechanis-
mus 114
Ventrikel (Kammer) 108,
113
Verbrennung, Nährstoffe
72
Verbrennungswärme 58
Verdampfungswärme,
Wasser 204
Verdunstung, Wärmeaus-
tausch 204 f
Verdurstungstod, Was-
servolumen 215
Vestibularapparat s.
Gleichgewichtsorgan
Viskosität (Zähigkeit),
scheinbare 136 f
Vitalkapazität (maxima-
les Atemzugvolumen)
170 ff
– Altersabhängigkeit
172
Vitamine 77 ff
– empfohlene tägliche
Zufuhr 77
– Mangelkrankheiten 77
– Vorkommen 77
Vordehnung, Herzmus-
kel 117
Vorhof, Rezeptor 134 f,
223 f
– – Ausdauertraining
316 f
Vorkammer (Atrium)
108, 113

W

Wärme, Definition 27
– mittlere spezifische,
Körper 206
Wärmeabgabe, im Was-
ser 246 ff
– – Fettisolation 248
– körperliche Arbeit
209 f
– Luft 246
– Mechanismen, Haut-
durchblutung 208 ff

– – Schweißsekretion
209 ff
– Schema 208
Wärmeaustausch 201 ff
– Konvektion 201 f, 207 f
– Leitung 201 f, 207 f
– Strahlung 202 f, 207 f
– Verdunstung und Kon-
densation 204 f, 207 f
Wärmebilanz, Körper
205 f
Wärmeenergie s. Ener-
gie
Wärmeinhalt, Körper
205
Wärmekapazität, Blut
166
– Luft und Wasser 246
Wärmeleitung 201
Wärmeproduktion 206
– Arbeitsumsatz 206
– Grundumsatz 206
– Muskelzittern 206
Wärmeregulation (s.
auch Thermoregula-
tion und Wärmeaus-
tausch) 201 ff, 211 f
Wärmestrahlung s.
Strahlung
Wasser, Bewegung im
Körper 132, 215
– Erträglichkeitsgrenze
246
– Indifferenztemperatur
225
– Oxidation 217
– Wärmekapazität 246
– Wärmeleitfähigkeit
246
Wasserbilanz, Regelung
217, 226 ff
– – ADH 217, 226 f
– – Durstgefühl 217
– – Niere 217
Wasserdampfdruck 179,
234 f
Wassergehalt, Körper
213 f
Wasserhaushalt 213 ff
– Störungen 216

Wasserintoxikation 82, 216
- Erste Hilfe 216
Wasserstoffionen (H^+), Konzentration 162f
- - Henderson-Hasselbalch-Gleichung 159
- - Atemantrieb 163, 181
- Natrium-Kalium-Pumpe 139
- Rezeptor 181
Wasserstoffwechsel, Definition 215
Wassertemperatur, Erträglichkeitsgrenze 246ff
- Überlebenszeit 246
Wasserverteilung, Organismus 213ff
- - Meßmethode 214f
Wasservolumen, Minimum 216
Wasserwechsel, Definition 215
Weber-Fechner-Gesetz 289
Weiße Blutkörperchen (Leukozyten) 152f
Widerstandsgefäße 119

Wiederbelebung, Maßnahmen 189
Wiederbelebungszeit 188f
Willkürbewegung, Kleinhirn 91, 98
- Pyramidenbahn 95f
Windkesselfunktion, große Arterien 121
Wirkungsgrad 62ff
- aerobe Energiebereitstellung 30
- alveolarer 176f
- anaerobe Energiebereitstellung 36
- Arbeit 62ff
- Arbeitsformen, verschiedene 64f
- Berechnung 64
- Bruttowirkungsgrad 64ff
- Herz 117, 144
- Johannson-Regel 65f
- Muskelkontraktion 64f
- Nettowirkungsgrad 64ff
- Radfahren 289
- Schwimmen 249
- Technik 68
- Trainingszustand 67f

Z
Zeitkonstante, Sauerstoffaufnahme, Kinetik 50ff
Zeitreserve, Ausfall O_2-Zufuhr 191f
Zelle, Ionenverteilung 12
Zellmembran 14f
Zellstoffwechsel, Aldosteron 227ff
Zentrale Ermüdung, Auswirkungen 281
- - Ursachen 281
Zentralnervensystem (ZNS), Aufbau 95
Zerebellum (Kleinhirn) 98
Zirkadianer Rhythmus 255
Zitratzyklus, Aldosteron 230
- Prinzip 40ff
Zitronensäurezyklus s. Zitratzyklus
Zivilisationsschäden 253
ZNS s. Zentralnervensystem
Z-Streifen 16
Zwischenneuron, hemmendes (Renshaw-Zelle) 92
Zytochrome 41, 308
Zytoplasma s. Sarkoplasma